# 5일 완성

# 화물운송 종사자격

**시대에듀**

# 5일 투자하여 자격증 따기!

자격증이 필요해서 따려고 마음먹어도 시간을 내서 공부하는 것이 참 어렵습니다.

보통 운전자격시험은 대부분 문제은행식이어서 기존의 기출문제에서 많이 출제되는 편입니다.

또, 고득점이라면 좋겠지만 평균 60점만 넘으면 시험에 합격할 수 있습니다.

문제은행식으로 반복 출제되는 경향이 강하므로 이 책 한 권만 잘 활용하면 쉽게 자격증 한 개를 취득할 수 있습니다.

화물운송자격시험은 다양한 문제풀이가 합격으로 가는 가장 빠른 지름길입니다.

이 책은 5일만 투자하면 필기시험에 거뜬히 합격할 수 있게 문제풀이 위주로 구성하였습니다.

3일간은 핵심이론과 다양한 예상문제를 풀어 봄으로써 실제 기출문제와 유사하거나 변형되어 출제되는 문제에

적극적으로 대비할 수 있도록 하였으며, 마지막 4~5일 차에는 실전대비합격문제를 통해 수험생 스스로 실력점검과

시뮬레이션 학습이 가능하도록 하였습니다.

가급적 실제 시험처럼 제한된 시간 안에 풀어 보는 연습을 하길 적극 권합니다.

짧은 시간 동안 집중하여 가볍게 시험에 합격할 수 있기를 바랍니다.

편저자 씀

## 자격시험의 개요

- 화물자동차 운전자의 전문성 확보를 통해 운송서비스 개선, 안전운행 및 화물운송업의 건전한 육성을 도모하기 위해 2004년 7월 21일부터 한국교통안전공단이 국토교통부로부터 사업을 위탁받아 화물운송종사 자격시험을 시행하였다.
- 화물운송 자격시험 제도를 도입하여 화물종사자의 자질을 향상시키고 과실로 인한 교통사고를 최소화시키기 위함이다.

## 자격 취득절차 안내

**[ 자격 취득절차 체계도 ]**

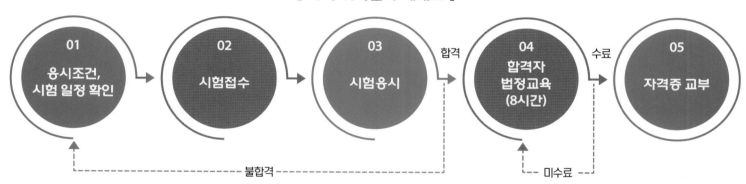

❶ **시행처 :** TS한국교통안전공단(www.kotsa.or.kr)

❷ **응시자격**

㉠ 연령 : 만 20세 이상

㉡ 다음 응시요건 2가지 중 하나만 해당되면 시험 응시 가능(운전경력)
- 운전면허 제1종 또는 제2종 면허(소형 제외) 이상 소지자로, 운전면허 보유(소유)기간이 만 2년(일, 면허취득일 기준, 운전면허 정지기간과 취소기간은 제외)이 경과한 사람
- 운전면허 제1종 또는 제2종 면허(소형 제외) 이상 소지자로 사업용(영업용 노란색 번호) 운전경력이 1년 이상인 사람

> **참고사항**
> - 운전경력은 운전면허 취득일이 2년 이상 보유(소유) 또는 사업용 운전경력이 1년 이상 경우에 한함
>   예 운전면허 제2종 보통 취득 기간 1년 : 운전경력 1년으로 시험 응시 불가
> - 운전면허 경력 인정은 제2종 보통 이상만 인정(제2종 소형, 원동기 면허 보유기간은 면허 보유기간이 아님)
>   예 원동기 면허 1년 + 운전면허 제1종 보통 1년 → 운전경력 1년으로 시험 응시 불가(원동기 면허는 제외)
> - 사업용 운전경력 중 화물종사자의 경우, 2005년 1월 21일 이후 자격증 없이 운전한 불법 사업용 운전경력은 경력 인정 불가

㉢ 국토교통부령이 정하는 운전적성정밀검사 기준에 적합한 자(시험접수일 기준)
- 운전적성정밀검사 예약방법 : TS국가자격시험 홈페이지(lic.kotsa.or.kr) 또는 전화(1577-0990) 예약
- 운전적성정밀검사 대상자
  - 운전적성정밀검사를 받지 않은 사람
  - 운전적성정밀검사(신규검사)를 받은 후 3년이 경과한 사람

> **운전적성정밀검사란?**
> 교통사고 발생과 관계되는 개인의 성격 및 심리 · 생리적 행동특징을 과학적으로 측정하여 개인별 결함사항을 검출할 수 있는 일종의 직업적성검사로, 검출된 결함사항에 대해 교정 · 지도하며 운전자의 적성상 결함요인에 의한 교통사고 발생을 미연에 방지하고자 시행한다.

ㄹ 화물자동차 운수사업법 제9조의 결격사유에 해당하는 자

- 화물자동차 운수사업법을 위반하여 징역 이상의 실형을 선고받고 그 집행이 끝나거나(집행이 끝난 것으로 보는 경우를 포함) 집행이 면제된 날부터 2년이 지나지 아니한 자
- 화물자동차 운수사업법을 위반하여 징역 이상의 형의 집행유예를 선고받고 그 유예기간 중에 있는 자
- 화물자동차 운수사업법 제23조 제1항(제7호는 제외)에 따라 화물운송종사자격이 취소(화물운송종사자격을 취득한 자가 제4조 제1호에 해당하여 제23조 제1항 제1호에 따라 허가가 취소된 경우는 제외)된 날부터 2년이 지나지 아니한 자
- 자격시험일 전 또는 교통안전체험 교육일 전 5년간 다음의 어느 하나에 해당하는 사람(2017년 7월 18일 이후 발생한 건만 해당)
  - 도로교통법 제93조 제1항 제1호부터 제4호까지에 해당하여 운전면허가 취소된 사람
  - 도로교통법 제43조를 위반하여 운전면허를 받지 아니하거나 운전면허의 효력이 정지된 상태로 같은 법 제2조 제21호에 따른 자동차 등을 운전하여 벌금형 이상의 형을 선고받거나 같은 법 제93조 제1항 제19호에 따라 운전면허가 취소된 사람
  - 운전 중 고의 또는 과실로 3명 이상이 사망(사고발생일부터 30일 이내에 사망한 경우를 포함)하거나 20명 이상의 사상자가 발생한 교통사고를 일으켜 도로교통법 제93조 제1항 제10호에 따라 운전면허가 취소된 사람
- 자격시험일 전 또는 교통안전체험 교육일 전 3년간 도로교통법 제93조 제1항 제5호 및 제5호의2에 해당하여 운전면허가 취소된 사람(2017년 7월 18일 이후 발생한 건만 해당)

## ❸ 시험접수 및 시험안내

ㄱ 필기시험 과목 및 범위

| 구 분 | 교통 및 화물 관련 법규 | 화물취급요령 | 안전운행요령 | 운송서비스 |
|---|---|---|---|---|
| 문항수 | 25문항 | 15문항 | 25문항 | 15문항 |
| 시험시간 | 총 80분 | | | |
| 합격기준 | 총점 100점 중 60점(총 80문제 중 48문제) 이상 획득 시 합격 | | | |

ㄴ 시행방법 : 컴퓨터에 의한 시험 시행

ㄷ 시험시간(회차별)

| 1회차 | 2회차 | 3회차 | 4회차 |
|---|---|---|---|
| 09:20 ~ 10:40 | 11:00 ~ 12:20 | 14:00 ~ 15:20 | 16:00 ~ 17:20 |

ㄹ 접수기간

- 시험 등록 : 시험 시작 20분 전
- 상시 CBT 필기시험일(토요일, 공휴일 제외)

| CBT 전용 상설시험장 | 정밀 검사장 활용 CBT 비상설시험장 |
|---|---|
| • 서울 구로, 수원, 대전, 대구, 부산, 광주, 인천, 춘천, 전주, 창원, 울산, 화성 (12개 지역)<br>• 매일 4회(오전 2회, 오후 2회) | • 서울 성산, 서울 노원, 의정부, 청주, 제주, 상주, 홍성(7개 지역)<br>• 매주 화, 목 오후 2회 |

※ 접수인원 초과(선착순)로 접수 불가능 시 타 지역 또는 다음 차수 접수 가능

※ 상설시험장의 경우, 지역 특성을 고려하여 시험 시행 횟수는 조정 가능(소속별 자율 시행)

ㅁ 접수방법

| 인터넷 접수 | 방문 접수(전국 18개 자격시험장) |
|---|---|
| • 접수방법 : 신청 · 조회 → 화물운송 → 예약접수 → 원서접수<br>• 사진은 그림파일(JPG)로 등록하여야 접수 가능 | 서울 성산, 서울 노원, 서울 구로, 수원, 의정부, 인천, 대전, 대구, 부산, 광주, 청주, 전주, 울산, 창원, 춘천, 제주, 상주, 화성 |

※ 현장 방문접수 시에는 응시 인원마감 등으로 시험 접수가 불가할 수도 있사오니 가급적 인터넷으로 시험 접수현황을 확인하시고 방문해 주시기 바랍니다.

ⓗ 준비물
- 응시수수료 : 11,500원
- 운전면허증(모바일 운전면허증 제외)
- 6개월 이내 촬영한 3.5 X 4.5cm 반명함 컬러사진(미제출자에 한함)

## ④ 합격자 발표
ⓐ 시험 종료 후 시험 시행 장소에서 합격자 발표
ⓑ 합격 판정 : 100점 기준으로 60점 이상을 얻어야 함

## ⑤ 합격자 법정교육
ⓐ 교육대상 : 화물운송종사자격 필기시험 합격자
ⓑ 교육시간 : 8시간(화물자동차 운수사업법 시행규칙 제18조의7 제1항)
ⓒ 합격자 온라인 교육
- 온라인 교육 : 인터넷상에서 동영상을 시청하여 온라인으로 교육을 이수하는 시스템
- 교육신청 : 신청 · 조회 → 화물운송 → 교육신청 → 합격자 교육(온라인)
  ※ 교육신청 후 교육 사이트로 이동하면 '나의 강의실 → 학습현황 → 학습 중 과정'의 [화물운송종사 자격시험 합격자 온라인 교육] 과정 학습창을 클릭
ⓓ 합격자 교육준비물
- 교육수수료 : 11,500원
- 본인인증 수단

## ⑥ 자격증 교부
ⓐ 신청대상 : 화물운송종사 자격시험 필기시험에 합격 후 합격자 교육(8시간)을 모두 수료한 사람
ⓑ 신청방법
- 인터넷 신청 : 신청일로부터 5 ~ 10일 이내 수령 가능(토 · 일요일, 공휴일 제외)
- 방문 발급 : 한국교통안전공단 전국 18개 시험장 및 7개 검사소 방문 · 교부장소
ⓒ 준비물
- 자격증 교부 수수료 : 10,000원(인터넷의 경우 우편료를 포함하여 온라인 결제)
- 운전면허증(모바일 운전면허증 제외), 전체기간 운전경력증명서(시험 합격 후 7일 경과 시)
- 신청서류 : 화물운송종사 자격증 발급신청서 1부(인터넷 신청의 경우 생략)

# 1일 핵심만 콕! 콕!

**5일 완성 화물운송종사자격**  쉽고 빠르게~ 합격은 나의 것!

# 핵심만 콕! 콕!  최신 가이드북 완벽 반영한 핵심이론!

# 자주 나오는 문제  다양한 빈출문제로 출제유형 파악!

# 달달 외워서 합격  실전대비 합격문제로 마무리!

| 제1과목 | 교통 및 화물자동차 운수사업 관련 법규 | 회독 CHECK 1 2 3 |
|---|---|---|
| 제2과목 | 화물취급요령 | 회독 CHECK 1 2 3 |

쉽고 빠르게 ~ 합격은 나의 것!

# 5일 완성

## 화물운송종사자격

# 제1과목 교통 및 화물자동차 운수사업 관련 법규

## 01 도로교통법

### 1 총 칙

**(1) 정의(법 제2조)**

① 도로 : 「도로법」에 따른 도로, 「유료도로법」에 따른 유료도로, 「농어촌도로 정비법」에 따른 농어촌도로, 그 밖에 현실적으로 불특정 다수의 사람 또는 차마가 통행할 수 있도록 공개된 장소로서 안전하고 원활한 교통을 확보할 필요가 있는 장소

② 자동차전용도로 : 자동차만 다닐 수 있도록 설치된 도로

③ 고속도로 : 자동차의 고속 운행에만 사용하기 위하여 지정된 도로

④ 차도 : 연석선(차도와 보도를 구분하는 돌 등으로 이어진 선), 안전표지 또는 그와 비슷한 인공구조물을 이용하여 경계를 표시하여 모든 차가 통행할 수 있도록 설치된 도로의 부분

⑤ 중앙선 : 차마의 통행 방향을 명확하게 구분하기 위하여 도로에 황색 실선이나 황색 점선 등의 안전표지로 표시한 선 또는 중앙 분리대나 울타리 등으로 설치한 시설물, 다만 가변차로가 설치된 경우에는 신호기가 지시하는 진행방향의 가장 왼쪽에 있는 황색 점선

⑥ 차로 : 차마가 한 줄로 도로의 정하여진 부분을 통행하도록 차선으로 구분한 차도의 부분

⑦ 차선 : 차로와 차로를 구분하기 위하여 그 경계지점을 안전표지로 표시한 선

⑧ 노면전차 전용로 : 도로에서 궤도를 설치하고, 안전표지 또는 인공구조물로 경계를 표시하여 설치한 도로 또는 차로

⑨ 자전거도로 : 안전표지, 위험방지용 울타리나 그와 비슷한 인공구조물로 경계를 표시하여 자전거 및 개인형 이동장치가 통행할 수 있도록 설치된 「자전거 이용 활성화에 관한 법률」에 따른 도로

⑩ 자전거횡단도 : 자전거 및 개인형 이동장치가 일반도로를 횡단할 수 있도록 안전표지로 표시한 도로의 부분

⑪ 보도 : 연석선, 안전표지나 그와 비슷한 인공구조물로 경계를 표시하여 보행자(유모차, 보행보조용 의자차, 노약자용 보행기 등 행정안전부령으로 정하는 기구·장치를 이용하여 통행하는 사람 및 실외이동로봇을 포함)가 통행할 수 있도록 한 도로의 부분

⑫ 길가장자리구역 : 보도와 차도가 구분되지 아니한 도로에서 보행자의 안전을 확보하기 위하여 안전표지 등으로 경계를 표시한 도로의 가장자리 부분

⑬ 횡단보도 : 보행자가 도로를 횡단할 수 있도록 안전표지로 표시한 도로의 부분

⑭ 교차로 : '십'자로, 'T'자로나 그 밖에 둘 이상의 도로(보도와 차도가 구분되어 있는 도로에서는 차도)가 교차하는 부분

⑮ 회전교차로 : 교차로 중 차마가 원형의 교통섬(차마의 안전하고 원활한 교통처리나 보행자 도로횡단의 안전을 확보하기 위하여 교차로 또는 차도의 분기점 등에 설치하는 섬 모양의 시설을 말한다)을 중심으로 반시계방향으로 통행하도록 한 원형의 도로

⑯ 안전지대 : 도로를 횡단하는 보행자나 통행하는 차마의 안전을 위하여 안전표지나 이와 비슷한 인공구조물로 표시한 도로의 부분

⑰ 신호기 : 도로교통에서 문자·기호 또는 등화를 사용하여 진행·정지·방향전환·주의 등의 신호를 표시하기 위하여 사람이나 전기의 힘으로 조작하는 장치

⑱ 안전표지 : 교통안전에 필요한 주의·규제·지시 등을 표시하는 표지판이나 도로의 바닥에 표시하는 기호·문자 또는 선 등

⑲ 차마 : 다음의 차와 우마

ⓐ 차 : 자동차, 건설기계, 원동기장치자전거, 자전거, 사람 또는 가축의 힘이나 그 밖의 동력(動力)으로 도로에서 운전되는 것. 다만, 철길이나 가설(架設)된 선을 이용하여 운전되는 것, 유모차, 보행보조용 의자차, 노약자용 보행기, 실외이동로봇 등 행정안전부령으로 정하는 기구·장치는 제외

ⓑ 우마 : 교통이나 운수(運輸)에 사용되는 가축

⑳ 노면전차 : 「도시철도법」에 따른 노면전차로서 도로에서 궤도를 이용하여 운행되는 차

㉑ 자동차 : 철길이나 가설된 선을 이용하지 아니하고 원동기를 사용하여 운전되는 차(견인되는 자동차도 자동차의 일부로 본다)

ⓐ 「자동차관리법」에 따른 승용자동차, 승합자동차, 화물자동차, 특수자동차, 이륜자동차(원동기장치자전거 제외)

ⓑ 「건설기계관리법」에 따른 건설기계[덤프트럭, 아스팔트살포기, 노상안정기, 콘크리트믹서트럭, 콘크리트펌프, 천공기(트럭 적재식) 등]

㉒ 자율주행시스템 : 「자율주행자동차 상용화 촉진 및 지원에 관한 법률」에 따른 자율주행시스템을 말한다. 이 경우 그 종류는 완전자율주행시스템, 부분 자율주행시스템 등 행정안전부령으로 정하는 바에 따라 세분할 수 있다.

㉓ 자율주행자동차 : 「자동차관리법」에 따른 자율주행자동차로서 자율주행시스템을 갖추고 있는 자동차를 말한다.

㉔ 원동기장치자전거 : 다음의 어느 하나에 해당하는 차

ⓐ 「자동차관리법」에 따른 이륜자동차 가운데 배기량 125cc 이하(전기를 동력으로 하는 경우에는 최고정격출력 11kW 이하)의 이륜자동차

ⓑ 그 밖에 배기량 125cc 이하(전기를 동력으로 하는 경우에는 최고정격출력 11kW 이하)의 원동기를 단 차(「자전거 이용 활성화에 관한 법률」에 따른 전기자전거 및 실외이동로봇은 제외)

㉕ 개인형 이동장치 : ㉔ⓑ의 원동기장치자전거 중 25km/h 이상으로 운행할 경우 전동기가 작동하지 아니하고 차체중량이 30kg 미만인 것으로서 행정안전부령으로 정하는 것

㉖ 자전거 등 : 자전거와 개인형 이동장치

㉗ 자동차 등 : 자동차와 원동기장치자전거

㉘ 자전거 : 자전거 이용 활성화에 관한 법률 제2조 제1호 및 제1호의2에 따른 자전거 및 전기자전거

㉙ **실외이동로봇** : 「지능형 로봇 개발 및 보급 촉진법」에 따른 지능형 로봇 중 행정안전부령으로 정하는 것

㉚ **긴급자동차** : 다음의 자동차로서 그 본래의 긴급한 용도로 사용되고 있는 자동차
  ㉠ 소방차
  ㉡ 구급차
  ㉢ 혈액 공급차량
  ㉣ 그 밖에 대통령령으로 정하는 자동차

㉛ **어린이통학버스** : 다음의 시설 가운데 어린이(13세 미만인 사람)를 교육 대상으로 하는 시설에서 어린이의 통학 등에 이용되는 자동차와 「여객자동차 운수사업법」에 따른 여객자동차운송사업의 한정면허를 받아 어린이를 여객대상으로 하여 운행되는 운송사업용 자동차
  ㉠ 「유아교육법」에 따른 유치원 및 유아교육진흥원, 「초·중등교육법」에 따른 초등학교, 특수학교, 대안학교 및 외국인학교
  ㉡ 「영유아보육법」에 따른 어린이집
  ㉢ 「학원의 설립·운영 및 과외교습에 관한 법률」에 따라 설립된 학원 및 교습소
  ㉣ 「체육시설의 설치·이용에 관한 법률」에 따라 설립된 체육시설
  ㉤ 「아동복지법」에 따른 아동복지시설(아동보호전문기관은 제외)
  ㉥ 「청소년활동 진흥법」에 따른 청소년수련시설
  ㉦ 「장애인복지법」에 따른 장애인복지시설(장애인 직업재활시설은 제외)
  ㉧ 「도서관법」에 따른 공공도서관
  ㉨ 「평생교육법」에 따른 시·도평생교육진흥원 및 시·군·구평생학습관
  ㉩ 「사회복지사업법」에 따른 사회복지시설 및 사회복지관

㉜ **주차** : 운전자가 승객을 기다리거나 화물을 싣거나 차가 고장 나거나 그 밖의 사유로 차를 계속 정지 상태에 두는 것 또는 운전자가 차에서 떠나서 즉시 그 차를 운전할 수 없는 상태에 두는 것

㉝ **정차** : 운전자가 5분을 초과하지 아니하고 차를 정지시키는 것으로서 주차 외의 정지 상태

㉞ **운전** : 도로(술에 취한 상태에서의 운전금지, 과로한 때 등의 운전금지, 사고 발생시의 조치 등은 도로 외의 곳을 포함)에서 차마 또는 노면전차를 그 본래의 사용방법에 따라 사용하는 것(조종 또는 자율주행시스템을 사용하는 것을 포함)

㉟ **초보운전자** : 처음 운전면허를 받은 날(처음 운전면허를 받은 날부터 2년이 지나기 전에 운전면허의 취소처분을 받은 경우에는 그 후 다시 운전면허를 받은 날을 말한다)부터 2년이 지나지 아니한 사람을 말한다. 이 경우 원동기장치자전거면허만 받은 사람이 원동기장치자전거면허 외의 운전면허를 받은 경우에는 처음 운전면허를 받은 것으로 본다.

㊱ **서행** : 운전자가 차 또는 노면전차를 즉시 정지시킬 수 있는 정도의 느린 속도로 진행하는 것

㊲ **앞지르기** : 차의 운전자가 앞서가는 다른 차의 옆을 지나서 그 차의 앞으로 나가는 것

㊳ **일시정지** : 차 또는 노면전차의 운전자가 그 차 또는 노면전차의 바퀴를 일시적으로 완전히 정지시키는 것

㊴ **보행자전용도로** : 보행자만 다닐 수 있도록 안전표지나 그와 비슷한 인공구조물로 표시한 도로

㊵ **보행자우선도로** : 「보행안전 및 편의증진에 관한 법률」에 따른 보행자우선도로

㊶ **자동차운전학원** : 자동차 등의 운전에 관한 지식·기능을 교육하는 시설로서 다음의 시설 외의 시설
  ㉠ 교육 관계 법령에 따른 학교에서 소속 학생 및 교직원의 연수를 위하여 설치한 시설
  ㉡ 사업장 등의 시설로서 소속 직원의 연수를 위한 시설
  ㉢ 전산장치에 의한 모의운전 연습시설
  ㉣ 지방자치단체 등이 신체장애인의 운전교육을 위하여 설치하는 시설 가운데 시·도경찰청장이 인정하는 시설
  ㉤ 대가(代價)를 받지 아니하고 운전교육을 하는 시설
  ㉥ 운전면허를 받은 사람을 대상으로 다양한 운전경험을 체험할 수 있도록 하기 위하여 도로가 아닌 장소에서 운전교육을 하는 시설

㊷ **모범운전자** : 무사고운전자 또는 유공운전자의 표시장을 받거나 2년 이상 사업용 자동차 운전에 종사하면서 교통사고를 일으킨 전력이 없는 사람으로서 경찰청장이 정하는 바에 따라 선발되어 교통안전 봉사활동에 종사하는 사람

㊸ **음주운전 방지장치** : 술에 취한 상태에서 자동차 등을 운전하려는 경우 시동이 걸리지 아니하도록 하는 것으로서 행정안전부령으로 정하는 것

**(2) 도로의 개념(법 제2조 제1호)**

① 「도로법」에 따른 도로 : 차도, 보도, 자전거도로, 측도, 터널, 교량, 육교 등 대통령령으로 정하는 시설로 구성된 것으로서 고속국도, 일반국도, 특별시도·광역시도, 지방도, 시도, 군도, 구도를 말하며, 도로의 부속물을 포함한다.

② 「유료도로법」에 따른 유료도로 : 「유료도로법」에 따라 통행료 또는 사용료를 받는 도로와 「사회기반시설에 대한 민간투자법」에 따라 통행료 또는 사용료를 받는 도로(민자도로)를 말한다.

③ 「농어촌도로 정비법」에 따른 농어촌도로 : 「도로법」에 규정되지 아니한 도로(읍 또는 면 지역의 도로만 해당)로서 농어촌지역 주민의 교통 편익과 생산·유통활동 등에 공용(共用)되는 공로(公路) 중 도로의 종류·시설기준 및 도로기본계획의 수립에 따라 고시된 도로를 말한다.
  ㉠ 면도 : 군도(郡道) 및 그 상위 등급의 도로(군도 이상의 도로)와 연결되는 읍·면 지역의 기간(基幹)도로
  ㉡ 이도 : 군도 이상의 도로 및 면도와 갈라져 마을 간이나 주요 산업단지 등과 연결되는 도로
  ㉢ 농도 : 경작지 등과 연결되어 농어민의 생산활동에 직접 공용되는 도로

④ 그 밖에 현실적으로 불특정 다수의 사람 또는 차마가 통행할 수 있도록 공개된 장소로서 안전하고 원활한 교통을 확보할 필요가 있는 장소를 말한다.

## 2 신호기 및 안전표지

(1) 신호기가 표시하는 신호의 종류 및 신호의 뜻(시행규칙 별표 2)

| 구 분 | 신호의 종류 | 신호의 뜻 |
|---|---|---|
| 차량 신호등 | 원형 등화 | **녹색의 등화** | 1. 차마는 직진 또는 우회전할 수 있다.<br>2. 비보호좌회전표지 또는 비보호좌회전표 시가 있는 곳에서는 좌회전할 수 있다. |
| | | **황색의 등화** | 1. 차마는 정지선이 있거나 횡단보도가 있을 때에는 그 직전이나 교차로의 직전에 정지하여야 하며, 이미 교차로에 차마의 일부라도 진입한 경우에는 신속히 교차로 밖으로 진행하여야 한다.<br>2. 차마는 우회전할 수 있고 우회전하는 경우에는 보행자의 횡단을 방해하지 못한다. |
| | | **적색의 등화** | 1. 차마는 정지선, 횡단보도 및 교차로의 직전에서 정지해야 한다.<br>2. 차마는 우회전하려는 경우 정지선, 횡단보도 및 교차로의 직전에서 정지한 후 신호에 따라 진행하는 다른 차마의 교통을 방해하지 않고 우회전할 수 있다.<br>3. 2.에도 불구하고 차마는 우회전 삼색등이 적색의 등화인 경우 우회전할 수 없다. |
| | | **황색 등화의 점멸** | 차마는 다른 교통 또는 안전표지의 표시에 주의하면서 진행할 수 있다. |
| | | **적색 등화의 점멸** | 차마는 정지선이나 횡단보도가 있을 때에는 그 직전이나 교차로의 직전에 일시정지한 후 다른 교통에 주의하면서 진행할 수 있다. |
| | 화살표 등화 | **녹색화살표의 등화** | 차마는 화살표시 방향으로 진행할 수 있다. |
| | | **황색화살표의 등화** | 화살표시 방향으로 진행하려는 차마는 정지선이 있거나 횡단보도가 있을 때에는 그 직전이나 교차로의 직전에 정지하여야 하며, 이미 교차로에 차마의 일부라도 진입한 경우에는 신속히 교차로 밖으로 진행하여야 한다. |
| | | **적색화살표의 등화** | 화살표시 방향으로 진행하려는 차마는 정지선, 횡단보도 및 교차로의 직전에서 정지하여야 한다. |
| | | **황색화살표 등화의 점멸** | 차마는 다른 교통 또는 안전표지의 표시에 주의하면서 화살표시 방향으로 진행할 수 있다. |
| | | **적색화살표 등화의 점멸** | 차마는 정지선이나 횡단보도가 있을 때에는 그 직전이나 교차로의 직전에 일시정지한 후 다른 교통에 주의하면서 화살표시 방향으로 진행할 수 있다. |
| | 사각형 등화 | **녹색화살표의 등화(하향)** | 차마는 화살표로 지정한 차로로 진행할 수 있다. |
| | | **적색 ×표 표시의 등화** | 차마는 ×표가 있는 차로로 진행할 수 없다. |
| | | **적색 ×표 표시 등화의 점멸** | 차마는 ×표가 있는 차로로 진입할 수 없고, 이미 차마의 일부라도 진입한 경우에는 신속히 그 차로 밖으로 진로를 변경하여야 한다. |
| 보행 신호등 | | **녹색의 등화** | 보행자는 횡단보도를 횡단할 수 있다. |
| | | **녹색 등화의 점멸** | 보행자는 횡단을 시작하여서는 아니 되고, 횡단하고 있는 보행자는 신속하게 횡단을 완료하거나 그 횡단을 중지하고 보도로 되돌아와야 한다. |
| | | **적색의 등화** | 보행자는 횡단보도를 횡단하여서는 아니 된다. |

| 구 분 | 신호의 종류 | 신호의 뜻 |
|---|---|---|
| 자전거 신호등 | 자전거 주행 신호등 | **녹색의 등화** | 자전거 등은 직진 또는 우회전할 수 있다. |
| | | **황색의 등화** | 1. 자전거 등은 정지선이 있거나 횡단보도가 있을 때에는 그 직전이나 교차로의 직전에 정지해야 하며, 이미 교차로에 차마의 일부라도 진입한 경우에는 신속히 교차로 밖으로 진행해야 한다.<br>2. 자전거 등은 우회전할 수 있고 우회전하는 경우에는 보행자의 횡단을 방해하지 못한다. |
| | | **적색의 등화** | 1. 자전거 등은 정지선, 횡단보도 및 교차로의 직전에서 정지해야 한다.<br>2. 자전거 등은 우회전하려는 경우 정지선, 횡단보도 및 교차로의 직전에서 정지한 후 신호에 따라 진행하는 다른 차마의 교통을 방해하지 않고 우회전할 수 있다.<br>3. 2.에도 불구하고 자전거 등은 우회전 삼색 등이 적색의 등화인 경우 우회전할 수 없다. |
| | | **황색 등화의 점멸** | 자전거 등은 다른 교통 또는 안전표지의 표시에 주의하면서 진행할 수 있다. |
| | | **적색 등화의 점멸** | 자전거 등은 정지선이나 횡단보도가 있는 때에는 그 직전이나 교차로의 직전에 일시정지한 후 다른 교통에 주의하면서 진행할 수 있다. |
| | 자전거 횡단 신호등 | **녹색의 등화** | 자전거 등은 자전거횡단도를 횡단할 수 있다. |
| | | **녹색 등화의 점멸** | 자전거 등은 횡단을 시작해서는 안 되고, 횡단하고 있는 자전거 등은 신속하게 횡단을 종료하거나 그 횡단을 중지하고 진행하던 차도 또는 자전거도로로 되돌아와야 한다. |
| | | **적색의 등화** | 자전거 등은 자전거횡단도를 횡단해서는 안 된다. |
| 버스 신호등 | | **녹색의 등화** | 버스전용차로에 차마는 직진할 수 있다. |
| | | **황색의 등화** | 버스전용차로에 있는 차마는 정지선이 있거나 횡단보도가 있을 때에는 그 직전이나 교차로의 직전에 정지하여야 하며, 이미 교차로에 차마의 일부라도 진입한 경우에는 신속히 교차로 밖으로 진행하여야 한다. |
| | | **적색의 등화** | 버스전용차로에 있는 차마는 정지선, 횡단보도 및 교차로의 직전에서 정지하여야 한다. |
| | | **황색 등화의 점멸** | 버스전용차로에 있는 차마는 다른 교통 또는 안전표지의 표시에 주의하면서 진행할 수 있다. |
| | | **적색 등화의 점멸** | 버스전용차로에 있는 차마는 정지선이나 횡단보도가 있을 때에는 그 직전이나 교차로의 직전에 일시정지한 후 다른 교통에 주의하면서 진행할 수 있다. |

| 구 분 | 신호의 종류 | 신호의 뜻 |
|---|---|---|
| 노면전차 신호등 | 황색 T자형의 등화 | 노면전차가 직진 또는 좌회전·우회전할 수 있는 등화가 점등될 예정이다. |
| | 황색 T자형 등화의 점멸 | 노면전차가 직진 또는 좌회전·우회전할 수 있는 등화의 점등이 임박하였다. |
| | 백색 가로 막대형의 등화 | 노면전차는 정지선, 횡단보도 및 교차로의 직전에서 정지해야 한다. |
| | 백색 가로 막대형 등화의 점멸 | 노면전차는 정지선이나 횡단보도가 있는 경우에는 그 직전이나 교차로의 직전에 일시정지한 후 다른 교통에 주의하면서 진행할 수 있다. |
| | 백색 점형의 등화 | 노면전차는 정지선이 있거나 횡단보도가 있는 경우에는 그 직전이나 교차로의 직전에 정지해야 하며, 이미 교차로에 노면전차의 일부가 진입한 경우에는 신속하게 교차로 밖으로 진행해야 한다. |
| | 백색 점형 등화의 점멸 | 노면전차는 다른 교통 또는 안전표지의 표시에 주의하면서 진행할 수 있다. |
| | 백색 세로 막대형의 등화 | 노면전차는 직진할 수 있다. |
| | 백색 사선 막대형의 등화 | 노면전차는 백색사선막대의 기울어진 방향으로 좌회전 또는 우회전할 수 있다. |

비 고
1. 자전거 등을 주행하는 경우 자전거주행신호등이 설치되지 않은 장소에서는 차량신호등의 지시에 따른다.
2. 자전거횡단도에 자전거횡단신호등이 설치되지 않은 경우 자전거 등은 보행신호등의 지시에 따른다. 이 경우 보행신호등란의 "보행자"는 "자전거 등"으로 본다.
3. 우회전하려는 차마는 우회전 삼색등이 있는 경우 다른 신호등에도 불구하고 이에 따라야 한다.

**(2) 안전표지의 종류(시행규칙 제8조, 별표 6)**

① 주의표지 : 도로 상태가 위험하거나 도로 또는 그 부근에 위험물이 있는 경우에 필요한 안전 조치를 할 수 있도록 이를 도로 사용자에게 알리는 표지

| 종 류 | 표시하는 뜻 | 종 류 | 표시하는 뜻 |
|---|---|---|---|
| +자형 교차로 | +자형 교차로가 있음을 알리는 것 | T자형 교차로 | T자형 교차로가 있음을 알리는 것 |
| Y자형 교차로 | Y자형 교차로가 있음을 알리는 것 | ㅏ자형 교차로 | ㅏ자형 교차로가 있음을 알리는 것 |
| ㅓ자형 교차로 | ㅓ자형 교차로가 있음을 알리는 것 | 우선 도로 | 우선 도로에서 우선 도로가 아닌 도로와 교차함을 알리는 것 |
| 우합류 도로 | 우합류 도로가 있음을 알리는 것 | 좌합류 도로 | 좌합류 도로가 있음을 알리는 것 |
| 회전형 교차로 | 회전형 교차로가 있음을 알리는 것 | 철길건널목 | 철길건널목이 있음을 알리는 것 |
| 우로 굽은 도로 | 우로 굽은 도로가 있음을 알리는 것 | 좌로 굽은 도로 | 좌로 굽은 도로가 있음을 알리는 것 |
| 우좌로 이중굽은 도로 | 우좌로 이중굽은 도로가 있음을 알리는 것 | 좌우로 이중굽은 도로 | 좌우로 이중굽은 도로가 있음을 알리는 것 |
| 2방향 통행 | 2방향 통행이 실시됨을 알리는 것 | 오르막 경사 | 오르막 경사가 있음을 알리는 것 |
| 내리막 경사 | 내리막 경사가 있음을 알리는 것 | 도로 폭이 좁아짐 | 도로의 폭이 좁아짐을 알리는 것 |
| 우측 차로 없어짐 | 우측 차로의 없어짐을 알리는 것 | 좌측 차로 없어짐 | 좌측 차로의 없어짐을 알리는 것 |
| 우측방 통행 | 도로의 우측 방향으로 통행하여야 할 지점이 있음을 알리는 것 | 양측방 통행 | 동일방향 통행도로에서 양측 방향으로 통행하여야 할 지점이 있음을 알리는 것 |

| 종 류 | 표시하는 뜻 | 종 류 | 표시하는 뜻 |
|---|---|---|---|
| 중앙분리대 시작 | 중앙분리대가 시작됨을 알리는 것 | 중앙분리대 끝남 | 중앙분리대가 끝남을 알리는 것 |
| 신호기 | 신호기가 있음을 알리는 것 | 미끄러운 도로 | 자동차 등이 미끄러지기 쉬운 곳임을 알리는 것 |
| 강변도로 | 도로의 일변이 강변, 해변, 계곡 등 추락 위험지점임을 알리는 것 | 노면 고르지 못함 | 노면이 고르지 못함을 알리는 것 |
| 과속방지턱, 고원식 횡단보도, 고원식 교차로 | 과속방지턱, 고원식 횡단보도, 고원식 교차로가 있음을 알리는 것 | 낙석도로 | 낙석의 우려가 있는 장소가 있음을 알리는 것 |
| 횡단보도 | 횡단보도가 있음을 알리는 것 | 어린이보호 | • 어린이 또는 영유아의 통행로나 횡단보도가 있음을 알리는 것<br>• 학교, 유치원 등의 통학, 통원로 및 어린이 놀이터 등 어린이 보호지점 및 어린이 보호구역이 부근에 있음을 알리는 것 |
| 자전거 | 자전거 등의 통행이 많은 지점이 있음을 알리는 것 | 도로공사중 | 도로상이나 도로변에서 공사나 작업을 하고 있음을 알리는 것 |
| 비행기 | 비행기가 이착륙하는 지점이 있음을 알리는 것 | 횡풍 | 강한 횡풍의 우려가 있는 지점이 있음을 알리는 것 |
| 터널 | 터널이 있음을 알리는 것 | 교량 | 교량이 있음을 알리는 것 |
| 야생동물보호 | 야생동물의 보호지역임을 알리는 것 | 위험 | 도로교통상 각종 위험이 있음을 알리는 것 |
| 상습정체구간 | 상습정체구간임을 알리는 것 | 노면전차주의 | 차마와 노면전차가 교차하는 지점이 있음을 알리는 것 |

② 규제표지 : 도로교통의 안전을 위하여 각종 제한·금지 등의 규제를 하는 경우에 이를 도로사용자에게 알리는 표지

| 종 류 | 표시하는 뜻 | 종 류 | 표시하는 뜻 |
|---|---|---|---|
| 통행금지 | 보행자 및 차마 등의 통행을 금지하는 것 | 자동차 통행금지 | 자동차의 통행을 금지하는 것 |
| 화물자동차 통행금지 | 화물자동차의 통행을 금지하는 것 | 승합자동차 통행금지 | 승합자동차(승차정원 30명 이상인 것)의 통행을 금지하는 것 |
| 이륜자동차 및 원동기장치자전거 통행금지 | 이륜자동차 및 원동기장치자전거의 통행을 금지하는 것 | 자동차·이륜자동차 및 원동기장치자전거 통행금지 | • 자동차·이륜자동차 및 원동기장치자전거의 통행을 금지하는 것<br>• 2개 차종의 통행을 금지할 때는 해당 차종을 표시한다. |
| 경운기·트랙터 및 손수레 통행금지 | 경운기·트랙터 및 손수레의 통행을 금지하는 것 | 자전거 통행금지 | 자전거 등의 통행을 금지하는 것 |
| 진입금지 | 차의 진입을 금지하는 것 | 직진금지 | 차의 직진을 금지하는 것 |
| 우회전금지 | 차가 우회전하는 것을 금지하는 것 | 좌회전금지 | 차가 좌회전하는 것을 금지하는 것 |
| 유턴금지 | 차마의 유턴을 금지하는 것 | 앞지르기금지 | 차의 앞지르기를 금지하는 것 |
| 정차·주차금지 | 차의 정차 및 주차를 금지하는 것 | 주차금지 | 차의 주차를 금지하는 것 |
| 차중량제한 5.5t | 표지판에 표시한 중량을 초과하는 차의 통행을 제한하는 것 | 차높이제한 3.5m | 표지판에 표시한 높이를 초과하는 차(적재한 화물의 높이를 포함)의 통행을 제한하는 것 |
| 차폭제한 2.2m | 표지판에 표시한 폭이 초과된 차(적재한 화물의 폭을 포함)의 통행을 제한하는 것 | 차간거리확보 50m | 표지판에 표시된 차간거리 이상 확보할 것을 지시하는 것 |

| 종 류 | 표시하는 뜻 | 종 류 | 표시하는 뜻 |
|---|---|---|---|
| 최고속도제한 (50) | 표지판에 표시한 속도로 자동차 등의 최고속도를 지정하는 것 | 최저속도제한 (30) | 표지판에 표시한 속도로 자동차 등의 최저속도를 지정하는 것 |
| 서 행 (천천히 SLOW) | 차가 서행하여야 할 장소임을 지정하는 것 | 일시정지 (정지 STOP) | 차가 일시정지하여야 할 장소임을 지정하는 것 |
| 양 보 (양보 YIELD) | 차가 도로를 양보할 장소임을 지정하는 것 | 보행자 보행금지 | 보행자의 보행을 금지하는 것 |
| 위험물적재차량 통행금지 | 위험물 적재 차량의 통행을 금지하는 것 | 개인형 이동장치 통행금지 | 개인형 이동장치의 통행을 금지하는 것 |
| 이륜자동차·원동기장치자전거 및 개인형 이동장치 통행금지 | 이륜자동차·원동기장치자전거 및 개인형 이동장치의 통행을 금지하는 것 | | |

③ **지시표지** : 도로의 통행방법·통행구분 등 도로교통의 안전을 위하여 필요한 지시를 하는 경우에 도로사용자가 이를 따르도록 알리는 표지

| 종 류 | 표시하는 뜻 | 종 류 | 표시하는 뜻 |
|---|---|---|---|
| 자동차 전용도로 | 자동차 전용도로 또는 전용구역임을 지시하는 것 | 자전거 전용 도로 | 자전거 전용도로 또는 전용 구간임을 지시하는 것 |
| 자전거·보행자 겸용도로 | 자전거·보행자 겸용도로임을 지시하는 것 | 회전교차로 | 표지판의 화살표 방향으로 자동차가 회전 진행할 것을 지시하는 것 |
| 직 진 | 차가 직진할 것을 지시하는 것 | 우회전 | 차가 우회전할 것을 지시하는 것 |
| 좌회전 | 차가 좌회전할 것을 지시하는 것 | 직진 및 우회전 | 차가 직진 또는 우회전할 것을 지시하는 것 |

| 종 류 | 표시하는 뜻 | 종 류 | 표시하는 뜻 |
|---|---|---|---|
| 직진 및 좌회전 | 차가 직진 또는 좌회전할 것을 지시하는 것 | 좌회전 및 유턴 | 차가 좌회전 또는 유턴할 것을 지시하는 것 |
| 좌우회전 | 차가 우회전 또는 좌회전할 것을 지시하는 것 | 유 턴 | 차마가 유턴할 것을 지시하는 것 |
| 양측방 통행 | 차가 양측 방향으로 통행할 것을 지시하는 것 | 우측면 통행 | 차가 우측면으로 통행할 것을 지시하는 것 |
| 좌측면 통행 | 차가 좌측면으로 통행할 것을 지시하는 것 | 진행방향별 통행구분 | 차가 좌회전, 직진 또는 우회전할 것을 지시하는 것 |
| 우회로 | 차의 좌회전이 금지된 지역에서 우회도로로 통행할 것을 지시하는 것 | 자전거 및 보행자 통행구분도로 | 자전거·보행자 겸용도로에서 자전거 등과 보행자를 구분하여 통행하도록 지시하는 것 |
| 자전거 전용차로 | 자전거 등만 통행하도록 지시하는 것 | 주차장 | 주차장이 있음을 알리는 것 |
| 자전거 주차장 | 자전거 주차장이 있음을 알리고 자전거 주차장에 주차하도록 지시하는 것 | 보행자 전용도로 | 보행자 전용도로임을 지시하는 것 |
| 횡단보도 | 보행자가 횡단보도로 통행할 것을 지시하는 것 | 노인보호 (노인보호구역 안) | 노인보호구역 안에서 노인의 보호를 지시하는 것 |
| 어린이보호 (어린이보호구역 안) | 어린이보호구역 안에서 어린이 또는 영유아의 보호를 지시하는 것 | 장애인보호 (장애인보호구역 안) | 장애인보호구역 안에서 장애인의 보호를 지시하는 것 |
| 자전거 횡단도 | 자전거 등의 횡단도임을 지시하는 것 | 우측 일방통행 | 우측방향으로만 진행할 수 있는 일방통행임을 지시하는 것 |

| 종류 | 표시하는 뜻 | 종류 | 표시하는 뜻 |
|---|---|---|---|
| 일방통행 ← / 좌측 일방통행 | 좌측 방향으로만 진행할 수 있는 일방통행임을 지시하는 것 | 일방통행 ↑ / 전방 일방통행 | 전방으로만 진행할 수 있는 일방통행임을 지시하는 것 |
| 비보호 / 비보호 좌회전 | 진행신호 시 반대 방면에서 오는 차량에 방해가 되지 아니하도록 좌회전을 조심스럽게 할 수 있다는 것 | 전용 / 버스전용차로 | 버스전용차로로 통행차만 통행할 수 있음을 알리는 것 |
| 다인승 전용 / 다인승차량 전용차로 | 다인승차량(3인 이상이 승차한 승합자동차·승용자동차를 말한다)만이 통행할 수 있음을 표시하는 것 | 통행우선 | 백색 화살표 방향으로 진행하는 차량이 우선 통행할 수 있도록 표시하는 것 |
| 자전거 나란히 통행 허용 | 자전거도로에서 2대 이상 자전거 등의 나란히 통행을 허용하는 것 | 전용 / 노면전차 전용도로 | 노면전차만 통행할 수 있는 전용도로임을 알리는 것 |
| 전용 / 노면전차 전용차로 | 노면전차만 통행할 수 있는 전용차로임을 알리는 것 | P 개인형 이동장치 주차 / 개인형 이동장치 주차장 | 개인형 이동장치 주차장이 있음을 알리고 개인형 이동장치 주차장에 주차하도록 지시하는 것 |
| P 5분 통학버스승하차 / 어린이 통학버스 승하차 | 어린이 보호구역에서 어린이통학버스가 어린이 승하차를 위해 표시판에 표시된 시간동안 정차 및 주차할 수 있도록 지시하는 것 | P5분 어린이승하차 / 어린이 승하차 | 어린이 보호구역에서 어린이통학버스와 자동차 등이 어린이 승하차를 위해 표지판에 표시된 시간동안 정차 및 주차할 수 있도록 지시하는 것 |
| 보행자우선도로 / 보행자 우선도로 | 보행자 우선도로임을 지시하는 것 | 도시부 / 도시부 | 「국토의 계획 및 이용에 관한 법률」에 따른 주거지역·상업지역·공업지역 내(이하 이 표에서 "도시부"라 한다)의 도로임을 알리는 것 |

④ 보조표지 : 주의표지·규제표지 또는 지시표지의 주기능을 보충하여 도로사용자에게 알리는 표지

| 100m앞부터 | 여기부터 500m | 시내전역 | 일요일·공휴일제외 |
|---|---|---|---|
| 거 리 | 거 리 | 구 역 | 일 자 |
| 08:00~20:00 | 1시간이내 차둘수있음 | 적신호시 | 우회전 신호등 |
| 시 간 | 시 간 | 신호등화상태 | 우회전 신호등 |
| 버스전용 서울역 방향 | 보행신호 연장시스템 / 보행자 작동신호기 | 앞에 우선도로 | 안전속도 30 |
| 신호등 방향 | 신호등 보조장치 | 전방우선도로 | 안전속도 |
| 안개지역 | (눈사람·우산) | 차로엄수 | 건너가지마시오 |
| 기상상태 | 노면상태 | 교통규제 | 통행규제 |

| 승용차에 한함 | 속도를줄이시오 | 충 돌 주 의 | 터널길이 258m |
|---|---|---|---|
| 차량한정 | 통행주의 | 충돌주의 | 표지설명 |
| 구간시작 ← 200m | 구 간 내 ↔ 400m | 구 간 끝 → 600m | → |
| 구간 시작 | 구간 내 | 구간 끝 | 우방향 |
| ← | 전방 50M ↑ | 3.5t | ▶ 3.5m ◀ |
| 좌방향 | 전 방 | 중 량 | 노 폭 |
| 100m | 해 제 | 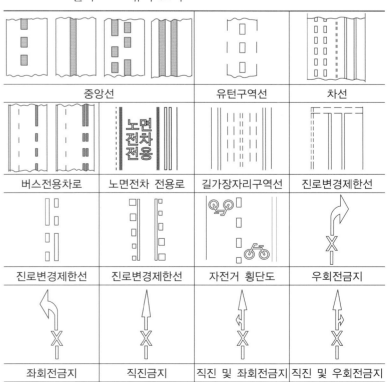 견인지역 | |
| 거 리 | 해 제 | 견인지역 | |

⑤ 노면표시

㉠ 도로교통의 안전을 위하여 각종 주의·규제·지시 등의 내용을 노면에 기호·문자 또는 선으로 도로사용자에게 알리는 표지

㉡ 노면표시에 사용되는 각종 선에서 점선은 허용, 실선은 제한, 복선은 의미의 강조를 나타낸다.

㉢ 노면표시는 다음의 구분에 따른 색채로 표시한다.

• 노란색 : 중앙선 표시, 주차금지 표시, 정차·주차금지 표시, 정차금지지대 표시, 보호구역 기점·종점 표시의 테두리와 어린이 보호구역 횡단보도 및 안전지대 중 양방향 교통을 분리하는 표시

• 파란색 : 전용차로 표시 및 노면전차전용도로 표시

• 빨간색 또는 흰색 : 도로교통법 시행령에 따라 설치하는 소방시설 주변 정차·주차금지 표시 및 보호 구역(어린이·노인·장애인) 또는 주거지역 안에 설치하는 속도제한 표시의 테두리선

• 분홍색, 연한녹색 또는 녹색 : 노면색깔 유도선 표시

• 흰색 : 그 밖의 표시

| 중앙선 | 유턴구역선 | 차선 | |
|---|---|---|---|
| 버스전용차로 | 노면전차 전용로 | 길가장자리구역선 | 진로변경제한선 |
| 진로변경제한선 | 진로변경제한선 | 자전거 횡단도 | 우회전금지 |
| 좌회전금지 | 직진금지 | 직진 및 좌회전금지 | 직진 및 우회전금지 |

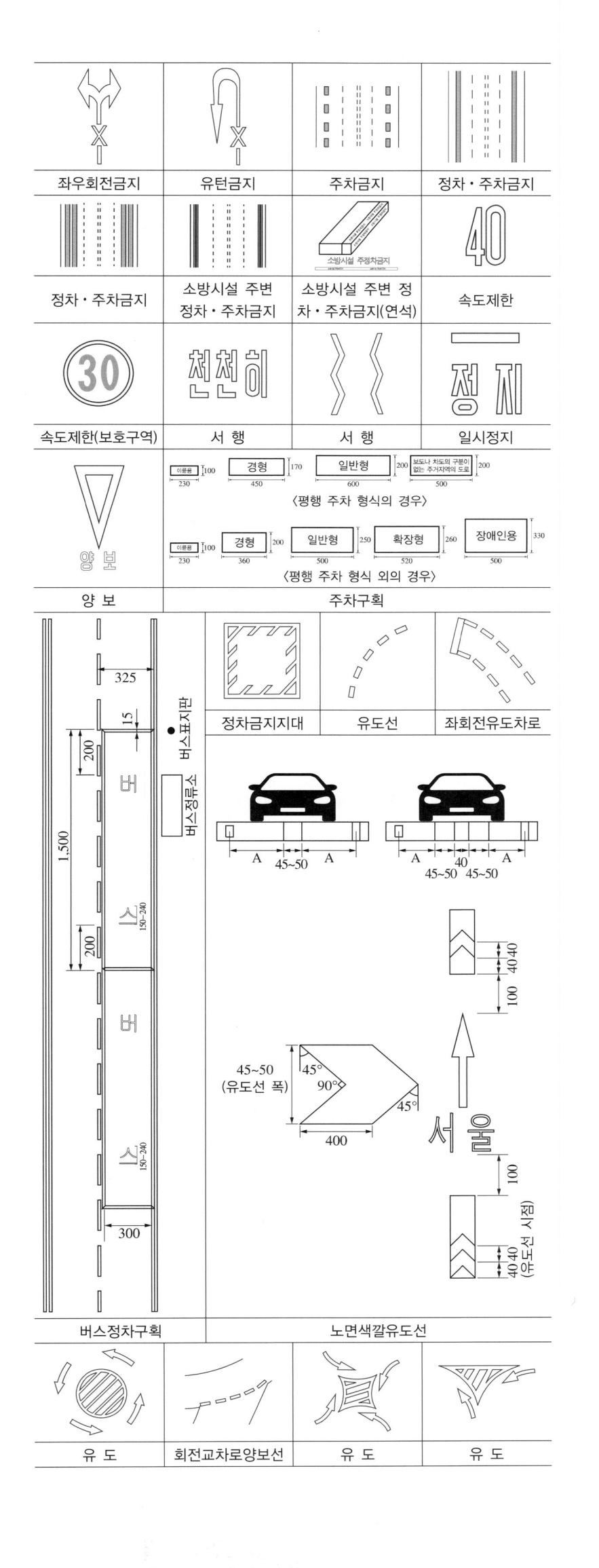

| | | | |
|---|---|---|---|
| 좌우회전금지 | 유턴금지 | 주차금지 | 정차·주차금지 |
| 정차·주차금지 | 소방시설 주변 정차·주차금지 | 소방시설 주변 정차·주차금지(연석) | 속도제한 |
| 속도제한(보호구역) | 서 행 | 서 행 | 일시정지 |
| 양 보 | 주차구획 | | |
| 버스정차구획 | 노면색깔유도선 | | |
| 유 도 | 회전교차로양보선 | 유 도 | 유 도 |

| | | | |
|---|---|---|---|
| 횡단보도예고 | 정지선 | | |
| 안전지대 | | 횡단보도 | |
| 대각선 횡단보도 | 고원식 횡단보도 | 자전거 전용도로 | |
| 자전거 우선도로 | 자전거·보행자 겸용도로 | 어린이보호구역 | 노인보호구역 |
| 장애인보호구역 | 보호구역 기점 | 보호구역 종점 | |
| 진행방향 | 진행방향 | 진행방향 | 진행방향 및 방면 |
| 진행방향 및 방면 | 비보호좌회전 | 차로변경 | 오르막경사면 |
| 보행자전용도로 | 보행자우선도로 | 진입금지 | 일방통행 |
| 감속유도 | | | |

## 3 차마 및 노면전차의 통행

### (1) 차로에 따른 통행차의 기준(시행규칙 별표 9)

| 도로 | 차로 구분 | 통행할 수 있는 차종 |
|---|---|---|
| 고속도로 외의 도로 | 왼쪽 차로 | 승용자동차 및 경형·소형·중형 승합자동차 |
| | 오른쪽 차로 | 대형승합자동차, 화물자동차, 특수자동차, 건설기계, 이륜자동차, 원동기장치자전거(개인형 이동장치는 제외) |
| 고속도로 | 편도 2차로 / 1차로 | 앞지르기를 하려는 모든 자동차. 다만, 차량통행량 증가 등 도로상황으로 인하여 부득이하게 시속 80km 미만으로 통행할 수밖에 없는 경우에는 앞지르기를 하는 경우가 아니라도 통행할 수 있다. |
| | 편도 2차로 / 2차로 | 모든 자동차 |
| | 편도 3차로 이상 / 1차로 | 앞지르기를 하려는 승용자동차 및 앞지르기를 하려는 경형·소형·중형 승합자동차. 다만, 차량통행량 증가 등 도로상황으로 인하여 부득이하게 시속 80km 미만으로 통행할 수밖에 없는 경우에는 앞지르기를 하는 경우가 아니라도 통행할 수 있다. |
| | 편도 3차로 이상 / 왼쪽 차로 | 승용자동차 및 경형·소형·중형 승합자동차 |
| | 편도 3차로 이상 / 오른쪽 차로 | 대형 승합자동차, 화물자동차, 특수자동차, 건설기계 |

비 고
1. "왼쪽 차로"란 다음에 해당하는 차로를 말한다.
   가. 고속도로 외의 도로의 경우 : 차로를 반으로 나누어 1차로에 가까운 부분의 차로. 다만, 차로수가 홀수인 경우 가운데 차로는 제외
   나. 고속도로의 경우 : 1차로를 제외한 차로를 반으로 나누어 그중 1차로에 가까운 부분의 차로. 다만, 1차로를 제외한 차로의 수가 홀수인 경우 그중 가운데 차로는 제외
2. "오른쪽 차로"란 다음에 해당하는 차로를 말한다.
   가. 고속도로 외의 도로의 경우 : 왼쪽 차로를 제외한 나머지 차로
   나. 고속도로의 경우 : 1차로와 왼쪽 차로를 제외한 나머지 차로
3. 모든 차는 위 표에서 지정된 차로보다 오른쪽에 있는 차로로 통행할 수 있다.

### (2) 차로에 따른 통행차의 기준에 의한 통행방법(법 제13조, 규칙 별표 9)

① 차마의 운전자는 보도와 차도가 구분된 도로에서는 차도로 통행하여야 한다. 다만, 도로 외의 곳으로 출입할 때에는 보도를 횡단하여 통행할 수 있다.

② ① 단서의 경우 차마의 운전자는 보도를 횡단하기 직전에 일시정지하여 좌측과 우측 부분 등을 살핀 후 보행자의 통행을 방해하지 아니하도록 횡단하여야 한다.

③ 차마의 운전자는 도로(보도와 차도가 구분된 도로에서는 차도)의 중앙(중앙선이 설치되어 있는 경우에는 그 중앙선을 말한다. 이하 같다) 우측 부분을 통행하여야 한다.

④ 차마의 운전자는 ③에도 불구하고 다음의 어느 하나에 해당하는 경우에는 도로의 중앙이나 좌측 부분을 통행할 수 있다.
   ㉠ 도로가 일방통행인 경우
   ㉡ 도로의 파손, 도로공사나 그 밖의 장애 등으로 도로의 우측 부분을 통행할 수 없는 경우
   ㉢ 도로 우측 부분의 폭이 6m가 되지 아니하는 도로에서 다른 차를 앞지르려는 경우. 다만, 도로의 좌측 부분을 확인할 수 없는 경우, 반대 방향의 교통을 방해할 우려가 있는 경우, 안전표지 등으로 앞지르기를 금지하거나 제한하고 있는 경우에는 그러하지 아니하다.
   ㉣ 도로 우측 부분의 폭이 차마의 통행에 충분하지 아니한 경우

㉤ 가파른 비탈길의 구부러진 곳에서 교통의 위험을 방지하기 위하여 시·도경찰청장이 필요하다고 인정하여 구간 및 통행방법을 지정하고 있는 경우에 그 지정에 따라 통행하는 경우

⑤ 차마의 운전자는 안전지대 등 안전표지에 의하여 진입이 금지된 장소에 들어가서는 아니 된다.

⑥ 차마(자전거 등은 제외)의 운전자는 안전표지로 통행이 허용된 장소를 제외하고는 자전거도로 또는 길가장자리구역으로 통행하여서는 아니 된다. 다만, 「자전거 이용 활성화에 관한 법률」 제3조 제4호에 따른 자전거 우선도로의 경우에는 그러하지 아니하다.

⑦ 앞지르기를 할 때에는 차로에 따른 통행차의 기준 표에서 지정된 차로의 왼쪽 바로 옆 차로로 통행할 수 있다(시행규칙 별표 9).

⑧ 도로의 진·출입 부분에서 진·출입하는 때와 정차 또는 주차한 후 출발하는 때의 상당한 거리 동안은 차로에 따른 통행차의 기준 표에서 정하는 기준에 따르지 아니할 수 있다(시행규칙 별표 9).

⑨ 차로에 따른 통행차의 기준 표 중 승합자동차의 차종 구분은 「자동차관리법 시행규칙」 별표 1에 따른다(시행규칙 별표 9).

⑩ 다음의 차마는 도로의 가장 오른쪽에 있는 차로로 통행하여야 한다(시행규칙 별표 9).
   ㉠ 자전거 등
   ㉡ 우 마
   ㉢ 법 제2조 제18호 나목에 따른 건설기계 이외의 건설기계
   ㉣ 다음의 위험물 등을 운반하는 자동차
      • 「위험물안전관리법」 제2조 제1항 제1호 및 제2호에 따른 지정수량 이상의 위험물
      • 「총포·도검·화약류 등의 안전관리에 관한 법률」 제2조 제3항에 따른 화약류
      • 「화학물질관리법」 제2조 제2호에 따른 유독물질
      • 「폐기물관리법」 제2조 제4호에 따른 지정폐기물과 같은 조 제5호에 따른 의료폐기물
      • 「고압가스 안전관리법」 제2조 및 같은 법 시행령 제2조에 따른 고압가스
      • 「액화석유가스의 안전관리 및 사업법」 제2조 제1호에 따른 액화석유가스
      • 「원자력안전법」 제2조 제5호에 따른 방사성물질 또는 그에 따라 오염된 물질
      • 「산업안전보건법」 제117조 제1항 및 같은 법 시행령 제87조에 따른 제조 등의 금지되는 유해물질과 「산업안전보건법」 제118조 제1항 및 같은 법 시행령 제88조에 따른 허가대상 유해물질
      • 「농약관리법」 제2조 제3호에 따른 원제
   ㉤ 그 밖에 사람 또는 가축의 힘이나 그 밖의 동력으로 도로에서 운행되는 것

⑪ 좌회전 차로가 2차로 이상 설치된 교차로에서 좌회전하려는 차는 그 설치된 좌회전 차로 내에서 차로에 따른 통행차의 기준 표 중 고속도로 외의 도로에서의 차로 구분에 따라 좌회전하여야 한다(시행규칙 별표 9).

(3) 안전거리확보 등(법 제19조)

① 모든 차의 운전자는 같은 방향으로 가고 있는 앞차의 뒤를 따르는 경우에는 앞차가 갑자기 정지하게 되는 경우 그 앞차와의 충돌을 피할 수 있는 필요한 거리를 확보하여야 한다.

② 자동차 등의 운전자는 같은 방향으로 가고 있는 자전거 등의 운전자에 주의하여야 하며, 그 옆을 지날 때에는 자전거 등과의 충돌을 피할 수 있는 필요한 거리를 확보하여야 한다.

③ 모든 차의 운전자는 차의 진로를 변경하려는 경우에 그 변경하려는 방향으로 오고 있는 다른 차의 정상적인 통행에 장애를 줄 우려가 있을 때에는 진로를 변경하여서는 아니 된다.

④ 모든 차의 운전자는 위험방지를 위한 경우와 그 밖의 부득이한 경우가 아니면 운전하는 차를 갑자기 정지시키거나 속도를 줄이는 등의 급제동을 하여서는 아니 된다.

(4) 진로 양보의 의무(법 제20조)

① 긴급자동차를 제외한 모든 차의 운전자는 뒤에서 따라오는 차보다 느린 속도로 가려는 경우에는 도로의 우측 가장자리로 피하여 진로를 양보하여야 한다. 다만, 통행 구분이 설치된 도로의 경우에는 그러하지 아니하다.

② 좁은 도로에서 긴급자동차 외의 자동차가 서로 마주보고 진행할 때에는 다음의 구분에 따른 자동차가 도로의 우측 가장자리로 피하여 진로를 양보하여야 한다.

㉠ 비탈진 좁은 도로에서 자동차가 서로 마주보고 진행하는 경우에는 올라가는 자동차

㉡ 비탈진 좁은 도로 외의 좁은 도로에서 사람을 태웠거나 물건을 실은 자동차와 동승자가 없고 물건을 싣지 아니한 자동차가 서로 마주보고 진행하는 경우에는 동승자가 없고 물건을 싣지 아니한 자동차

(5) 승차 또는 적재의 방법과 제한(법 제39조)

① 모든 차의 운전자는 승차 인원, 적재중량 및 적재용량에 관하여 대통령령으로 정하는 운행상의 안전기준을 넘어서 승차시키거나 적재한 상태로 운전하여서는 아니 된다. 다만, 출발지를 관할하는 경찰서장의 허가를 받은 경우에는 그러하지 아니하다.

② ① 단서에 따른 허가를 받으려는 차가 「도로법」 제77조 제1항 단서에 따른 운행허가를 받아야 하는 차에 해당하는 경우에는 제14조 제4항을 준용한다.

③ 모든 차 또는 노면전차의 운전자는 운전 중 타고 있는 사람 또는 타고 내리는 사람이 떨어지지 아니하도록 하기 위하여 문을 정확히 여닫는 등 필요한 조치를 하여야 한다.

④ 모든 차의 운전자는 운전 중 실은 화물이 떨어지지 아니하도록 덮개를 씌우거나 묶는 등 확실하게 고정될 수 있도록 필요한 조치를 하여야 한다.

⑤ 모든 차의 운전자는 영유아나 동물을 안고 운전 장치를 조작하거나 운전석 주위에 물건을 싣는 등 안전에 지장을 줄 우려가 있는 상태로 운전하여서는 아니 된다.

⑥ 시·도경찰청장은 도로에서의 위험을 방지하고 교통의 안전과 원활한 소통을 확보하기 위하여 필요하다고 인정하는 경우에는 차의 운전자에 대하여 승차 인원, 적재중량 또는 적재용량을 제한할 수 있다.

(6) 운행상의 안전기준 및 안전기준을 넘는 승차 및 적재의 허가(영 제22·23조, 규칙 제26조 제3항)

① (5)의 ①(법 제39조 제1항)에 '대통령령으로 정하는 운행상의 안전기준'은 다음의 구분과 같다(영 제22조).

㉠ 자동차의 승차인원은 승차정원 이내일 것

㉡ 화물자동차의 적재중량은 구조 및 성능에 따르는 적재중량의 110% 이내일 것

㉢ 자동차(화물자동차, 이륜자동차 및 소형 3륜자동차만 해당)의 적재용량은 다음의 구분에 따른 기준을 넘지 아니할 것

· 길이 : 자동차 길이에 그 길이의 10분의 1을 더한 길이(단, 이륜자동차는 그 승차장치의 길이 또는 적재장치의 길이에 30cm를 더한 길이)

· 너비 : 자동차의 후사경(後寫鏡)으로 뒤쪽을 확인할 수 있는 범위(후사경의 높이보다 화물을 낮게 적재한 경우에는 그 화물을, 후사경의 높이보다 화물을 높게 적재한 경우에는 뒤쪽을 확인할 수 있는 범위)의 너비

· 높이 : 화물자동차는 지상으로부터 4m(도로구조의 보전과 통행의 안전에 지장이 없다고 인정하여 고시한 도로노선의 경우에는 4.2m), 소형 3륜 자동차는 지상으로부터 2.5m, 이륜자동차는 지상으로부터 2m의 높이

② 경찰서장은 다음의 어느 하나에 해당하는 경우에만 (5)의 ①(법 제39조 제1항) 단서에 따른 허가를 할 수 있다(영 제23조).

㉠ 전신·전화·전기공사, 수도공사, 제설작업, 그 밖에 공익을 위한 공사 또는 작업을 위하여 부득이 화물자동차의 승차정원을 넘어서 운행하려는 경우

㉡ 분할할 수 없어 화물자동차의 적재중량 및 적재용량에 따른 기준을 적용할 수 없는 화물을 수송하는 경우

③ 안전기준을 넘는 화물의 적재허가를 받은 사람은 그 길이 또는 폭의 양끝에 너비 30cm, 길이 50cm 이상의 빨간 헝겊으로 된 표지를 달아야 한다. 단, 밤에 운행하는 경우에는 반사체로 된 표지를 달아야 한다(규칙 제26조제3항).

## 4 자동차 등의 속도(규칙 제19조)

### (1) 도로별 차로 등에 따른 속도(제1항)

| 도로 구분 | | | 최고속도 | 최저속도 |
|---|---|---|---|---|
| 일반도로 | 주거지역·상업지역 및 공업지역 | | • 50km/h<br>• 60km/h(시·도경찰청장이 원활한 소통을 위하여 특히 필요하다고 인정하여 지정한 노선 또는 구간) | 제한없음 |
| | 주거지역·상업지역 및 공업지역 외의 일반도로 | | 60km/h 이내 | |
| | 편도 2차로 이상 | | 80km/h 이내 | |
| 고속도로 | 편도 2차로 이상 | 고속도로 | • 100km/h<br>• 80km/h(적재중량 1.5ton 초과 화물자동차, 특수자동차, 건설기계, 위험물운반자동차) | 50km/h |
| | | 지정·고시한 노선 또는 구간의 고속도로 | • 120km/h<br>• 90km/h(적재중량 1.5ton 초과 화물자동차, 특수자동차, 건설기계, 위험물운반자동차) | 50km/h |
| | 편도 1차로 | | 80km/h | 50km/h |
| 자동차 전용도로 | | | 90km/h | 30km/h |

### (2) 이상기후 시의 운행속도(제2항)

| 이상기후 상태 | 운행속도 |
|---|---|
| • 비가 내려 노면이 젖어 있는 경우<br>• 눈이 20mm 미만 쌓인 경우 | 최고속도의 20/100을 줄인 속도 |
| • 폭우, 폭설, 안개 등으로 가시거리가 100m 이내인 경우<br>• 노면이 얼어붙은 경우<br>• 눈이 20mm 이상 쌓인 경우 | 최고속도의 50/100을 줄인 속도 |

※ 경찰청장 또는 시·도경찰청장이 가변형 속도제한표지로 최고속도를 정한 경우에는 이에 따라야 하며, 가변형 속도제한표지로 정한 최고속도와 그 밖의 안전표지로 정한 최고속도가 다를 때에는 가변형 속도제한표지에 따라야 한다.

## 5 서행 및 일시정지 등

### (1) 용어의 구분

| 구분 | 내용 | 이행해야 할 장소 |
|---|---|---|
| 서행 | 차 또는 노면전차가 즉시 정지할 수 있는 느린 속도로 진행하는 것을 의미(위험 예상한 상황적 대비) | 〈서행하여야 하는 경우〉<br>① 교차로에서 좌·우회전할 때 각각 서행(법 제25조 제1·2항)<br>② 교통정리를 하고 있지 아니하는 교차로에 들어가려고 하는 차의 운전자는 그 차가 통행하고 있는 도로의 폭보다 교차하는 도로의 폭이 넓은 경우에는 서행(법 제26조 제2항)<br>③ 모든 차의 운전자는 도로에 설치된 안전지대에 보행자가 있는 경우와 차로가 설치되지 아니한 좁은 도로에서 보행자의 옆을 지나는 경우에는 안전한 거리를 두고 서행(법 제27조 제4항)<br>〈서행하여야 하는 장소 : 법 제31조 제1항〉<br>① 교통정리를 하고 있지 아니하는 교차로<br>② 도로가 구부러진 부근<br>③ 비탈길의 고갯마루 부근<br>④ 가파른 비탈길의 내리막<br>⑤ 시·도경찰청장이 필요하다고 인정하여 안전표지로 지정한 곳 |
| 정지 | 자동차가 완전히 멈추는 상태, 즉, 당시의 속도가 0km/h인 상태로서 완전한 정지상태의 이행 | ① 차량신호등이 황색의 등화인 경우 차마는 정지선이 있거나 횡단보도가 있을 때에는 그 직전이나 교차로의 직전에 정지(규칙 별표 2)<br>② 차량신호등이 적색의 등화인 경우 차마는 정지선, 횡단보도 및 교차로의 직전에서 정지(규칙 별표 2) |
| 일시정지 | 반드시 차 또는 노면전차가 멈추어야 하되, 얼마간의 시간 동안 정지 상태를 유지해야 하는 교통상황의 의미(정지상황의 일시적 전개) | ① 차마의 운전자는 보도와 차도가 구분된 도로에서 도로 외의 곳을 출입할 때에는 보도를 횡단하기 직전에 일시정지(법 제13조 제2항)<br>② 모든 차 또는 노면전차의 운전자는 철길 건널목을 통과하려는 경우에는 건널목 앞에서 일시정지(법 제24조 제1항)<br>③ 모든 차 또는 노면전차의 운전자는 보행자(자전거 등에서 내려서 자전거 등을 끌고 통행하는 자전거 등의 운전자를 포함)가 횡단보도를 통행하고 있거나 통행하려고 하는 때에는 보행자의 횡단을 방해하거나 위험을 주지 아니하도록 그 횡단보도 앞(정지선이 설치되어 있는 곳에서는 그 정지선)에서 일시정지(법 제27조 제1항)<br>④ 보행자전용도로의 통행이 허용된 차마의 운전자는 보행자를 위험하게 하거나 보행자의 통행을 방해하지 아니하도록 차마를 보행자의 걸음 속도로 운행하거나 일시정지(법 제28조 제3항)<br>⑤ 교차로나 그 부근에서 긴급자동차가 접근하는 경우에는 차마와 노면전차의 운전자는 교차로를 피하여 일시정지(법 제29조 제4항)<br>⑥ 모든 차 또는 노면전차의 운전자는 교통정리를 하고 있지 아니하고 좌우를 확인할 수 없거나 교통이 빈번한 교차로에서는 일시정지(법 제31조 제2항 제1호)<br>⑦ 모든 차 또는 노면전차의 운전자는 시·도경찰청장이 도로에서의 위험을 방지하고 교통의 안전과 원활한 소통을 확보하기 위하여 필요하다고 인정하여 안전표지로 지정한 곳에서는 일시정지(법 제31조 제2항 제2호)<br>⑧ 어린이가 보호자 없이 도로를 횡단할 때, 어린이가 도로에서 앉아 있거나 서 있을 때 또는 어린이가 도로에서 놀이를 할 때 등 어린이에 대한 교통사고의 위험이 있는 것을 발견한 경우, 앞을 보지 못하는 사람이 흰색 지팡이를 가지거나 장애인보조견을 동반하는 등의 조치를 하고 도로를 횡단하고 있는 경우, 지하도나 육교 등 도로 횡단시설을 이용할 수 없는 지체장애인이나 노인 등이 도로를 횡단하고 있는 경우에는 일시정지(법 제49조 제1항 제2호)<br>⑨ 차량신호등이 적색등화의 점멸인 경우 차마는 정지선이나 횡단보도가 있을 때에는 그 직전이나 교차로의 직전에 일시정지(시행규칙 별표 2) |
| 일단정지 | 반드시 차가 일시적으로 그 바퀴를 완전히 멈추어야 하는 행위자체에 대한 의미(운행순간 정지) | 차마의 운전자는 길가의 건물이나 주차장 등에서 도로에 들어가려고 하는 때 일단 정지(법 제18조 제3항) |

## 6 교차로 통행방법

(1) 교차로 통행방법(법 제25조)

① **우회전** : 미리 도로의 우측 가장자리를 서행하면서 우회전하여야 한다. 이 경우 우회전하는 차의 운전자는 신호에 따라 정지하거나 진행하는 보행자 또는 자전거 등에 주의하여야 한다(제1항).

② **좌회전** : 미리 도로의 중앙선을 따라 서행하면서 교차로의 중심 안쪽을 이용하여 좌회전하여야 한다. 다만, 시·도경찰청장이 교차로의 상황에 따라 특히 필요하다고 인정하여 지정한 곳에서는 교차로의 중심 바깥쪽을 통과할 수 있다(제2항).

③ 우회전이나 좌회전을 하기 위하여 손이나 방향지시기 또는 등화로써 신호를 하는 차가 있는 경우에 그 뒤차의 운전자는 신호를 한 앞차의 진행을 방해하여서는 아니 된다(제4항).

④ 모든 차 또는 노면전차의 운전자는 신호기로 교통정리를 하고 있는 교차로에 들어가려는 경우에는 진행하려는 진로의 앞쪽에 있는 차 또는 노면전차의 상황에 따라 교차로(정지선이 설치되어 있는 경우에는 그 정지선을 넘은 부분)에 정지하게 되어 다른 차 또는 노면전차의 통행에 방해가 될 우려가 있는 경우에는 그 교차로에 들어가서는 아니 된다(제5항).

⑤ 모든 차의 운전자는 교통정리를 하고 있지 아니하고 일시정지나 양보를 표시하는 안전표지가 설치되어 있는 교차로에 들어가려고 할 때에는 다른 차의 진행을 방해하지 아니하도록 일시정지하거나 양보하여야 한다(제6항).

(2) 회전교차로 통행방법(법 제25조의2)

① 모든 차의 운전자는 회전교차로에서는 반시계방향으로 통행하여야 한다.

② 모든 차의 운전자는 회전교차로에 진입하려는 경우에는 서행하거나 일시정지하여야 하며, 이미 진행하고 있는 다른 차가 있는 때에는 그 차에 진로를 양보하여야 한다.

③ ① 및 ②에 따라 회전교차로 통행을 위하여 손이나 방향지시기 또는 등화로써 신호를 하는 차가 있는 경우 그 뒤차의 운전자는 신호를 한 앞차의 진행을 방해하여서는 아니 된다.

(3) 교통정리가 없는 교차로에서의 양보운전(법 제26조)

① 교통정리를 하고 있지 아니하는 교차로에 들어가려고 하는 차의 운전자는 이미 교차로에 들어가 있는 다른 차가 있을 때에는 그 차에 진로를 양보하여야 한다.

② 교통정리를 하고 있지 아니하는 교차로에 들어가려고 하는 차의 운전자는 그 차가 통행하고 있는 도로의 폭보다 교차하는 도로의 폭이 넓은 경우에는 서행하여야 하며, 폭이 넓은 도로로부터 교차로에 들어가려고 하는 다른 차가 있을 때에는 그 차에 진로를 양보하여야 한다.

③ 교통정리를 하고 있지 아니하는 교차로에 동시에 들어가려고 하는 차의 운전자는 우측도로의 차에 진로를 양보하여야 한다.

④ 교통정리를 하고 있지 아니하는 교차로에서 좌회전하려고 하는 차의 운전자는 그 교차로에서 직진하거나 우회전하려는 다른 차가 있을 때에는 그 차에 진로를 양보하여야 한다.

## 7 통행의 우선순위

(1) 긴급자동차의 우선 통행(법 제29조)

① 긴급자동차는 긴급하고 부득이한 경우에는 도로의 중앙이나 좌측 부분을 통행할 수 있다.

② 긴급자동차는 도로교통법이나 이 법에 따른 명령에 따라 정지하여야 하는 경우에도 불구하고 긴급하고 부득이한 경우에는 정지하지 아니할 수 있다.

③ 긴급자동차의 운전자는 ①이나 ②의 경우에 교통안전에 특히 주의하면서 통행하여야 한다.

④ 교차로나 그 부근에서 긴급자동차가 접근하는 경우에는 차마와 노면전차의 운전자는 교차로를 피하여 일시정지하여야 한다.

⑤ 모든 차와 노면전차의 운전자는 ④에 따른 곳 외의 곳에서 긴급자동차가 접근한 경우에는 긴급자동차가 우선통행할 수 있도록 진로를 양보하여야 한다.

⑥ 긴급자동차의 자동차 운전자는 해당 자동차를 그 본래의 긴급한 용도로 운행하지 아니하는 경우에는 「자동차관리법」에 따라 설치된 경광등을 켜거나 사이렌을 작동하여서는 아니 된다. 다만, 대통령령으로 정하는 바에 따라 범죄 및 화재 예방 등을 위한 순찰·훈련 등을 실시하는 경우에는 그러하지 아니하다.

(2) 긴급자동차에 대한 특례(법 제30조)

긴급자동차에 대하여는 다음의 사항을 적용하지 아니한다. 다만, ④부터 ⑫까지의 사항은 긴급자동차 중 제2조 제22호 가목부터 다목까지의 자동차와 대통령령으로 정하는 경찰용 자동차에 대해서만 적용하지 아니한다.

① 제17조에 따른 자동차 등의 속도 제한(단, 제17조에 따라 긴급자동차에 대하여 속도를 제한한 경우에는 같은 조의 규정을 적용)

② 제22조에 따른 앞지르기의 금지

③ 제23조에 따른 끼어들기의 금지

④ 제5조에 따른 신호위반

⑤ 제13조 제1항에 따른 보도침범

⑥ 제13조 제3항에 따른 중앙선 침범

⑦ 제18조에 따른 횡단 등의 금지

⑧ 제19조에 따른 안전거리 확보 등

⑨ 제21조 제1항에 따른 앞지르기 방법 등

⑩ 제32조에 따른 정차 및 주차의 금지

⑪ 제33조에 따른 주차금지

⑫ 제66조에 따른 고장 등의 조치

## 8 자동차의 정비 및 점검

(1) 자동차의 정비(법 제40조, 제50조)

① 모든 차의 사용자, 정비책임자 또는 운전자는 「자동차관리법」, 「건설기계관리법」이나 그 법에 따른 명령에 의한 장치가 정비되어 있지 아니한 차(정비불량차)를 운전하도록 시키거나 운전하여서는 안 된다(법 제40조).

② 운송사업용 자동차, 화물자동차 및 노면전차 등으로서 행정안전부령으로 정하는 자동차 또는 노면전차의 운전자는 다음의 어느 하나에 해당하는 행위를 하여서는 아니 된다. 다만, ⓒ은 사업용 승합자동차와 노면전차의 운전자에 한정한다(법 제50조 제5항).

　ⓐ 운행기록계가 설치되어 있지 아니하거나 고장 등으로 사용할 수 없는 운행기록계가 설치된 자동차를 운전하는 행위

　ⓑ 운행기록계를 원래의 목적대로 사용하지 아니하고 자동차를 운전하는 행위

　ⓒ 승차를 거부하는 행위

(2) **정비불량 자동차의 점검**(법 제41조, 영 제24조, 영 제26조)

① 경찰공무원은 정비불량차에 해당한다고 인정하는 차가 운행되고 있는 경우에는 우선 그 차를 정지시킨 후, 운전자에게 그 차의 자동차등록증 또는 자동차운전면허증의 제시를 요구하고 그 차의 장치를 점검할 수 있다.

② 경찰공무원은 ①에 따라 점검한 결과 정비불량 사항이 발견된 경우에는 그 정비불량 상태의 정도에 따라 그 차의 운전자로 하여금 응급조치를 하게 한 후에 운전을 하도록 하거나 도로 또는 교통상황을 고려하여 통행구간, 통행로와 위험방지를 위한 필요한 조건을 정한 후 그에 따라 운전을 계속하게 할 수 있다.

③ 시·도경찰청장은 ②에도 불구하고 정비상태가 매우 불량하여 위험발생의 우려가 있는 경우에는 그 차의 자동차등록증을 보관하고 운전의 일시정지를 명할 수 있다. 이 경우 필요하면 10일의 범위에서 정비기간을 정하여 그 차의 사용을 정지시킬 수 있다.

　ⓐ 경찰공무원(자치경찰공무원은 제외)이 ③의 전단에 따라 운전의 일시정지를 명하는 경우에는 행정안전부령이 정하는 표지(정비불량표지)를 자동차 등의 앞면 창유리에 붙이고, 행정안전부령이 정하는 정비명령서를 교부하여야 한다(영 제24조 제1항).

　ⓑ 경찰공무원(자치경찰공무원은 제외)이 ⓐ에 따른 조치를 한 때에는 행정안전부령이 정하는 바에 따라 시·도경찰청장에게 지체 없이 그 사실을 보고하여야 한다(영 제24조 제2항).

　ⓒ 누구든지 ⓐ에 따른 자동차 등에 붙인 정비불량표지를 찢거나 훼손하여 못쓰게 하여서는 아니 되며, 정비불량 자동차 등의 정비확인(영 제25조)을 받지 아니하고는 이를 떼어내지 못한다(영 제24조 제3항).

④ 시·도경찰청장은 정비불량 자동차 등의 정비확인(영 제25조)을 위하여 점검한 결과 필요한 정비가 행하여지지 아니하였다고 인정하여 ③ 후단에 따라 자동차 등의 사용을 정지시키고자 하는 때에는 행정안전부령이 정하는 자동차사용정지통고서를 교부하여야 한다(영 제26조 제1항).

**9 운전면허**

(1) **운전할 수 있는 차의 종류**(시행규칙 별표 18)

| 구 분 | 운전할 수 있는 차량 |
|---|---|
| 제1종<br>대형면허 | • 승용자동차<br>• 승합자동차<br>• 화물자동차<br>• 건설기계<br>　－ 덤프트럭, 아스팔트살포기, 노상안정기<br>　－ 콘크리트믹서트럭, 콘크리트펌프, 천공기(트럭 적재식)<br>　－ 콘크리트믹서트레일러, 아스팔트콘크리트재생기<br>　－ 도로보수트럭, 3ton 미만의 지게차<br>• 특수자동차(대형견인차, 소형견인차 및 구난차(구난차 등)는 제외)<br>• 원동기장치자전거 |
| 제1종<br>보통면허 | • 승용자동차<br>• 승차정원 15명 이하의 승합자동차<br>• 적재중량 12ton 미만의 화물자동차<br>• 건설기계(도로를 운행하는 3ton 미만의 지게차로 한정)<br>• 총중량 10ton 미만의 특수자동차(구난차 등은 제외)<br>• 원동기장치자전거 |
| 제1종<br>소형면허 | • 3륜화물자동차<br>• 3륜승용자동차<br>• 원동기장치자전거 |
| 제1종<br>특수면허 | 대형견인차 | • 견인형 특수자동차<br>• 제2종 보통면허로 운전할 수 있는 차량 |
| | 소형견인차 | • 총중량 3.5ton 이하의 견인형 특수자동차<br>• 제2종 보통면허로 운전할 수 있는 차량 |
| | 구난차 | • 구난형 특수자동차<br>• 제2종 보통면허로 운전할 수 있는 차량 |
| 제2종<br>보통면허 | • 승용자동차<br>• 승차정원 10명 이하의 승합자동차<br>• 적재중량 4ton 이하의 화물자동차<br>• 총중량 3.5ton 이하의 특수자동차(구난차 등은 제외)<br>• 원동기장치자전거 |
| 제2종<br>소형면허 | • 이륜자동차(운반차를 포함)<br>• 원동기장치자전거 |
| 제2종<br>원동기장치<br>자전거면허 | 원동기장치자전거 |

비 고
1. 「자동차관리법」 제30조에 따라 자동차의 형식이 변경승인되거나 자동차의 구조 또는 장치가 변경승인된 경우에는 다음의 구분에 따른 기준에 따라 이 표를 적용한다.
　가. 자동차의 형식이 변경된 경우(다음의 구분에 따른 정원 또는 중량 기준)
　　• 차종이 변경되거나 승차정원 또는 적재중량이 증가한 경우 : 변경승인 후의 차종이나 승차정원 또는 적재중량
　　• 차종의 변경 없이 승차정원 또는 적재중량이 감소된 경우 : 변경승인 전의 승차정원 또는 적재중량
　나. 자동차의 구조 또는 장치가 변경된 경우 : 변경승인 전의 승차정원 또는 적재중량
2. 시행규칙 별표 9 (주) 제6호 각 목에 따른 위험물 등을 운반하는 적재중량 3ton 이하 또는 적재용량 3,000L 이하의 화물자동차는 제1종 보통면허가 있어야 운전을 할 수 있고, 적재중량 3ton 초과 또는 적재용량 3,000L 초과의 화물자동차는 제1종 대형면허가 있어야 운전할 수 있다.
3. 피견인자동차는 제1종 대형면허, 제1종 보통면허 또는 제2종 보통면허를 가지고 있는 사람이 그 면허로 운전할 수 있는 자동차(「자동차관리법」 제3조에 따른 이륜자동차는 제외)로 견인할 수 있다. 이 경우, 총중량 750kg을 초과하는 3ton 이하의 피견인자동차를 견인하기 위해서는 견인하는 자동차를 운전할 수 있는 면허와 소형견인차면허 또는 대형견인차면허를 가지고 있어야 하고, 3ton을 초과하는 피견인자동차를 견인하기 위해서는 견인하는 자동차를 운전할 수 있는 면허와 대형견인차면허를 가지고 있어야 한다.

(2) 운전면허취득 응시기간의 제한(법 제82조 제2항)

다음에 해당하는 사람은 다음에 규정된 기간이 지나지 아니하면 운전면허를 받을 수 없다. 다만, 다음의 사유로 인하여 벌금 미만의 형이 확정되거나 선고유예의 판결이 확정된 경우 또는 기소유예나 「소년법」 제32조에 따른 보호처분의 결정이 있는 경우에는 규정된 기간 내라도 운전면허를 받을 수 있다.

① 무면허운전 등의 금지(제43조) 또는 국제운전면허증에 의한 자동차 등의 운전(제96조 제3항)을 위반하여 자동차 등을 운전한 경우에는 그 위반한 날(운전면허효력 정지기간에 운전하여 취소된 경우에는 그 취소된 날)부터 1년(원동기장치자전거면허를 받으려는 경우에는 6개월로 하되, 공동 위험행위의 금지(제46조)를 위반한 경우에는 그 위반한 날부터 1년). 다만, 사람을 사상한 후 사고발생 시의 조치(제54조 제1항·제2항)에 따른 신고를 하지 아니한 경우에는 그 위반한 날부터 5년

② 무면허운전 등의 금지(제43조) 또는 국제운전면허증에 의한 자동차 등의 운전(제96조 제3항)을 3회 이상 위반하여 자동차 등을 운전한 경우에는 그 위반한 날부터 2년

③ 다음의 경우에는 운전면허가 취소된 날(제43조 또는 제96조 제3항을 함께 위반한 경우에는 그 위반한 날)부터 5년
  ㉠ 술에 취한 상태에서의 운전 금지(제44조), 과로한 때 등의 운전 금지(제45조) 또는 공동 위험행위의 금지(제46조)를 위반(제43조 또는 제96조 제3항을 함께 위반한 경우도 포함)하여 운전을 하다가 사람을 사상한 후 제54조 제1항 및 제2항에 따른 필요한 조치 및 신고를 하지 아니한 경우
  ㉡ 술에 취한 상태에서의 운전 금지(제44조)를 위반(제43조 또는 제96조 제3항을 함께 위반한 경우도 포함)하여 운전을 하다가 사람을 사망에 이르게 한 경우

④ 무면허운전 등의 금지(제43조), 술에 취한 상태에서의 운전 금지(제44조), 과로한 때 등의 운전 금지(제45조), 공동 위험행위의 금지(제46조)까지의 규정에 따른 사유가 아닌 다른 사유로 사람을 사상한 후 사고발생 시의 조치(제54조 제1항 및 제2항)에 따른 필요한 조치 및 신고를 하지 아니한 경우에는 운전면허가 취소된 날부터 4년

⑤ 술에 취한 상태에서의 운전 금지(제44조 제1항·제2항)를 위반(제43조 또는 제96조 제3항을 함께 위반한 경우도 포함)하여 운전을 하다가 2회 이상 교통사고를 일으킨 경우에는 운전면허가 취소된 날(제43조 또는 제96조 제3항을 함께 위반한 경우에는 그 위반한 날)부터 3년, 자동차 등을 이용하여 범죄행위를 하거나 다른 사람의 자동차 등을 훔치거나 빼앗은 사람이 무면허운전 등의 금지(제43조)를 위반하여 그 자동차 등을 운전한 경우에는 그 위반한 날부터 3년

⑥ 다음의 경우에는 운전면허가 취소된 날(제43조 또는 제96조 제3항을 함께 위반한 경우에는 그 위반한 날)부터 2년
  ㉠ 술에 취한 상태에서의 운전 금지(제44조 제1항·제2항)를 2회 이상 위반(제43조 또는 제96조 제3항을 함께 위반한 경우도 포함)한 경우
  ㉡ 술에 취한 상태에서의 운전 금지(제44조 제1항·제2항)를 위반(제43조 또는 제96조 제3항을 함께 위반한 경우도 포함)하

여 운전을 하다가 교통사고를 일으킨 경우
  ㉢ 공동 위험행위의 금지(제46조)를 2회 이상 위반(제43조 또는 제96조 제3항을 함께 위반한 경우도 포함)한 경우
  ㉣ 운전면허를 받을 수 없는 사람이 운전면허를 받거나 거짓이나 그 밖의 부정한 수단으로 운전면허를 받은 경우 또는 운전면허 효력의 정지기간 중 운전면허증 또는 운전면허증을 갈음하는 증명서를 발급받은 사실이 드러난 경우(제93조 제1항 제8호)
  ㉤ 다른 사람의 자동차 등을 훔치거나 빼앗은 경우(제93조 제1항 제12호)
  ㉥ 다른 사람이 부정하게 운전면허를 받도록 하기 위하여 운전면허시험에 대신 응시한 경우(제93조 제1항 제13호)

⑦ ①부터 ⑥까지의 규정에 따른 경우가 아닌 다른 사유로 운전면허가 취소된 경우에는 운전면허가 취소된 날부터 1년(원동기장치 자전거면허를 받으려는 경우에는 6개월, 공동 위험행위의 금지(제46조)를 위반하여 운전면허가 취소된 경우에는 1년). 다만, 적성검사를 받지 아니하거나 그 적성검사에 불합격하여 운전면허가 취소된 경우에는 그러하지 아니하다.

⑧ 운전면허효력 정지처분을 받고 있는 경우에는 그 정지기간

⑨ 국제운전면허증 또는 상호인정외국면허증으로 운전하는 운전자가 운전금지 처분을 받은 경우에는 그 금지기간

(3) 운전면허 행정처분기준의 감경(시행규칙 별표 28)
  ① 감경사유
    ㉠ 음주운전으로 운전면허 취소처분 또는 정지처분을 받은 경우 : 운전이 가족의 생계를 유지할 중요한 수단이 되거나, 모범운전자로서 처분 당시 3년 이상 교통봉사활동에 종사하고 있거나, 교통사고를 일으키고 도주한 운전자를 검거하여 경찰서장 이상의 표창을 받은 사람으로서 다음의 어느 하나에 해당되는 경우가 없어야 한다.
      • 혈중 알코올농도가 0.1%를 초과하여 운전한 경우
      • 음주운전 중 인적피해 교통사고를 일으킨 경우
      • 경찰관의 음주측정요구에 불응하거나 도주한 때 또는 단속 경찰관을 폭행한 경우
      • 과거 5년 이내에 3회 이상의 인적피해 교통사고의 전력이 있는 경우
      • 과거 5년 이내에 음주운전의 전력이 있는 경우
    ㉡ 벌점·누산점수 초과로 인하여 운전면허 취소처분을 받은 경우 : 운전이 가족의 생계를 유지할 중요한 수단이 되거나, 모범운전자로서 처분 당시 3년 이상 교통봉사활동에 종사하고 있거나, 교통사고를 일으키고 도주한 운전자를 검거하여 경찰서장 이상의 표창을 받은 사람으로서 다음의 어느 하나에 해당되는 경우가 없어야 한다.
      • 과거 5년 이내에 운전면허 취소처분을 받은 전력이 있는 경우
      • 과거 5년 이내에 3회 이상 인적피해 교통사고를 일으킨 경우
      • 과거 5년 이내에 3회 이상 운전면허 정지처분을 받은 전력이 있는 경우
      • 과거 5년 이내에 운전면허행정처분 이의심의위원회의 심의를 거치거나 행정심판 또는 행정소송을 통하여 행정처분이 감경된 경우

ⓒ 그 밖에 정기 적성검사에 대한 연기신청을 할 수 없었던 불가피한 사유가 있는 등으로 취소처분 개별기준 및 정지처분 개별기준을 적용하는 것이 현저히 불합리하다고 인정되는 경우

② 감경기준 : 위반행위에 대한 처분기준이 운전면허의 취소처분에 해당하는 경우에는 해당 위반행위에 대한 처분벌점을 110점으로 하고, 운전면허의 정지처분에 해당하는 경우에는 처분 집행일수의 2분의 1로 감경한다. 다만, 벌점·누산점수 초과로 인한 면허취소에 해당하는 경우에는 면허가 취소되기 전의 누산점수 및 처분벌점을 모두 합산하여 처분벌점을 110점으로 한다.

③ 취소처분 개별기준

| 위반사항 | 내 용 |
|---|---|
| 교통사고를 일으키고 구호조치를 하지 아니한 때 | 교통사고로 사람을 죽게 하거나 다치게 하고, 구호조치를 하지 아니한 때 |
| 술에 취한 상태에서 운전한 때 | • 술에 취한 상태의 기준(혈중알코올농도 0.03% 이상)을 넘어서 운전을 하다가 교통사고로 사람을 죽게 하거나 다치게 한 때<br>• 혈중알코올농도 0.08% 이상의 상태에서 운전한 때<br>• 술에 취한 상태의 기준을 넘어 운전하거나 술에 취한 상태의 측정에 불응한 사람이 다시 술에 취한 상태(혈중알코올농도 0.03% 이상)에서 운전한 때 |
| 술에 취한 상태의 측정에 불응한 때 | 술에 취한 상태에서 운전하거나 술에 취한 상태에서 운전하였다고 인정할 만한 상당한 이유가 있음에도 불구하고 경찰공무원의 측정 요구에 불응한 때 |
| 다른 사람에게 운전면허증 대여(도난, 분실 제외) | • 면허증 소지자가 다른 사람에게 면허증을 대여하여 운전하게 한 때<br>• 면허 취득자가 다른 사람의 면허증을 대여 받거나 그 밖에 부정한 방법으로 입수한 면허증으로 운전한 때 |
| 결격사유에 해당 | • 교통상의 위험과 장해를 일으킬 수 있는 정신질환자 또는 뇌전증환자로서 영 제42조 제1항에 해당하는 사람<br>• 앞을 보지 못하는 사람(한쪽 눈만 보지 못하는 사람의 경우에는 제1종 운전면허 중 대형면허·특수면허로 한정)<br>• 듣지 못하는 사람(제1종 운전면허 중 대형면허·특수면허로 한정)<br>• 양팔의 팔꿈치 관절 이상을 잃은 사람 또는 양팔을 전혀 쓸 수 없는 사람. 다만, 본인의 신체장애 정도에 적합하게 제작된 자동차를 이용하여 정상적으로 운전할 수 있는 경우는 제외<br>• 다리, 머리, 척추 그 밖의 신체장애로 인하여 앉아 있을 수 없는 사람<br>• 교통상의 위험과 장해를 일으킬 수 있는 마약, 대마, 향정신성 의약품 또는 알코올 중독자로서 영 제42조 제3항에 해당하는 사람 |
| 약물을 사용한 상태에서 자동차 등을 운전한 때 | 약물(마약·대마·향정신성 의약품 및 「화학물질관리법 시행령」 제11조에 따른 환각물질)의 투약·흡연·섭취·주사 등으로 정상적인 운전을 하지 못할 염려가 있는 상태에서 자동차 등을 운전한 때 |
| 공동위험행위 | 법 제46조 제1항을 위반하여 공동위험행위로 구속된 때 |
| 난폭운전 | 법 제46조의3을 위반하여 난폭운전으로 구속된 때 |
| 속도위반 | 법 제17조 제3항을 위반하여 최고속도보다 100km/h를 초과한 속도로 3회 이상 운전한 때 |
| 정기적성검사 불합격 또는 정기적성검사 기간 1년 경과 | 정기적성검사에 불합격하거나 적성검사기간 만료일 다음 날부터 적성검사를 받지 아니하고 1년을 초과한 때 |
| 수시적성검사 불합격 또는 수시적성검사 기간 경과 | 수시적성검사에 불합격하거나 수시적성검사 기간을 초과한 때 |

| 위반사항 | 내 용 |
|---|---|
| 운전면허 행정처분기간 중 운전행위 | 운전면허 행정처분 기간 중에 운전한 때 |
| 허위 또는 부정한 수단으로 운전면허를 받은 경우 | • 허위·부정한 수단으로 운전면허를 받은 때<br>• 법 제82조에 따른 결격사유에 해당하여 운전면허를 받을 자격이 없는 사람이 운전면허를 받은 때<br>• 운전면허 효력의 정지기간 중 면허증 또는 운전면허증에 갈음하는 증명서를 교부받은 사실이 드러난 때 |
| 등록 또는 임시운행 허가를 받지 아니한 자동차를 운전한 때 | 「자동차관리법」에 따라 등록되지 아니하거나 임시운행 허가를 받지 아니한 자동차(이륜자동차를 제외)를 운전한 때 |
| 자동차 등을 이용하여 형법상 특수상해 등을 행한 때(보복운전) | 자동차 등을 이용하여 형법상 특수상해, 특수폭행, 특수협박, 특수손괴를 행하여 구속된 때 |
| 다른 사람을 위하여 운전면허시험에 응시한 때 | 운전면허를 가진 사람이 다른 사람을 부정하게 합격시키기 위하여 운전면허 시험에 응시한 때 |
| 운전자가 단속 경찰공무원 등에 대한 폭행 | 단속하는 경찰공무원 등 및 시·군·구 공무원 등을 폭행하여 형사입건된 때 |
| 연습면허 취소사유가 있었던 경우 | 제1종 보통 및 제2종 보통면허를 받기 이전에 연습면허의 취소사유가 있었던 때(연습면허에 대한 취소절차 진행 중 제1종 보통 및 제2종 보통면허를 받은 경우를 포함) |

④ 정지처분 개별기준

㉠ 이 법이나 이 법에 의한 명령을 위반한 때

| 위반사항 | 벌 점 |
|---|---|
| • 속도위반(100km/h 초과)<br>• 술에 취한 상태의 기준을 넘어서 운전한 때(혈중알코올농도 0.03% 이상 0.08% 미만)<br>• 자동차 등을 이용하여 형법상 특수상해 등(보복운전)을 하여 입건된 때 | 100 |
| 속도위반(80km/h 초과 100km/h 이하) | 80 |
| 속도위반(60km/h 초과 80km/h 이하) | 60 |
| • 정차·주차위반에 대한 조치불응(단체에 소속되거나 다수인에 포함되어 경찰공무원의 3회 이상의 이동명령에 따르지 아니하고 교통을 방해한 경우에 한함)<br>• 공동위험행위로 형사입건된 때<br>• 난폭운전으로 형사입건된 때<br>• 안전운전의무위반(단체에 소속되거나 다수인에 포함되어 경찰공무원의 3회 이상의 안전운전 지시에 따르지 아니하고 타인에게 위험과 장해를 주는 속도나 방법으로 운전한 경우에 한한다)<br>• 승객의 차내 소란행위 방치운전<br>• 출석기간 또는 범칙금 납부기간 만료일부터 60일이 경과될 때까지 즉결심판을 받지 아니한 때 | 40 |
| • 통행구분 위반(중앙선 침범에 한함)<br>• 속도위반(40km/h 초과 60km/h 이하)<br>• 철길건널목 통과방법위반<br>• 회전교차로 통행방법 위반(통행 방향 위반에 한정)<br>• 어린이통학버스 특별보호 위반<br>• 어린이통학버스 운전자의 의무위반(좌석안전띠를 매도록 하지 아니한 운전자는 제외)<br>• 고속도로·자동차전용도로 갓길통행<br>• 고속도로 버스전용차로·다인승전용차로 통행위반<br>• 운전면허증 등의 제시의무위반 또는 운전자 신원확인을 위한 경찰공무원의 질문에 불응 | 30 |

| 위반사항 | 벌 점 |
|---|---|
| • 신호·지시위반<br>• 속도위반(20km/h 초과, 40km/h 이하)<br>• 속도위반(어린이보호구역안에서 오전 8시부터 오후 8시까지 사이에 제한속도를 20km/h 이내에서 초과한 경우에 한정)<br>• 앞지르기 금지시기·장소위반<br>• 적재 제한 위반 또는 적재물 추락 방지 위반<br>• 운전 중 휴대용 전화 사용<br>• 운전 중 운전자가 볼 수 있는 위치에 영상 표시<br>• 운전 중 영상표시장치 조작<br>• 운행기록계 미설치 자동차 운전금지 등의 위반 | 15 |
| • 통행구분 위반(보도침범, 보도 횡단방법 위반)<br>• 차로통행 준수의무 위반, 지정차로 통행위반(진로변경 금지장소에서의 진로변경 포함)<br>• 일반도로 전용차로 통행위반<br>• 안전거리 미확보(진로변경 방법위반 포함)<br>• 앞지르기 방법위반<br>• 보행자 보호 불이행(정지선위반 포함)<br>• 승객 또는 승하차자 추락 방지조치 위반<br>• 안전운전 의무 위반<br>• 노상 시비·다툼 등으로 차마의 통행 방해 행위<br>• 자율주행자동차 운전자의 준수사항 위반<br>• 돌·유리병·쇳조각이나 그 밖에 도로에 있는 사람이나 차마를 손상시킬 우려가 있는 물건을 던지거나 발사하는 행위<br>• 도로를 통행하고 있는 차마에서 밖으로 물건을 던지는 행위 | 10 |

ⓛ 자동차 등의 운전 중 교통사고를 일으킨 때
 • 사고결과에 따른 벌점기준

| 구 분 | | 벌 점 | 내 용 |
|---|---|---|---|
| 인적<br>피해<br>교통<br>사고 | 사망 1명마다 | 90 | 사고발생 시부터 72시간 이내에 사망한 때 |
| | 중상 1명마다 | 15 | 3주 이상의 치료를 요하는 의사의 진단이 있는 사고 |
| | 경상 1명마다 | 5 | 3주 미만 5일 이상의 치료를 요하는 의사의 진단이 있는 사고 |
| | 부상신고<br>1명마다 | 2 | 5일 미만의 치료를 요하는 의사의 진단이 있는 사고 |

비 고
1. 교통사고 발생 원인이 불가항력이거나 피해자의 명백한 과실인 때에는 행정처분을 하지 아니한다.
2. 자동차 등 대 사람 교통사고의 경우 쌍방과실인 때에는 그 벌점을 2분의 1로 감경한다.
3. 자동차 등 대 자동차 등 교통사고의 경우에는 그 사고원인 중 중한 위반행위를 한 운전자만 적용한다.
4. 교통사고로 인한 벌점산정에 있어서 처분 받을 운전자 본인의 피해에 대하여는 벌점을 산정하지 아니한다.

 • 조치 등 불이행에 따른 벌점기준

| 구 분 | 벌 점 | 내 용 |
|---|---|---|
| 교통사고<br>야기 시<br>조치<br>불이행 | 15 | • 물적 피해가 발생한 교통사고를 일으킨 후 도주한 때 |
| | 30 | • 교통사고를 일으킨 즉시(그때, 그 자리에서 곧) 사상자를 구호하는 등의 조치를 하지 아니하였으나 그 후 자진신고를 한 때<br> 가. 고속도로, 특별시·광역시 및 시의 관할구역과 군(광역시의 군을 제외)의 관할구역 중 경찰관서가 위치하는 리 또는 동 지역에서 3시간(그 밖의 지역에서는 12시간) 이내에 자진신고를 한 때 |
| | 60 | 나. 가목에 따른 시간 후 48시간 이내에 자진신고를 한 때 |

 • 자동차 등 이용 범죄 및 자동차 등 강도·절도 시의 운전면허 행정처분 기준

[취소처분 기준]

| 위반사항 | 내 용 |
|---|---|
| 자동차 등을 다음 범죄의 도구나 장소로 이용한 경우<br>• 「국가보안법」 중 제4조부터 제9조까지의 죄 및 같은 법 제12조 중 증거를 날조·인멸·은닉한 죄<br>• 「형법」 중 다음 어느 하나의 범죄<br> – 살인, 사체유기, 방화<br> – 강도, 강간, 강제추행<br> – 약취·유인·감금<br> – 상습절도(절취한 물건을 운반한 경우에 한정)<br> – 교통방해(단체 또는 다중의 위력으로써 위반한 경우에 한정) | • 자동차 등을 법정형 상한이 유기징역 10년을 초과하는 범죄의 도구나 장소로 이용한 경우<br>• 자동차 등을 범죄의 도구나 장소로 이용하여 운전면허 취소·정지 처분을 받은 사실이 있는 사람이 다시 자동차 등을 범죄의 도구나 장소로 이용한 경우. 다만, 일반교통방해죄의 경우는 제외 |
| 다른 사람의 자동차 등을 훔치거나 빼앗은 경우 | • 다른 사람의 자동차 등을 빼앗아 이를 운전한 경우<br>• 다른 사람의 자동차 등을 훔치거나 빼앗아 이를 운전하여 운전면허 취소·정지 처분을 받은 사실이 있는 사람이 다시 자동차 등을 훔치고 이를 운전한 경우 |

[정지처분 기준]

| 위반사항 | 내 용 | 벌 점 |
|---|---|---|
| 자동차 등을 다음 범죄의 도구나 장소로 이용한 경우<br>• 「국가보안법」 중 제5조, 제6조, 제8조, 제9조 및 같은 법 제12조 중 증거를 날조·인멸·은닉한 죄<br>• 「형법」 중 다음 어느 하나의 범죄<br> – 살인, 사체유기, 방화<br> – 강간·강제추행<br> – 약취·유인·감금<br> – 상습절도(절취한 물건을 운반한 경우에 한정)<br> – 교통방해(단체 또는 다중의 위력으로써 위반한 경우에 한정) | 자동차 등을 법정형 상한이 유기징역 10년 이하인 범죄의 도구나 장소로 이용한 경우 | 100 |
| 다른 사람의 자동차 등을 훔친 경우 | 다른 사람의 자동차 등을 훔치고 이를 운전한 경우 | 100 |

비 고
1. 행정처분의 대상이 되는 범죄행위가 2개 이상의 죄에 해당하는 경우, 실체적 경합관계에 있으면 각각의 범죄행위의 법정형 상한을 기준으로 행정처분을 하고, 상상적 경합관계에 있으면 가장 중한 죄에서 정한 법정형 상한을 기준으로 행정처분을 한다.
2. 범죄행위가 예비·음모에 그치거나 과실로 인한 경우에는 행정처분을 하지 아니한다.
3. 범죄행위가 미수에 그친 경우 위반행위에 대한 처분기준이 운전면허의 취소처분에 해당하면 해당 위반행위에 대한 처분벌점을 110점으로 하고, 운전면허의 정지처분에 해당하면 처분 집행일수의 2분의 1로 감경한다.

⑤ 범칙행위 및 범칙금액(시행령 별표 8)

| 범칙행위 | 차종별 범칙금액(만원) | |
|---|---|---|
| | 승합<br>자동차 등 | 승용<br>자동차 등 |
| • 속도 위반(60km/h 초과)<br>• 어린이통학버스 운전자의 의무 위반(좌석안전띠를 매도록 하지 않은 경우는 제외)<br>• 인적 사항 제공의무 위반(주·정차된 차만 손괴한 것이 분명한 경우에 한정) | 13 | 12 |

| 범칙행위 | 차종별 범칙금액(만원) | |
|---|---|---|
| | 승합<br>자동차 등 | 승용<br>자동차 등 |
| • 속도 위반(40km/h 초과, 60km/h 이하)<br>• 승객의 차 안 소란행위 방치 운전<br>• 어린이통학버스 특별보호 위반 | 10 | 9 |
| • 영 제10조의3 제2항에 따라 안전표지가 설치된<br>  곳에서의 정차·주차 금지 위반<br>• 승차정원을 초과하여 동승자를 태우고 개인형 이<br>  동장치를 운전 | 9 | 8 |
| • 신호·지시 위반<br>• 중앙선침범·통행구분 위반<br>• 자전거 횡단도 앞 일시정지 의무 위반<br>• 속도위반(20km/h 초과, 40km/h 이하)<br>• 횡단·유턴·후진 위반<br>• 앞지르기 방법 위반<br>• 앞지르기 금지시기·장소 위반<br>• 철길건널목 통과방법 위반<br>• 회전교차로 통행방법 위반<br>• 횡단보도 보행자의 횡단 방해(신호 또는 지시에<br>  따라 도로를 횡단하는 보행자의 통행 방해와 어린<br>  이 보호구역에서의 일시정지 위반을 포함)<br>• 보행자전용도로 통행 위반(보행자전용도로 통행<br>  방법 위반 포함)<br>• 긴급자동차에 대한 양보·일시정지 위반<br>• 긴급한 용도나 그 밖에 허용된 사항 외에 경광등이<br>  나 사이렌 사용<br>• 승차 인원 초과, 승객 또는 승하차자 추락 방지조치<br>  위반<br>• 어린이·앞을 보지 못하는 사람 등의 보호 위반<br>• 운전 중 휴대용 전화 사용<br>• 운전 중 운전자가 볼 수 있는 위치에 영상 표시<br>• 운전 중 영상표시장치 조작<br>• 운행기록계 미설치 자동차 운전금지 등의 위반<br>• 고속도로·자동차전용도로 갓길 통행<br>• 고속도로버스전용차로·다인승전용차로 통행 위반 | 7 | 6 |
| • 통행금지·제한 위반<br>• 일반도로전용차로 통행 위반<br>• 노면전차전용로 통행 위반<br>• 고속도로·자동차전용도로 안전거리 미확보<br>• 앞지르기의 방해금지 위반<br>• 교차로 통행방법 위반<br>• 회전교차로 진입·진행방법 위반<br>• 교차로에서의 양보운전 위반<br>• 보행자의 통행방해 또는 보호 불이행<br>• 정차·주차금지 위반<br>• 주차금지 위반<br>• 정차·주차방법 위반<br>• 경사진 곳에서의 정차·주차방법 위반<br>• 정차·주차 위반에 대한 조치 불응<br>• 적재제한 위반, 적재물 추락방지 위반 또는 영유아<br>  나 동물을 안고 운전하는 행위<br>• 안전운전의무 위반<br>• 도로에서의 시비·다툼 등으로 차마의 통행방해<br>  행위<br>• 급발진, 급가속, 엔진 공회전 또는 반복적·연속<br>  적인 경음기 울림으로 인한 소음 발생 행위<br>• 화물 적재함에의 승객 탑승 운행 행위<br>• 개인형 이동장치 인명보호 장구 미착용<br>• 자율주행자동차 운전자의 준수사항 위반<br>• 고속도로 지정차로 통행 위반<br>• 고속도로·자동차전용도로 횡단·유턴·후진 위반<br>• 고속도로·자동차전용도로 정차·주차금지 위반<br>• 고속도로 진입위반<br>• 고속도로·자동차전용도로에서의 고장 등의 경<br>  우 조치 불이행 | 5 | 4 |

| 범칙행위 | 차종별 범칙금액(만원) | |
|---|---|---|
| | 승합<br>자동차 등 | 승용<br>자동차 등 |
| • 혼잡 완화조치 위반<br>• 차로통행 준수의무 위반, 지정차로 통행위반·차<br>  로 너비보다 넓은 차 통행금지 위반(진로변경금지<br>  장소에서의 진로변경을 포함)<br>• 속도위반(20km/h 이하)<br>• 진로 변경방법 위반<br>• 급제동 금지 위반<br>• 끼어들기 금지 위반<br>• 서행의무 위반<br>• 일시정지 위반<br>• 방향전환·진로변경 및 회전교차로 진입·진출<br>  시 신호 불이행<br>• 운전석 이탈 시 안전 확보 불이행<br>• 동승자 등의 안전을 위한 조치 위반<br>• 시·도경찰청 지정·공고 사항 위반<br>• 좌석안전띠 미착용<br>• 이륜자동차·원동기장치자전거 인명보호 장구<br>  미착용<br>• 등화점등 불이행·발광장치 미착용<br>• 어린이통학버스와 비슷한 도색·표지 금지위반 | 3 | |
| • 최저속도 위반<br>• 일반도로 안전거리 미확보<br>• 등화 점등·조작 불이행(안개가 끼거나 비 또는<br>  눈이 올 때는 제외)<br>• 불법부착장치 차 운전(교통단속용장비의 기능을<br>  방해하는 장치를 한 차의 운전은 제외)<br>• 사업용 승합자동차 또는 노면전차의 승차 거부<br>• 택시의 합승(장기 주차·정차하여 승객을 유치하<br>  는 경우로 한정)·승차거부·부당요금 징수행위 | 2 | |
| • 돌, 유리병, 쇳조각이나 그 밖에 도로에 있는 사람<br>  이나 차마를 손상시킬 우려가 있는 물건을 던지거<br>  나 발사하는 행위<br>• 도로를 통행하고 있는 차마에서 밖으로 물건을<br>  던지는 행위 | 5(모든 차마) | |
| • 특별교통안전교육의 미이수<br>  – 과거 5년 이내에 음주운전 금지 규정을 1회 이상<br>    위반하였던 사람으로서 다시 음주운전 금지 규<br>    정을 위반하여 운전면허효력 정지처분을 받게<br>    되거나 받은 사람이 그 처분기간이 끝나기 전에<br>    특별교통안전교육을 받지 않은 경우 | 15(차종 구분 없음) | |
|   – 위 항목 외의 경우 | 10(차종 구분 없음) | |
| 경찰관의 실효된 면허증 회수에 대한 거부 또는<br>방해 | 3(차종 구분 없음) | |

비 고
1. 승합자동차 등 : 승합자동차, 4ton 초과 화물자동차, 특수자동차 및 건설기
   계 및 노면전차
2. 승용자동차 등 : 승용자동차 및 4ton 이하 화물자동차

⑥ 어린이보호구역 및 노인·장애인보호구역에서의 과태료 부과기준
(시행령 별표 7)

| 범칙행위 | 차종별 범칙금액(만원) | |
|---|---|---|
| | 승합<br>자동차 등 | 승용<br>자동차 등 |
| 신호 또는 지시를 따르지 않은 차 또는 노면전차의<br>고용주 등 | 14 | 13 |
| 제한속도를 준수하지 않은 차 또는 노면전차의 고<br>용주 등<br>– 60km/h 초과<br>– 40km/h 초과, 60km/h 이하<br>– 20km/h 초과, 40km/h 이하<br>– 20km/h 이하 | <br><br>17<br>14<br>11<br>7 | <br><br>16<br>13<br>10<br>7 |
| 법 제32조부터 제34조까지의 규정을 위반하여 정<br>차 또는 주차를 한 차의 고용주 등<br>– 어린이보호구역에서 위반한 경우<br>– 노인·장애인보호구역에서 위반한 경우 | <br><br>13(14)<br>9(10) | <br><br>12(13)<br>8(9) |

비 고
1. 과태료 금액에서 괄호 안의 것은 같은 장소에서 2시간 이상 정차 또는
   주차 위반을 하는 경우에 적용한다.
2. 승합자동차 등 : 승합자동차, 4ton 초과 화물자동차, 특수자동차, 건설기계
   및 노면전차
3. 승용자동차 등 : 승용자동차 및 4ton 이하 화물자동차

⑦ 어린이보호구역 및 노인·장애인보호구역에서의 범칙행위 및 범
칙금액(시행령 별표 10)

| 범칙행위 | 차종별 범칙금액(만원) | |
|---|---|---|
| | 승합<br>자동차 등 | 승용<br>자동차 등 |
| • 신호·지시위반<br>• 횡단보도 보행자 횡단방해 | 13 | 12 |
| 속도위반<br>– 60km/h 초과<br>– 40km/h 초과, 60km/h 이하<br>– 20km/h 초과, 40km/h 이하<br>– 20km/h 이하 | <br>16<br>13<br>10<br>6 | <br>15<br>12<br>9<br>6 |
| • 통행 금지·제한 위반<br>• 보행자 통행 방해 또는 보호 불이행 | 9 | 8 |
| • 정차·주차 금지 위반<br>– 어린이보호구역에서 위반한 경우<br>– 노인·장애인보호구역에서 위반한 경우 | <br>13<br>9 | <br>12<br>8 |
| • 주차금지 위반<br>– 어린이보호구역에서 위반한 경우<br>– 노인·장애인보호구역에서 위반한 경우 | <br>13<br>9 | <br>12<br>8 |
| • 정차·주차방법 위반<br>– 어린이보호구역에서 위반한 경우<br>– 노인·장애인보호구역에서 위반한 경우 | <br>13<br>9 | <br>12<br>8 |
| • 정차·주차 위반에 대한 조치 불응<br>– 어린이보호구역에서의 위반에 대한 조치에 불<br>응한 경우<br>– 노인·장애인보호구역에서의 위반에 대한 조<br>치에 불응한 경우 | <br>13<br><br>9 | <br>12<br><br>8 |

비 고
1. 승합자동차 등 : 승합자동차, 4ton 초과 화물자동차, 특수자동차, 건설기계
   및 노면전차
2. 승용자동차 등 : 승용자동차 및 4ton 이하 화물자동차

## 02 교통사고처리특례법

### 1 처벌의 특례

(1) 특례의 적용(법 제3조)

① 차의 운전자가 교통사고로 인하여 「형법」 제268조의 죄를 범한
경우에는 5년 이하의 금고 또는 2천만원 이하의 벌금에 처한다.
※ 형법 제268조(업무상과실·중과실 치사상) : 업무상과실 또는
중대한 과실로 사람을 사망이나 상해에 이르게 한 자는 5년
이하의 금고 또는 2천만원 이하의 벌금에 처한다.

② 차의 교통으로 ①의 죄 중 업무상과실치상죄 또는 중과실치상죄와
「도로교통법」 제151조의 죄를 범한 운전자에 대하여는 피해자의
명시적인 의사에 반하여 공소를 제기할 수 없다.
※ 도로교통법 제151조(벌칙) : 차 또는 노면전차의 운전자가 업
무상 필요한 주의를 게을리 하거나 중대한 과실로 다른 사람의
건조물이나 그 밖의 재물을 손괴한 경우에는 2년 이하의 금고
나 500만원 이하의 벌금에 처한다.

(2) 특례의 배제(법 제3조 제2항 단서)

차의 운전자가 「형법」 제268조의 죄 중 업무상과실치상죄 또는 중과
실치상죄를 범하고도 피해자를 구호하는 등의 조치를 하지 아니하고
도주하거나 피해자를 사고 장소로부터 옮겨 유기하고 도주한 경우,
같은 죄를 범하고 음주측정 요구에 따르지 아니한 경우(운전자가 채혈
측정을 요청하거나 동의한 경우는 제외)와 다음의 어느 하나에 해당하
는 행위로 인하여 같은 죄를 범한 경우에는 특례의 적용을 배제한다.

① 신호·지시 위반
② 중앙선 침범, 고속도로나 자동차전용도로에서의 횡단, 유턴 또는
후진 위반
③ 속도 위반(20km/h 초과)
④ 앞지르기의 방법·금지시기·금지장소 또는 끼어들기 금지 위반,
고속도로에서의 앞지르기 방법 위반
⑤ 철길건널목 통과방법 위반
⑥ 보행자 보호의무 위반
⑦ 무면허운전
⑧ 음주, 과로, 질병 또는 약물(마약, 대마 및 향정신성의약품과 그
밖에 행정안전부령으로 정하는 것)의 영향과 그 밖의 사유로 인한
경우
⑨ 보도침범·보도횡단방법 위반
⑩ 승객추락방지의무 위반
⑪ 어린이보호구역 내 안전운전의무 위반으로 어린이의 신체를 상해
에 이르게 한 경우
⑫ 자동차의 화물이 떨어지지 아니하도록 필요한 조치를 하지 아니하
고 운전한 경우

### 2 처벌의 가중

(1) 사망사고

① 「교통안전법 시행령」 별표 3의2에서 규정된 교통사고에 의한 사망
은 교통사고가 주된 원인이 되어 교통사고 발생 시부터 30일 이내
에 사람이 사망한 사고를 말한다.

② 「교통사고처리특례법」 제4조에 따르면 사망사고는 그 피해의 중대성과 심각성으로 말미암아 사고차량이 보험이나 공제에 가입되어 있더라도 이를 반의사불벌죄의 예외로 규정하여 「형법」 제268조에 따라 처벌한다.

③ 「도로교통법」 시행규칙 [별표 28]에 따라 교통사고 발생 후 72시간 내 사망하면 벌점 90점이 부과된다.

## (2) 도주사고

① 교통사고를 야기하고 도주한 운전은 특히 피해자의 생명, 신체에 중대한 위험을 초래하고 민사적 손해배상의 현저한 곤란을 초래한다는 점에서 도로교통법만으로 규율하기에는 미흡하여 이에 대한 가중처벌과 예방적 효과를 위하여 「특정범죄가중처벌 등에 관한 법률」 제5조의3의 규정을 적용하여 처벌을 가중한다.

② 도주차량운전자의 가중처벌(「특정범죄가중처벌 등에 관한 법률」 제5조의3)

㉠ 「도로교통법」 제2조에 규정된 자동차·원동기장치자전거 또는 「건설기계관리법」 제26조 제1항 단서에 따른 건설기계 외의 건설기계의 교통으로 인하여 「형법」 제268조의 죄를 범한 해당 차량의 사고운전자가 피해자를 구호하는 등의 조치를 하지 아니하고 도주한 경우에는 다음의 구분에 따라 가중처벌한다.

• 피해자를 사망에 이르게 하고 도주하거나, 도주 후에 피해자가 사망한 경우에는 무기 또는 5년 이상의 징역에 처한다.
• 피해자를 상해에 이르게 한 경우에는 1년 이상의 유기징역 또는 500만원 이상 3천만원 이하의 벌금에 처한다.

㉡ 사고운전자가 피해자를 사고 장소로부터 옮겨 유기하고 도주한 경우에는 다음의 구분에 따라 가중처벌한다.

• 피해자를 사망에 이르게 하고 도주하거나, 도주 후에 피해자가 사망한 경우에는 사형·무기 또는 5년 이상의 징역에 처한다.
• 피해자를 상해에 이르게 한 경우에는 3년 이상의 유기징역에 처한다.

③ 도주(뺑소니)사고의 성립요건

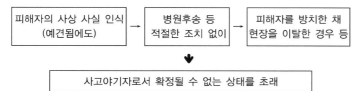

## (3) 도주사고 적용사례

① 차량과의 충돌사고 또는 사상 사실을 인식하고도 가버린 경우
② 피해자를 방치한 채 사고현장을 이탈 도주한 경우
③ 사고현장에 있었어도 사고사실을 은폐하기 위해 거짓진술·신고한 경우
④ 부상피해자에 대한 적극적인 구호조치 없이 가버린 경우
⑤ 피해자가 이미 사망했다고 하더라도 사체 안치·후송 등 조치 없이 가버린 경우
⑥ 피해자를 병원까지만 후송하고 계속 치료받을 수 있는 조치 없이 도주한 경우
⑦ 운전자를 바꿔치기하여 신고한 경우
⑧ 부모에 알려 사후 조치하려고 사고현장을 떠났어도 구호조치를 아니

한 경우
⑨ 사리분별 능력이 없는 피해자를 간단한 응급조치 후 혼자 갈 수 있느냐고 질문하여 "예"라고 대답하였다는 이유로 아무런 조치를 하지 않고 길가에 하차시켰을 경우
⑩ 사고 후 의식이 회복된 운전자가 피해자에 대한 구호조치를 하지 않았을 경우

## (4) 도주가 적용되지 않는 경우

① 피해자가 부상 사실이 없거나 극히 경미하여 구호조치가 필요치 않은 경우
② 가해자 및 피해자 일행 또는 경찰관이 환자를 후송조치하는 것을 보고 연락처를 주고 가 버린 경우
③ 교통사고 가해운전자가 심한 부상을 입어 타인에게 의뢰하여 피해자를 후송조치한 경우
④ 교통사고 장소가 혼잡하여 도저히 정지할 수 없어 일부 진행한 후 정지하고 되돌아와 조치한 경우

## 03 화물자동차 운수사업법

### 1 총 칙

#### (1) 목 적(법 제1조)

화물자동차 운수사업을 효율적으로 관리하고 건전하게 육성하여 화물의 원활한 운송을 도모함으로써 공공복리의 증진에 기여함을 목적으로 한다.

#### (2) 용어의 정의(법 제2조)

① 화물자동차 : 「자동차관리법」 제3조에 따른 화물자동차 및 특수자동차로서 국토교통부령으로 정하는 자동차

**[화물자동차의 규모별 세부기준(자동차관리법 시행규칙 별표 1)]**

| 구 분 | 종 류 | 세부기준 |
|---|---|---|
| 화물자동차 | 경 형 | • 초소형 : 배기량이 250cc(전기자동차의 경우 최고출력이 15kW) 이하이고, 길이 3.6m·너비 1.5m·높이 2m 이하인 것<br>• 일반형 : 배기량이 1,000cc(전기자동차의 경우 최고출력이 80kW) 미만이고, 길이 3.6m·너비 1.6m·높이 2.0m 이하인 것 |
| | 소 형 | 최대적재량이 1ton 이하인 것으로서 총중량이 3.5ton 이하인 것 |
| | 중 형 | 최대적재량이 1ton 초과~5ton 미만이거나, 총중량이 3.5ton 초과~10ton 미만인 것 |
| | 대 형 | 최대적재량이 5ton 이상이거나, 총중량이 10ton 이상인 것 |
| 특수자동차 | 경 형 | • 초소형 : 배기량이 250cc(전기자동차의 경우 최고출력이 15kW) 이하이고, 길이 3.6m·너비 1.5m·높이 2.0m 이하인 것<br>• 일반형 : 배기량이 1,000cc(전기자동차의 경우 최고출력이 80kW) 미만이고, 길이 3.6m·너비 1.6m·높이 2.0m 이하인 것 |
| | 소 형 | 총중량이 3.5ton 이하인 것 |
| | 중 형 | 총중량이 3.5ton 초과~10ton 미만인 것 |
| | 대 형 | 총중량이 10ton 이상인 것 |

**[화물자동차의 유형별 세부기준(자동차관리법 시행규칙 별표 1)]**

| 구 분 | 종 류 | 세부기준 |
|---|---|---|
| 화물<br>자동차 | 일반형 | 보통의 화물운송용인 것 |
| | 덤프형 | 적재함을 원동기의 힘으로 기울여 적재물을 중력에 의하여 쉽게 미끄러뜨리는 구조의 화물운송용인 것 |
| | 밴 형 | 지붕구조의 덮개가 있는 화물운송용인 것 |
| | 특수<br>용도형 | 특정한 용도를 위하여 특수한 구조로 하거나 기구를 장치한 것으로서, 위 어느 형에도 속하지 아니하는 화물운송용인 것(예 청소차, 살수차, 소방차, 냉장·냉동차, 곡물·사료운반차 등) |
| 특수<br>자동차 | 견인형 | 피견인차의 견인을 전용으로 하는 구조인 것 |
| | 구난형 | 고장·사고 등으로 운행이 곤란한 자동차를 구난·견인할 수 있는 구조인 것 |
| | 특수<br>용도형 | 위 어느 형에도 속하지 아니하는 특수용도용인 것(예 고소작업차, 고가사다리소방차, 오가크레인 등) |

※ 화물자동차의 종류 중 밴형 화물자동차는 다음을 모두 충족하는 구조이어야 한다(화물자동차 운수사업법 시행규칙 제3조).
 1. 물품적재장치의 바닥면적이 승차장치의 바닥면적보다 넓을 것
 2. 승차 정원이 3명 이하일 것. 다만, 다음의 어느 하나에 해당하는 경우는 예외로 한다.
  – 「경비업법」 제4조 제1항에 따라 같은 법 제2조 제1호 나목의 호송경비업무 허가를 받은 경비업자의 호송용 차량
  – 2001년 11월 30일 전에 화물자동차 운송사업 등록을 한 6인승 밴형 화물자동차

② **화물자동차 운수사업** : 화물자동차 운송사업, 화물자동차 운송주선사업 및 화물자동차 운송가맹사업

③ **화물자동차 운송사업** : 다른 사람의 요구에 응하여 화물자동차를 사용하여 화물을 유상으로 운송하는 사업(이 경우 화주(貨主)가 화물자동차에 함께 탈 때의 화물은 중량, 용적, 형상 등이 여객자동차 운송사업용 자동차에 싣기 부적합한 것으로서 그 기준과 대상차량 등은 국토교통부령으로 정한다)

④ **화물자동차 운송주선사업** : 다른 사람의 요구에 응하여 유상으로 화물운송계약을 중개·대리하거나 화물자동차 운송사업 또는 화물자동차 운송가맹사업을 경영하는 자의 화물 운송수단을 이용하여 자기의 명의와 계산으로 화물을 운송하는 사업(화물이 이사화물인 경우에는 포장 및 보관 등 부대서비스를 함께 제공하는 사업을 포함)

⑤ **화물자동차 운송가맹사업** : 다른 사람의 요구에 응하여 자기 화물자동차를 사용하여 유상으로 화물을 운송하거나 화물정보망(인터넷 홈페이지 및 이동통신단말장치에서 사용되는 응용프로그램을 포함)을 통하여 소속 화물자동차 운송가맹점(국토교통부장관의 변경허가를 받은 운송사업자 및 경영의 위탁에 따라 화물자동차 운송사업의 경영의 일부를 위탁받은 사람인 운송가맹점만을 말한다)에 의뢰하여 화물을 운송하게 하는 사업

⑥ **화물자동차 운송가맹사업자** : 국토교통부장관으로부터 화물자동차 운송가맹사업의 허가를 받은 자

⑦ **화물자동차 운송가맹점** : 화물자동차 운송가맹사업자의 운송가맹점으로 가입한 자로서 다음의 어느 하나에 해당하는 자
 ㉠ 운송가맹사업자의 화물정보망을 이용하여 운송 화물을 배정받아 화물을 운송하는 국토교통부장관으로부터 허가를 받은 운송사업자
 ㉡ 운송가맹사업자의 화물운송계약을 중개·대리하는 국토교통부장관의 허가를 받은 운송주선사업자
 ㉢ 운송가맹사업자의 화물정보망을 이용하여 운송 화물을 배정

받아 화물을 운송하는 자로서 화물자동차 운송사업의 경영의 일부를 위탁받은 사람. 다만, 경영의 일부를 위탁한 운송사업자가 화물자동차 운송가맹점으로 가입한 경우는 제외한다.

⑧ **영업소** : 주사무소 외의 장소에서 다음의 어느 하나에 해당하는 사업을 영위하는 곳을 말한다.
 ㉠ 화물자동차 운송사업의 허가를 받은 자 또는 화물자동차 운송가맹사업자가 화물자동차를 배치하여 그 지역의 화물을 운송하는 사업
 ㉡ 화물자동차 운송주선사업의 허가를 받은 자가 화물 운송을 주선하는 사업

⑨ **운수종사자** : 화물자동차의 운전자, 화물의 운송 또는 운송주선에 관한 사무를 취급하는 사무원 및 이를 보조하는 보조원, 그 밖에 화물자동차 운수사업에 종사하는 자

⑩ **공영차고지** : 화물자동차 운수사업에 제공되는 차고지로서 다음의 어느 하나에 해당하는 자가 설치한 것을 말한다.
 ㉠ 특별시장·광역시장·특별자치시장·도지사·특별자치도지사(시·도지사라 한다)
 ㉡ 시장·군수·구청장(자치구의 구청장을 말한다. 이하 같다)
 ㉢ 「공공기관의 운영에 관한 법률」에 따른 공공기관 중 대통령령으로 정하는 공공기관
 ㉣ 「지방공기업법」에 따른 지방공사

⑪ **화물자동차 휴게소** : 화물자동차의 운전자가 화물의 운송 중 휴식을 취하거나 화물의 하역(荷役)을 위하여 대기할 수 있도록 「도로법」에 따른 도로 등 화물의 운송경로나 「물류시설의 개발 및 운영에 관한 법률」에 따른 물류시설 등 물류거점에 휴게시설과 차량의 주차·정비·주유(注油) 등 화물운송에 필요한 기능을 제공하기 위하여 건설하는 시설물을 말한다.

⑫ **화물차주** : 화물을 직접 운송하는 자로서 다음의 어느 하나에 해당하는 자를 말한다.
 ㉠ 개인화물자동차 운송사업의 허가를 받은 자(개인 운송사업자)
 ㉡ 경영의 일부를 위탁받은 사람(위·수탁차주)

⑬ **화물자동차 안전운송원가** : 화물차주에 대한 적정한 운임의 보장을 통하여 과로, 과속, 과적 운행을 방지하는 등 교통안전을 확보하기 위하여 화주, 운송사업자, 운송주선사업자 등이 화물운송의 운임을 산정할 때에 참고할 수 있는 운송원가로서 화물자동차 안전운임위원회의 심의·의결을 거쳐 화물자동차 안전운송원가 및 화물자동차 안전운임의 공표(제5조의4)에 따라 국토교통부장관이 공표한 원가를 말한다.

⑭ **화물자동차 안전운임** : 화물차주에 대한 적정한 운임의 보장을 통하여 과로, 과속, 과적 운행을 방지하는 등 교통안전을 확보하기 위하여 필요한 최소한의 운임으로서 화물자동차 안전운송원가에 적정 이윤을 더하여 화물자동차 안전운임위원회의 심의·의결을 거쳐 화물자동차 안전운송원가 및 화물자동차 안전운임의 공표(제5조의4)에 따라 국토교통부장관이 공표한 운임을 말하며 다음의 구분을 한다.
 ㉠ 화물자동차 안전운송운임 : 화주가 운송사업자, 운송주선사업자 및 운송가맹사업자(운수사업자) 또는 화물차주에게 지급하여야 하는 최소한의 운임
 ㉡ 화물자동차 안전위탁운임 : 운수사업자가 화물차주에게 지급

하여야 하는 최소한의 운임

## 2 화물자동차 운송사업

### (1) 화물자동차 운송사업의 허가 등(법 제3조)

① 화물자동차 운송사업을 경영하려는 자는 다음의 구분에 따라 국토교통부장관의 허가를 받아야 한다.

ㄱ 일반화물자동차 운송사업 : 20대 이상의 범위에서 대통령령으로 정하는 대수 이상의 화물자동차를 사용하여 화물을 운송하는 사업

ㄴ 개인화물자동차 운송사업 : 화물자동차 1대를 사용하여 화물을 운송하는 사업으로서 대통령령으로 정하는 사업

② 화물자동차 운송가맹사업의 허가를 받은 자는 위 ①에 따른 허가를 받지 아니한다.

③ ①에 따라 화물자동차 운송사업의 허가를 받은 자(운송사업자)가 허가사항을 변경하려면 국토교통부령으로 정하는 바에 따라 국토교통부장관의 변경허가를 받아야 한다. 다만, 대통령령으로 정하는 경미한 사항을 변경하려면 국토교통부령으로 정하는 바에 따라 국토교통부장관에게 신고하여야 한다.

> **더 알아보기**
>
> **화물자동차 운송사업 허가 및 신고 대상(시행령 제3조 제2항)**
> 1. 상호의 변경
> 2. 대표자의 변경(법인인 경우만 해당)
> 3. 화물취급소의 설치 또는 폐지
> 4. 화물자동차의 대폐차
> 5. 주사무소·영업소 및 화물취급소의 이전. 다만, 주사무소의 경우에는 관할관청의 행정구역 내에서의 이전만 해당

④ ①에 따른 허가의 신청방법 및 절차 등에 필요한 사항은 국토교통부령으로 정한다.

⑤ ① 및 ③ 본문에 따른 화물자동차 운송사업의 허가 또는 증차(增車)를 수반하는 변경허가의 기준은 다음과 같다.

ㄱ 국토교통부장관이 화물의 운송 수요를 고려하여 ④에 따라 업종별로 고시하는 공급기준에 맞을 것. 다만, 다음의 어느 하나에 해당하는 경우는 제외한다.

- 제12항에 따라 6개월 이내로 기간을 한정하여 허가를 하는 경우
- 제13항에 따라 허가를 신청하는 경우
- 「환경친화적 자동차의 개발 및 보급 촉진에 관한 법률」 제2조에 따른 전기자동차 또는 수소전기자동차로서 국토교통부령으로 정하는 최대 적재량 이하인 화물자동차에 대하여 해당 차량과 그 경영을 다른 사람에게 위탁하지 아니하는 것을 조건으로 허가 또는 변경허가를 신청하는 경우

ㄴ 화물자동차의 대수, 차고지 등 운송시설, 그 밖에 국토교통부령으로 정하는 기준에 맞을 것

⑥ 운송사업자는 ①에 따라 허가를 받은 날부터 5년의 범위에서 대통령령으로 정하는 기간마다 국토교통부령으로 정하는 바에 따라 허가기준에 관한 사항을 국토교통부장관에게 신고하여야 한다.

### (2) 결격사유(법 제4조)

다음의 어느 하나에 해당하는 자는 국토교통부장관으로부터 화물자동차 운송사업의 허가를 받을 수 없다. 법인의 경우 그 임원 중 다음의 어느 하나에 해당하는 자가 있는 경우에도 또한 같다.

① 피성년후견인 또는 피한정후견인

② 파산선고를 받고 복권되지 아니한 자

③ 화물자동차 운수사업법을 위반하여 징역 이상의 실형을 선고받고 그 집행이 끝나거나(집행이 끝난 것으로 보는 경우를 포함) 집행이 면제된 날부터 2년이 지나지 아니한 자

④ 화물자동차 운수사업법을 위반하여 징역 이상의 형의 집행유예 선고를 받고 그 유예 기간 중에 있는 자

⑤ 다음의 어느 하나에 해당하여 허가가 취소된 후 2년이 지나지 아니한 자(법 제4조 제5호)

ㄱ 허가를 받은 후 6개월간의 운송실적이 국토교통부령으로 정하는 기준에 미달한 경우

ㄴ 화물자동차 운송사업의 허가 또는 증차(增車)를 수반하는 변경허가의 기준을 충족하지 못하게 된 경우

ㄷ 허가기준에 관한 사항에 따른 신고를 하지 아니하였거나 거짓으로 신고한 경우

ㄹ 화물자동차 소유 대수가 2대 이상인 운송사업자가 영업소 설치 허가를 받지 아니하고 주사무소 외의 장소에서 상주하여 영업한 경우

ㅁ 화물자동차 운송사업의 허가 또는 증차를 수반하는 변경허가에 따른 조건 또는 기한을 위반한 경우

ㅂ 결격사유(제4조)의 어느 하나에 해당하게 된 경우(다만, 법인의 임원 중 제4조의 어느 하나에 해당하는 자가 있는 경우에 3개월 이내에 그 임원을 개임하면 허가를 취소하지 아니한다)

ㅅ 화물운송 종사자격이 없는 자에게 화물을 운송하게 한 경우

ㅇ 운송사업자의 준수사항(제11조)을 위반한 경우

ㅈ 운송사업자의 직접운송 의무 등(제11조의2)을 위반한 경우

ㅊ 1대의 화물자동차를 본인이 직접 운전하는 운송사업자, 운송사업자가 채용한 운수종사자 또는 위·수탁차주가 일정한 장소에 오랜 시간 정차하여 화주를 호객(呼客)하는 행위를 하여 과태료 처분을 1년 동안 3회 이상 받은 경우

ㅋ 정당한 사유 없이 개선명령을 이행하지 아니한 경우

ㅌ 정당한 사유 없이 업무개시 명령을 이행하지 아니한 경우

ㅍ 운송사업자가 그 사업을 양도할 수 없음에도 사업을 양도한 경우

ㅎ 화물자동차 운송사업의 허가취소 등에 따른 사업정지처분 또는 감차 조치 명령을 위반한 경우

㉮ 중대한 교통사고 또는 빈번한 교통사고로 1명 이상의 사상자를 발생하게 한 경우

㉯ 보조금의 지급 정지 등(제44조의2 제1항) 규정에 따라 보조금의 지급이 정지된 자가 그 날부터 5년 이내에 다시 보조금의 지급정지 등(제44조의2 제1항) 규정에 해당하게 된 경우

㉰ 실적 신고 및 관리 등에 따른 신고를 하지 아니하였거나 거짓으로 신고한 경우

㉱ 실적 신고 및 관리 등에 따른 기준을 충족하지 못하게 된 경우

⑭ 화물자동차 교통사고와 관련하여 거짓이나 그 밖의 부정한 방법으로 보험금을 청구하여 금고 이상의 형을 선고받고 그 형이 확정된 경우

⑮ 대통령령으로 정하는 연한 이상의 화물자동차를 자동차관리법에 따른 정기검사 또는 같은 법에 따른 자동차종합검사를 받지 아니한 상태로 운행하거나 운행하게 한 경우

⑥ 다음의 어느 하나에 해당하여 허가가 취소된 후 5년이 지나지 아니한 자

  ㉠ 부정한 방법으로 허가를 받은 경우

  ㉡ 부정한 방법으로 변경허가를 받거나, 변경허가를 받지 아니하고 허가사항을 변경한 경우

### (3) 운임 및 요금 등(법 제5조, 영 제4조, 규칙 제15조)

① 운송사업자는 운임 및 요금을 정하여 미리 국토교통부장관에게 신고하여야 한다. 이를 변경하려는 때에도 또한 같다.

② 운임과 요금을 신고하여야 하는 운송사업자의 범위는 대통령령으로 정한다.

  ㉠ 구난형(救難型) 특수자동차를 사용하여 고장차량·사고차량 등을 운송하는 운송사업자 또는 운송가맹사업자(화물자동차를 직접 소유한 운송가맹사업자만 해당)

  ㉡ 밴형 화물자동차를 사용하여 화주와 화물을 함께 운송하는 운송사업자 및 운송가맹사업자(화물자동차를 직접 소유한 운송가맹사업자만 해당)

③ 운임 및 요금의 신고에 대하여 필요한 사항은 국토교통부령으로 정한다.

  ㉠ 원가계산서(행정기관에 등록한 원가계산기관 또는 공인회계사가 작성한 것)

  ㉡ 운임·요금표(구난형 특수자동차를 사용하여 고장차량·사고차량 등을 운송하는 운송사업의 경우에는 구난 작업에 사용하는 장비 등의 사용료를 포함)

  ㉢ 운임 및 요금의 신·구대비표(변경신고인 경우만 해당)

※ 법률 제15602호(2018. 4. 17.) 부칙 제2조의 규정에 의하여 (4)~(6) 중 화물자동차 안전운임에 관한 부분은 2022년 12월 31일까지 유효합니다.

### (4) 화물자동차 안전운임위원회의 설치 등(법 제5조의2)

① 다음의 사항을 심의·의결하기 위하여 국토교통부장관 소속으로 화물자동차 안전운임위원회(위원회)를 둔다.

  ㉠ 화물자동차 안전운송원가 및 화물자동차 안전운임의 결정 및 조정에 관한 사항

  ㉡ 화물자동차 안전운송원가 및 화물자동차 안전운임이 적용되는 운송품목 및 차량의 종류 등에 관한 사항

  ㉢ 화물자동차 안전운임제도의 발전을 위한 연구 및 건의에 관한 사항

  ㉣ 그 밖에 화물자동차 안전운임에 관한 중요 사항으로서 국토교통부장관이 회의에 부치는 사항

### (5) 화물자동차 안전운송원가 및 화물자동차 안전운임의 심의기준(법 제5조의3)

① 위원회는 다음의 사항을 고려하여 화물자동차 안전운송원가를 심의·의결한다.

  ㉠ 인건비, 감가상각비 등 고정비용

  ㉡ 유류비, 부품비 등 변동비용

  ㉢ 그 밖에 상하차 대기료, 운송사업자의 운송서비스 수준 등 평균적인 영업조건을 고려하여 대통령령으로 정하는 사항

> **더 알아보기**
>
> 법 제5조의3 제1항 제3호에서 "대통령령으로 정하는 사항"이란 다음의 사항을 말한다(영 제4조의6 제1항).
> 1. 화물의 상하차 대기료
> 2. 운송사업자의 운송서비스 수준
> 3. 운송서비스 제공에 필요한 추가적인 시설 및 장비 사용료
> 4. 그 밖에 화물의 안전한 운송에 필수적인 사항으로서 위원회에서 필요하다고 인정하는 사항

② 위원회는 화물자동차 안전운송원가에 적정 이윤을 더하여 화물자동차 안전운임을 심의·의결한다. 이 경우 적정 이윤의 산정에 필요한 사항은 대통령령으로 정한다.

### (6) 화물자동차 안전운송원가 및 화물자동차 안전운임의 공표(법 제5조의4)

① 국토교통부장관은 매년 10월 31일까지 위원회의 심의·의결을 거쳐 대통령령으로 정하는 운송품목에 대하여 다음 연도에 적용할 화물자동차 안전운송원가를 공표하여야 한다.

② 국토교통부장관은 매년 10월 31일까지 위원회의 심의·의결을 거쳐 다음의 운송품목에 대하여 다음 연도에 적용할 화물자동차 안전운임을 공표하여야 한다.

  ㉠ 「자동차관리법」 제3조에 따른 특수자동차로 운송되는 수출입 컨테이너

  ㉡ 「자동차관리법」 제3조에 따른 특수자동차로 운송되는 시멘트

③ 화물자동차 안전운송원가 및 화물자동차 안전운임의 공표 방법 및 절차 등에 필요한 사항은 대통령령으로 정한다.

### (7) 운송약관(법 제6조)

① 운송사업자는 운송약관을 정하여 국토교통부장관에게 신고하여야 한다. 이를 변경하려는 때에도 또한 같다.

② 국토교통부장관은 화물자동차 운수사업법에 따라 설립된 협회 또는 연합회가 작성한 것으로서 「약관의 규제에 관한 법률」에 따라 공정거래위원회의 심사를 거친 화물운송에 관한 표준이 되는 약관(표준약관)이 있으면 운송사업자에게 그 사용을 권장할 수 있다.

③ 운송사업자가 화물자동차 운송사업의 허가(변경허가를 포함)를 받는 때에 표준약관의 사용에 동의하면 운송약관을 신고한 것으로 본다.

**(8) 운송사업자의 책임(법 제7조)**

① 화물의 멸실·훼손 또는 인도의 지연(적재물사고)으로 발생한 운송사업자의 손해배상 책임에 관하여는 상법 제135조를 준용한다.

② ①의 규정을 적용할 때 화물이 인도기한이 지난 후 3개월 이내에 인도되지 아니하면 그 화물은 멸실된 것으로 본다.

③ 국토교통부장관은 ①에 따른 손해배상에 관하여 화주가 요청하면 국토교통부령으로 정하는 바에 따라 이에 관한 분쟁을 조정할 수 있다.

④ 국토교통부장관은 화주가 ③에 따라 분쟁조정을 요청하면 지체 없이 그 사실을 확인하고 손해내용을 조사한 후 조정안을 작성해야 한다.

⑤ 당사자 쌍방이 ④에 따른 조정안을 수락하면 당사자 간에 조정안과 동일한 합의가 성립된 것으로 본다.

⑥ 국토교통부장관은 ③ 및 ④에 따른 분쟁조정 업무를 한국소비자원 또는 소비자단체에 위탁할 수 있다.

**(9) 적재물배상보험 등**

① **적재물배상보험 등의 의무 가입(법 제35조, 규칙 제41조의13)**

㉠ 다음의 어느 하나에 해당하는 자는 법 제7조 제1항에 따른 손해배상 책임을 이행하기 위하여 대통령령으로 정하는 바에 따라 적재물배상 책임보험 또는 공제(적재물배상보험 등)에 가입하여야 한다.

• 최대 적재량이 5ton 이상이거나 총중량이 10ton 이상인 화물자동차 중 국토교통부령으로 정하는 화물자동차를 소유하고 있는 운송사업자. 다만, 다음의 어느 하나에 해당하는 화물자동차는 제외

    – 건축폐기물·쓰레기 등 경제적 가치가 없는 화물을 운송하는 차량으로서 국토교통부장관이 정하여 고시하는 화물자동차

    – 「대기환경보전법」 제2조 제17호에 따른 배출가스저감장치를 차체에 부착함에 따라 총중량이 10ton 이상이 된 화물자동차 중 최대 적재량이 5ton 미만인 화물자동차

    – 특수용도형 화물자동차 중 「자동차관리법」 제2조 제1호에 따른 피견인자동차

• 국토교통부령으로 정하는 화물을 취급하는 운송주선사업자

• 운송가맹사업자

> **더 알아보기**
>
> **적재물배상 책임보험 등의 가입 범위(영 제9조의7)**
>
> 법 제35조에 따라 적재물배상 책임보험 또는 공제(이하 "적재물배상보험 등"이라 한다)에 가입하려는 자는 다음의 구분에 따라 사고 건당 2,000만원[운송주선사업자(화물자동차 운송주선사업의 허가를 받은 자)가 이사화물운송만을 주선하는 경우에는 500만원] 이상의 금액을 지급할 책임을 지는 적재물배상보험 등에 가입하여야 한다.
>
> 1. 운송사업자 : 각 화물자동차별로 가입
> 2. 운송주선사업자 : 각 사업자별로 가입
> 3. 운송가맹사업자 : 최대 적재량이 5ton 이상이거나 총중량이 10ton 이상인 화물자동차 중 일반형·밴형 및 특수용도형 화물자동차와 견인형 특수자동차를 직접 소유한 자는 각 화물자동차별 및 각 사업자별로, 그 외의 자는 각 사업자별로 가입

② **적재물배상보험 등 계약의 체결 의무(법 제36조)**

㉠ 보험회사(적재물배상책임 공제사업을 하는 자를 포함)는 적재물배상보험 등에 가입하여야 하는 자(보험 등 의무가입자라 한다)가 적재물배상보험 등에 가입하려고 하면 대통령령으로 정하는 사유가 있는 경우 외에는 적재물배상보험 등의 계약(책임보험계약 등)의 체결을 거부할 수 없다.

㉡ 보험 등 의무가입자가 적재물사고를 일으킬 개연성이 높은 경우 등 국토교통부령이 정하는 사유에 해당하는 경우에는 ㉠의 내용에도 불구하고 다수의 보험회사 등이 공동으로 책임보험계약 등을 체결할 수 있다.

> **더 알아보기**
>
> **국토교통부령이 정하는 사유에 해당하는 경우(규칙 제41조의14)**
>
> 법 제36조 제2항에서 "국토교통부령으로 정하는 사유"란 법 제36조 제1항에 따른 보험 등 의무가입자가 다음의 어느 하나에 해당하는 경우를 말한다.
>
> 1. 운송사업자의 화물자동차 운전자가 그 운송사업자의 사업용 화물자동차를 운전하여 과거 2년 동안 다음의 어느 하나에 해당하는 사항을 2회 이상 위반한 경력이 있는 경우
>   가. 「도로교통법」 제43조에 따른 무면허운전 등의 금지
>   나. 「도로교통법」 제44조 제1항에 따른 술에 취한 상태에서의 운전금지
>   다. 「도로교통법」 제54조 제1항에 따른 사고발생 시 조치의무
> 2. 보험회사가 「보험업법」에 따라 허가를 받거나 신고한 적재물배상 보험요율과 책임준비금 산출기준에 따라 손해배상책임을 담보하는 것이 현저히 곤란하다고 판단한 경우

③ **책임보험계약 등의 해제(법 제37조)**

보험 등 의무가입자 및 보험회사 등은 다음의 어느 하나에 해당하는 경우 외에는 책임보험계약 등의 전부 또는 일부를 해제하거나 해지하여서는 아니 된다.

㉠ 화물자동차 운송사업의 허가사항이 변경(감차만을 말한다)된 경우

㉡ 화물자동차 운송사업을 휴업하거나 폐업한 경우

㉢ 화물자동차 운송사업의 허가가 취소되거나 감차 조치 명령을 받은 경우

㉣ 화물자동차 운송주선사업의 허가가 취소된 경우

㉤ 화물자동차 운송가맹사업의 허가사항이 변경(감차만을 말한다)된 경우

㉥ 화물자동차 운송가맹사업의 허가가 취소되거나 감차 조치 명령을 받은 경우

㉦ 적재물배상보험 등에 이중으로 가입되어 하나의 책임보험계약 등을 해제하거나 해지하려는 경우

㉧ 보험회사 등이 파산 등의 사유로 영업을 계속할 수 없는 경우

㉨ 그 밖에 ㉠부터 ㉧까지의 규정에 준하는 경우로서 대통령령으로 정하는 경우

④ **책임보험계약 등의 계약 종료일 통지 등(법 제38조)**

㉠ 보험회사 등은 자기와 책임보험계약 등을 체결하고 있는 보험 등 의무가입자에게 그 계약종료일 30일 전까지 그 계약이 끝난다는 사실을 알려야 한다.

㉡ 보험회사 등은 자기와 책임보험계약 등을 체결한 보험 등 의무가입자가 그 계약이 끝난 후 새로운 계약을 체결하지 아니하면 그 사실을 지체 없이 국토교통부장관에게 알려야 한다.

ⓒ ⑤ 및 ⓛ에 따른 통지의 방법·절차에 필요한 사항은 국토교통
부령으로 정한다.
⑤ 적재물배상보험 등에 가입하지 않은 경우 과태료 부과기준(영 별
표 5)
　ⓙ 운송사업자(미가입 화물자동차 1대당)
　　• 가입하지 않은 기간이 10일 이내인 경우 : 15,000원
　　• 가입하지 않은 기간이 10일을 초과한 경우 : 15,000원에 11
　　　일째부터 기산하여 1일당 5,000원을 가산한 금액. 다만, 과
　　　태료의 총액은 자동차 1대당 50만원을 초과하지 못한다.
　ⓛ 운송주선사업자
　　• 가입하지 않은 기간이 10일 이내인 경우 : 3만원
　　• 가입하지 않은 기간이 10일을 초과한 경우 : 3만원에 11일째
　　　부터 기산하여 1일당 1만원을 가산한 금액. 다만, 과태료의
　　　총액은 100만원을 초과하지 못한다.
　ⓒ 운송가맹사업자
　　• 가입하지 않은 기간이 10일 이내인 경우 : 15만원
　　• 가입하지 않은 기간이 10일을 초과한 경우 : 15만원에 11일
　　　째부터 기산하여 1일당 5만원을 가산한 금액. 다만, 과태료
　　　의 총액은 자동차 1대당 500만원을 초과하지 못한다.

## (10) 운송사업자의 준수사항(법 제11조)

① 운송사업자는 허가받은 사항의 범위에서 사업을 성실하게 수행하
여야 하며, 부당한 운송조건을 제시하거나 정당한 사유 없이 운송
계약의 인수를 거부하거나 그 밖에 화물운송 질서를 현저하게 해치
는 행위를 하여서는 아니 된다.
② 운송사업자는 화물자동차 운전자의 과로를 방지하고 안전운행을
확보하기 위하여 운전자를 과도하게 승차근무하게 하여서는 아니
된다.
③ 운송사업자는 제2조 제3호 후단에 따른 화물의 기준에 맞지 아니
하는 화물을 운송하여서는 아니 된다.

> **더 알아보기**
>
> **법 제2조 제3호 후단**
> 화주(貨主)가 화물자동차에 함께 탈 때의 화물은 중량, 용적, 형상
> 등이 여객자동차 운송사업용 자동차에 싣기 부적합한 것으로서 그
> 기준과 대상차량 등은 국토교통부령으로 정한다.
>
> **화물의 기준 및 대상차량(규칙 제3조의2)**
> 1. 법 제2조 제3호 후단에 따른 화물의 기준은 다음의 어느 하나에
>    해당하는 것으로 한다.
>    • 화주(貨主) 1명당 화물의 중량이 20kg 이상일 것
>    • 화주 1명당 화물의 용적이 4만cm³ 이상일 것
>    • 화물이 다음의 어느 하나에 해당하는 물품일 것
>      － 불결하거나 악취가 나는 농산물·수산물 또는 축산물
>      － 혐오감을 주는 동물 또는 식물
>      － 기계·기구류 등 공산품
>      － 합판·각목 등 건축기자재
>      － 폭발성·인화성 또는 부식성 물품
> 2. 법 제2조 제3호 후단에 따른 대상차량은 밴형 화물자동차로 한다.

④ 운송사업자는 고장 및 사고차량 등 화물의 운송과 관련하여 자동차
관리법에 따른 자동차관리사업자와 부정한 금품을 주고받아서는
아니 된다.

⑤ 운송사업자는 해당 화물자동차 운송사업에 종사하는 운수종사자
가 준수사항을 성실히 이행하도록 지도·감독해야 한다.
⑥ 운송사업자는 화물운송의 대가로 받은 운임 및 요금의 전부 또는
일부에 해당하는 금액을 부당하게 화주, 다른 운송사업자 또는
화물자동차 운송주선사업을 경영하는 자에게 되돌려주는 행위를
하여서는 아니 된다.
⑦ 운송사업자는 택시 요금미터기의 장착 등 국토교통부령으로 정하
는 택시 유사표시행위를 하여서는 아니 된다.
⑧ 운송사업자는 운임 및 요금과 운송약관을 영업소 또는 화물자동차
에 갖추어 두고 이용자가 요구하면 이를 내보여야 한다.
⑨ 위·수탁차주나 개인 운송사업자에게 화물운송을 위탁한 운송사
업자는 해당 위·수탁차주나 개인 운송사업자가 요구하면 화물적
재요청자와 화물의 종류·중량 및 운임 등 국토교통부령으로 정하
는 사항을 적은 화물위탁증을 내주어야 한다. 다만, 운송사업자가
최대 적재량 1.5ton 이상의 자동차관리법에 따른 화물자동차를
소유한 위·수탁차주나 개인 운송사업자에게 화물운송을 위탁하
는 경우 국토교통부령으로 정하는 화물을 제외하고는 화물위탁증
을 발급하여야 하며, 위·수탁차주나 개인 운송사업자는 화물위탁
증을 수령하여야 한다.
⑩ 운송사업자는 화물자동차 운송사업을 양도·양수하는 경우에는
양도·양수에 소요되는 비용을 위·수탁차주에게 부담시켜서는
아니 된다.
⑪ 운송사업자는 위·수탁차주가 현물출자한 차량을 위·수탁차주
의 동의 없이 타인에게 매도하거나 저당권을 설정하여서는 아니
된다. 다만, 보험료 납부, 차량 할부금 상환 등 위·수탁차주가
이행하여야 하는 차량관리 의무의 해태로 인하여 운송사업자의
채무가 발생하였을 경우에는 위·수탁차주에게 저당권을 설정한
다는 사실을 사전에 통지하고 그 채무액을 넘지 아니하는 범위에서
저당권을 설정할 수 있다.
⑫ 운송사업자는 위·수탁계약으로 차량을 현물출자 받은 경우에는
위·수탁차주를 자동차관리법에 따른 자동차등록원부에 현물출
자자로 기재하여야 한다.
⑬ 운송사업자는 위·수탁차주가 다른 운송사업자와 동시에 1년 이
상의 운송계약을 체결하는 것을 제한하거나 이를 이유로 불이익을
주어서는 아니 된다.
⑭ 운송사업자는 화물운송을 위탁하는 경우 도로법 제77조 또는 도로
교통법 제39조에 따른 기준을 위반하는 화물의 운송을 위탁하여서
는 아니 된다.
⑮ 운송사업자는 운송가맹사업자의 화물정보망이나 인증 받은 화물
정보망을 통하여 위탁 받은 물량을 재위탁하는 등 화물운송질서를
문란하게 하는 행위를 하여서는 아니 된다.
⑯ 운송사업자는 적재된 화물이 떨어지지 아니하도록 국토교통부령
으로 정하는 기준 및 방법에 따라 덮개·포장·고정장치 등 필요한
조치를 하여야 한다.

> **더 알아보기**
>
> **적재화물 이탈방지 기준(규칙 제21조의7)**
> 운송사업자는 법 제11조 제20항에 따라 적재된 화물이 떨어지지 않도록
> 적재화물 이탈방지 기준 및 방법에 따라 덮개·포장 및 고정장치 등
> 필요한 조치를 해야 한다.

⑰ 허가 또는 변경허가를 받은 운송사업자는 허가 또는 변경허가의 조건을 위반하여 다른 사람에게 차량이나 그 경영을 위탁하여서는 아니 된다.

⑱ 운송사업자는 화물자동차의 운전업무에 종사하는 운수종사자가 교육을 받는 데에 필요한 조치를 하여야 하며, 그 교육을 받지 아니한 화물자동차의 운전업무에 종사하는 운수종사자를 화물자동차 운수사업에 종사하게 하여서는 아니 된다.

⑲ 운송사업자는 「자동차관리법」 제35조를 위반하여 전기・전자장치(최고속도제한장치에 한정한다)를 무단으로 해체하거나 조작해서는 아니 된다.

⑳ 국토교통부장관은 ①부터 ⑲항까지의 준수사항 외에 다음의 사항을 국토교통부령으로 정할 수 있다.
㉠ 화물자동차 운송사업의 차고지 이용과 운송시설에 관한 사항
㉡ 그 밖에 수송의 안전과 화주의 편의를 도모하기 위하여 운송사업자가 지켜야 할 사항

**더 알아보기**

**운송사업자의 준수사항(규칙 제21조)**
법 제11조 제1항 및 제24항에 따른 화물운송 질서 확립, 화물자동차 운송사업의 차고지 이용 및 운송시설에 관한 사항과 그 밖에 수송의 안전 및 화주의 편의를 위하여 운송사업자가 준수해야 할 사항은 다음과 같다.
1. 개인화물자동차 운송사업자의 경우 주사무소가 있는 특별시・광역시・특별자치시 또는 도와 이와 맞닿은 특별시・광역시・특별자치시 또는 도 외의 지역에 상주하여 화물자동차 운송사업을 경영하지 아니할 것
2. 밤샘주차(0시부터 4시까지 사이에 하는 1시간 이상의 주차를 말함)하는 경우에는 다음의 어느 하나에 해당하는 시설 및 장소에서만 할 것
   • 해당 운송사업자의 차고지
   • 다른 운송사업자의 차고지
   • 공영차고지
   • 화물자동차 휴게소
   • 화물터미널
   • 그 밖에 지방자치단체의 조례로 정하는 시설 또는 장소
3. 최대적재량 1.5ton 이하의 화물자동차의 경우에는 주차장, 차고지 또는 지방자치단체의 조례로 정하는 시설 및 장소에서만 밤샘주차할 것
4. 신고한 운임 및 요금 또는 화주와 합의된 운임 및 요금이 아닌 부당한 운임 및 요금을 받지 아니할 것
5. 화주로부터 부당한 운임 및 요금의 환급을 요구받았을 때에는 환급할 것
6. 신고한 운송약관을 준수할 것
7. 사업용 화물자동차의 바깥쪽에 일반인이 알아보기 쉽도록 해당 운송사업자의 명칭(개인화물자동차 운송사업자인 경우에는 그 화물자동차 운송사업의 종류를 말함)을 표시할 것. 이 경우 「자동차관리법 시행규칙」 [별표 1]에 따른 밴형 화물자동차를 사용해서 화주와 화물을 함께 운송하는 사업자는 "화물"이라는 표기를 한국어 및 외국어(영어, 중국어 및 일본어)로 표시할 것
8. 화물자동차 운전자의 취업 현황 및 퇴직 현황을 보고하지 아니하거나 거짓으로 보고하지 아니할 것
9. 교통사고로 인한 손해배상을 위한 대인보험이나 공제사업에 가입하지 아니한 상태로 화물자동차를 운행하거나 그 가입이 실효된 상태로 화물자동차를 운행하지 아니할 것
10. 적재물배상보험 등에 가입하지 아니한 상태로 화물자동차를 운행하거나 그 가입이 실효된 상태로 화물자동차를 운행하지 아니할 것
11. 화물자동차(화물자동차 운송사업의 화물자동차 연한 기준에 따른 차령 이상의 화물자동차는 제외)를 자동차관리법에 따른 정기검사 또는 자동차 종합검사를 받지 않은 상태로 운행하거나 운행하게 하지 않을 것

12. 화물자동차 운전자에게 차 안에 화물운송 종사자격증명을 게시하고 운행하도록 할 것
13. 화물자동차 운전자에게 「자동차 및 자동차부품의 성능과 기준에 관한 규칙」 제56조에 따른 운행기록장치가 설치된 운송사업용 화물자동차를 그 장치 또는 기기가 정상적으로 작동되는 상태에서 운행하도록 할 것
14. 개인화물자동차 운송사업자는 자기 명의로 운송계약을 체결한 화물에 대하여 다른 운송사업자에게 수수료나 그 밖의 대가를 받고 그 운송을 위탁하거나 대행하게 하는 등 화물운송 질서를 문란하게 하는 행위를 하지 말 것
15. 제6조 제3항에 따라 허가를 받은 자는 집화 등 외의 운송을 하지 말 것
16. 「자동차관리법 시행규칙」 [별표 1]에 따른 구난형 특수자동차를 사용하여 고장・사고차량을 운송하는 운송사업자의 경우 고장・사고차량 소유자 또는 운전자의 의사에 반하여 구난을 지시하거나 구난하지 아니할 것. 다만, 다음의 어느 하나에 해당하는 경우는 제외
    • 고장・사고차량 소유자 또는 운전자가 사망・중상 등으로 의사를 표현할 수 없는 경우
    • 교통의 원활한 흐름 또는 안전 등을 위하여 경찰공무원이 차량의 이동을 명한 경우
17. 「자동차관리법 시행규칙」 [별표 1]에 따른 구난형 특수자동차를 사용하여 고장・사고차량을 운송하는 운송사업자는 차량의 소유자 또는 운전자로부터 최종 목적지까지의 총 운임・요금에 대하여 서식에 따른 구난동의를 받은 후 운송을 시작하고, 운수종사자로 하여금 운송하게 하는 경우에는 구난동의를 받은 후 운송을 시작하도록 지시할 것. 다만, 특별한 사정이 있는 경우에는 다음에서 정하는 기준에 따른다.
    • 고장・사고차량이 주・정차 금지구역에 있는 경우 : 다음의 순서에 따른 통지 및 구난동의를 받을 것
      − 운송을 시작하기 전에 주・정차 가능 구역까지의 운임・요금에 대해 차량의 소유자 또는 운전자에게 구두 또는 서면으로 통지할 것
      − 주・정차 가능 구역에서 위에 따른 운임・요금을 포함한 최종 목적지까지의 총 운임・요금에 대하여 서식에 따른 구난동의를 받을 것
    • 고장・사고차량의 소유자 또는 운전자의 사망・중상 등 부득이한 사유가 있는 경우 : 구난동의 및 통지 생략 가능
18. 「자동차관리법 시행규칙」 [별표 1]에 따른 밴형 화물자동차를 사용하여 화주와 화물을 함께 운송하는 운송사업자는 운송을 시작하기 전에 화주에게 구두 또는 서면으로 총 운임・요금을 통지하거나 소속 운수종사자로 하여금 통지하도록 지시할 것
19. 휴게시간 없이 2시간 연속 운전한 운수종사자에게 15분 이상의 휴게시간을 보장할 것. 다만, 다음의 어느 하나에 해당하는 경우에는 1시간까지 연장운행을 하게 할 수 있으며 운행 후 30분 이상의 휴게시간을 보장해야 한다.
    • 운송사업자 소유의 다른 화물자동차가 교통사고, 차량고장 등의 사유로 운행이 불가능하여 이를 일시적으로 대체하기 위하여 수송력 공급이 긴급히 필요한 경우
    • 천재지변이나 이에 준하는 비상사태로 인하여 수송력 공급을 긴급히 증가할 필요가 있는 경우
    • 교통사고, 차량고장 또는 교통정체 등 불가피한 사유로 2시간 연속운전 후 휴게시간 확보가 불가능한 경우
20. 화물자동차 운전자가 「도로교통법」 제46조의3을 위반해서 난폭운전을 하지 않도록 운행관리를 할 것
21. 「자동차관리법 시행규칙」 [별표 1]에 따른 밴형 화물자동차를 사용해 화주와 화물을 함께 운송하는 사업자는 법 제12조 제1항 제5호의 행위를 하거나 소속 운수종사자로 하여금 같은 호의 행위를 하도록 지시하지 말 것
22. 위・수탁계약서에 명시된 금전 외의 금전을 위・수탁차주에게 요구하지 않을 것

**(11) 폐쇄형 적재함을 설치하여 운송하는 경우 – 적재화물 이탈방지 기준 및 방법(규칙 별표 1의3)**

① 적재된 화물의 이탈을 방지하기에 충분한 성능을 가진 폐쇄형 적재함(사방이 막혀 있는 형태의 적재함을 말한다)을 설치하여 운송해야 한다.

② 운행 중 폐쇄형 적재함 내부의 적재화물이 한 방향으로 치우치게 되어 화물자동차가 쓰러지거나 뒤집히지 않도록 적재화물에 대해 필요한 조치를 해야 한다. 다만, 최대 적재량 1ton 이하의 화물자동차는 그렇지 않다.

**(12) 폐쇄형 적재함을 설치하지 않고 운송하는 경우 – 적재화물 이탈방지 기준 및 방법(규칙 별표 1의3)**

① 덮개 · 포장이 가능한 일반 적재화물

㉠ 덮개 · 포장의 원칙 : 화물을 적재하는 경우 급정지, 급출발, 회전 등 차량의 주행과 외부충격 등에 의해 실은 화물이 떨어지거나 날리지 않도록 덮개나 포장을 해야 한다.

㉡ 이탈방지 및 방법에 관한 일반기준

| 고정 기준<br>및 방법 | • 덮개나 포장을 하여 화물을 적재하는 경우 급정지, 급출발, 회전 등 차량의 주행과 외부충격 등에 의해 실은 화물이 떨어지지 않도록 고임목, 체인사슬, 벨트, 로프 등으로 충분히 고정해야 한다.<br>• 원형단면 화물 및 개방형 적재함(일부 또는 전부가 막혀 있지 않은 형태의 적재함을 말한다)의 전후좌우에 공간이 발생하는 화물의 경우에는 〈그림 1〉의 예시와 같이 적재된 화물의 지름 10분의 1 이상의 고임목이나 받침목을 사용해야 한다. |
|---|---|
| 무게 중심<br>등을 고려한<br>적재 기준 | 적재화물이 주행 중 어느 한쪽 방향으로 치우치거나 무게가 집중되지 않도록 적재하되, 무게 중심이 〈그림 2〉의 예시와 같이 적재부 중심에 가깝게 적재해야 한다. |

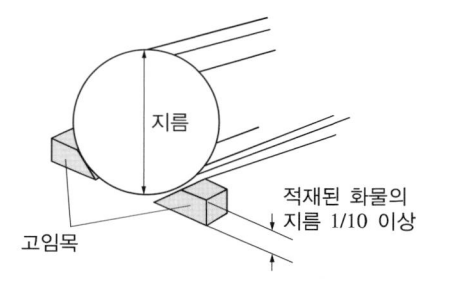

[〈그림 1〉 원형단면 화물의 고임목 예시]

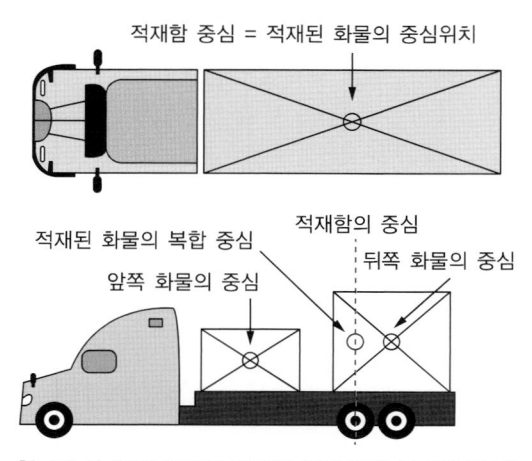

[〈그림 2〉 무게 중심의 적재부 중심 근처 적재의 예시]

② 덮개 · 포장이 곤란한 적재화물

㉠ 일반기준

①에도 불구하고 덮개나 포장을 하는 것이 곤란한 적재화물의 경우에는 ②의 ㉡ 화물별 세부기준에 따라 충분히 묶거나 고정해야 하며, 세부기준에서 규정하지 아니한 사항에 대해서는 위의 이탈방지 및 방법에 관한 일반기준에 따라 필요한 조치를 해야 한다.

㉡ 세부기준

ⓐ 「건설기계관리법」에 따른 건설기계

• 굴착기[타이어식만 해당한다. 이하 같다] · 로더(Loader) · 지게차의 경우에는 10mm 이상의 와이어 로프(Wire Rope : 쇠밧줄) 4개 이상 또는 레버블록(10mm 이상의 체인사슬이 결합되어 레버가 체인사슬을 끌어당겨 팽팽히 고정시키는 기구로서 2.5ton 이상의 장력(張力)을 갖춘 것)을 사용하여 적재부에 고정해야 한다.

• 굴착기는 주차브레이크를 사용하여 움직이지 않도록 해야 하며, 부속장치는 별도로 적재하여 고정해야 한다.

ⓑ 「자동차관리법」 제3조 제1항에 따른 자동차(이륜자동차는 제외)

• 운송 중에 이탈하지 않도록 자동차별로 3개 이상의 바퀴를 쇠막대형 고임목이나 고정끈, 고정홈 등 충분한 성능을 가진 고정도구를 이용하여 고정해야 한다. 고정 시 사용하는 쇠막대형 고임목의 경우 화물자동차의 적재부에 부착되는 것으로서 높이는 바퀴 지름의 10분의 1 이상이어야 한다.

• 〈그림 3〉의 예시와 같이 자동차를 2단으로 적재하는 경우로서 상 · 하단에 각각 3대 이상의 자동차를 적재하는 경우 위의 기준에도 불구하고 상단의 맨 앞쪽, 맨 뒤쪽과 하단의 맨 뒤쪽 자동차는 고정해야 하는 3개 이상의 바퀴 중 2개 이상을 고정끈을 사용하여 고정해야 한다. 이 경우 상단의 가장 앞쪽 자동차는 〈그림 3-3〉 예시와 같이 운전석 위쪽에 적재하는 경우에만 해당한다.

〈그림 3-1〉

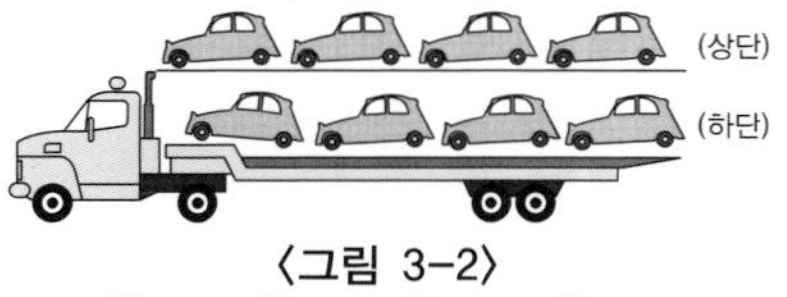

〈그림 3-2〉

〈그림 3-3〉

[〈그림 3〉 자동차를 2단으로 적재하는 경우의 예시]

ⓒ 코일

코일의 미끄럼, 구름, 기울어짐, 이탈 등을 방지하기 위해 다음의 어느 하나에 해당하는 방법으로 코일을 적재하여 운송하거나 고정해야 한다.

• 운송전용 트레일러나 적재부와 탈부착이 가능한 전용틀에 적재하여 운송해야 한다.

• 다음 구분에 따른 기준에 따라 받침목, 레버블록, 체인사슬을 모두 사용하여 코일을 묶거나 고정해야 한다.

| | |
|---|---|
| 받침목 | 〈그림 4〉의 예시와 같은 높이 120mm 이상의 받침목을 2개 이상 사용하되, 받침목 지지용 강철 철재틀을 2개 이상 사용해야 한다. |
| 레버블록과 체인사슬 | • 7ton 이상의 코일을 적재하는 경우에는 레버블록으로 〈그림 5〉의 예시와 같이 2줄 이상 고정하되 줄당 고정점을 2개 이상 사용하여 고정해야 한다.<br>• 7ton 미만의 코일을 적재하는 경우 레버블록으로 1줄 이상 고정하되 줄당 고정점을 2개 이상 사용하여 고정해야 한다. 다만, 코일을 3개 이상 줄지어 맞닿아 적재한 경우에는 맨 앞쪽과 맨 뒤쪽의 코일에 대해서 레버블록으로 각각 2줄 이상 고정하되 줄당 고정점을 2개 이상 사용해서 고정해야 한다. 이 경우 맨 앞쪽과 맨 뒤쪽 코일 사이에 있는 코일이 운행 중 이탈하지 않도록 필요한 조치를 해야 한다. |
| 체인의 각도와 접합부의 기준 | 체인사슬을 이용하여 코일을 고정하는 경우에는 체인의 각도는 바닥면과 60° 이하로 해야 하며, 체인과 코일의 접합부는 보호대를 사용하여 끊어지지 않도록 해야 한다. |

[〈그림 4〉 코일 고정에 사용하는 받침목의 예시]

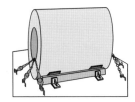

[〈그림 5〉 레버블록과 체인을 사용한 코일의 고정 예시]

ⓓ 길이 7m 이상의 대형 식재용 나무

화물자동차 좌우 측면 2곳 이상 부분을 〈그림 6〉의 예시와 같이 슬링벨트나 고무 밧줄로 묶어야 한다. 이 경우 슬링벨트는 봉재선 및 표면의 마모나 끊어져 손상된 부분이 없는 제품으로서 봉재선의 풀어진 길이가 폭보다 좁은 것이어야 한다.

[〈그림 6〉 슬링벨트 또는 고무 밧줄을 사용하는 대형 식재용 나무 결속의 예시]

ⓔ 유리판, 콘크리트 벽 등 대형 평면 화물

• 대형 평면 화물에 해당하는 유리판은 가로 3,048mm, 세로 1,829mm 규격 이상의 것을 말한다.

• 화물은 고정틀(〈그림 7〉의 예시와 같이 마주보는 면 사이의 간격이 위쪽은 좁고 아래쪽은 넓은 형태의 것(A자형)과 바닥면과 경사면이 직각인 형태의 것(L자형)을 말한다)을 활용해 적재해야 한다.

• 차량의 움직임에 의해 평면 화물이 흔들리거나 파손되지 않도록 2개 이상의 고정끈으로 고정해야 한다.

• 화물을 앞뒤로 나누어 적재한 경우에는 화물이 움직이지 않도록 중앙에 받침대를 〈그림 8〉의 예시와 같이 설치한 후 운송해야 한다.

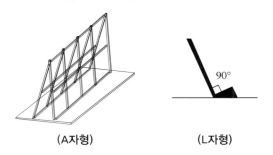

(A자형)　　　(L자형)

[〈그림 7〉 고정틀의 바닥면과 경사면의 고정형태 예시]

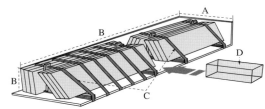

A : 차량길이, 높이 및 폭을 초과하지 않게 적재할 것
B : 중앙의 고정틀을 활용하여 화물을 밀착 적재할 것
C : 벨트나 로프 등으로 고정할 것
D : 앞뒤로 나누어 적재 시 중앙 받침대를 설치할 것

[〈그림 8〉 대형평면 화물의 앞뒤로 나누어 적재하는 경우의 받침대 예시]

ⓕ 콘크리트 말뚝

• 콘크리트 말뚝을 적재하는 경우에는 〈그림 9의 예시〉와 같이 레버블록을 사용하여 2줄 이상 고정해야 하며, 적재부 좌우 측면에 구름방지용 지지대를 설치하여 적재해야 한다.

• 직경 60cm 이상의 동일 제품을 2단으로 적재하는 경우 다른 크기의 제품을 추가로 적재할 수 없다.

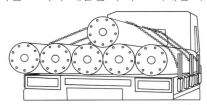

[〈그림 9〉 직경 60cm 이상의 동일 제품을 2단으로 적재하는 경우의 예시]

ⓖ 강관(Steel Pipe)이나 철제 빔(Steel Beam)

• 강관이나 철제 빔을 적재하는 경우에는 〈그림 10〉의 예시와 같이 레버블록을 사용하여 2줄 이상을 고정하거나, 봉재선 및 표면의 마모나 끊어져 손상된 부분이 없는 제품으로서 봉재선의 풀어진 길이가 폭보다 좁은 슬링벨트를 사용하여 묶거나 고정해야 한다.

• 강관의 선의 지름이나 철제 빔의 폭이 70cm 이상인 동일 제품을 2단으로 적재하는 경우에는 다른 크기의 제품을 추가로 적재할 수 없다.

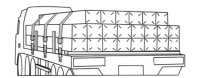

[〈그림 10〉 강관이나 철제 빔 적재의 예시]

ⓗ 컨테이너

• 컨테이너를 적재한 후 화물자동차 적재부 잠금장치 위치에 컨테이너 하단 각 모서리 부분을 모두 잠금장치로 고정해야 한다.

- 위의 내용에도 불구하고 적재하는 컨테이너가 2개 이상
  인 경우, 컨테이너 1개의 크기가 40피트(ft)를 초과하는
  경우로서 화물자동차 적재부 잠금장치 위치와 컨테이너
  각 모서리의 잠금장치의 위치가 서로 달라 고정이 곤란
  한 경우에는 화물자동차 적재부 잠금장치 위치에 컨테이
  너별로 잠금장치를 설치한 후 고정해야 한다.
ⓘ 그 밖에 ⓐ부터 ⓗ까지와 생김새나 모양이 비슷한 화물로
  서 덮개나 포장을 하는 것이 곤란한 화물
  - ⓐ부터 ⓗ까지의 적재 기준과 방법 중 생김새와 모양이
    비슷한 화물의 적재 기준과 방법을 준용하되, 화물의 특
    성 등으로 고려해 고정 등 이탈방지 조치를 해야 한다.

### (13) 운수종사자의 준수사항(법 제12조)

① 화물자동차 운송사업에 종사하는 운수종사자는 다음에 해당하는
  행위를 하여서는 아니 된다.
  ㉠ 정당한 사유 없이 화물을 중도에서 내리게 하는 행위
  ㉡ 정당한 사유 없이 화물의 운송을 거부하는 행위
  ㉢ 부당한 운임 또는 요금을 요구하거나 받는 행위
  ㉣ 고장 및 사고 차량 등 화물의 운송과 관련하여 자동차관리사업
    자와 부정한 금품을 주고받는 행위
  ㉤ 일정한 장소에 오랜 시간 정차하여 화주를 호객(呼客)하는 행위
  ㉥ 문을 완전히 닫지 아니한 상태에서 자동차를 출발시키거나 운
    행하는 행위
  ㉦ 택시 요금미터기의 장착 등 국토교통부령으로 정하는 택시 유
    사 표시행위
  ㉧ 국토교통부령으로 정하는 기준 및 방법에 따라 덮개·포장·
    고정장치 등 필요한 조치를 하지 아니하고 화물자동차를 운행
    하는 행위
  ㉨ 「자동차관리법」 제35조를 위반하여 전기·전자장치(최고속도
    제한장치에 한정한다)를 무단으로 해체하거나 조작하는 행위
② 국토교통부장관은 ①에 따른 준수사항 외에 안전운행을 확보하고
  화주의 편의를 도모하기 위하여 운수종사자가 지켜야 할 사항을
  국토교통부령으로 정할 수 있다.

**더 알아보기**

**운수종사자의 준수사항(규칙 제22조)**
1. 운행하기 전에 일상점검 및 확인을 할 것
2. 자동차관리법 시행규칙 [별표 1]에 따른 구난형 특수자동차를 사용하
   여 고장·사고차량을 운송하는 운수종사자의 경우 고장·사고차량
   소유자 또는 운전자의 의사에 반하여 구난하지 아니할 것. 다만,
   다음의 어느 하나에 해당하는 경우는 제외한다.
   가. 고장·사고차량 소유자 또는 운전자가 사망·중상 등으로 의사
     를 표현할 수 없는 경우
   나. 교통의 원활한 흐름 또는 안전 등을 위하여 경찰공무원이 차량의
     이동을 명한 경우
3. 자동차관리법 시행규칙 [별표 1]에 따른 구난형 특수자동차를 사용하
   여 고장·사고차량을 운송하는 운수종사자는 차량의 소유자 또는
   운전자로부터 최종 목적지까지의 총 운임·요금에 대하여 서식에
   따른 구난동의를 받은 후 운송을 시작할 것. 다만, 특별한 사정이
   있는 경우에는 다음에서 정하는 기준에 따른다.

가. 고장·사고차량이 주·정차 금지구역에 있는 경우 : 다음의
  순서에 따른 통지 및 구난동의를 받을 것
  1) 운송을 시작하기 전에 주·정차 가능 구역까지의 운임·요금
    에 대해 차량의 소유자 또는 운전자에게 구두 또는 서면으로
    통지할 것
  2) 주·정차 가능 구역에서 1)에 따른 운임·요금을 포함한
    최종 목적지까지의 총 운임·요금에 대하여 서식에 따른
    구난동의를 받을 것
나. 고장·사고차량의 소유자 또는 운전자의 사망·중상 등 부득이
  한 사유가 있는 경우 : 구난동의 및 통지 생략 가능
4. 휴게시간 없이 2시간 연속운전한 후에는 15분 이상의 휴게시간을
  가질 것. 다만, 제21조 제23호의 어느 하나에 해당하는 경우에는
  1시간까지 연장운행을 할 수 있으며, 운행 후 30분 이상의 휴게시간을
  가져야 한다.
5. 「도로교통법」 제49조 제1항 제10호, 제11호 및 제11호의2의 준수사
  항을 위반해서 운전 중 휴대용 전화를 사용하거나 영상표시장치를
  시청·조작 등을 하지 말 것

### (14) 운송사업자에 대한 개선명령(법 제13조)

국토교통부장관은 안전운행을 확보하고, 운송 질서를 확립하며, 화주
의 편의를 도모하기 위하여 필요하다고 인정되면 운송사업자에게 다
음의 사항을 명할 수 있다.
① 운송약관의 변경
② 화물자동차의 구조변경 및 운송시설의 개선
③ 화물의 안전운송을 위한 조치
④ 적재물배상책임보험 등의 가입과 「자동차손해배상 보장법」에 따
  라 운송사업자가 의무적으로 가입하여야 하는 보험·공제에 가입
⑤ 위·수탁계약에 따라 운송사업자 명의로 등록된 차량의 자동차
  등록번호판이 훼손 또는 분실된 경우 위·수탁차주의 요청을 받은
  즉시 「자동차관리법」 제10조 제3항에 따른 등록번호판의 부착
  및 봉인을 신청하는 등 운행이 가능하도록 조치
⑥ 위·수탁계약에 따라 운송사업자 명의로 등록된 차량의 노후, 교
  통사고 등으로 대폐차가 필요한 경우 위·수탁차주의 요청을 받은
  즉시 운송사업자가 대폐차 신고 등 절차를 진행하도록 조치
⑦ 위·수탁계약에 따라 운송사업자 명의로 등록된 차량의 사용 본거
  지를 다른 시·도로 변경하는 경우 즉시 자동차등록번호판의 교체
  및 봉인을 신청하는 등 운행이 가능하도록 조치
⑧ 그 밖에 화물자동차 운송사업의 개선을 위하여 필요한 사항으로
  대통령령으로 정하는 사항

### (15) 업무개시 명령(법 제14조)

① 국토교통부장관은 운송사업자나 운수종사자가 정당한 사유 없이
  집단으로 화물운송을 거부하여 화물운송에 커다란 지장을 주어 국가
  경제에 매우 심각한 위기를 초래하거나 초래할 우려가 있다고 인정할
  만한 상당한 이유가 있으면 그 운송사업자 또는 운수종사자에게
  업무개시를 명할 수 있다.
② 국토교통부장관은 ①에 따라 운송사업자 또는 운수종사자에게 업
  무개시를 명하려면 국무회의의 심의를 거쳐야 한다.
③ 국토교통부장관은 ①에 따라 업무개시를 명한 때에는 구체적 이유
  및 향후 대책을 국회 소관 상임위원회에 보고하여야 한다.
④ 운송사업자 또는 운수종사자는 정당한 사유 없이 위 ①에 따른
  명령을 거부할 수 없다.

## (16) 과징금의 부과(법 제21조)

① 과징금의 부과 : 국토교통부장관은 운송사업자가 화물자동차 운송사업의 허가 취소 등(법 제19조 제1항)에 해당하여 사업정지처분을 하여야 하는 경우로서 그 사업정지처분이 해당 화물자동차 운송사업의 이용자에게 심한 불편을 주거나 그 밖에 공익을 해칠 우려가 있으면 대통령령으로 정하는 바에 따라 사업정지처분을 갈음하여 2천만원 이하의 과징금을 부과 · 징수할 수 있다.

② 과징금의 용도

　㉠ 화물터미널의 건설 및 확충

　㉡ 공동차고지(사업자단체, 운송사업자 또는 운송가맹사업자가 운송사업자 또는 운송가맹사업자에게 공동으로 제공하기 위하여 설치하거나 임차한 차고지를 말한다)의 건설 및 확충

　㉢ 경영개선이나 그 밖에 화물에 대한 정보 제공사업 등 화물자동차 운수사업의 발전을 위하여 필요한 사업

> **더 알아보기**
>
> **과징금의 용도(영 제8조의2)**
> 1. 공영차고지의 설치 · 운영사업
> 2. 특별시장 · 광역시장 · 특별자치시장 · 도지사 또는 특별자치도지사(이하 "시 · 도지사"라 한다)가 설치 · 운영하는 운수종사자의 교육시설에 대한 비용의 보조사업
> 3. 사업자단체가 법 제49조 제3호에 따라 실시하는 교육훈련 사업

　㉣ 신고포상금의 지급

## (17) 화물자동차 운송사업의 허가취소 등(법 제19조)

국토교통부장관은 운송사업자가 다음의 어느 하나에 해당하면 그 허가를 취소하거나 6개월 이내의 기간을 정하여 그 사업의 전부 또는 일부의 정지를 명령하거나 감차 조치를 명할 수 있다. 다만, ① · ⑧ 또는 ㉑의 경우에는 그 허가를 취소하여야 한다.

① 부정한 방법으로 화물자동차 운송사업의 허가 등(제3조 제1항)을 받은 경우

② 허가를 받은 후 6개월간의 운송실적이 국토교통부령으로 정하는 기준에 미달한 경우

③ 부정한 방법으로 화물자동차 운송사업의 허가 등(제3조 제3항)에 따른 변경허가를 받거나, 변경허가를 받지 아니하고 허가사항을 변경한 경우

④ 변경허가의 기준(제3조 제7항)에 따른 기준을 충족하지 못하게 된 경우

⑤ 화물자동차 운송사업의 허가 등(제3조 제9항)에 따른 신고를 하지 아니하였거나 거짓으로 신고한 경우

⑥ 화물자동차 소유 대수가 2대 이상인 운송사업자가 영업소 설치 허가를 받지 아니하고 주사무소 외의 장소에서 상주하여 영업한 경우

⑦ 화물자동차 운송사업의 허가 등(제3조 제14항)에 따른 조건 또는 기한을 위반한 경우

⑧ 결격사유(제4조)의 어느 하나에 해당하게 된 경우. 다만, 법인의 임원 중 결격사유(제4조)의 어느 하나에 해당하는 자가 있는 경우에 3개월 이내에 그 임원을 개임(改任)하면 허가를 취소하지 아니한다.

⑨ 화물운송 종사자격이 없는 자에게 화물을 운송하게 한 경우

⑩ 운송사업자의 준수사항(제11조)을 위반한 경우

⑪ 운송사업자의 직접운송 의무 등(제11조의2)을 위반한 경우

⑫ 1대의 화물자동차를 본인이 직접 운전하는 운송사업자, 운송사업자가 채용한 운수종사자 또는 위 · 수탁차주가 일정한 장소에 오랜 시간 정차하여 화주를 호객(呼客)하는 행위(제12조 제1항 제5호)를 하여 과태료 처분을 1년 동안 3회 이상 받은 경우

⑬ 정당한 사유 없이 개선명령(제13조)을 이행하지 아니한 경우

⑭ 정당한 사유 없이 업무개시 명령(제14조)을 이행하지 아니한 경우

⑮ 화물자동차 운송사업의 양도와 양수 등(제16조 제9항)을 위반하여 사업을 양도한 경우

⑯ 화물자동차 운송사업의 허가취소 등에 따른 사업정지처분 또는 감차 조치 명령을 위반한 경우

⑰ 중대한 교통사고 또는 빈번한 교통사고로 1명 이상의 사상자를 발생하게 한 경우

> **더 알아보기**
>
> **중대한 교통사고 등의 범위(영 제6조)**
> 1. 중대한 교통사고는 다음의 어느 하나에 해당하는 사유로 별표 1 제2호 러목 1)에 따른 사상자가 발생한 경우로 한다.
>    • 「교통사고처리 특례법」 제3조 제2항 단서에 해당하는 사유
>    • 화물자동차의 정비불량
>    • 화물자동차의 전복 또는 추락(단, 운수종사자에게 귀책사유가 있는 경우만 해당)
> 2. 빈번한 교통사고는 사상자가 발생한 교통사고가 별표 1 제2호 러목 2)에 따른 교통사고지수 또는 교통사고 건수에 이르게 된 경우로 한다.
>    • 5대 이상의 차량을 소유한 운송사업자의 경우 : 해당 연도의 교통사고지수가 3, 6, 8에 이르게 된 경우
>    
> $$교통사고지수 = \frac{교통사고건수}{화물자동차의 대수} \times 10$$
>    
>    • 5대 미만의 차량을 소유한 운송사업자의 경우 : 해당 사고 이전 최근 1년 동안에 발생한 교통사고가 2건 이상인 경우

⑱ 보조금의 지급 정지 등(제44조의2 제1항)에 따라 보조금의 지급이 정지된 자가 그 날부터 5년 이내에 다시 같은 항의 어느 하나에 해당하게 된 경우

> **더 알아보기**
>
> **보조금의 지급 정지 등(법 제44조의2 제1항)**
> 특별시장 · 광역시장 · 특별자치시장 · 특별자치도지사 · 시장 또는 군수는 운송사업자 등이 다음의 어느 하나에 해당하면 대통령령으로 정하는 바에 따라 5년의 범위에서 제43조 제2항 또는 제3항에 따른 보조금의 지급을 정지하여야 한다.
> 1. 「석유 및 석유대체연료 사업법」 제2조 제9호에 따른 석유판매업자, 「액화석유가스의 안전관리 및 사업법」 제2조 제5호에 따른 액화석유가스 충전사업자 또는 「수소경제 육성 및 수소 안전관리에 관한 법률」 제50조 제1항에 따른 수소판매사업자(주유업자 등)로부터 「부가가치세법」 제32조에 따른 세금계산서를 거짓으로 발급받아 보조금을 지급받은 경우
> 2. 주유업자 등으로부터 유류 또는 수소의 구매를 가장하거나 실제 구매 금액을 초과하여 「여신전문금융업법」 제2조에 따른 신용카드, 직불카드, 선불카드 등으로서 보조금의 신청에 사용되는 카드(유류구매카드)로 거래를 하거나 이를 대행하게 하여 보조금을 지급받은 경우
> 3. 화물자동차 운수사업이 아닌 다른 목적에 사용한 유류분 또는 수소 구매분에 대하여 보조금을 지급받은 경우
> 4. 다른 운송사업자 등이 구입한 유류 또는 수소 사용량을 자기가 사용한 것으로 위장하여 보조금을 지급받은 경우
> 5. 그 밖에 제43조 제2항 또는 제3항에 따라 대통령령으로 정하는 사항을 위반하여 거짓이나 부정한 방법으로 보조금을 지급받은 경우
> 6. 제3항에 따른 소명서 및 증거자료의 제출요구에 따르지 아니하거나, 같은 항에 따른 검사나 조사를 거부 · 기피 또는 방해한 경우

⑲ 실적 신고 및 관리 등(제47조의2 제1항)에 따른 신고를 하지 아니하였거나 거짓으로 신고한 경우

⑳ 실적 신고 및 관리 등(제47조의2 제2항)에 따른 기준을 충족하지 못하게 된 경우

㉑ 화물자동차 교통사고와 관련하여 거짓이나 그 밖의 부정한 방법으로 보험금을 청구하여 금고 이상의 형을 선고받고 그 형이 확정된 경우

### 3 화물자동차 운송주선사업

**(1) 화물자동차 운송주선사업의 허가 등(법 제24조)**

① 화물자동차 운송주선사업을 경영하려는 자는 국토교통부령으로 정하는 바에 따라 국토교통부장관의 허가를 받아야 한다. 다만, 화물자동차 운송가맹사업의 허가를 받은 자는 허가를 받지 아니한다.

② 화물자동차 운송주선사업의 허가를 받은 자("운송주선사업자")가 허가사항을 변경하려면 국토교통부령으로 정하는 바에 따라 국토교통부장관에게 신고하여야 한다.

③ 국토교통부장관은 ②에 따른 변경신고를 받은 날부터 5일 이내에 신고수리 여부를 신고인에게 통지하여야 한다.

④ 국토교통부장관이 ③에서 정한 기간 내에 신고수리 여부 또는 민원처리 관련 법령에 따른 처리기간의 연장 여부를 신고인에게 통지하지 아니하면 그 기간이 끝난 날의 다음 날에 신고를 수리한 것으로 본다.

⑤ 화물자동차 운송주선사업의 허가기준

ㄱ 국토교통부장관이 화물의 운송주선 수요를 고려하여 고시하는 공급기준에 맞을 것

ㄴ 사무실의 면적 등 국토교통부령으로 정하는 기준에 맞을 것

> **더 알아보기**
>
> **화물자동차 운송주선사업의 허가기준(시행규칙 별표 4)**
>
> | 항 목 | 허가기준 |
> |---|---|
> | 사무실 | 영업에 필요한 면적. 다만, 관리사무소 등 부대시설이 설치된 민영 노외주차장을 소유하거나 그 사용계약을 체결한 경우에는 사무실을 확보한 것으로 본다. |

⑥ 운송주선사업자의 허가기준에 관한 사항의 신고에 관하여 '허가받은 날부터 5년의 범위에서 대통령령으로 정하는 기간마다 국토교통부령으로 정하는 바에 따라 허가기준에 관한 사항을 국토교통부장관에게 신고하여야 한다(법 제3조 제9항)'를 준용한다.

⑦ 운송주선사업자는 주사무소 외의 장소에서 상주하여 영업하려면 국토교통부령으로 정하는 바에 따라 국토교통부장관의 허가를 받아 영업소를 설치하여야 한다.

**(2) 운송주선사업자의 준수사항(법 제26조)**

① 운송주선사업자는 자기의 명의로 운송계약을 체결한 화물에 대하여 그 계약금액 중 일부를 제외한 나머지 금액으로 다른 운송주선사업자와 재계약하여 이를 운송하도록 하여서는 아니 된다. 다만, 화물운송을 효율적으로 수행할 수 있도록 위·수탁차주나 개인운송사업자에게 화물운송을 직접 위탁하기 위하여 다른 운송주선사업자에게 중개 또는 대리를 의뢰하는 때에는 그러하지 아니하다.

② 운송주선사업자는 화주로부터 중개 또는 대리를 의뢰받은 화물에 대하여 다른 운송주선사업자에게 수수료나 그 밖의 대가를 받고 중개 또는 대리를 의뢰하여서는 아니 된다.

③ 운송주선사업자는 운송사업자에게 화물의 종류·무게 및 부피 등을 거짓으로 통보하거나 「도로법」 제77조 또는 「도로교통법」 제39조에 따른 기준을 위반하는 화물의 운송을 주선하여서는 아니 된다.

④ 운송주선사업자가 운송가맹사업자에게 화물의 운송을 주선하는 행위는 ① 및 ②에 따른 재계약·중개 또는 대리로 보지 아니한다.

⑤ ①부터 ④까지에서 규정한 사항 외에 화물운송질서의 확립 및 화주의 편의를 위하여 운송주선사업자가 지켜야 할 사항은 국토교통부령으로 정한다.

> **더 알아보기**
>
> **운송주선사업자의 준수사항(시행규칙 제38조의3)**
> 1. 신고한 운송주선약관을 준수할 것
> 2. 적재물배상보험 등에 가입한 상태에서 운송주선사업을 영위할 것
> 3. 자가용 화물자동차의 소유자 또는 사용자에게 화물운송을 주선하지 아니할 것
> 4. 허가증에 기재된 상호만 사용할 것
> 5. 운송주선사업자가 이사화물운송을 주선하는 경우 화물운송을 시작하기 전에 다음의 사항이 포함된 견적서 또는 계약서(전자문서를 포함)를 화주에게 발급할 것. 다만, 화주가 견적서 또는 계약서의 발급을 원하지 아니하는 경우는 제외
>    가. 운송주선사업자의 성명 및 연락처
>    나. 화주의 성명 및 연락처
>    다. 화물의 인수 및 인도 일시, 출발지 및 도착지
>    라. 화물의 종류, 수량
>    마. 운송 화물자동차의 종류 및 대수, 작업인원, 포장 및 정리 여부, 장비사용 내역
>    바. 운임 및 그 세부내역(포장 및 보관 등 부대서비스 이용 시 해당 부대서비스의 내용 및 가격을 포함)
> 6. 운송주선사업자가 이사화물운송을 주선하는 경우에 포장 및 운송 등 이사 과정에서 화물의 멸실, 훼손 또는 연착에 대한 사고확인서를 발급할 것(화물의 멸실, 훼손 또는 연착에 대하여 사업자가 고의 또는 과실이 없음을 증명하지 못한 경우로 한정)

### 4 화물자동차 운송가맹사업

**(1) 화물자동차 운송가맹사업의 허가 등(법 제29조)**

① 화물자동차 운송가맹사업을 경영하려는 자는 국토교통부령으로 정하는 바에 따라 국토교통부장관에게 허가를 받아야 한다.

② 허가를 받은 운송가맹사업자는 허가사항을 변경하려면 국토교통부령으로 정하는 바에 따라 국토교통부장관의 변경허가를 받아야 한다. 다만, 대통령령으로 정하는 경미한 사항을 변경하려면 국토교통부령으로 정하는 바에 따라 국토교통부장관에게 신고하여야 한다.

> **더 알아보기**
>
> **운송가맹사업자의 허가사항 변경신고의 대상(시행령 제9조의2)**
> 1. 대표자의 변경(법인인 경우만 해당)
> 2. 화물취급소의 설치 및 폐지
> 3. 화물자동차의 대폐차(화물자동차를 직접 소유한 운송가맹사업자만 해당)
> 4. 주사무소·영업소 및 화물취급소의 이전
> 5. 화물자동차 운송가맹계약의 체결 또는 해제·해지

③ 화물자동차 운송가맹사업의 허가 또는 증차를 수반하는 변경허가의 기준은 다음과 같다.

　㉠ 국토교통부장관이 화물의 운송수요를 고려하여 고시하는 공급 기준에 맞을 것

　㉡ 화물자동차의 대수(운송가맹점이 보유하는 화물자동차의 대수를 포함), 운송시설, 그 밖에 국토교통부령으로 정하는 기준에 맞을 것

> **더 알아보기**
>
> **화물자동차 운송가맹사업의 허가기준(시행규칙 별표 5)**
>
> | 항 목 | 허가기준 |
> |---|---|
> | 허가기준 대수 | 50대 이상(운송가맹점이 소유하는 화물자동차 대수를 포함하되, 8개 이상의 시·도에 각각 5대 이상 분포되어야 함) |
> | 사무실 및 영업소 | 영업에 필요한 면적 |
> | 최저보유차고면적 | 화물자동차 1대당 그 화물자동차의 길이와 너비를 곱한 면적(화물자동차를 직접 소유하는 경우만 해당) |
> | 화물자동차의 종류 | 시행규칙 제3조에 따른 화물자동차(화물자동차를 직접 소유하는 경우만 해당) |
> | 그 밖의 운송시설 | 화물정보망을 갖출 것 |
>
> 비 고
> 운송사업자가 화물자동차 운송가맹사업 허가를 신청하는 경우 운송사업자의 지위에서 보유하고 있던 화물자동차 운송사업용 화물자동차는 화물자동차 운송가맹사업의 허가기준 대수로 겸용할 수 없다.

④ 운송가맹사업자의 허가기준에 관한 사항의 신고에 관하여 '허가받은 날부터 5년의 범위에서 대통령령으로 정하는 기간마다 국토교통부령으로 정하는 바에 따라 허가기준에 관한 사항을 국토교통부장관에게 신고하여야 한다'를 준용한다.

⑤ 운송가맹사업자는 주사무소 외의 장소에서 상주하여 영업하려면 국토교통부령으로 정하는 바에 따라 국토교통부장관의 허가를 받아 영업소를 설치하여야 한다.

⑥ 국토교통부장관은 ①, ② 또는 ⑤에 따른 허가·변경허가의 신청을 받거나 변경신고를 받은 날부터 20일 이내에 허가 또는 신고수리 여부를 신청인에게 통지하여야 한다.

⑦ 국토교통부장관이 ⑥에서 정한 기간 내에 허가 또는 신고수리 여부나 민원 처리 관련 법령에 따른 처리기간의 연장 여부를 신청인에게 통지하지 아니하면 그 기간이 끝난 날의 다음 날에 허가 또는 신고수리를 한 것으로 본다.

## (2) 운송가맹사업자 및 운송가맹점의 역할 등(법 제30조)

① 운송가맹사업자는 화물자동차 운송가맹사업의 원활한 수행을 위하여 다음의 사항을 성실히 이행하여야 한다.

　㉠ 운송가맹사업자의 직접운송물량과 운송가맹점의 운송물량의 공정한 배정

　㉡ 효율적인 운송기법의 개발과 보급

　㉢ 화물의 원활한 운송을 위한 화물정보망의 설치·운영

② 운송가맹점은 화물자동차 운송가맹사업의 원활한 수행을 위하여 다음의 사항을 성실히 이행하여야 한다.

　㉠ 운송가맹사업자가 정한 기준에 맞는 운송서비스의 제공(운송사업자 및 위·수탁차주인 운송가맹점만 해당)

　㉡ 화물의 원활한 운송을 위한 차량 위치의 통지(운송사업자 및 위·수탁차주인 운송가맹점만 해당)

　㉢ 운송가맹사업자에 대한 운송화물의 확보·공급(운송주선사업자인 운송가맹점만 해당)

## (3) 운송가맹사업자에 대한 개선명령(법 제31조)

국토교통부장관은 안전운행의 확보, 운송질서의 확립 및 화주의 편의를 도모하기 위하여 필요하다고 인정하면 운송가맹사업자에게 다음의 사항을 명할 수 있다.

① 운송 약관의 변경

② 화물자동차의 구조변경 및 운송시설의 개선

③ 화물의 안전운송을 위한 조치

④ 정보공개서의 제공의무 등, 가맹금의 반환, 가맹계약서의 기재사항 등 가맹계약의 갱신 등의 통지

⑤ 적재물배상보험 등과 「자동차손해배상보장법」에 따라 운송가맹사업자가 의무적으로 가입하여야 하는 보험·공제의 가입

⑥ 그 밖에 화물자동차 운송가맹사업의 개선을 위하여 필요한 사항으로서 대통령령으로 정하는 사항

## 5 화물운송 종사자격 시험·교육

### (1) 화물자동차 운수사업의 운전업무 종사자격(법 제8·9조)

① 국토교통부령으로 정하는 연령·운전경력 등 운전업무에 필요한 요건을 갖출 것

> **더 알아보기**
>
> **화물자동차 운전자의 연령·운전경력 등의 요건(시행규칙 제18조)**
> 1. 화물자동차를 운전하기에 적합한 도로교통법 제80조에 따른 운전면허를 가지고 있을 것
> 2. 20세 이상일 것
> 3. 운전경력이 2년 이상일 것. 다만, 여객자동차 운수사업용 자동차 또는 화물자동차 운수사업용 자동차를 운전한 경력이 있는 경우에는 그 운전경력이 1년 이상일 것

② 국토교통부령으로 정하는 운전적성에 대한 정밀검사 기준에 맞을 것. 이 경우 운전적성에 대한 정밀검사는 국토교통부장관이 시행

> **더 알아보기**
>
> **운전적성 정밀검사기준 등(시행규칙 제18조의2 제2항 제1호)**
> 신규검사 : 화물운송종사자격증을 취득하려는 사람. 다만, 자격시험 실시일 또는 교통안전체험교육 시작일을 기준으로 최근 3년 이내에 신규검사의 적합 판정을 받은 사람은 제외한다.

③ 화물자동차 운수사업법령, 화물취급요령 등에 관하여 국토교통부장관이 시행하는 시험에 합격하고 정하여진 교육을 받을 것

④ 교통안전법 제56조에 따른 교통안전체험에 관한 연구·교육시설에서 교통안전체험, 화물취급요령 및 화물자동차 운수사업법령 등에 관하여 국토교통부장관이 실시하는 이론 및 실기 교육을 이수할 것

⑤ 국토교통부장관은 ①~④에 따른 요건을 갖춘 자에게 화물자동차 운수사업의 운전업무에 종사할 수 있음을 표시하는 자격증(화물운송 종사자격증)을 내주어야 한다.

⑥ ⑤에 따라 화물운송 종사자격증을 받은 사람은 다른 사람에게 그 자격증을 빌려주어서는 아니 된다.

⑦ 누구든지 다른 사람의 화물운송 종사자격증을 빌려서는 아니 된다.

⑧ 누구든지 ⑥ 또는 ⑦에서 금지한 행위를 알선하여서는 아니 된다.

⑨ ①~⑤에 따른 시험·교육·자격증의 교부 등에 필요한 사항은 국토교통부령으로 정한다.

※ ①~⑨의 사항은 한국교통안전공단에 위탁한다.

⑦ 운전업무 종사자격의 결격사유(법 제9조)

　㉠ 화물자동차 운수사업법을 위반하여 징역 이상의 실형(實刑)을 선고받고 그 집행이 끝나거나(집행이 끝난 것으로 보는 경우를 포함) 집행이 면제된 날부터 2년이 지나지 아니한 자

　㉡ 화물자동차 운수사업법을 위반하여 징역 이상의 형(刑)의 집행유예를 선고받고 그 유예기간 중에 있는 자

　㉢ 화물운송 종사자격이 취소된 날부터 2년이 지나지 아니한 자

　㉣ 시험일 전 또는 교육일 전 5년간 다음의 어느 하나에 해당하는 사람

　　• 음주운전이나 약물의 영향 등으로 인하여 정상적으로 운전하지 못할 우려가 있는 상태에서 자동차 등을 운전한 경우에 해당하여 운전면허가 취소된 사람

　　• 운전면허를 받지 아니하거나 운전면허의 효력이 정지된 상태로 자동차 등을 운전하여 벌금형 이상의 형을 선고받거나 운전면허가 취소된 사람

　　• 운전 중 고의 또는 과실로 3명 이상이 사망(사고발생일부터 30일 이내에 사망한 경우를 포함)하거나 20명 이상의 사상자가 발생한 교통사고를 일으켜 운전면허가 취소된 사람

　㉤ 시험일 전 또는 교육일 전 3년간 공동 위험행위나 난폭운전에 해당하여 운전면허가 취소된 사람

**(2) 운전적성정밀검사의 기준(시행규칙 제18조의2)**

① 운전적성에 대한 정밀검사기준에 맞는지에 관한 검사(운전적성정밀검사)는 기기형 검사와 필기형 검사로 구분

② 운전적성정밀검사는 신규검사, 자격유지검사 및 특별검사로 구분하며, 그 대상은 다음과 같다.

　㉠ 신규검사 : 화물운송 종사자격증을 취득하려는 사람. 다만, 자격시험 실시일 또는 교통안전체험교육 시작일을 기준으로 최근 3년 이내에 신규검사의 적합 판정을 받은 사람은 제외

　㉡ 자격유지검사 : 다음의 어느 하나에 해당하는 사람

　　• 「여객자동차 운수사업법」에 따른 여객자동차 운송사업용 자동차 또는 「화물자동차 운수사업법」에 따른 화물자동차 운송사업용 자동차의 운전업무에 종사하다가 퇴직한 사람으로서 신규검사 또는 자격유지검사를 받은 날부터 3년이 지난 후 재취업하려는 사람. 단, 재취업일까지 무사고로 운전한 사람은 제외

　　• 신규검사 또는 자격유지검사의 적합판정을 받은 사람으로서 해당 검사를 받은 날부터 3년 이내에 취업하지 아니한 사람. 다만, 해당 검사를 받은 날부터 취업일까지 무사고로 운전한 사람은 제외

　　• 65세 이상 70세 미만인 사람. 단, 자격유지검사의 적합판정을 받고 3년이 지나지 않은 사람은 제외

　　• 70세 이상인 사람. 단, 자격유지검사의 적합판정을 받고 1년이 지나지 않은 사람은 제외

　㉢ 특별검사 : 다음의 어느 하나에 해당하는 사람

　　• 교통사고를 일으켜 사람을 사망하게 하거나 5주 이상의 치료가 필요한 상해를 입힌 사람

　　• 과거 1년간 「도로교통법 시행규칙」에 따른 운전면허행정처분기준에 따라 산출된 누산점수가 81점 이상인 사람

**(3) 자격시험 및 교통안전체험교육 실시계획 공고 등(시행규칙 제18조의3)**

① 「한국교통안전공단법」에 따라 설립된 한국교통안전공단은 월 1회 이상 자격시험 및 교통안전체험교육을 실시하되, 해당 연도의 자격시험 및 교통안전체험교육 실시계획을 최초의 자격시험 및 교통안전체험교육 90일 전까지 공고하여야 한다. 이 경우 자격시험의 응시 수요 및 교통안전체험교육의 신청 수요를 고려하여 자격시험 및 교통안전체험교육의 실시 횟수를 월 1회 미만으로 줄일 때에는 미리 국토교통부장관의 승인을 받아야 한다.

② 한국교통안전공단은 자격시험의 응시 수요 및 교통안전체험교육의 신청 수요를 고려하여 ①에 따라 공고한 자격시험 및 교통안전체험교육의 실시 횟수를 변경하려면 미리 국토교통부장관의 승인을 받아야 한다.

③ 한국교통안전공단은 ②에 따라 자격시험 및 교통안전체험교육의 실시 횟수를 변경하였을 때에는 그 사실을 실시 횟수 변경 후 최초로 시행되는 자격시험 및 교통안전체험교육 30일 전까지 공고하여야 한다.

④ 한국교통안전공단은 자격시험 및 교통안전체험교육을 실시할 때에는 다음의 사항을 자격시험 및 교통안전체험교육 20일 전에 공고하여야 한다. 다만, 불가피한 사유로 공고 내용을 변경할 때에는 자격시험 및 교통안전체험교육 10일 전까지 그 변경사항을 공고하여야 한다.

　㉠ 자격시험 및 교통안전체험교육의 일시·장소·방법·과목

　㉡ 자격시험의 응시 요건·절차 및 교통안전체험교육의 신청 요건·절차

　㉢ 자격시험 합격자 및 교통안전체험교육 이수자의 발표일·발표방법

　㉣ ㉠부터 ㉢까지 외에 자격시험 및 교통안전체험교육 실시에 필요한 사항

⑤ ①·③ 및 ④에 따른 공고는 한국교통안전공단의 인터넷 홈페이지 및 「신문 등의 진흥에 관한 법률」 제9조 제1항에 따라 보급지역을 전국으로 하여 등록한 둘 이상의 일반일간신문에 게재하는 방법으로 한다. 다만, 제4항에 따른 공고의 경우에는 일반일간신문 게재를 생략할 수 있다.

**(4) 자격시험의 과목(시행규칙 제18조의4)**

① 교통 및 화물자동차 운수사업 관련 법규

② 안전운행에 관한 사항

③ 화물 취급 요령

④ 운송서비스에 관한 사항

**(5) 자격시험의 합격 결정 및 교통안전체험교육의 이수기준 등(시행규칙 제18조의6)**

① 자격시험은 필기시험 총점의 60% 이상을 얻은 사람을 합격자로 한다.

② 교통안전체험교육은 총 16시간의 과정을 마치고, 종합평가에서 총점의 60% 이상을 얻은 사람을 이수자로 한다.

**(6) 교육과목 등(시행규칙 제18조의7 제1항)**

자격시험에 합격한 사람은 8시간 동안 한국교통안전공단에서 실시하는 다음의 사항에 관한 교육을 받아야 한다.

① 화물자동차 운수사업법령 및 도로관계법령

② 교통안전에 관한 사항

③ 화물취급요령에 관한 사항

④ 자동차 응급처치 방법

⑤ 운송서비스에 관한 사항

**(7) 화물운송 종사자격증의 발급 등(시행규칙 제18조의8)**

① 교통안전체험교육 또는 교육과목(제18조의7)에 따른 교육을 이수한 사람이 화물운송 종사자격증 발급을 신청할 때에는 화물운송 종사자격증 발급 신청서에 사진 1장을 첨부하여 한국교통안전공단에 제출하여야 한다.

② 한국교통안전공단은 ①에 따라 화물운송 종사자격증 발급 신청서를 받았을 때에는 화물운송 종사자격 등록대장에 그 사실을 적은 후 화물운송 종사자격증을 발급하여야 한다. 다만, 자격증 발급 사실을 전산정보처리조직에 따라 관리하는 경우에는 화물운송 종사자격 등록대장에 적지 아니할 수 있다.

③ 화물자동차 운전자를 채용한 운송사업자는 협회에 명단을 제출할 때에는 화물운송 종사자격증명 발급 신청서, 화물운송 종사자격증 사본 및 사진 2장을 함께 제출하여야 한다.

④ 협회는 ③에 따라 화물운송 종사자격증명 발급 신청서를 받았을 때에는 화물운송 종사자격증명을 발급하여야 한다.

**(8) 화물운송 종사자격증 등의 재발급(시행규칙 제18조의9)**

화물운송 종사자격증 또는 화물운송 종사자격증명(화물운송 종사자격증 등)의 기재사항에 착오나 변경이 있어 이의 정정을 받으려는 자 또는 화물운송 종사자격증 등을 잃어버리거나 헐어 못 쓰게 되어 재발급을 받으려는 자는 화물운송 종사자격증(명) 재발급 신청서에 다음의 구분에 따른 서류를 첨부하여 한국교통안전공단 또는 협회에 제출하여야 한다.

① 화물운송 종사자격증 재발급을 신청하는 경우

㉠ 화물운송 종사자격증(자격증을 잃어버린 경우는 제외)

㉡ 사진 1장

② 화물운송 종사자격증명 재발급을 신청하는 경우

㉠ 화물운송 종사자격증명(자격증명을 잃어버린 경우는 제외)

㉡ 사진 2장

**(9) 화물운송 종사자격증명의 게시 등(시행규칙 제18조의10)**

① 운송사업자는 화물자동차 운전자에게 화물운송 종사자격증명을 화물자동차 밖에서 쉽게 볼 수 있도록 운전석 앞 창의 오른쪽 위에 항상 게시하고 운행하도록 하여야 한다.

② 운송사업자는 다음의 어느 하나에 해당하는 경우에는 협회에 화물운송 종사자격증명을 반납하여야 한다.

㉠ 퇴직한 화물자동차 운전자의 명단을 제출하는 경우

㉡ 화물자동차 운송사업의 휴업 또는 폐업신고를 하는 경우

③ 운송사업자는 다음의 어느 하나에 해당하는 경우에는 관할관청에 화물운송 종사자격증명을 반납하여야 한다.

㉠ 사업의 양도 신고를 하는 경우

㉡ 화물자동차 운전자의 화물운송 종사자격이 취소되거나 효력이 정지된 경우

④ 관할관청은 ③에 따라 화물운송 종사자격증명을 반납받았을 때에는 그 사실을 협회에 통지하여야 한다.

**(10) 화물운송 종사자격의 취소(법 제23조)**

① 국토교통부장관은 화물운송 종사자격을 취득한 자가 다음의 어느 하나에 해당하면 그 자격을 취소하거나 6개월 이내의 기간을 정하여 그 자격의 효력을 정지시킬 수 있다. 다만, ㉠·㉡·㉢·㉧·㉪·㉵ 및 ㉶의 경우에는 그 자격을 취소하여야 한다.

㉠ 결격사유(법 제9조 제1호에서 준용하는 제4조 각 호)의 어느 하나에 해당하게 된 경우

㉡ 거짓이나 그 밖의 부정한 방법으로 화물운송 종사자격을 취득한 경우

㉢ 업무개시 명령(법 제14조 제4항)을 위반한 경우

㉣ 화물운송 중에 고의나 과실로 교통사고를 일으켜 사람을 사망하게 하거나 다치게 한 경우

㉤ 화물운송 종사자격증을 다른 사람에게 빌려준 경우

㉥ 화물운송 종사자격 정지기간 중에 화물자동차 운수사업의 운전 업무에 종사한 경우

㉦ 화물자동차를 운전할 수 있는 「도로교통법」에 따른 운전면허가 취소된 경우

㉧ 「도로교통법」 제46조의3을 위반하여 같은 법 제93조 제1항 제5호의2에 따라 화물자동차를 운전할 수 있는 운전면허가 정지된 경우

㉨ 운수종사자의 준수사항(법 제12조 제1항 제3호·제7호 및 제9호)을 위반한 경우

㉩ 화물자동차 교통사고와 관련하여 거짓이나 그 밖의 부정한 방법으로 보험금을 청구하여 금고 이상의 형을 선고받고 그 형이 확정된 경우

㉪ 화물자동차 운수사업의 운전업무 종사의 제한(법 제9조의2 제1항)을 위반한 경우

② ①에 따른 처분의 기준 및 절차에 필요한 사항은 국토교통부령으로 정한다.

**[화물운송 종사자격의 취소 및 효력정지의 처분기준(시행규칙 별표 3의2)]**

| 위반행위 | 처분내용 |
|---|---|
| 결격사유(법 제9조 제1호)에 해당하게 된 경우 | 자격 취소 |
| 거짓이나 그 밖의 부정한 방법으로 화물운송 종사자격을 취득한 경우 | 자격 취소 |
| 국토교통부장관의 업무개시 명령을 정당한 사유 없이 거부한 경우 | • 1차 : 자격 정지 30일<br>• 2차 : 자격 취소 |
| 화물운송 중에 고의나 과실로 교통사고를 일으켜 다음의 구분에 따라 사람을 사망하게 하거나 다치게 한 경우 | |
| • 고의로 교통사고를 일으켜 사람을 사망하게 하거나 다치게 한 경우 | 자격 취소 |
| • 과실로 교통사고를 일으켜 사람을 사망하게 하거나 다치게 한 경우 | |
|   – 사망자 2명 이상 | 자격 취소 |
|   – 사망자 1명 및 중상자 3명 이상 | 자격 정지 90일 |
|   – 사망자 1명 또는 중상자 6명 이상 | 자격 정지 60일 |
| 화물운송 종사자격증을 다른 사람에게 빌려준 경우 | 자격 취소 |
| 화물운송 종사자격 정지기간에 화물자동차 운수사업의 운전 업무에 종사한 경우 | 자격 취소 |
| 화물자동차를 운전할 수 있는 「도로교통법」에 따른 운전면허가 취소된 경우 | 자격 취소 |
| 「도로교통법」 제46조의3을 위반하여 같은 법 제93조 제1항 제5호의2에 따라 화물자동차를 운전할 수 있는 운전면허가 정지된 경우 | 자격 취소 |
| 운수종사자의 준수사항(법 제12조 제1항 제3호·제7호 및 제9호)을 위반한 경우 | • 1차 : 자격 정지 60일<br>• 2차 : 자격 취소 |
| 화물자동차 교통사고와 관련하여 거짓이나 그 밖의 부정한 방법으로 보험금을 청구하여 금고 이상의 형을 선고받고 그 형이 확정된 경우 | 자격 취소 |
| 화물자동차 운수사업의 운전업무 종사의 제한(법 제9조의2 제1항)을 위반한 경우 | 자격 취소 |

비 고
1. 위반행위에서 사망자 또는 중상자는 다음과 같이 구분한다.
  • 사망자 : 교통사고가 주된 원인이 되어 교통사고가 발생한 후 30일 이내에 사망한 경우
  • 중상자 : 교통사고로 인하여 의사의 진단 결과 3주 이상의 치료가 필요한 경우
2. 위반행위의 횟수에 따른 행정처분 기준은 최근 3년간 같은 위반행위로 자격정지 처분을 받은 경우에 적용한다. 이 경우 위반행위에 대하여 행정처분을 한 날과 그 처분 후 다시 같은 위반행위로 적발된 날을 각각 기준으로 하여 위반횟수를 계산한다.
3. 천재지변이나 그 밖의 불가항력의 사유로 발생한 위반행위는 처분대상에서 제외한다.

## 6 사업자단체

### (1) 협회의 설립(법 제48조 제1항)

운수사업자는 화물자동차 운수사업의 건전한 발전과 운수사업자의 공동이익을 도모하기 위하여 국토교통부장관의 인가를 받아 화물자동차 운송사업, 화물자동차 운송주선사업 및 화물자동차 운송가맹사업의 종류별 또는 시·도별로 협회를 설립할 수 있다.

### (2) 협회의 사업(법 제49조)

① 화물자동차 운수사업의 건전한 발전과 운수사업자의 공동이익을 도모하는 사업

② 화물자동차 운수사업의 진흥 및 발전에 필요한 통계의 작성 및 관리, 외국자료의 수집·조사 및 연구사업

③ 경영자와 운수종사자의 교육훈련

④ 화물자동차 운수사업의 경영개선을 위한 지도

⑤ 화물자동차 운수사업법에서 협회의 업무로 정한 사항

⑥ 국가나 지방자치단체로부터 위탁받은 업무

⑦ ①부터 ⑤까지의 사업에 따르는 업무

### (3) 연합회(법 제50조 제1항)

운송사업자로 구성된 협회와 운송주선사업자로 구성된 협회 및 운송가맹사업자로 구성된 협회는 그 공동목적을 달성하기 위하여 국토교통부령으로 정하는 바에 따라 각각 연합회를 설립할 수 있다. 이 경우 운송사업자로 구성된 협회와 운송주선사업자로 구성된 협회 및 운송가맹사업자로 구성된 협회는 각각 그 연합회의 회원이 된다.

### (4) 공제사업(법 제51조)

① 운수사업자가 설립한 협회의 연합회는 대통령령으로 정하는 바에 따라 국토교통부장관의 허가를 받아 운수사업자의 자동차 사고로 인한 손해배상 책임의 보장사업 및 적재물배상 공제사업 등을 할 수 있다.

② 공제조합의 설립(법 제51조의2) : 운수사업자는 상호간의 협동조직을 통하여 조합원이 자주적인 경제활동을 영위할 수 있도록 지원하고 조합원의 자동차 사고로 인한 손해배상책임의 보장사업 및 적재물배상 공제사업을 하기 위하여 대통령령으로 정하는 바에 따라 국토교통부장관의 인가를 받아 공제조합을 설립할 수 있다.

③ 공제조합사업(법 제51조의6)
  ㉠ 조합원의 사업용 자동차의 사고로 생긴 배상 책임 및 적재물 배상에 대한 공제
  ㉡ 조합원이 사업용 자동차를 소유·사용·관리하는 동안 발생한 사고로 그 자동차에 생긴 손해에 대한 공제
  ㉢ 운수종사자가 조합원의 사업용 자동차를 소유·사용·관리하는 동안에 발생한 사고로 입은 자기 신체의 손해에 대한 공제
  ㉣ 공제조합에 고용된 자의 업무상 재해로 인한 손실을 보상하기 위한 공제
  ㉤ 공동이용시설의 설치·운영 및 관리, 그 밖에 조합원의 편의 및 복지 증진을 위한 사업
  ㉥ 화물자동차 운수사업의 경영 개선을 위한 조사·연구 사업
  ㉦ ㉠부터 ㉥까지의 사업에 딸린 사업으로서 정관으로 정하는 사업

## 7 자가용 화물자동차의 사용

### (1) 자가용 화물자동차 사용신고(법 제55조)

화물자동차 운송사업과 화물자동차 운송가맹사업에 이용되지 아니하고 자가용으로 사용되는 화물자동차로서 대통령령으로 정하는 화물자동차로 사용하려는 자는 국토교통부령으로 정하는 사항을 시·도지사에게 신고해야 한다. 신고한 사항을 변경하려는 때에도 또한 같다.

> **더 알아보기**
>
> **사용신고대상 화물자동차 : 대통령령으로 정하는 화물자동차(영 제12조)**
> 1. 국토교통부령으로 정하는 특수자동차
> 2. 특수자동차를 제외한 화물자동차로서 최대 적재량이 2.5ton 이상인 화물자동차
> ※ 자가용 화물자동차의 소유자는 그 자가용 화물자동차에 신고확인증을 갖추어 두고 운행하여야 한다(시행규칙 제48조 제5항).

### (2) 자가용 화물자동차의 유상운송 금지(법 제56조)

자가용 화물자동차의 소유자 또는 사용자는 자가용 화물자동차를 유상(그 자동차의 운행에 필요한 경비를 포함)으로 화물운송용으로 제공하거나 임대하여서는 아니 된다. 다만, 국토교통부령으로 정하는 사유에 해당되는 경우로서 시·도지사의 허가를 받으면 화물운송용으로 제공하거나 임대할 수 있다.

> **더 알아보기**
>
> **유상운송의 허가 사유(시행규칙 제49조)**
> 1. 천재지변 또는 이에 준하는 비상사태로 인하여 수송력 공급을 긴급히 증가시킬 필요가 있는 경우
> 2. 사업용 화물자동차·철도 등 화물운송수단의 운행이 불가능하여 이를 일시적으로 대체하기 위한 수송력 공급이 긴급히 필요한 경우
> 3. 「농어업경영체 육성 및 지원에 관한 법률」 제16조에 따라 설립된 영농조합법인이 그 사업을 위하여 화물자동차를 직접 소유·운영하는 경우

### (3) 자가용 화물자동차 사용의 제한 또는 금지(법 제56조의2 제1항)

시·도지사는 자가용 화물자동차의 소유자 또는 사용자가 다음의 하나에 해당하면 6개월 이내의 기간을 정하여 그 자동차의 사용을 제한하거나 금지할 수 있다.
① 자가용 화물자동차를 사용하여 화물자동차 운송사업을 경영한 경우
② 허가를 받지 아니하고 자가용 화물자동차를 유상으로 운송에 제공하거나 임대한 경우

## 8 보칙 및 벌칙 등

### (1) 운수종사자의 교육(법 제59조)

① 화물자동차의 운전업무에 종사하는 운수종사자는 국토교통부령으로 정하는 바에 따라 시·도지사가 실시하는 다음의 사항에 관한 교육을 매년 1회 이상 받아야 한다.
　㉠ 화물자동차 운수사업 관계 법령 및 도로교통 관계 법령
　㉡ 교통안전에 관한 사항
　㉢ 화물운수와 관련한 업무수행에 필요한 사항
　㉣ 그 밖에 화물운수 서비스 증진 등을 위하여 필요한 사항

② 시·도지사는 ①의 교육을 효율적으로 실시하기 위하여 필요하면 그 시·도의 조례로 정하는 바에 따라 운수종사자 연수기관을 직접 설립·운영하거나 이를 지정할 수 있으며, 운수종사자 연수 기관의 운영에 필요한 비용을 지원할 수 있다.

### (2) 화물자동차 운수사업의 지도·감독(법 제60조)

국토교통부장관은 화물자동차 운수사업의 합리적인 발전을 도모하기 위하여 시·도지사의 권한으로 정한 사무를 지도·감독한다.

### (3) 보고와 검사(법 제61조)

① 국토교통부장관 또는 시·도지사는 다음의 어느 하나에 해당하는 경우에는 운수사업자나 화물자동차의 소유자 또는 사용자에 대하여 그 사업 및 운임에 관한 사항이나 그 화물자동차의 소유 또는 사용에 관하여 보고하게 하거나 서류를 제출하게 할 수 있으며, 필요하면 소속 공무원에게 운수사업자의 사업장에 출입하여 장부·서류, 그 밖의 물건을 검사하거나 관계인에게 질문을 하게 할 수 있다.
　㉠ 허가기준에 맞는지를 확인하기 위하여 필요한 경우
　㉡ 화물운송질서 등의 문란행위를 파악하기 위하여 필요한 경우
　㉢ 운수사업자의 위법행위 확인 및 운수사업자에 대한 허가취소 등 행정처분을 위하여 필요한 경우
② 출입하거나 검사하는 공무원은 그 권한을 나타내는 증표를 지니고 이를 관계인에게 내보여야 하며, 국토교통부령으로 정하는 바에 따라 자신의 성명, 소속 기관, 출입의 목적 및 일시 등을 적은 서류를 상대방에게 내주거나 관계 장부에 적어야 한다.

### (4) 3년 이하의 징역 또는 3천만원 이하의 벌금(법 제66조의2)

법 제14조 제4항의 규정을 위반한 자 : 국토교통부장관은 운송사업자 또는 운수종사자가 정당한 사유 없이 집단으로 화물운송을 거부하여 화물운송에 커다란 지장을 주어 국가경제에 매우 심각한 위기를 초래하거나 초래할 우려가 있다고 인정할 만한 상당한 이유가 있으면 그 운송사업자 또는 운수종사자에게 업무개시를 명할 수 있으며, 운송사업자 또는 운수종사자는 정당한 사유 없이 업무개시 명령을 거부할 수 없다.

### (5) 500만원 이하의 과태료(법 제70조 제2항)

① 화물운송 종사자격증을 받지 아니하고 화물자동차 운수사업의 운전 업무에 종사한 자
② 거짓이나 그 밖의 방법으로 화물운송 종사자격을 취득한 자
③ 제59조(운수종사자의 교육 등) 제1항에 따른 교육을 받지 아니한 자
　※ 기타 과태료 부과 기준은 법 제70조 참조

## (6) 과징금 부과기준(시행규칙 별표 3)

(단위 : 만원)

| 위반내용 | 처분내용 | | | |
|---|---|---|---|---|
| | 화물자동차 운송사업 | | 화물자동차 운송주선사업 | 화물자동차 운송가맹사업 |
| | 일반 | 개인 | | |
| 1. 최대적재량 1.5ton 초과의 화물자동차가 차고지와 지방자치단체의 조례로 정하는 시설 및 장소가 아닌 곳에서 밤샘 주차한 경우 | 20 | 10 | – | 20 |
| 2. 최대적재량 1.5ton 이하의 화물자동차가 주차장, 차고지 또는 지방자치단체의 조례로 정하는 시설 및 장소가 아닌 곳에서 밤샘 주차한 경우 | 20 | 5 | – | 20 |
| 3. 신고한 운임 및 요금 또는 화주와 합의된 운임 및 요금이 아닌 부당한 운임 및 요금을 받은 경우 | 40 | 20 | – | 40 |
| 4. 화주로부터 부당한 운임 및 요금의 환급을 요구받고 환급하지 않은 경우 | 60 | 30 | – | 60 |
| 5. 신고한 운송약관 또는 운송가맹약관을 준수하지 않은 경우 | 60 | 30 | – | 60 |
| 6. 사업용 화물자동차의 바깥쪽에 일반인이 알아보기 쉽도록 해당 운송사업자의 명칭(개인 화물자동차 운송사업자인 경우에는 그 화물자동차 운송사업의 종류를 말한다)을 표시하지 않은 경우 | 10 | 5 | – | 10 |
| 7. 화물자동차 운전자의 취업 현황 및 퇴직 현황을 보고하지 않거나 거짓으로 보고한 경우 | 20 | 10 | – | 10 |
| 8. 화물자동차 운전자에게 차 안에 화물운송 종사자격증명을 게시하지 않고 운행하게 한 경우 | 10 | 5 | – | 10 |
| 9. 화물자동차 운전자에게 「자동차 및 자동차부품의 성능과 기준에 관한 규칙」 제56조에 따른 운행기록계가 설치된 운송사업용 화물자동차를 해당 장치 또는 기기가 정상적으로 작동되지 않는 상태에서 운행하도록 한 경우 | 20 | 10 | – | 20 |
| 10. 개인화물자동차 운송사업자가 자기 명의로 운송계약을 체결한 화물에 대하여 다른 운송사업자에게 수수료나 그 밖의 대가를 받고 그 운송을 위탁하거나 대행하게 하는 등 화물운송 질서를 문란하게 하는 행위를 한 경우 | 180 | 90 | – | – |
| 11. 운수종사자에게 휴게시간을 보장하지 않은 경우 | 180 | 60 | – | 180 |
| 12. 「자동차관리법 시행규칙」 별표 1에 따른 밴형 화물자동차를 사용해 화주와 화물을 함께 운송하는 운송사업자가 법 제12조 제1항 제5호의 행위를 하거나 소속 운수종사자로 하여금 같은 호의 행위를 지시한 경우 | 60 | 30 | – | 60 |
| 13. 신고한 운송주선약관을 준수하지 않은 경우 | – | – | 20 | – |
| 14. 허가증에 기재되지 않은 상호를 사용한 경우 | – | – | 20 | – |
| 15. 화주에게 제38조의3 제5호에 따른 견적서 또는 계약서를 발급하지 않은 경우(화주가 견적서 또는 계약서의 발급을 원하지 않는 경우는 제외) | – | – | 20 | – |
| 16. 화주에게 제38조의3 제6호에 따른 사고확인서를 발급하지 않은 경우(화물의 멸실, 훼손 또는 연착에 대하여 사업자가 고의 또는 과실이 없는 경우를 증명하지 못한 경우로 한정) | – | – | 20 | – |

## 04 자동차관리법

## 1 총 칙

### (1) 목적(법 제1조)

자동차의 등록·안전기준·자기인증·제작결함 시정·점검·정비·검사 및 자동차관리사업 등에 관한 사항을 정하여 자동차를 효율적으로 관리하고 자동차의 성능 및 안전을 확보함으로써 공공의 복리를 증진한다.

### (2) 정의(법 제2조)

① 자동차 : 원동기에 의하여 육상에서 이동할 목적으로 제작한 용구 또는 이에 견인되어 육상을 이동할 목적으로 제작한 용구(피견인자동차)를 말한다. 다만, 대통령령이 정하는 것은 제외한다.

> **더 알아보기**
>
> **적용이 제외되는 자동차(시행령 제2조)**
> 1. 건설기계관리법에 따른 건설기계
> 2. 농업기계화촉진법에 따른 농업기계
> 3. 군수품관리법에 따른 차량
> 4. 궤도 또는 공중선에 의하여 운행되는 차량
> 5. 의료기기법에 따른 의료기기

② 운행 : 사람 또는 화물의 운송 여부와 관계없이 자동차를 그 용법에 따라 사용하는 것을 말한다.

③ 자동차사용자 : 자동차 소유자 또는 자동차 소유자로부터 자동차의 운행 등에 관한 사항을 위탁받은 자를 말한다.

④ 자동차의 차령기산일(시행령 제3조)
 ㉠ 제작연도에 등록된 자동차 : 최초의 신규등록일
 ㉡ 제작연도에 등록되지 아니한 자동차 : 제작연도의 말일

### (3) 자동차의 종류(법 제3조)

자동차는 승용자동차, 승합자동차, 화물자동차, 특수자동차 및 이륜자동차로 구분한다.

> **더 알아보기**
>
> **자동차의 종별구분(법 제3조 제1항, 규칙 [별표 1])**
> 1. 승용자동차 : 10인 이하를 운송하기에 적합하게 제작된 자동차
> 2. 승합자동차 : 11인 이상을 운송하기에 적합하게 제작된 자동차. 다만, 다음에 해당하는 자동차는 그 승차인원과 관계없이 승합자동차로 본다.
>   가. 내부의 특수한 설비로 인하여 승차인원이 10인 이하로 된 자동차
>   나. 국토교통부령으로 정하는 경형자동차로서 승차인원이 10인 이하인 전방조종자동차
> 3. 화물자동차 : 화물을 운송하기 적합하게 바닥 면적이 최소 $2m^2$ 이상(소형·경형화물자동차로서 이동용 음식판매 용도인 경우에는 $0.5m^2$ 이상, 그 밖에 초소형화물차 및 특수용도형의 경형화물자동차는 $1m^2$ 이상)인 화물적재공간을 갖춘 자동차로서 다음의 어느 하나에 해당하는 자동차
>   가. 승차공간과 화물적재공간이 분리되어 있는 자동차로서 화물적재공간의 윗부분이 개방된 구조의 자동차, 유류·가스 등을 운반하기 위한 적재함을 설치한 자동차 및 화물을 싣고 내리는 문을 갖춘 적재함이 설치된 자동차(구조·장치의 변경을 통하여 화물적재공간에 덮개가 설치된 자동차를 포함)
>   나. 승차공간과 화물적재공간이 동일 차 실내에 있으면서 화물의 이동을 방지하기 위해 칸막이벽을 설치한 자동차로서 화물적재공간의 바닥면적이 승차공간의 바닥면적(운전석이 있는 열의 바닥면적을 포함)보다 넓은 자동차

다. 화물을 운송하는 기능을 갖추고 자체적하 기타 작업을 수행할 수 있는 설비를 함께 갖춘 자동차
4. 특수자동차 : 다른 자동차를 견인하거나 구난작업 또는 특수한 용도로 사용하기에 적합하게 제작된 자동차로서 승용자동차·승합자동차 또는 화물자동차가 아닌 자동차
5. 이륜자동차 : 총배기량 또는 정격출력의 크기와 관계없이 1인 또는 2인의 사람을 운송하기에 적합하게 제작된 이륜의 자동차 및 그와 유사한 구조로 되어 있는 자동차

## 2 자동차의 등록

### (1) 등록(법 제5조)

자동차(이륜자동차는 제외)는 자동차등록원부(등록원부)에 등록한 후가 아니면 이를 운행할 수 없다. 다만, 임시운행허가를 받아 허가기간 내에 운행하는 경우에는 그러하지 아니하다.

### (2) 자동차등록번호판(법 제10조)

① 시·도지사는 국토교통부령으로 정하는 바에 따라 자동차등록번호판(등록번호판)을 붙여야 한다. 다만, 자동차 소유자를 갈음하여 등록을 신청하는 자가 직접 등록번호판을 부착하려는 경우에는 국토교통부령으로 정하는 바에 따라 등록번호판의 부착을 직접하게 할 수 있다.
   ※ 자동차 소유자를 갈음하여 자동차등록을 신청하는 자가 직접 자동차등록번호판을 붙이고 봉인을 하여야 하는 경우에 이를 이행하지 아니한 경우 : 과태료 50만원(영 별표 2)
② ①에 따라 붙인 등록번호판은 다음의 어느 하나에 해당하는 경우를 제외하고는 떼지 못한다.
   ㉠ 시·도지사의 허가를 받은 경우
   ㉡ 법 제53조에 따라 등록한 자동차정비업자가 정비를 위하여 사업장 내에서 국토교통부령으로 정하는 바에 따라 일시적으로 뗀 경우
   ㉢ 다른 법률에 특별한 규정이 있는 경우
③ 자동차 소유자는 등록번호판이 떨어지거나 알아보기 어렵게 된 경우에는 시·도지사에게 ①에 따른 등록번호판의 부착을 다시 신청하여야 한다.
④ ①과 ③에 따른 등록번호판의 부착을 하지 아니한 자동차는 운행하지 못한다. 다만, 임시운행허가번호판을 붙인 경우에는 그러하지 아니하다.
   ※ 자동차등록번호판을 부착하지 아니한 자동차 또는 자동차등록번호판의 봉인을 하지 아니한 자동차를 운행한 때(영 별표 2) : 과태료 50만원(1차 위반), 과태료 150만원(2차 위반), 과태료 250만원(3차 위반)
⑤ 누구든지 자동차등록번호판을 가리거나 알아보기 곤란하게 하여서는 아니 되며, 그러한 자동차를 운행하여서는 안 된다.
   ※ 고의로 자동차등록번호판을 가리거나 알아보기 곤란하게 한 자는 1년 이하의 징역 또는 1천만원 이하의 벌금(법 제81조)
   ※ 자동차등록번호판을 가리거나 알아보기 곤란하게 하거나, 그러한 자동차를 운행한 경우(영 별표 2) : 과태료 50만원(1차 위반), 과태료 150만원(2차 위반), 과태료 250만원(3차 위반)

⑥ 누구든지 등록번호판을 가리거나 알아보기 곤란하게 하기 위한 장치를 제조·수입하거나 판매·공여하여서는 아니 된다.
⑦ 자동차 소유자는 자전거 운반용 부착장치 등 국토교통부령으로 정하는 외부장치를 자동차에 붙여 등록번호판이 가려지게 되는 경우에는 시·도지사에게 국토교통부령으로 정하는 바에 따라 외부장치용 등록번호판의 부착을 신청하여야 한다. 외부장치용 등록번호판에 대하여는 ①부터 ⑥까지를 준용한다.
⑧ 시·도지사는 등록번호판을 회수한 경우에는 다시 사용할 수 없는 상태로 폐기하여야 한다.
⑨ 누구든지 등록번호판 영치업무를 방해할 목적으로 ①에 따른 등록번호판의 부착 및 봉인 이외의 방법으로 등록번호판을 붙여서는 아니 되며, 그러한 자동차를 운행하여서도 아니 된다.

### (3) 변경등록(법 제11조)

자동차 소유자는 등록원부의 기재사항이 변경(이전등록 및 말소등록에 해당되는 경우는 제외)된 경우에는 대통령령으로 정하는 바에 따라 시·도지사에게 변경등록을 신청해야 한다. 다만, 대통령령으로 정하는 경미한 등록사항을 변경하는 경우에는 그러하지 아니하다.
※ 자동차의 변경등록 신청을 하지 않은 경우 신청 지연기간이 90일 이내 과태료 2만원, 신청 지연기간이 90일 초과 174일 이내인 경우 2만원에 91일째부터 계산하여 3일 초과 시마다 1만원을 더한 금액, 신청 지연기간이 175일 이상인 경우 과태료 30만원(영 별표 2)

### (4) 이전등록(법 제12조)

① 등록된 자동차를 양수받는 자는 대통령령으로 정하는 바에 따라 시·도지사에게 자동차 소유권의 이전등록을 신청하여야 한다.
② 자동차매매업을 등록한 자는 자동차의 매도 또는 매매의 알선을 한 경우에는 산 사람을 갈음하여 ①에 따른 이전등록 신청을 하여야 한다. 다만, 자동차매매업자 사이에 매매 또는 매매의 알선을 한 경우와 국토교통부령으로 정하는 바에 따라 산 사람이 직접 이전등록 신청을 하는 경우에는 그러하지 아니하다.
③ 자동차를 양수한 자가 다시 제3자에게 양도하려는 경우에는 양도 전에 자기 명의로 ①에 따른 이전등록을 하여야 한다.
④ 자동차를 양수한 자가 ①에 따른 이전등록을 신청하지 아니한 경우에는 대통령령으로 정하는 바에 따라 그 양수인을 갈음하여 양도자(이전등록을 신청할 당시 자동차등록원부에 적힌 소유자를 말한다)가 신청할 수 있다.
⑤ ④에 따라 이전등록 신청을 받은 시·도지사는 대통령령으로 정하는 바에 따라 등록을 수리(受理)하여야 한다.
⑥ 시·도지사는 보험회사가 전손 처리한 자동차에 대하여 이전등록 신청을 받은 경우 수리검사를 받은 경우에 한정하여 수리(受理)하여야 한다.
⑦ ①과 ④에 따른 이전등록에 관하여는 신규등록의 거부(제9조 제1호·제3호 및 제4호)를 준용한다.

**(5) 말소등록(법 제13조)**

① 말소등록 신청 : 자동차 소유자(재산관리인 및 상속인을 포함)는 등록된 자동차가 다음의 어느 하나의 사유에 해당하는 경우에는 대통령령으로 정하는 바에 따라 자동차등록증·등록번호판을 반납하고 시·도지사에게 말소등록을 신청해야 한다. 다만, ⊗ 및 ⊙의 사유에 해당되는 경우에는 말소등록을 신청할 수 있다.

⊙ 자동차해체재활용업을 등록한 자(자동차해체재활용업자)에게 폐차를 요청한 경우

ⓛ 자동차제작·판매자 등에 반품한 경우(법 제47조의2의 교환 또는 환불 요구에 따라 반품된 경우를 포함)

ⓒ 「여객자동차 운수사업법」에 따른 차령이 초과된 경우

ⓔ 「여객자동차 운수사업법」 및 「화물자동차 운수사업법」에 따라 면허·등록·인가 또는 신고가 실효(失效)되거나 취소된 경우

ⓜ 천재지변·교통사고 또는 화재로 자동차 본래의 기능을 회복할 수 없게 되거나 멸실된 경우

ⓗ 자동차를 수출하는 경우

⊗ 압류등록을 한 후에도 환가절차 등 후속 강제집행 절차가 진행되고 있지 아니하는 차량 중 차령 등 대통령령으로 정하는 기준에 따라 환가가치가 남아 있지 아니하다고 인정되는 경우. 이 경우, 시·도지사가 해당 자동차 소유자로부터 말소등록 신청을 접수하였을 때에는 즉시 그 사실을 압류등록을 촉탁한 법원 또는 행정관청과 등록원부에 적힌 이해관계인에게 알려야 한다.

⊙ 자동차를 교육·연구의 목적으로 사용하는 등 대통령령으로 정하는 사유에 해당하는 경우

② 시·도지사는 다음에 해당하는 경우에는 직권으로 말소등록을 할 수 있다.

⊙ 말소등록을 신청하여야 할 자가 신청하지 아니한 경우

ⓛ 자동차의 차대(차대가 없는 자동차의 경우에는 "차체"를 말한다)가 등록원부상의 차대와 다른 경우

ⓒ 자동차 운행정지 명령에도 불구하고 해당 자동차를 계속 운행하는 경우

ⓔ 자동차의 강제 처리(법 제26조)에 따라 자동차를 폐차한 경우

ⓜ 속임수나 그 밖의 부정한 방법으로 등록된 경우

ⓗ 자동차손해배상 보장법에 따른 의무보험 가입명령을 이행하지 아니한 지 1년 이상 경과한 경우

**(6) 자동차등록증의 비치 등(법 제18조)**

자동차 소유자는 자동차등록증이 없어지거나 알아보기 곤란하게 된 경우에는 재발급 신청을 하여야 한다.

**(7) 임시운행**

① 임시운행허가기간(시행령 제7조)

⊙ 신규등록신청을 위하여 자동차를 운행하려는 경우 : 10일 이내

ⓛ 자동차의 차대번호 또는 원동기형식의 표기를 지우거나 그 표기를 받기 위하여 자동차를 운행하려는 경우 : 10일 이내

ⓒ 신규검사 또는 임시검사를 받기 위하여 자동차를 운행하려는 경우 : 10일 이내

ⓔ 자동차를 제작·조립·수입 또는 판매하는 자가 판매한 자동차를 환수하기 위하여 또는 판매사업장·하치장 또는 전시장에 자동차를 보관·전시하기 위하여 운행하려는 경우 : 10일 이내

ⓜ 자동차운전학원 및 자동차운전전문학원을 설립·운영하는 자가 검사를 받기 위하여 기능교육용 자동차를 운행하려는 경우 : 10일 이내

ⓗ 수출하기 위하여 말소등록한 자동차를 점검·정비하거나 선적하기 위하여 운행하려는 경우 : 20일 이내

⊗ 자동차자기인증에 필요한 시험 또는 확인을 받기 위하여 자동차를 운행하려는 경우 : 40일 이내

⊙ 자동차를 제작·조립 또는 수입하는 자가 자동차에 특수한 설비를 설치하기 위하여 다른 제작 또는 조립장소로 자동차를 운행하려는 경우 : 40일 이내

⊛ 자동차를 제작·조립 또는 수입하는 자가 광고 촬영이나 전시를 위하여 자동차를 운행하려는 경우 : 40일 이내

② 운행정지 중인 자동차의 임시운행(시행규칙 제28조 제1항)

⊙ 운행정지처분을 받아 운행정지 중인 자동차

ⓛ 검사 명령을 이행하지 아니한 지 1년 이상 경과한 경우 운행정지처분을 받아 운행정지 중인 자동차

ⓒ 「여객자동차 운수사업법」 제85조 및 「화물자동차 운수사업법」 제19조 제1항에 따른 사업정지처분을 받아 운행정지 중인 자동차

ⓔ 「지방세법」 제131조 제1항에 따라 자동차등록증이 회수되거나 등록번호판이 영치된 자동차

ⓜ 압류로 인하여 운행정지 중인 자동차

ⓗ 「자동차손해배상 보장법」 제6조 제4항에 따라 등록번호판이 영치된 자동차

⊗ 「질서위반행위규제법」 제55조 제1항에 따라 등록번호판이 영치된 자동차

**3 자동차의 안전기준 및 자기인증**

**(1) 자동차의 구조 및 장치(법 제29조, 시행령 제8조)**

자동차는 대통령령으로 정하는 구조 및 장치가 안전운행에 필요한 성능과 기준(자동차안전기준)에 적합하지 아니하면 운행하지 못한다.

| 자동차의 구조 | 길이·너비 및 높이, 최저지상고, 총중량, 중량분포, 최대안전경사각도, 최소회전반경, 접지부분 및 접지압력 |
|---|---|
| 자동차의 장치 | 원동기(동력발생장치) 및 동력전달장치, 주행장치, 조종장치, 조향장치, 제동장치, 완충장치, 연료장치 및 전기·전자장치, 차체 및 차대, 연결장치 및 견인장치, 승차장치 및 물품적재장치, 창유리, 소음방지장치, 배기가스발산방지장치, 전조등·번호등·후미등·제동등·차폭등·후퇴등 등 기타 등화장치, 경음기 및 경보장치, 방향지시등 등 기타 지시장치, 후사경·창닦이기 등 기타 시야를 확보하는 장치, 후방 영상장치 및 후진경고음 발생장치, 속도계·주행 거리계 등 기타 계기, 소화기 및 방화장치, 내압용기 및 그 부속장치, 기타 자동차의 안전운행에 필요한 장치로서 국토교통부령이 정하는 장치 |

## (2) 자동차의 튜닝(법 제34조)

① 자동차 소유자가 국토교통부령으로 정하는 항목에 대하여 튜닝을 하려는 경우에는 시장·군수·구청장의 승인을 받아야 한다.

② 시장·군수 또는 구청장은 자동차 구조·장치 변경 승인에 관한 권한을 한국교통안전공단에 위탁한다(시행령 제19조 제5항).

③ 튜닝검사 신청 시 첨부서류(시행규칙 제78조)

  ㉠ 말소등록사실증명서

  ㉡ 튜닝승인서

  ㉢ 튜닝 전후의 주요제원대비표

  ㉣ 튜닝 전후의 자동차 외관도(외관의 변경이 있는 경우에 한함)

  ㉤ 튜닝하려는 구조·장치의 설계도

## 4 자동차의 점검 및 정비

### (1) 점검 및 정비 명령 등(법 제37조)

① 시장·군수·구청장은 다음의 어느 하나에 해당하는 자동차 소유자에게 국토교통부령으로 정하는 바에 따라 점검·정비·검사 또는 원상복구를 명할 수 있다. 다만, ㉡에 해당하는 경우에는 원상복구 및 임시검사를, ㉢에 해당하는 경우에는 정기검사 또는 종합검사를, ㉣, ㉤에 해당하는 경우에는 임시검사를 각각 명하여야 한다.

  ㉠ 자동차안전기준에 적합하지 아니하거나 안전운행에 지장이 있다고 인정되는 자동차

  ㉡ 승인을 받지 아니하고 튜닝한 자동차

  ㉢ 정기검사 또는 자동차종합검사를 받지 아니한 자동차

  ㉣ 「여객자동차 운수사업법」 또는 「화물자동차 운수사업법」에 따른 중대한 교통사고가 발생한 사업용 자동차

  ㉤ 천재지변·화재 또는 침수로 인하여 국토교통부령으로 정하는 기준에 따라 안전운행에 지장이 있다고 인정되는 자동차

② 시장·군수·구청장은 ①에 따라 점검·정비·검사 또는 원상복구를 명하려는 경우 국토교통부령으로 정하는 바에 따라 기간을 정하여야 한다. 이 경우 해당 자동차의 운행정지를 함께 명할 수 있다.

## 5 자동차의 검사

### (1) 자동차검사(법 제43조)

자동차 소유자(①의 경우에는 신규등록 예정자를 말한다)는 해당 자동차에 대하여 다음의 구분에 따라 국토교통부령으로 정하는 바에 따라 국토교통부장관이 실시하는 검사를 받아야 한다.

① 신규검사 : 신규등록을 하려는 경우 실시하는 검사

② 정기검사 : 신규등록 후 일정 기간마다 정기적으로 실시하는 검사

③ 튜닝검사 : 자동차를 튜닝한 경우에 실시하는 검사

④ 임시검사 : 이 법 또는 이 법에 따른 명령이나 자동차 소유자의 신청을 받아 비정기적으로 실시하는 검사

⑤ 수리검사 : 전손 처리 자동차를 수리한 후 운행하려는 경우에 실시하는 검사

※ 자동차검사는 한국교통안전공단이 대행하고 있으며, 정기검사는 지정정비사업자도 대행할 수 있음

### (2) 자동차 정기검사 유효기간(시행규칙 별표 15의2)

| 구분 | | | | 유효기간 |
|---|---|---|---|---|
| 차종 | 사업용 구분 | 규모 | 차령 | |
| 승용자동차 | 비사업용 | 경형·소형·중형·대형 | 모든 차령 | 2년(최초 4년) |
| | 사업용 | 경형·소형·중형·대형 | 모든 차령 | 1년(최초 2년) |
| 승합자동차 | 비사업용 | 경형·소형 | 차령이 4년 이하 | 2년 |
| | | | 차령이 4년 초과 | 1년 |
| | | 중형·대형 | 차령이 8년 이하 | 1년(최초 2년) |
| | | | 차령이 8년 초과 | 6개월 |
| | 사업용 | 경형·소형 | 차령이 4년 이하 | 2년 |
| | | | 차령이 4년 초과 | 1년 |
| | | 중형·대형 | 차령이 8년 이하 | 1년 |
| | | | 차령이 8년 초과 | 6개월 |
| 화물자동차 | 비사업용 | 경형·소형 | 차령이 4년 이하 | 2년 |
| | | | 차령이 4년 초과 | 1년 |
| | | 중형·대형 | 차령이 5년 이하 | 1년 |
| | | | 차령이 5년 초과 | 6개월 |
| | 사업용 | 경형·소형 | 모든 차령 | 1년(최초 2년) |
| | | 중형 | 차령이 5년 이하 | 1년 |
| | | | 차령이 5년 초과 | 6개월 |
| | | 대형 | 차령이 2년 이하 | 1년 |
| | | | 차령이 2년 초과 | 6개월 |
| 특수자동차 | 비사업용 및 사업용 | 경형·소형·중형·대형 | 차령이 5년 이하 | 1년 |
| | | | 차령이 5년 초과 | 6개월 |

### (3) 자동차종합검사(법 제43조의2)

① 운행차 배출가스 정밀검사 시행지역에 등록한 자동차 소유자 및 특정경유자동차 소유자는 정기검사와 배출가스 정밀검사 또는 특정경유자동차 배출가스 검사를 통합하여 국토교통부장관과 환경부장관이 공동으로 다음에 대하여 실시하는 자동차종합검사를 받아야 한다. 종합검사를 받은 경우에는 정기검사, 정밀검사, 특정경유자동차검사를 받은 것으로 본다.

  ㉠ 자동차의 동일성 확인 및 배출가스 관련 장치 등의 작동 상태 확인을 관능검사 및 기능검사로 하는 공통 분야

  ㉡ 자동차 안전검사 분야

  ㉢ 자동차 배출가스 정밀검사 분야

② 자동차종합검사의 대상과 유효기간(자동차종합검사의 시행 등에 관한 규칙 별표 1)

| 검사 대상 | | 적용 차령 | 검사 유효기간 |
|---|---|---|---|
| 승용자동차 | 비사업용 | 차령이 4년 초과 | 2년 |
| | 사업용 | 차령이 2년 초과 | 1년 |
| 경형·소형의 화물자동차 | 비사업용 | 차령이 4년 초과 | 1년 |
| | 사업용 | 차령이 2년 초과 | 1년 |
| 경형·소형의 승합자동차 | | 차령이 4년 초과 | 1년 |
| 대형 화물자동차 | 비사업용 | 차령이 3년 초과 | 차령 5년까지 1년, 이후 6개월 |
| | 사업용 | 차령이 2년 초과 | 6개월 |
| 대형 승합자동차 | 비사업용 | 차령이 3년 초과 | 차령 8년까지 1년, 이후 6개월 |
| | 사업용 | 차령이 2년 초과 | 차령 8년까지 1년, 이후 6개월 |

| 검사 대상 | | 적용 차령 | 검사 유효기간 |
|---|---|---|---|
| 중형 승합자동차 | 비사업용 | 차령이 3년 초과 | 차령 8년까지는 1년, 이후부터는 6개월 |
| | 사업용 | 차령이 2년 초과 | 차령 8년까지는 1년, 이후부터는 6개월 |
| 그 밖의 자동차 | 비사업용 | 차령이 3년 초과 | 차령 5년까지는 1년, 이후부터는 6개월 |
| | 사업용 | 차령이 2년 초과 | 차령 5년까지는 1년, 이후부터는 6개월 |

※ 검사 유효기간이 6개월인 자동차의 경우 종합검사 중 자동차 배출가스 정밀검사 분야의 검사는 1년마다 받는다.

③ 검사 유효기간의 계산 방법과 종합검사기간 등(자동차종합검사의 시행 등에 관한 규칙 제9조)
　㉠ 신규등록을 하는 자동차 : 신규등록일부터 계산
　㉡ 종합검사기간 내에 종합검사를 신청하여 적합 판정을 받은 자동차 : 직전 검사 유효기간 마지막 날의 다음 날부터 계산
　㉢ 종합검사기간 전 또는 후에 종합검사를 신청하여 적합 판정을 받은 자동차 : 종합검사를 받은 날의 다음 날부터 계산
　㉣ 재검사 결과 적합 판정을 받은 자동차 : 종합검사를 받은 것으로 보는 날의 다음 날부터 계산
　㉤ 종합검사기간 : 종합검사 유효기간의 마지막 날(검사 유효기간을 연장하거나 검사를 유예한 경우에는 그 연장 또는 유예된 기간의 마지막 날을 말한다) 전후 각각 31일 이내
　㉥ 소유권 변동 또는 사용본거지 변경 등의 사유로 종합검사의 대상이 된 자동차 중 정기검사의 기간 중에 있거나 정기검사의 기간이 지난 자동차는 변경등록을 한 날부터 62일 이내에 종합검사

④ 재검사(자동차종합검사의 시행 등에 관한 규칙 제7조) : 종합검사 실시 결과 부적합 판정을 받은 자동차의 소유자가 재검사를 받으려는 경우에는 다음의 구분에 따른 기간(재검사기간) 내에 종합검사 대행자 또는 종합검사지정정비사업자에게 자동차종합검사 결과표 또는 자동차기능 종합진단서(자동차 종합검사 결과표 등)를 제출하고 해당 자동차를 제시해야 한다.
　㉠ 종합검사기간 내에 종합검사를 신청한 경우
　　• 최고속도제한장치의 미설치, 무단 해체·해제 및 미작동, 자동차 배출가스 검사기준 위반 중 어느 하나에 해당하는 사유로 부적합 판정을 받은 경우 : 부적합 판정을 받은 날부터 10일 이내
　　• 그 밖의 사유로 부적합 판정을 받은 경우 : 부적합 판정을 받은 날부터 종합검사기간 만료 후 10일 이내
　㉡ 종합검사기간 전 또는 후에 종합검사를 신청한 경우 : 부적합 판정을 받은 날부터 10일 이내

⑤ 종합검사 유효기간의 연장 또는 유예 사유 및 제출서류(자동차종합검사의 시행 등에 관한 규칙 제10조 제1항)
　㉠ 전시·사변 또는 이에 준하는 비상사태로 인하여 관할지역에서 종합검사 업무를 수행할 수 없다고 판단되는 경우(이때 시·도지사는 대상 자동차, 유예기간 및 대상 지역 등을 공고하여야 함)
　㉡ 자동차를 도난당한 경우, 사고발생으로 인하여 자동차를 장기간 정비할 필요가 있는 경우, 형사소송법 등에 따라 자동차가 압수되어 운행할 수 없는 경우, 면허취소 등으로 인하여 자동

차를 운행할 수 없는 경우 및 그 밖에 부득이한 사유로 자동차를 운행할 수 없다고 인정되는 경우 : 자동차등록증 제출
　㉢ 자동차 소유자가 폐차를 하려는 경우 : 폐차인수증명서 제출

⑥ 검사기간 경과의 통지(시행규칙 제77조의2) : 시·도지사는 등록된 자동차 중 제77조 제2항 및 제3항에 따른 정기검사기간이 지난 자동차를 조사하여 그 기간이 경과한 날부터 10일 이내와 20일 이내에 각각 그 소유자에게 다음의 사항을 우편 또는 휴대전화를 이용한 문자메시지로 통지해야 한다.
　㉠ 정기검사기간이 지난 사실
　㉡ 정기검사의 유예가 가능한 사유와 그 신청방법
　㉢ 정기검사를 받지 아니하는 경우에 부과되는 과태료의 금액과 근거 법규
　※ 정기검사나 종합검사를 받지 아니한 경우(영 별표 2)
　　• 검사 지연기간이 30일 이내인 경우 : 과태료 4만원
　　• 검사 지연기간이 30일 초과, 114일 이내인 경우 : 과태료 4만원에 31일째부터 계산하여 3일 초과 시마다 2만원을 더한 금액
　　• 검사 지연기간이 115일 이상인 경우 : 과태료 60만원

## 05 　도로법

### 1 총 칙

(1) 목적(법 제1조)

도로망의 계획수립, 도로 노선의 지정, 도로공사의 시행과 도로의 시설 기준, 도로의 관리·보전 및 비용 부담 등에 관한 사항을 규정하여 국민이 안전하고 편리하게 이용할 수 있는 도로의 건설과 공공복리의 향상에 이바지함을 목적으로 한다.

(2) 도로의 정의(법 제2조)

차도, 보도(步道), 자전거도로, 측도(側道), 터널, 교량, 육교 등 대통령령으로 정하는 시설로 구성된 것으로, 도로의 부속물을 포함한다.
① 대통령령으로 정하는 시설(영 제2조)
　㉠ 차도·보도·자전거도로 및 측도
　㉡ 터널·교량·지하도 및 육교(해당 시설에 설치된 엘리베이터를 포함)
　㉢ 궤 도
　㉣ 옹벽·배수로·길도랑·지하통로 및 무넘기시설
　㉤ 도선장 및 도선의 교통을 위하여 수면에 설치하는 시설
② 도로법 제10조의 도로 : 고속국도(고속국도의 지선 포함), 일반국도(일반국도의 지선 포함), 특별시도(特別市道)·광역시도(廣域市道), 지방도, 시도(市道), 군도(郡道), 구도(區道)
③ 도로의 부속물 : 도로관리청이 도로의 편리한 이용과 안전 및 원활한 도로교통의 확보, 그 밖에 도로의 관리를 위하여 설치하는 시설 또는 공작물
　㉠ 주차장, 버스정류시설, 휴게시설 등 도로이용 지원시설
　㉡ 시선유도표지, 중앙분리대, 과속방지시설 등 도로안전시설

ⓒ 통행료 징수시설, 도로관제시설, 도로관리사업소 등 도로관리
시설

ⓔ 도로표지 및 교통량 측정시설 등 교통관리시설

ⓜ 낙석방지시설, 제설시설, 식수대 등 도로에서의 재해 예방 및
구조 활동, 도로 환경의 개선·유지 등을 위한 도로부대시설

ⓗ 그 밖에 도로의 기능 유지 등을 위한 시설로서 대통령령으로
정하는 시설

**(3) 도로의 종류와 등급(법 제10~18조)**

도로의 종류는 다음과 같고, 그 등급은 다음에 열거한 순서와 같다.

① **고속국도** : 국토교통부장관이 도로교통망의 중요한 축을 이루며,
주요 도시를 연결하는 도로로서 자동차 전용의 고속교통에 사용되
는 도로 노선을 정하여 지정·고시한 도로

② **일반국도** : 국토교통부장관이 주요 도시, 지정항만, 주요 공항,
국가산업단지 또는 관광지 등을 연결하여 고속국도와 함께 국가간
선도로망을 이루는 도로 노선을 정하여 지정·고시한 도로

③ **특별시도(特別市道)·광역시도(廣域市道)** : 해당 특별시, 광역시
의 주요 도로망을 형성하는 도로, 특별시·광역시의 주요 지역과
인근 도시·항만·산업단지·물류시설 등을 연결하는 도로 및 그
밖의 특별시 또는 광역시의 기능 유지를 위하여 특히 중요한 도로
로서 특별시장 또는 광역시장이 노선을 정하여 지정·고시한 도로

④ **지방도** : 도청 소재지에서 시청 또는 군청 소재지에 이르는 도로,
시청 또는 군청 소재지를 연결하는 도로, 도 또는 특별자치도에
있거나 해당 도 또는 특별자치도와 밀접한 관계에 있는 공항·항만·
역을 연결하는 도로, 도 또는 특별자치도에 있는 공항·항만 또는
역에서 해당 도 또는 특별자치도와 밀접한 관계가 있는 고속국도·
일반국도 또는 지방도를 연결하는 도로 및 그 밖의 도 또는 특별자
치도의 개발을 위하여 특히 중요한 도로로서 도지사 또는 특별자치
도지사가 지정·고시한 도로

⑤ **시도(市道)** : 특별자치시, 시 또는 행정시의 관할구역에 있는 도로
로서 특별자치시장 또는 시장(행정시의 경우는 특별자치도지사)
이 그 노선을 지정·고시한 도로

⑥ **군도(郡道)** : 군청 소재지에서 읍사무소 또는 면사무소 소재지에
이르는 도로, 읍사무소 또는 면사무소 소재지를 연결하는 도로 및
그 밖의 군의 개발을 위하여 특히 중요한 도로로서 관할 군수가
그 노선을 지정·고시한 도로

⑦ **구도(區道)** : 특별시도 또는 광역시도가 아닌 도로 중 동(洞) 사이
를 연결하는 도로로서 관할 구청장이 그 노선을 지정·고시한 도로

**2 도로의 보전 및 공용부담**

**(1) 도로에 관한 금지행위(법 제75조)**

① 도로를 파손하는 행위

② 도로에 토석, 입목·죽 등 장애물을 쌓아놓는 행위

③ 그 밖에 도로의 구조나 교통에 지장을 주는 행위

※ 10년 이하의 징역이나 1억원 이하의 벌금(법 제113조 제1항)
고속국도(고속국도가 아닌 도로를 포함)를 파손하여 교통을 방해
하거나 교통에 위험을 발생하게 한 자

**(2) 차량의 운행 제한 및 운행 허가(법 제77조)**

① 도로관리청은 도로 구조를 보전하고 도로에서의 차량 운행으로
인한 위험을 방지하기 위하여 필요하면 대통령령으로 정하는 바에
따라 도로에서의 차량 운행을 제한할 수 있다. 다만, 차량의 구조나
적재화물의 특수성으로 인하여 도로관리청의 허가를 받아 운행하
는 경우에는 그러하지 아니하다.

> **더 알아보기**
>
> **도로관리청이 운행을 제한할 수 있는 차량(시행령 제79조 제2항)**
> 1. 축하중이 10ton을 초과하거나 총중량이 40ton을 초과하는 차량
> 2. 차량의 폭이 2.5m, 높이가 4.0m(도로 구조의 보전과 통행의 안전에
>    지장이 없다고 도로관리청이 인정하여 고시한 도로의 경우에는
>    4.2m), 길이가 16.7m를 초과하는 차량
> 3. 도로관리청이 특히 도로 구조의 보전과 통행의 안전에 지장이 있다고
>    인정하는 차량

※ 차량의 구조나 적재화물의 특수성으로 인하여 도로관리청의
허가를 받으려는 자는 신청서에 다음의 사항을 기재하여 도로
관리청에 제출하여야 한다(시행령 제79조 제4항).

• 운행하려는 도로의 종류 및 노선명

• 운행구간 및 그 총 연장

• 차량의 제원

• 운행기간

• 운행목적

• 운행방법

※ 제한차량 운행허가 신청서에는 다음의 서류를 첨부하여야 한
다(시행규칙 제40조 제2항).

• 차량검사증 또는 차량등록증

• 차량 중량표

• 구조물 통과 하중 계산서

② 도로관리청은 ①에 따른 운행제한에 대한 위반 여부를 확인하기
위해서 관계 공무원 또는 운행제한단속원으로 하여금 차량에 승차
하거나 차량의 운전자에게 관계 서류의 제출을 요구하는 등의 방법
으로 차량의 적재량을 측정하게 할 수 있다. 이 경우 차량의 운전자
는 정당한 사유가 없으면 이에 따라야 한다.

③ 도로관리청은 ①의 단서에 따라 차량의 운행허가를 하려면 미리
출발지를 관할하는 경찰서장과 협의한 후 차량의 조건과 운행하려
는 도로의 여건을 고려하여 대통령령으로 정하는 절차에 따라 운행
허가를 하여야 하며, 운행허가를 할 때에는 운행노선, 운행시간,
운행방법 및 도로 구조물의 보수·보강에 필요한 비용부담 등에
관한 조건을 붙일 수 있다. 이 경우 운행허가를 받은 자는 「도로교
통법」에 따른 허가를 받은 것으로 본다.

※ 정당한 사유 없이 적재량 측정을 위한 도로관리청의 요구에
따르지 아니한 자 : 1년 이하의 징역이나 1천만원 이하의 벌금
(법 제115조)

※ 운행 제한을 위반한 차량의 운전자 : 500만원 이하의 과태료
(법 제117조)

### (3) 적재량 측정 방해행위의 금지 등(법 제78조)

① 차량의 운전자는 차량의 장치를 조작하는 등 대통령령으로 정하는 방법으로 차량의 적재량 측정을 방해하는 행위를 하여서는 아니 된다.

② 도로관리청은 차량의 운전자가 ①을 위반하였다고 판단하면 재측정을 요구할 수 있다. 이 경우 차량의 운전자는 정당한 사유가 없으면 그 요구에 따라야 한다.

※ 차량의 적재량 측정을 방해한 자, 정당한 사유 없이 도로관리청의 적재량 재측정 요구에 따르지 아니한 자 : 1년 이하의 징역이나 1천만원 이하의 벌금(법 제115조 제5호, 제6호)

### (4) 자동차전용도로의 지정(법 제48조)

① 도로관리청은 도로의 교통이 현저히 증가하여 차량의 능률적인 운행에 지장이 있는 경우 또는 도로의 일정한 구간에서 원활한 교통소통을 위하여 필요한 경우에는 대통령령으로 정하는 바에 따라 자동차전용도로 또는 전용구역(자동차전용도로)을 지정할 수 있다. 이 경우 자동차전용도로로 지정하려는 도로에 둘 이상의 도로관리청이 있으면 관계되는 도로관리청이 공동으로 자동차전용도로를 지정하여야 한다.

② 자동차 전용도로를 지정할 때에는 해당 구간을 연결하는 일반 교통용의 다른 도로가 있어야 한다.

③ ①에 따라 자동차전용도로를 지정할 때 도로관리청이 국토교통부장관이면 경찰청장의 의견을, 특별시장·광역시장·도지사 또는 특별자치도지사이면 관할 시·도경찰청장의 의견을, 특별자치시장·시장·군수 또는 구청장이면 관할 경찰서장의 의견을 각각 들어야 한다.

④ 도로관리청은 ①에 따른 지정할 때에는 대통령령으로 정하는 바에 따라 이를 공고하여야 한다. 그 지정을 변경하거나 해제할 때에도 같다.

> **더 알아보기**
>
> **자동차전용도로의 지정 공고(시행령 제47조)**
> 도로관리청은 자동차전용도로를 지정·변경 또는 해제할 때에는 다음의 사항을 공고하고, 지체 없이 국토교통부장관에게 보고하여야 한다.
> • 도로의 종류·노선번호 및 노선명
> • 도로 구간
> • 통행의 방법(해제의 경우는 제외)
> • 지정·변경 또는 해제의 이유
> • 해당 구간에 있는 일반교통용의 다른 도로 현황(해제의 경우는 제외)
> • 그 밖에 필요한 사항

### (5) 자동차전용도로의 통행 방법(법 제49조)

① 자동차전용도로에서는 차량만을 사용해서 통행하거나 출입하여야 한다.

② 도로관리청은 자동차전용도로의 입구나 그 밖에 필요한 장소에 ①의 내용과 자동차전용도로의 통행을 금지하거나 제한하는 대상 등을 구체적으로 밝힌 도로표지를 설치하여야 한다.

※ 차량을 사용하지 아니하고 자동차전용도로를 통행하거나 출입한 자 : 1년 이하의 징역이나 1천만원 이하의 벌금(법 제115조 제2호)

---

## 06 대기환경보전법

### 1 총 칙

### (1) 목적(법 제1조)

대기오염으로 인한 국민건강이나 환경에 관한 위해를 예방하고 대기환경을 적정하고 지속가능하게 관리·보전하여 모든 국민이 건강하고 쾌적한 환경에서 생활할 수 있게 하는 것을 목적으로 한다.

### (2) 용어의 정의(법 제2조)

① 대기오염물질 : 대기 중에 존재하는 물질 중 대기오염물질에 대한 심사·평가(제7조)에 따른 심사·평가 결과 대기오염의 원인으로 인정된 가스·입자상물질로서 환경부령으로 정하는 것

② 유해성대기감시물질 : 대기오염물질 중 대기오염물질에 대한 심사·평가(제7조)에 따른 심사·평가 결과, 사람의 건강이나 동식물의 생육(生育)에 위해를 끼칠 수 있어 지속적인 측정이나 감시·관찰 등이 필요하다고 인정된 물질로서 환경부령으로 정하는 것

③ 기후·생태계 변화유발물질 : 지구 온난화 등으로 생태계의 변화를 가져올 수 있는 기체상물질(氣體狀物質)로서 온실가스와 환경부령으로 정하는 것

④ 온실가스 : 적외선 복사열을 흡수하거나 다시 방출하여 온실효과를 유발하는 대기 중의 가스상태 물질로서 이산화탄소, 메탄, 아산화질소, 수소불화탄소, 과불화탄소, 육불화황(육플루오린화황)이 해당

⑤ 가스 : 물질이 연소·합성·분해될 때에 발생하거나 물리적 성질로 인하여 발생하는 기체상물질

⑥ 입자상물질(粒子狀物質) : 물질이 파쇄·선별·퇴적·이적(移積)될 때, 그 밖에 기계적으로 처리되거나 연소·합성·분해될 때에 발생하는 고체상(固體狀) 또는 액체상(液體狀)의 미세한 물질

⑦ 먼지 : 대기 중에 떠다니거나 흩날려 내려오는 입자상물질

⑧ 매연 : 연소할 때에 생기는 유리(遊離)탄소가 주가 되는 미세한 입자상물질

⑨ 검댕 : 연소할 때에 생기는 유리(遊離)탄소가 응결하여 입자의 지름이 $1\mu$ 이상이 되는 입자상물질

⑩ 특정대기유해물질 : 유해성대기감시물질 중 대기오염물질에 대한 심사·평가(제7조)에 따른 심사·평가 결과, 저농도에서도 장기적인 섭취나 노출에 의하여 사람의 건강이나 동식물의 생육에 직접 또는 간접으로 위해를 끼칠 수 있어 대기 배출에 대한 관리가 필요하다고 인정된 물질로서 환경부령으로 정하는 것

⑪ 휘발성유기화합물 : 탄화수소류 중 석유화학제품, 유기용제, 그 밖의 물질로서 환경부장관이 관계 중앙행정기관의 장과 협의하여 고시하는 것

⑫ 대기오염물질배출시설 : 대기오염물질을 대기에 배출하는 시설물, 기계, 기구, 그 밖의 물체로서 환경부령으로 정하는 것

⑬ 대기오염방지시설 : 대기오염물질배출시설로부터 나오는 대기오염물질을 연소조절에 의한 방법 등으로 없애거나 줄이는 시설로서 환경부령으로 정하는 것

⑭ 자동차 : 다음의 어느 하나에 해당하는 것
　㉠ 「자동차관리법」 제2조 제1호에 규정된 자동차 중 환경부령으로 정하는 것
　㉡ 「건설기계관리법」 제2조 제1항 제1호에 따른 건설기계 중 주행특성이 ㉠에 따른 것과 유사한 것으로서 환경부령으로 정하는 것

⑮ 원동기 : 다음의 어느 하나에 해당하는 것
　㉠ 「건설기계관리법」 제2조 제1항 제1호에 따른 건설기계 중 ⑭의 ㉡ 외의 건설기계로서 환경부령으로 정하는 건설기계(건설기계)에 사용되는 동력을 발생시키는 장치
　㉡ 농림용 또는 해상용으로 사용되는 기계로서 환경부령으로 정하는 기계에 사용되는 동력을 발생시키는 장치
　㉢ 「철도산업발전기본법」 제3조 제4호에 따른 철도차량 중 동력차에 사용되는 동력을 발생시키는 장치

⑯ 선박 : 수상(水上) 또는 수중(水中)에서 항해용으로 사용하거나 사용될 수 있는 것(선외기를 장착한 것을 포함) 및 해양수산부령이 정하는 고정식·부유식 시추선 및 플랫폼

⑰ 첨가제 : 자동차의 성능을 향상시키거나 배출가스를 줄이기 위하여 자동차의 연료에 첨가하는 탄소와 수소만으로 구성된 물질을 제외한 화학물질로서 다음의 요건을 모두 충족하는 것
　㉠ 자동차의 연료에 부피기준(액체첨가제의 경우만 해당한다) 또는 무게기준(고체첨가제의 경우만 해당한다)으로 1% 미만의 비율로 첨가하는 물질. 다만, 「석유 및 석유대체연료 사업법」 제2조 제7호 및 제8호에 따른 석유정제업자 및 석유수출입업자가 자동차연료인 석유제품을 제조하거나 품질을 보정(補正)하는 과정에 첨가하는 물질의 경우에는 그 첨가비율의 제한을 받지 아니함
　㉡ 「석유 및 석유대체연료 사업법」 제2조 제10호에 따른 가짜석유제품 또는 같은 조 제11호에 따른 석유대체연료에 해당하지 아니하는 물질

⑱ 촉매제 : 배출가스를 줄이는 효과를 높이기 위하여 배출가스저감장치에 사용되는 화학물질로서 환경부령으로 정하는 것

⑲ 저공해자동차 : 다음의 자동차로서 대통령령으로 정하는 것
　㉠ 대기오염물질의 배출이 없는 자동차
　㉡ 제작차의 배출허용기준(법 제46조 제1항)보다 오염물질을 적게 배출하는 자동차

⑳ 저공해건설기계 : 다음의 건설기계로서 대통령령으로 정하는 것
　㉠ 대기오염물질의 배출이 없는 건설기계
　㉡ 제46조 제1항에 따른 제작차의 배출허용기준보다 오염물질을 적게 배출하는 건설기계

㉑ 배출가스저감장치 : 자동차 또는 건설기계에서 배출되는 대기오염물질을 줄이기 위하여 자동차 또는 건설기계에 부착 또는 교체하는 장치로서 환경부령으로 정하는 저감효율에 적합한 장치

㉒ 저공해엔진 : 자동차 또는 건설기계에서 배출되는 대기오염물질을 줄이기 위한 엔진(엔진 개조에 사용하는 부품을 포함한다)으로서 환경부령으로 정하는 배출허용기준에 맞는 엔진

㉓ 공회전제한장치 : 자동차에서 배출되는 대기오염물질을 줄이고 연료를 절약하기 위하여 자동차에 부착하는 장치로서 환경부령으로 정하는 기준에 적합한 장치

㉔ 온실가스 배출량 : 자동차에서 단위 주행거리당 배출되는 이산화탄소($CO_2$) 배출량(g/km)

㉕ 온실가스 평균배출량 : 자동차제작자가 판매한 자동차 중 환경부령으로 정하는 자동차의 온실가스 배출량의 합계를 해당 자동차 총 대수로 나누어 산출한 평균값(g/km)

㉖ 장거리이동대기오염물질 : 황사, 먼지 등 발생 후 장거리 이동을 통하여 국가 간에 영향을 미치는 대기오염물질로서 환경부령으로 정하는 것

㉗ 냉매(冷媒) : 기후·생태계 변화유발물질 중 열전달을 통한 냉난방, 냉동·냉장 등의 효과를 목적으로 사용되는 물질로서 환경부령으로 정하는 것

## 2 자동차배출가스의 규제

### (1) 저공해자동차의 운행 등(법 제58조)

① 시·도지사 또는 시장·군수는 관할 지역의 대기질 개선 또는 기후·생태계 변화유발물질 배출감소를 위하여 필요하다고 인정하면 그 지역에서 운행하는 자동차 및 건설기계 중 차령과 대기오염물질 또는 기후·생태계 변화유발물질 배출 정도 등에 관하여 환경부령으로 정하는 요건을 충족하는 자동차 및 건설기계의 소유자에게 그 시·도 또는 시·군의 조례에 따라 그 자동차 및 건설기계에 대하여 다음의 어느 하나에 해당하는 조치를 하도록 명령하거나 조기에 폐차할 것을 권고할 수 있다.
　㉠ 저공해자동차 또는 저공해건설기계로의 전환 또는 개조
　㉡ 배출가스저감장치의 부착 또는 교체 및 배출가스 관련 부품의 교체
　㉢ 저공해엔진(혼소엔진을 포함)으로의 개조 또는 교체
　※ 저공해자동차 또는 저공해건설기계로의 전환 또는 개조 명령, 배출가스저감장치의 부착·교체 명령 또는 배출가스 관련 부품의 교체 명령, 저공해엔진(혼소엔진을 포함)으로의 개조 또는 교체 명령을 이행하지 아니한 자 : 300만원 이하의 과태료(제94조 제2항 제4호)

② 배출가스보증기간이 지난 자동차의 소유자는 해당 자동차에서 배출되는 배출가스가 운행차배출허용기준에 적합하게 유지되도록 환경부령으로 정하는 바에 따라 배출가스저감장치를 부착 또는 교체하거나 저공해엔진으로 개조 또는 교체할 수 있다.

③ 국가나 지방자치단체는 저공해자동차 및 저공해건설기계의 보급, 배출가스저감장치의 부착 또는 교체와 저공해엔진으로의 개조 또는 교체를 촉진하기 위하여 다음의 어느 하나에 해당하는 자에 대하여 예산의 범위에서 필요한 자금을 보조하거나 융자할 수 있다.
　㉠ 저공해자동차 또는 저공해건설기계를 구입하거나 저공해자동차 또는 저공해건설기계로 개조하는 자
　㉡ 저공해자동차 또는 저공해건설기계에 연료를 공급하기 위한 시설 중 다음의 시설을 설치하는 자
　　• 천연가스를 연료로 사용하는 자동차 또는 건설기계에 천연가스를 공급하기 위한 시설로서 환경부장관이 정하는 시설
　　• 전기를 연료로 사용하는 자동차(전기자동차) 또는 건설기계에 전기를 충전하기 위한 시설로서 환경부장관이 정하는 시설

• 수소가스를 연료로 사용하는 자동차(수소전기자동차) 또는 건설기계에 수소가스를 충전하기 위한 시설로서 환경부장관이 정하는 시설(수소연료공급시설)

• 그 밖에 태양광 등 환경부장관이 정하는 저공해자동차 및 저공해건설기계 연료공급시설

ⓒ ① 또는 ②에 따라 자동차 및 건설기계에 배출가스저감장치를 부착 또는 교체하거나 자동차 및 건설기계의 엔진을 저공해엔진으로 개조 또는 교체하는 자

ⓔ ①에 따라 자동차 및 건설기계의 배출가스 관련 부품을 교체하는 자

ⓜ ①에 따른 권고에 따라 자동차 또는 건설기계를 조기에 폐차하는 자

ⓗ 그 밖에 배출가스가 매우 적게 배출되는 것으로서 환경부장관이 정하여 고시하는 자동차 또는 건설기계를 구입하는 자

## (2) 공회전의 제한(법 제59조)

① 시·도지사는 자동차의 배출가스로 인한 대기오염 및 연료 손실을 줄이기 위하여 필요하다고 인정하면 그 시·도의 조례로 정하는 바에 따라 터미널, 차고지, 주차장 등의 장소에서 자동차의 원동기를 가동한 상태로 주차하거나 정차하는 행위를 제한할 수 있다.

※ 자동차의 원동기 가동제한을 위반한 자동차의 운전자 : 1차, 2차 위반 또는 3차 이상 위반 시 과태료 5만원(시행령 [별표 15])

② 시·도지사는 대중교통용 자동차 등 환경부령으로 정하는 자동차에 대하여 시·도 조례에 따라 공회전제한장치의 부착을 명령할 수 있다.

※ 대상차량(시행규칙 제79조의19)

• 시내버스운송사업에 사용되는 자동차(광역급행형, 직행좌석형, 좌석형, 일반형)

• 일반택시운송사업에 사용되는 자동차(경형, 소형, 중형, 대형, 모범형, 고급형)

• 화물자동차운송사업에 사용되는 최대적재량이 1ton 이하인 밴형 화물자동차로서 택배용으로 사용되는 자동차

③ 국가나 지방자치단체는 ②에 따른 부착 명령을 받은 자동차 소유자에 대하여는 예산의 범위에서 필요한 자금을 보조하거나 융자할 수 있다.

## (3) 운행차의 수시 점검(법 제61조)

① 환경부장관, 특별시장·광역시장·특별자치시장·특별자치도지사·시장·군수·구청장은 자동차에서 배출되는 배출가스가 운행차배출허용기준에 맞는지 확인하기 위하여 도로나 주차장 등에서 자동차의 배출가스 배출상태를 수시로 점검하여야 한다.

> **더 알아보기**
>
> **운행차의 수시점검방법 등(시행규칙 제83조)**
> ① 환경부장관, 특별시장·광역시장·특별자치시장·특별자치도지사 또는 시장·군수·구청장은 점검대상 자동차를 선정한 후 배출가스를 점검하여야 한다. 다만, 원활한 차량소통과 승객의 편의 등을 위하여 필요한 경우에는 운행 중인 상태에서 원격측정기 또는 비디오카메라를 사용하여 점검할 수 있다.
> ② ①에 따른 배출가스 측정방법 등에 관하여 필요한 사항은 환경부장관이 정하여 고시한다.

② 자동차 운행자는 ①에 따른 점검에 협조하여야 하며, 이에 따르지 아니하거나 기피 또는 방해하여서는 아니 된다.

※ 운행차의 수시점검에 응하지 아니하거나 기피·방해한 자 : 200만원 이하의 과태료(법 제94조 제3항)

③ ①에 따른 점검방법 등에 관하여 필요한 사항은 환경부령으로 정한다.

> **더 알아보기**
>
> **운행차 수시점검의 면제(시행규칙 제84조)**
> 환경부장관, 특별시장·광역시장·특별자치시장·특별자치도지사 또는 시장·군수·구청장은 다음의 어느 하나에 해당하는 자동차에 대하여는 운행차의 수시 점검을 면제할 수 있다.
> 1. 환경부장관이 정하는 저공해자동차
> 2. 「도로교통법」 제2조 제22호 및 「도로교통법 시행령」 제2조에 따른 긴급자동차
> 3. 군용 및 경호업무용 등 국가의 특수한 공용 목적으로 사용되는 자동차

# 제2과목 화물취급요령

## 01 운송장 작성과 화물포장

### 1 운송장의 기능과 운영

화물에 대한 정보를 담고 있는 운송장은 화물을 보내는 송하인으로부터 그 화물을 인수할 때 부착되며, 이후의 취급과정은 운송장을 기준으로 처리된다. 운송장을 단순하게 생각하면 화물에 부착하는 소위 "물표(物標)"로 인식될 수 있으나 택배에서는 그 기능이 매우 중요하므로 그 관리 및 운영의 효율을 높이려는 노력이 기울여지고 있다.

#### (1) 운송장의 기능

운송장이란 화물을 수탁시켰다는 증빙과 함께 만약 사고가 발생하는 경우에 이를 증빙으로 손해배상을 청구할 수 있는 거래 쌍방 간의 법적인 권리와 의무를 나타내는 상업적 계약서이다.
① 계약서 기능 : 개인고객의 경우 운송장이 작성되면 운송장에 기록된 내용과 약관에 기준한 계약이 성립된 것으로 된다.
② 화물 인수증 기능 : 운송장을 작성하고 운전자가 날인해 교부함으로써 운송장에 기록된 내용대로 화물을 인수했음을 확인하는 것이며, 운송회사는 기록된 화물을 안전, 신속, 정확하게 배달할 책임이 있고, 만약 사고 발생 시는 운송장을 기준하여 배상을 해야 한다.
③ 운송요금 영수증 기능 : 화물의 수탁 또는 배달 시 운송요금을 현금으로 받는 경우에는 운송장에 회사의 수령인을 날인하여 사용함으로써 영수증 기능을 한다. 그러나 대부분의 회사가 운송장에 사업자등록번호 및 대표자의 날인을 인쇄하지 않고 있기 때문에 영수증으로 활용하기 위해서는 날인과 사업자등록번호를 확인받아야 한다.
④ 정보처리 기본자료
  ㉠ 운송장에는 송하인, 수하인, 기타 화물에 대한 정보가 수록되어 있으며, 운송사업자는 이들 자료를 마케팅, 요금 청구, 사내 수입정산, 운전자 효율측정, 각 작업단계의 효율측정 등의 정보처리 기본자료로 활용한다.
  ㉡ 고객에게 화물추적 및 배달에 대한 정보를 제공하는 자료로도 활용한다.
⑤ 배달에 대한 증빙(배송에 대한 증거서류 기능) : 화물을 수하인에게 인도하고 운송장에 인수자의 수령확인을 받음으로써 배달완료 정보처리에 이용될 뿐만 아니라 물품분실로 인한 민원 발생 시에도 책임완수 여부를 증명해 주는 기능을 한다.
⑥ 수입금 관리자료
  ㉠ 운송장에 서비스 요금을 기록함으로써 화물별 수입금을 파악해 전체적인 수입금을 계산할 수 있는 관리자료가 된다.
  ㉡ 현금, 신용, 착불 등 수입 형태와 입금이 되어야 할 영업점에 대한 관리자료까지 산출해 주는 기능을 한다.
⑦ 행선지 분류 정보 제공(작업지시서 기능) : 운송장에는 화물의 행선지 또는 목적지 영업소를 표시하고 있어 화물이 집하된 후 목적지에 도착할 때까지 각 단계의 작업에서 이 화물이 어디로 운행될 것인지를 알려 주는 기능을 한다.

#### (2) 운송장의 형태

운송장은 일반적으로 운송장 제작비의 절감, 취급절차의 간소화 목적 등에 따라 몇 가지 형태로 제작·사용된다.
① 기본형 운송장(포켓타입) : 기본적으로 운송회사(택배업체 등)에서 사용하고 있는 운송장은 업체별로 디자인 부분에 다소 차이는 있으나 기록 내용은 비슷하며 송하인용, 전산처리용, 수입관리용, 배달표용, 수하인용으로 구성된다. 최근에는 수입관리용이 빠지는 경우도 있다.
② 보조운송장 : 동일 수하인에게 다수의 화물이 배달될 때 운송장비용을 절약하기 위해 사용하는 운송장으로서 간단한 기본적인 내용과 원운송장을 연결시키는 내용만 기록한다.
③ 스티커형 운송장
  ㉠ 특 징
    • 운송장 제작비와 전산 입력비용을 절약하기 위하여 기업 고객과 완벽한 EDI(전자문서교환 ; Electronic Data Interchange)시스템이 구축될 수 있는 경우에 이용된다.
    • 기본형 운송장 또는 보조운송장은 운송회사가 제작해 공급해 주면 기업고객은 보통의 프린터나 수작업으로 운송장을 기록하면 되지만, 스티커형 운송장은 라벨 프린터기를 설치하고 자체 정보시스템에 운송장 발행시스템, 출하정보의 전송시스템 등 별도의 EDI시스템이 필요하다.
    • 운송장이 발행되면 해당 화물의 출고가 반드시 당일 또는 최소한 익일 중 이루어져 출고정보가 운송회사의 호스트로 전송되어야 하며, 기업 고객도 운송장의 출하를 바코드로 스캐닝하는 시스템을 운영해야 한다.
  ㉡ 종 류
    • 배달표형 스티커운송장 : 화물에 부착된 스티커형 운송장을 떼어 배달표로 사용할 수 있는 운송장
    • 바코드절취형 스티커운송장 : 스티커에 부착된 바코드만을 절취해 별도의 화물배달표에 부착해 배달확인을 받는 운송장

#### (3) 운송장의 기록과 운영

운송장이 제 역할을 다하기 위해서는 최소한 다음 사항들이 기록되어 있어야 하며, 운송장의 다양한 기능이 수행될 수 있도록 잘 운영되어야 한다.
① 운송장 번호와 바코드
  ㉠ 운송장 번호와 그 번호를 나타내는 바코드는 운송장 인쇄 시 기록되기 때문에 운전자가 별도로 기록할 필요는 없다.
  ㉡ 운송장 번호는 상당 기간 중복되는 번호가 발행되지 않도록 충분한 자릿수가 확보되어야 하며 운송장의 종류 등을 나타낼 수 있도록 설계되고 관리되어야 한다.
② 송하인 주소, 성명 및 전화번호
  ㉠ 송하인의 정확한 이름과 주소뿐만 아니라 전화번호도 기록해야 한다.
  ㉡ 송하인의 전화번호가 없으면 배송이 불가능한 경우 송하인에게 확인하는 절차가 불가능해져 고객불만이 발생할 수 있다.

※ 계속적으로 거래하는 기업고객인 경우에는 전산입력을 간소화할 수 있도록 거래처 코드를 별도로 기재

③ **수하인 주소, 성명 및 전화번호** : 수하인의 정확한 이름과 주소(도로명주소, 상세주소 포함)와 전화번호를 기록해야 한다. 기록된 주소가 불분명할 경우 전화번호가 없으면 배송이 어려워 반송될 가능성이 높아진다.

④ **주문번호 또는 고객번호** : 인터넷이나 콜센터를 통해 집하접수를 받는 경우 이용자가 접수번호만으로도 추적조회를 할 수 있도록 하고, 통신판매·전자상거래 등의 경우에는 상품의 구매자나 판매자가 운송장 번호 없이도 화물추적이 가능하도록 하기 위해 운송장에 예약접수번호·상품주문번호·고객번호 등을 표시토록 하고, 이 번호가 화물추적의 기본단서[키(Key)값]가 되도록 운영한다.

⑤ **화물명**
　㉠ 화물명은 화물의 품명(종류)을 기록하며 파손, 분실 등 사고발생 시 손해배상의 기준이 된다. 화물명은 취급금지 및 제한품목 여부를 알기 위해서도 반드시 기록하도록 해야 한다. 만약 화물명이 취급금지 품목임을 알고도 수탁을 한 때에는 운송회사가 그 책임을 져야 한다.
　㉡ 여러 가지 화물을 하나의 박스에 포장하는 경우에도 중요한 화물명은 기록해야 하며, 중고 화물인 경우에는 중고임을 기록한다. 배달 후 일부 품목이 부족하거나 손상이 발생 시 책임 여부를 규명해야 하기 때문이다.

⑥ **화물의 가격**
　㉠ 물품가액은 내용품에 대한 사항을 고객이 직접 기재 신고하도록 하되, 중고 또는 수제품의 경우 시중 가격을 참고하여 산정한다.
　㉡ 화물의 가격은 화물의 파손, 분실 또는 배달지연 사고 발생 시 손해배상의 기준이 되며 약관이 정하고 있는 기준을 초과하는 고가의 화물인 경우에는 고가화물 할증을 적용해야 하기 때문에 정확하게 기록해야 한다.

⑦ **화물의 크기(중량, 사이즈)** : 화물의 크기에 따라 요금이 달라지기 때문에 정확히 기록해야 한다. 소홀히 하면 영업점을 대리점 체제로 운영하는 경우에 있어서 운임사고의 원인이 될 수 있다.

⑧ **운임의 지급방법** : 운송요금의 지불이 선불, 착불, 신용으로 구분되므로 표시할 수 있도록 해야 한다(별도 운송장으로 운영 시 불필요).

⑨ **운송요금** : 운송요금을 표기하는 공간에는 단순히 운송요금뿐만 아니라 포장요금, 물품대, 기타 서비스요금 등을 구분해 기록할 수 있도록 설계한다.

⑩ **발송지(집하점)** : 화물을 집하한 주소를 기록하도록 한다. 경우에 따라서는 실 발송지와 송하인의 주소가 다른 경우가 있기 때문에 배달불가 사유 발생 시나 반송처리가 필요할 때에 집하영업점에 문의를 할 경우를 대비해 필요한 항목이다.

⑪ **도착지(코드)** : 화물이 도착할 터미널 및 배달할 장소를 기록하며 화물 분류 시 식별을 용이하게 하기 위해 코드화 작업이 필요하다. 코드는 가급적 육안 식별이 가능하도록 2~3단위 정도로 정하는 것이 좋다.

⑫ **집하자(集荷者)** : 집하자가 누구(운전자)인가를 기록한다. 집하한 사람의 능률관리, 집하한 화물 포장의 소홀, 금지품목의 집하 등 사후 화물사고 발생 시 책임의 소재를 확인하기 위해서 필요하며 일반적으로 운전자의 사원코드를 기록한다.

⑬ **인수자 날인**
　㉠ 화물을 인수한 사람의 이름과 서명으로서 반드시 인수자의 이름을 정자(正字)로 기록하고 서명이나 인장을 날인받아야 한다.
　㉡ 대리인계를 했을 때에도 마찬가지이며 대리인수자가 서명을 거부할 때는 배달 시의 상황을 정확히 기록하도록 한다.

⑭ **특기사항** : 화물취급 시 주의사항, 집하 또는 배달 시 주의해야 할 사항이나 참고해야 할 사항을 기록한다.

⑮ **면책사항** : 포장상태의 불완전 등으로 사고발생 가능성이 높아 수탁이 곤란한 화물을 송하인이 모든 책임을 진다는 조건으로 수탁할 수 있다. 이때 운송장에 이러한 송하인의 책임사항을 기록하고 서명하도록 한다.
　㉠ 포장이 불완전하거나 파손가능성이 높은 화물일 때 → "파손면책"
　㉡ 수하인의 전화번호가 없을 때 → "배달 지연 면책", "배달 불능 면책"
　㉢ 식품 등 정상적으로 배달해도 부패의 가능성이 있는 화물일 때 → "부패면책"

⑯ **화물의 수량** : 1개의 화물에 1개의 운송장 부착이 원칙이나, 1개의 운송장으로 기입하되 다수화물에 보조스티커를 사용하는 경우에는 총 박스 수량(단위포장 수량)을 기록할 수 있다. 포장 내의 물품 수량이 아니라 수탁받은 단위를 나타낸다.

## 2 운송장 기재요령과 부착요령

### (1) 송하인 기재사항
① 송하인의 주소, 성명(또는 상호) 및 전화번호
② 수하인의 주소, 성명, 전화번호(거주지 또는 핸드폰번호)
③ 물품의 품명, 수량, 물품 가격
④ 특약사항 약관 설명 확인필 자필 서명
⑤ 파손품 및 냉동 부패성 물품의 경우 : 면책 확인서(별도 양식) 자필 서명

### (2) 집하 담당자 기재사항
① 접수일자, 발송점, 도착점, 배달 예정일
② 운송료
③ 집하자 성명 및 전화번호
④ 수하인용 송장상의 좌측 하단에 총수량 및 도착점 코드
⑤ 기타 물품의 운송에 필요한 사항

### (3) 운송장 기재 시 유의사항
① 화물 인수 시 적합성 여부를 확인한 다음, 고객이 직접 운송장 정보를 기입하도록 한다.
② 운송장은 꼭꼭 눌러 기재하여 맨 뒷면까지 잘 복사되도록 한다.
③ 수하인의 주소 및 전화번호가 맞는지 재차 확인한다.
④ 도착점 코드가 정확히 기재되었는지 확인한다(유사지역과 혼동되지 않도록).
⑤ 특약사항에 대하여 고객에게 고지한 후 특약사항 약관설명 확인필에 서명을 받는다.

⑥ 파손, 부패, 변질 등 문제의 소지가 있는 물품의 경우에는 면책확인서를 받는다.

⑦ 고가품에 대하여는 그 품목과 물품 가격을 정확히 확인하여 기재하고, 할증료를 청구하여야 하며, 할증료 거절 시 특약사항을 설명하고 보상한도에 대해 서명을 받는다.

⑧ 같은 장소로 2개 이상 보내는 물품에 대하여는 보조송장을 기재할 수 있으며, 보조송장도 주송장과 같이 정확한 주소와 전화번호를 기재한다.

⑨ 산간 오지, 섬 지역 등 지역특성을 고려해 배송 예정일을 정한다.

### (4) 운송장 부착요령

① 운송장 부착은 원칙적으로 접수장소에서 매 건마다 작성하여 화물에 부착한다.

② 운송장은 물품의 정중앙 상단에 뚜렷하게 보이도록 부착한다.

③ 물품 정중앙 상단에 부착이 어려운 경우 최대한 잘 보이는 곳에 부착한다.

④ 박스 모서리나 후면 또는 측면 부착으로 혼동을 주어서는 안 된다.

⑤ 운송장이 떨어지지 않도록 손으로 잘 눌러서 부착한다.

⑥ 운송장 부착 시 운송장과 물품이 정확히 일치하는지 확인하고 부착한다.

⑦ 운송장을 화물포장 표면에 부착할 수 없는 소형, 변형화물은 박스에 넣어 수탁한 후 부착하고, 작은 소포의 경우에도 운송장 부착이 가능한 박스에 포장하여 수탁한 후 부착한다.

⑧ 박스 물품이 아닌 쌀, 매트, 카펫 등은 물품의 정중앙에 운송장을 부착하며, 테이프 등을 이용하여 운송장이 떨어지지 않도록 조치하되, 운송장의 바코드가 가려지지 않도록 한다.

⑨ 운송장이 떨어질 우려가 큰 물품의 경우 송하인의 동의를 얻어 포장재에 수하인 주소 및 전화번호 등 필요한 사항을 기재하도록 한다.

⑩ 월불거래처의 경우 물품 상자를 재사용하는 경우가 많아 운송장이 이중으로 부착되는 경우가 발생하기 쉬우므로, 운송장 2개가 1개의 물품에 부착되는 경우가 발생하지 않도록 상차 시마다 확인하고, 2개 운송장이 부착된 물품이 도착되었을 때는 바로 집하지점에 통보하여 확인하도록 한다.

⑪ 기존에 사용하던 박스 사용 시 구 운송장이 그대로 방치되면 물품의 오분류가 발생할 수 있으므로 반드시 구 운송장은 제거하고 새로운 운송장을 부착하여 1개의 화물에 2개의 운송장이 부착되지 않도록 한다.

⑫ 취급주의 스티커의 경우 운송장 바로 우측 옆에 붙여서 눈에 띄게 한다.

## 3 운송화물의 포장

### (1) 포장의 개념

포장이란 물품의 수송, 보관, 취급, 사용 등에 있어 물품의 가치 및 상태를 보호하기 위해 적절한 재료, 용기 등을 물품에 사용하는 기술 또는 그 상태를 말한다.

① 개장 : 물품 개개의 포장. 물품의 상품가치를 높이기 위해 또는 물품 개개를 보호하기 위해 적절한 재료, 용기 등으로 물품을 포장하는 방법 및 포장한 상태로 낱개포장(단위포장)이라 한다.

② 내장 : 포장 화물 내부의 포장. 물품에 대한 수분, 습기, 광열, 충격 등을 고려하여 적절한 재료, 용기 등으로 물품을 포장하는 방법 및 포장한 상태로 속포장(내부포장)이라 한다.

③ 외장 : 포장 화물 외부의 포장. 물품 또는 포장 물품을 상자, 포대, 나무통 및 금속판 등의 용기에 넣거나 용기를 사용하지 않고 결속하여 기호, 화물표시 등을 하는 방법 및 포장한 상태로 겉포장(외부포장)이라 한다.

### (2) 포장의 기능

① 보호성 : 내용물을 보호하는 기능은 포장의 가장 기본적인 기능이다. 보호성은 제품의 품질유지에 불가결한 요소로서 내용물의 변질 방지, 물리적인 변화 등 내용물의 변형과 파손으로부터의 보호(완충포장), 이물질의 혼입과 오염으로부터의 보호, 기타의 병균으로부터의 보호 등이 있다.

② 표시성 : 인쇄, 라벨 붙이기 등 포장에 의해 표시가 쉬워진다.

③ 상품성 : 생산공정을 거쳐 만들어진 물품은 자체 상품뿐만 아니라 포장을 통해 상품화가 완성된다.

④ 편리성 : 공업포장, 상업포장에 공통된 것으로서 설명서, 증서, 서비스폼, 팸플릿 등을 넣거나 진열하기가 쉽고 수송, 하역, 보관에 편리하다.

⑤ 효율성 : 작업효율이 양호한 것을 의미하며, 구체적으로는 생산, 판매, 하역, 수 · 배송 등의 작업이 효율적으로 이루어진다.

⑥ 판매촉진성 : 판매의욕을 환기시킴과 동시에 광고효과가 많이 나타난다.

### (3) 포장의 분류

① 상업포장 : 소매를 주로 하는 상거래에 상품의 일부로서 또는 상품을 정리하여 취급하기 위해 시행하는 것으로 상품가치를 높이기 위해 하는 포장이다. 판매를 촉진시키는 기능, 진열판매의 편리성, 작업의 효율성을 도모하는 기능이 중요시된다(소비자 포장, 판매포장).

② 공업포장 : 물품의 수송 · 보관을 주목적으로 하는 포장으로, 물품을 상자, 자루, 나무통, 금속 등에 넣어 수송 · 보관 · 하역과정 등에서 물품이 변질되는 것을 방지하는 포장이다. 포장의 기능 중 수송 · 하역의 편리성이 중요시된다(수송포장).

③ 포장재료의 특성에 의한 분류

㉠ 유연포장 : 포장된 물품 또는 단위포장물이 포장재료나 용기의 유연성 때문에 본질적인 형태는 변화되지 않으나 일반적으로 외모가 변화될 수 있는 포장. 종이, 플라스틱필름, 알루미늄포일(알루미늄박), 면포 등의 유연성이 풍부한 재료로 구성된 포장으로 필름이나 엷은 종이, 셀로판 등으로 포장하는 경우 부드럽게 구부리기 쉬운 포장형태를 말한다.

㉡ 강성포장 : 포장된 물품 또는 단위포장물이 포장재료나 용기의 경직성으로 형태가 변화되지 않고 고정되는 포장. 유연포장과 대비되는 포장으로 유리제 및 플라스틱제의 병이나 통(桶), 목제(木製) 및 금속제의 상자나 통(桶) 등 강성을 가진 포장을 말한다.

ⓒ 반강성포장 : 강성을 가진 포장 중에서 약간의 유연성을 갖는 골판지상자, 플라스틱보틀 등에 의한 포장으로 유연포장과 강성포장과의 중간적인 포장을 말한다.

④ **포장방법(포장기법)별 분류**

ⓐ 방수포장 : 포장화물의 수송, 보관, 하역과정에서 포장 내용물을 괴어 있는 물, 바닷물, 빗물, 물방울로부터 보호하기 위해 방수 포장재료, 방수 접착제 등을 사용하여 포장 내부에 물이 침입하는 것을 방지하는 포장을 말한다. 방수포장을 한 것은 반드시 방습포장을 겸하고 있는 것은 아니며, 방수포장에 방습포장을 병용할 경우에는 방습포장은 내면에, 방수포장은 외면에 하는 것을 원칙으로 한다.

ⓑ 방습포장 : 흡수성이 없는 제품 또는 흡습 허용량이 적은 제품을 포장할 때 포장 내용물을 습기의 피해로부터 보호하기 위하여 방습 포장재료 및 포장용 건조제를 사용하여 건조상태로 유지하는 포장을 말한다. 제품별 방습포장의 주요기능은 다음과 같다.

- 비료, 시멘트, 농약, 공업약품 : 흡습에 의해 부피가 늘어나는 것(팽윤), 고체가 저절로 녹는 것(조해), 액체가 굳어지는 것(응고) 방지
- 건조식품, 의약품 : 흡습에 의한 변질, 상품가치의 상실 방지
- 식료품, 섬유제품 및 피혁제품 : 곰팡이 발생 방지
- 고수분 식품, 청과물 : 탈습에 의한 변질, 신선도 저하 방지
- 금속제품 : 표면의 변색 방지
- 정밀기기(전자제품 등) : 기능 저하 방지

ⓒ 방청포장 : 금속, 금속제품 및 부품을 수송 또는 보관할 때, 녹의 발생을 막기 위하여 하는 포장방법으로 방청포장 작업은 되도록 낮은 습도의 환경에서 하는 것이 바람직하다. 금속제품의 연마 부분은 되도록 맨손으로 만지지 않는 것이 바람직하며, 맨손으로 만진 경우에는 지문을 제거할 필요가 있다.

ⓓ 완충포장 : 물품을 운송 또는 하역하는 과정에서 발생하는 진동이나 충격에 의한 물품파손을 방지하고, 외부로부터의 힘이 직접 물품에 가해지지 않도록 외부 압력을 완화시키는 포장방법을 말한다. 완충포장을 하기 위해서는 물품의 성질, 유통환경 및 포장재료의 완충성능을 고려하여야 한다.

ⓔ 진공포장 : 밀봉 포장된 상태에서 공기를 빨아들여 밖으로 뽑아 버림으로써 물품의 변질, 내용물의 활성화 등을 방지하는 것을 목적으로 하는 포장을 말한다. 유연한 플라스틱필름으로 물건을 싸고 내부를 공기가 없는 상태로 만듦과 동시에 필름의 둘레를 용착밀봉(溶着密封)하는 방법으로 식품 포장 등에 많이 사용된다.

ⓕ 압축포장 : 포장비와 운송, 보관, 하역비 등을 절감하기 위하여 상품을 압축, 적은 용적이 되게 한 후 결속재로 결체하는 포장방법을 말하며, 대표적인 것이 수입면의 포장이다.

ⓖ 수축포장 : 물품을 1개 또는 여러 개를 합하여 수축필름으로 덮고, 이것을 가열·수축시켜 물품을 강하게 고정·유지하는 포장을 말한다.

**(4) 화물포장에 관한 일반적 유의사항**

운송화물의 포장이 부실하거나 불량한 경우 다음과 같이 처리한다.

① 고객에게 화물이 훼손되지 않게 포장을 보강하도록 양해를 구한다.

② 포장비를 별도로 받고 포장할 수 있다(포장 재료비는 실비로 수령).

③ 포장이 미비하거나 포장 보강을 고객이 거부할 경우, 집하를 거절할 수 있으며 부득이 발송할 경우에는 면책확인서에 고객의 자필서명을 받고 집하한다(특약사항, 약관설명, 확인필 란에 자필서명, 면책확인서는 지점에서 보관).

**(5) 특별 품목에 대한 포장 유의사항**

① 손잡이가 있는 박스 물품의 경우는 손잡이를 안으로 접어 사각이 되게 한 다음 테이프로 포장한다.

② 휴대폰 및 노트북 등 고가품의 경우 내용물이 파악되지 않도록 별도의 박스로 이중 포장한다.

③ 배나 사과 등을 박스에 담아 좌우에서 들 수 있도록 되어 있는 물품은 손잡이 부분의 구멍을 테이프로 막아 내용물의 파손을 방지한다.

④ 꿀 등을 담은 병제품의 경우 가능한 플라스틱병으로 대체하거나 병이 움직이지 않도록 포장재를 보강하여 낱개로 포장한 뒤 박스로 포장하여 집하한다. 부득이 병으로 집하하는 경우 면책확인서를 받고, 내용물 간의 충돌로 파손되는 경우가 없도록 박스 안의 빈 공간에 폐지 또는 스티로폼 등으로 채워 집하한다.

⑤ 식품류(김치, 특산물, 농수산물 등)의 경우 스티로폼으로 포장하는 것을 원칙으로 하되, 없을 경우 비닐로 내용물이 손상되지 않도록 포장한 후 두꺼운 골판지 박스 등으로 포장하여 집하한다.

⑥ 가구류의 경우 박스 포장하고 모서리 부분을 에어 캡으로 포장 처리 후 면책확인서를 받아 집하한다.

⑦ 가방류, 보자기류 등 풀어서 내용물을 확인할 수 있는 물품들은 개봉되지 않도록 안전장치를 강구해 박스로 이중 포장하여 집하한다.

⑧ 포장된 박스가 낡아서 운송 중에 박스 손상으로 인한 내용물의 유실 또는 파손될 가능성이 있는 물품에 대해서는 박스를 교체하거나 보강하여 포장한다.

⑨ 서류 등 부피가 작고 가벼운 물품 집하 시는 작은 박스에 넣어 포장한다.

⑩ 비나 눈이 올 때는 비닐 포장 후 박스 포장을 원칙으로 한다.

⑪ 부패 또는 변질되기 쉬운 물품은 아이스박스를 사용한다.

⑫ 깨지기 쉬운 물품 등은 플라스틱 용기로 대체해 충격 완화포장을 한다. 도자기, 유리병 등 일부 물품은 집하금지 품목에 해당한다.

⑬ 옥매트 등 매트 제품은 화물 중간에 테이핑 처리 후 운송장을 부착하고 운송장 대체용 또는 송·수하인을 확인할 수 있는 내역을 매트 내 투입한다.

⑭ 매트 제품의 내용물은 겉포장 상태가 천 종류로 되어 있어 타화물에 의한 훼손으로 내용물의 오손우려가 있으므로 고객에게 양해를 구하여 내용물을 보호할 수 있는 비닐 포장을 하도록 한다.

**(6) 집하 시의 유의사항**

① 물품의 특성을 잘 파악하여 물품의 종류에 따라 포장방법을 달리하여 취급해야 한다.

② 집하 시 반드시 물품의 포장상태를 확인한다.

**(7) 일반화물의 취급 표지(KS T ISO 780)**

① **취급 표지의 표시** : 취급 표지는 포장에 직접 스텐실 인쇄하거나 라벨을 이용하여 부착하는 방법 중 적절한 것을 사용하여 표시한다. 또한 다른 여러 가지 방법으로 이 표준에 정의되어 있는 표지를 사용하는 것을 장려하며, 경계선에 구애받을 이유는 없다.

② **취급 표지의 색상** : 표지의 색은 기본적으로 검은색을 사용한다(포장의 색이 검은색 표지가 잘 보이지 않는 색이라면 흰색과 같이 적절한 대조를 이룰 수 있는 색을 부분 배경으로 사용). 단 적색, 주황색, 황색 등 위험물 표지와 혼동을 가져올 수 있는 색의 사용은 피해야 한다.

③ **취급 표지의 크기** : 일반적인 목적으로 사용하는 취급 표지의 전체 높이는 100, 150, 200mm의 세 종류이다(포장의 크기나 모양에 따라 표지의 크기는 조절 가능).

④ **취급 표지의 수와 위치**

　㉠ 하나의 포장 화물에 사용되는 동일한 취급 표지의 수는 그 포장 화물의 크기나 모양에 따라 다르다.

　　• "깨지기 쉬움, 취급 주의" 표지는 이론상 포장 용기의 수직 면 네 곳 중 왼쪽이나 오른쪽 상단 모서리에 다 표시해야 하며, 부착할 공간이 충분하지 않다면 최소한 나머지 두 면의 상단 모서리에 부착해야 한다.

　　• "위 쌓기" 표지는 "깨지기 쉬움, 취급 주의" 표지와 같은 위치에 표시하여야 하며 부착할 공간이 충분하지 않다면 최소한 나머지 두 면의 상단 모서리에 부착해야 한다. 또 유통용 포장 용기가 하나의 집합체로 구성되어 있다면 이 표지는 포장 용기가 보이는 면에 각각 표시해야 한다.

　　• "무게중심 위치" 표지는 가능한 한 여섯 면 모두에 표시하는 것이 좋지만 그렇지 않은 경우 최소한 무게중심의 실제 위치와 관련 있는 4개의 측면에 표시한다.

　　• "조임쇠 취급 표시" 표지는 클램프를 이용하여 취급할 화물에 사용한다. 이 표지는 마주 보고 있는 2개의 면에 표시하여 클램프 트럭 운전자가 화물에 접근할 때 표지를 인지할 수 있도록 운전자의 시각 범위 내에 두어야 한다. 이 표지는 클램프가 직접 닿는 면에는 표시해서는 안 된다.

　　• "거는 위치" 표지는 최소 2개의 마주 보는 면에 표시되어야 한다.

　㉡ 표지의 정확한 적용을 위해 주의를 기울여야 하며 잘못된 적용은 부정확한 해석을 초래할 수 있다. "무게중심 위치" 표지와 "거는 위치" 표지는 그 의미의 정확하고 완벽한 전달을 위해 각 화물의 적절한 위치에 표시되어야 한다.

　㉢ "적재 단수 제한" 표지에서의 n은 위에 쌓을 수 있는 최대한의 포장 화물 수를 말한다.

| 호 칭 | 표 지 | 내 용 | 적 용 |
|---|---|---|---|
| 깨지기 쉬움, 취급주의 | | 내용물이 깨지기 쉬우므로 주의해 취급할 것 | |
| 갈고리 금지 | | 갈고리의 사용을 금지함 | – |

| 호 칭 | 표 지 | 내 용 | 적 용 |
|---|---|---|---|
| 위 쌓기 | | 화물의 올바른 윗 방향을 표시 | |
| 직사광선 금지 | | 태양의 직사광선에 화물을 노출하지 말 것 | – |
| 방사선 보호 | | 방사선에 의해 상태가 나빠지거나 사용할 수 없게 될 수 있는 내용물 표시 | – |
| 젖음 방지 | | 비를 맞으면 안 되는 포장 화물 | – |
| 무게 중심 위치 | | 취급되는 최소 단위 화물의 무게 중심을 표시 | |
| 굴림 방지 | | 굴려서는 안 되는 화물을 표시 | – |
| 손수레 사용 금지 | | 손수레를 끼우면 안 되는 면 표시 | – |
| 지게차 취급 금지 | | 지게차를 사용한 취급 금지 | – |
| 조임쇠 취급 표시 | | 이 표시가 있는 면의 양쪽 면이 클램프의 위치라는 표시 | – |
| 조임쇠 취급 제한 | | 이 표시가 있는 면의 양쪽에는 클램프를 사용하면 안 된다는 표시 | – |
| 적재 제한 | < XX kg | 위에 쌓을 수 있는 최대 무게를 표시 | – |
| 적재 단수 제한 | n | 위에 쌓을 수 있는 동일한 포장 화물의 수 표시, "n"은 한계 수 | – |
| 적재 금지 | | 포장의 위에 다른 화물을 쌓으면 안 된다는 표시 | – |
| 거는 위치 | | 슬링을 거는 위치를 표시 | |
| 온도 제한 | ℃max ℃min | 포장 화물의 저장 또는 유통 시 온도 제한을 표시 | |

※ 이 표준은 어떤 종류의 화물에도 적용할 수 있으나 위험물의 취급 표지로는 사용할 수 없다.

## 02 화물의 상하차

### 1 화물의 취급요령

#### (1) 화물 취급 전 준비사항

① 위험물, 유해물 취급 시 반드시 보호구를 착용하고, 안전모는 턱끈을 매어 착용한다.

② 보호구의 자체결함은 없는지, 사용방법은 알고 있는지 확인한다.

③ 취급할 화물의 품목별, 포장별, 비포장별(산물, 분탄, 유해물) 등에 따른 취급방법 및 작업순서를 사전 검토한다.

④ 유해, 유독화물 확인을 철저히 하고 위험에 대비한 약품, 세척용구 등을 준비한다.

⑤ 화물의 포장이 거칠거나 미끄러움, 뾰족함 등은 없는지 확인한 후 작업에 착수한다.

⑥ 화물의 낙하, 분탄화물의 비산 등의 위험을 사전에 제거하고 작업을 시작한다.

⑦ 작업도구는 해당 작업에 적합한 물품으로 필요한 수량만큼 준비한다.

#### (2) 창고 내 및 입출고 작업요령

① 창고 내에서 작업할 때에는 어떠한 경우라도 흡연을 금한다.

② 화물적하장소에 무단으로 출입하지 않는다.

③ 창고 내에서 화물을 옮길 때에는 다음 사항에 주의해야 한다.

　㉠ 창고의 통로 등에는 장애물이 없도록 조치한다.

　㉡ 작업 안전통로를 충분히 확보한 후 화물을 적재한다.

　㉢ 바닥에 물건 등이 놓여 있으면 즉시 치우도록 한다.

　㉣ 바닥의 기름기나 물기는 즉시 제거하여 미끄럼 사고를 예방한다.

　㉤ 운반통로에 있는 맨홀이나 홈에 주의해야 한다.

　㉥ 운반통로에 안전하지 않은 곳이 없도록 조치한다.

④ 화물더미에서 작업할 때에는 다음 사항에 주의해야 한다.

　㉠ 화물더미 한쪽 가장자리에서 작업할 때에는 화물더미의 불안전한 상태를 수시 확인하여 붕괴 등의 위험이 발생하지 않도록 주의해야 한다.

　㉡ 화물더미에 오르내릴 때에는 화물의 쏠림이 발생하지 않도록 조심해야 한다.

　㉢ 화물을 쌓거나 내릴 때에는 순서에 맞게 신중히 하여야 한다.

　㉣ 화물더미의 화물을 출하할 때에는 화물더미 위에서부터 순차적으로 층계를 지으면서 헐어낸다.

　㉤ 화물더미의 상층과 하층에서 동시에 작업을 하지 않는다.

　㉥ 화물더미의 중간에서 화물을 뽑아내거나 직선으로 깊이 파내는 작업을 하지 않는다.

　㉦ 화물더미 위에서 작업을 할 때에는 힘을 줄 때 발밑을 항상 조심한다.

　㉧ 화물더미 위로 오르고 내릴 때에는 안전한 승강시설을 이용한다.

⑤ 화물을 연속적으로 이동시키기 위해 컨베이어(Conveyor)를 사용할 때에는 다음 사항에 주의해야 한다.

　㉠ 상차용 컨베이어를 이용하여 타이어 등을 상차할 때는 타이어 등이 떨어지거나 떨어질 위험이 있는 곳에서 작업을 해선 안 된다.

　㉡ 컨베이어 위로는 절대 올라가서는 안 된다.

　㉢ 상차 작업자와 컨베이어를 운전하는 작업자는 상호 간에 신호를 긴밀히 해야 한다.

⑥ 화물을 운반할 때에는 다음 사항에 주의해야 한다.

　㉠ 운반하는 물건이 시야를 가리지 않도록 한다.

　㉡ 뒷걸음질로 화물을 운반해서는 안 된다.

　㉢ 작업장 주변의 화물상태, 차량 통행 등을 항상 살핀다.

　㉣ 원기둥형을 굴릴 때는 앞으로 밀어 굴리고 뒤로 끌어서는 안 된다.

　㉤ 화물자동차에서 화물을 내리기 위하여 로프를 풀거나 옆문을 열 때는 화물낙하 여부를 확인하고 안전위치에서 행한다.

⑦ 발판을 활용한 작업을 할 때에는 다음 사항에 주의해야 한다.

　㉠ 발판은 경사를 완만하게 하여 사용한다.

　㉡ 발판을 이용하여 오르내릴 때에는 2명 이상이 동시에 통행하지 않는다.

　㉢ 발판의 넓이와 길이는 작업에 적합하고, 자체결함이 없는지 확인한다.

　㉣ 발판의 설치는 안전하게 되어 있는지 확인한다.

　㉤ 발판의 미끄럼 방지조치는 되어 있는지 확인한다.

　㉥ 발판은 움직이지 않도록 목마 위에 설치하거나 발판 상하 부위에 고정조치를 철저히 하도록 한다.

⑧ 화물의 붕괴를 막기 위하여 적재규정을 준수하고 있는지 확인한다.

⑨ 작업 종료 후 작업장 주위를 정리해야 한다.

### 2 하역, 적재 및 운반방법

#### (1) 하역방법

① 상자로 된 화물은 취급 표지에 따라 다뤄야 한다.

② 화물의 적하순서에 따라 작업을 한다.

③ 종류가 다른 것을 적치할 때는 무거운 것을 밑에 쌓는다.

④ 부피가 큰 것을 쌓을 때는 무거운 것은 밑에, 가벼운 것은 위에 쌓는다.

⑤ 화물 종류별로 표시된 쌓는 단수 이상으로 적재를 하지 않는다.

⑥ 길이가 고르지 못하면 한쪽 끝이 맞도록 한다.

⑦ 작은 화물 위에 큰 화물을 놓지 말아야 한다.

⑧ 물건을 쌓을 때는 떨어지거나 건드려서 넘어지지 않도록 한다.

⑨ 물품을 야외에 적치할 때는 밑받침을 하여 부식을 방지하고 덮개로 덮어야 한다.

⑩ 높이 올려 쌓는 화물은 무너질 염려가 없도록 하고, 쌓아 놓은 물건 위에 다른 물건을 던져 쌓아 화물이 무너지는 일이 없도록 해야 한다.

⑪ 화물을 한 줄로 높이 쌓지 말아야 한다.

⑫ 화물을 내려서 밑바닥에 닿을 때에는 갑자기 화물이 무너질 수 있으므로 안전한 거리를 유지하고 무심코 접근하지 말아야 한다.

⑬ 화물을 쌓아 올릴 때에 사용하는 깔판 자체의 결함 및 깔판 사이의 간격 등의 이상 유무를 확인한다.

⑭ 화물을 싣고 내리는 작업을 할 때에는 화물더미 적재순서를 준수하여 화물의 붕괴 등을 예방한다.

⑮ 화물더미에서 한쪽으로 치우치는 편중작업을 하고 있는 경우에는 붕괴, 전도 및 충격 등의 위험에 각별히 유의한다.

⑯ 화물을 적재할 때에는 소화기, 소화전, 배전함 등의 설비사용에 장애를 주지 않도록 해야 한다.

⑰ 포대화물을 적치할 때는 겹쳐쌓기, 벽돌쌓기, 단별방향 바꾸어쌓기 등 기본형으로 쌓고 올라가면서 중심을 향하여 적당히 끌어당겨야 하며 화물더미의 주위와 중심이 일정하게 쌓아야 한다.

⑱ 바닥으로부터의 높이가 2m 이상인 화물더미(포대, 가마니 등으로 포장된 화물이 쌓여 있는 것)와 인접 화물더미 사이의 간격은 화물더미의 밑부분을 기준으로 10cm 이상이어야 한다.

⑲ 팰릿에 화물을 적치할 때는 화물의 종류, 형상, 크기에 따라 적부방법과 높이를 정하고 운반 중 무너질 위험이 있는 것은 적재물을 묶어 팰릿에 고정시킨다.

⑳ 원목과 같은 원기둥형의 화물은 열을 지어 정방형을 만들고 그 위에 직각으로 열을 지어 쌓거나 또는 열 사이에 끼워 쌓는 방법으로 하되 구르기 쉬우므로 외측에 제동장치를 해야 한다.

㉑ 화물더미가 무너질 위험이 있을 경우는 로프를 사용하여 묶거나 망을 치는 등 위험방지를 위한 조치를 해야 한다.

㉒ 제재목을 적치할 때는 건너지르는 대목을 3개소에 놓아야 한다.

㉓ 높은 곳에 적재할 때나 무거운 물건을 적재할 때는 절대 무리해서는 안 되며, 안전모를 착용해야 한다.

㉔ 물건 적재 시 주위에 넘어질 것을 대비해 위험한 요소는 사전 제거한다.

㉕ 물품을 적재할 때는 구르거나 무너지지 않도록 받침대를 사용하거나 로프로 묶어야 한다.

㉖ 같은 종류 또는 동일규격끼리 적재해야 한다.

## (2) 적재함 적재방법

① 화물자동차에 화물을 적재할 때는 한쪽으로 기울지 않게 쌓고, 적재하중을 초과하지 않도록 해야 한다.

② 무거운 화물을 적재함 뒤쪽에 실으면 앞바퀴가 들려 조향이 마음대로 되지 않아 위험하다.

③ 무거운 화물을 적재함 앞쪽에 실으면 조향이 무겁고 제동할 때에 뒷바퀴가 먼저 제동되어 좌우로 틀어지는 경우가 발생한다.

④ 화물을 적재할 때에는 최대한 무게가 골고루 분산될 수 있도록 하고, 무거운 화물은 적재함의 중간 부분에 무게가 집중되도록 적재한다.

⑤ 냉동 및 냉장차량은 공기가 화물 전체에 통하게 하여 균등한 온도를 유지하도록 열과 열 사이 및 주위에 공간을 남기도록 유의하고, 화물을 적재하기 전에 적절한 온도로 유지되고 있는지 확인한다.

⑥ 가축은 화물칸에서 이리저리 움직여 차량이 흔들릴 수 있어 차량 운전에 문제를 발생시킬 수 있으므로 가축이 화물칸에 완전히 차지 않을 경우에는 가축을 한데 몰아 움직임을 제한하는 임시 칸막이를 사용한다.

⑦ 차량전복을 방지하기 위하여 적재물 전체의 무게중심 위치는 적재함 전후좌우의 중심위치로 하는 것이 바람직하다.

⑧ 화물을 적재할 때 적재함의 폭을 초과하여 과다하게 적재하지 않도록 한다.

⑨ 가벼운 화물이라도 너무 높게 적재하지 않도록 한다.

⑩ 차량에 물건을 적재할 때에는 적재중량을 초과하지 않도록 한다.

⑪ 물건을 적재한 후에는 이동거리의 원근에 관계없이 적재물이 넘어지지 않도록 로프나 체인 등으로 단단히 묶어야 한다.

⑫ 상차할 때 화물이 넘어지지 않도록 질서 있게 정리하면서 적재한다.

⑬ 차의 동요로 안정이 파괴되기 쉬운 짐은 결박을 철저히 한다.

⑭ 둥글고 구르기 쉬운 물건은 상자 등으로 포장한 후 적재한다.

⑮ 볼트와 같이 세밀한 물건은 상자 등에 넣어 적재한다.

⑯ 적재함보다 긴 물건을 적재할 때에는 적재함 밖으로 나온 부위에 위험표시를 하여 둔다.

⑰ 적재함 문짝을 개폐할 때에는 신체의 일부가 끼이거나 물리지 않도록 각별히 주의한다.

⑱ 작업 전 적재함 바닥의 파손, 돌출 또는 낙하물이 없는지 확인한다.

⑲ 적재함의 난간(문짝 위)에 서서 작업하지 않는다.

⑳ 방수천은 로프, 직물 끈 또는 고리가 달린 고무 끈을 사용하여 주행할 때 펄럭이지 않도록 묶는다.

㉑ 적재함에 덮개를 씌우거나 화물을 결박할 때에 추락, 전도 위험이 크므로 특히 유의한다.

㉒ 적재함 위에서 화물을 결박할 때 앞에서 뒤로 당겨 떨어지지 않도록 주의한다.

㉓ 차량용 로프나 고무바는 항상 점검 후 사용하고, 불량일 경우 즉시 교체한다.

㉔ 지상에서 결박하는 사람은 한 발로 타이어 또는 차량 하단부를 밟고 당기지 않으며, 옆으로 서서 고무바를 짧게 잡고 조금씩 여러 번 당긴다.

㉕ 적재함 위에서는 운전탑 또는 후방을 바라보고 선 자세에서 두 손으로 고무바를 위쪽으로 들어서 좌우로 이동시킨다.

㉖ 밧줄을 결박할 때 끊어질 것에 대비해 안전한 작업 자세를 취한 후 결박한다.

㉗ 적재함의 문짝 또는 연결고리는 결함이 없는지 확인한다.

㉘ 적재할 때에는 제품의 무게를 반드시 고려해야 한다. 병 제품이나 앰플 등의 경우는 파손의 우려가 높기 때문에 취급에 특히 주의를 요한다.

㉙ 적재 후 밴딩 끈을 사용할 때 견고하게 묶였는지 여부를 항상 점검해야 한다.

㉚ 컨테이너는 트레일러에 단단히 고정되어야 한다.

㉛ 헤더보드는 화물이 이동하여 트랙터 운전실을 덮치는 것을 방지하므로 차량에 헤더보드가 없다면 화물을 차단하거나 잘 묶어야 한다.

㉜ 체인은 화물 위나 둘레에 놓이도록 하고 화물이 움직이지 않을 정도로 탄탄하게 당길 수 있도록 바인더를 사용한다.

㉝ 적재품의 붕괴 여부를 상시 점검해야 한다.

㉞ 트랙터 차량의 캡과 적재물의 간격을 120cm 이상으로 유지해야 한다.

※ 경사주행 시 캡과 적재물의 충돌로 인하여 차량파손 및 인체상의 상해가 발생할 수 있다.

**(3) 운반방법**

① 물품 및 박스의 날카로운 모서리나 가시를 제거한다.

② 물품의 운반에 적합한 장갑을 착용하고 작업한다.

③ 작업할 때 집게 또는 자석 등 적절한 보조공구를 사용하여 작업한다.

④ 너무 성급하게 서둘러서 작업하지 않는다.

⑤ 공동 작업을 할 때의 방법

    ㉠ 상호 간에 신호를 정확히 하고 진행 속도를 맞춘다.

    ㉡ 체력이나 신체조건 등을 고려하여 균형 있게 조를 구성하고, 리더의 통제하에 큰 소리로 신호하여 진행 속도를 맞춘다.

    ㉢ 긴 화물을 들어 올릴 때에는 두 사람이 화물을 향하여 평행으로 서서 화물 양 끝을 잡고 구령에 따라 속도를 맞추어 들어 올린다.

⑥ 물품을 들어 올릴 때의 자세 및 방법

    ㉠ 몸의 균형을 유지하기 위해서 발은 어깨 넓이만큼 벌리고 물품으로 향한다.

    ㉡ 물품과 몸의 거리는 물품의 크기에 따라 다르나, 물품을 수직으로 들어 올릴 수 있는 위치에 몸을 준비한다.

    ㉢ 물품을 들 때는 허리를 똑바로 펴야 한다.

    ㉣ 다리와 어깨의 근육에 힘을 넣고 팔꿈치를 바로 펴서 서서히 물품을 들어 올린다.

    ㉤ 허리의 힘으로 드는 것이 아니고 무릎을 굽혀 펴는 힘으로 물품을 든다.

⑦ 가능한 한 물건을 신체에 붙여서 단단히 잡고 운반한다.

⑧ 무거운 물건을 무리해서 들거나 너무 많이 들지 않는다.

⑨ 단독으로 화물을 운반하고자 할 때에는 인력운반중량 권장기준(인력운반 안전작업에 관한 지침)을 준수한다.

    ㉠ 일시작업(시간당 2회 이하) : 성인남자(25~30kg), 성인여자(15~20kg)

    ㉡ 계속작업(시간당 3회 이상) : 성인남자(10~15kg), 성인여자(5~10kg)

⑩ 물품을 들어 올리기에 힘겨운 것은 단독작업을 금한다.

⑪ 무거운 물품은 공동운반하거나 운반차를 이용한다.

⑫ 물품을 몸에 밀착시켜서 몸의 균형중심에 가급적 접근시키고, 몸의 일부에 변형이 생기거나 균형이 파괴되어 비틀거리지 않게 한다.

⑬ 긴 물건을 어깨에 메고 운반할 때에는 앞부분의 끝을 운반자 신장보다 약간 높게 하여 모서리 등에 충돌하지 않도록 운반한다.

⑭ 시야를 가리는 물품은 계단이나 사다리를 이용하여 운반하지 않는다.

⑮ 물품을 운반하고 있는 사람과 마주치면 그 발밑을 방해하지 않게 피해준다.

⑯ 타이어를 굴릴 때는 좌우 앞을 잘 살펴서 굴려야 하고, 보행자와 충돌하지 않도록 해야 한다.

⑰ 운반할 때에는 주위의 작업에 주의하고, 기계 사이를 통과할 때는 주의를 요한다.

⑱ 허리를 구부린 자세로 물건을 운반하지 않고, 몸의 균형을 유지한다.

⑲ 화물을 운반할 때는 들었다 놓았다 하지 말고 직선거리로 운반한다.

⑳ 화물을 들어 올리거나 내리는 높이는 작게 할수록 좋다.

㉑ 보조용구(갈고리, 지렛대, 로프 등)는 항상 점검하고 바르게 사용한다.

㉒ 취급할 화물 크기와 무게를 파악하고, 못이나 위험물이 부착되어 있는지 살펴본다.

㉓ 운반 도중 잡은 손의 위치를 변경하고자 할 때에는 지주에 기댄 다음 고쳐 잡는다.

㉔ 화물을 놓을 때는 다리를 굽히면서 한쪽 모서리를 놓은 다음 손을 뺀다.

㉕ 갈고리를 사용할 때는 포장 끈이나 매듭이 있는 곳에 깊이 걸고 천천히 당긴다.

㉖ 갈고리는 지대, 종이상자, 위험 유해물에는 사용하지 않는다.

㉗ 물품을 어깨에 메고 운반할 때

    ㉠ 물품을 받아 어깨에 멜 때는 어깨를 낮추고 몸을 약간 기울인다.

    ㉡ 호흡을 맞추어 어깨로 받아 화물 중심과 몸 중심을 맞춘다.

    ㉢ 진행방향의 안전을 확인하면서 운반한다.

    ㉣ 물품을 어깨에 메거나 받아들 때 한쪽으로 쏠리거나 꼬이더라도 충돌하지 않도록 공간을 확보하고 작업을 한다.

㉘ 장척물, 구르기 쉬운 화물은 단독 운반을 피하고, 중량물은 하역기계를 사용한다.

**(4) 기타 작업**

① 화물은 가급적 세우지 말고 눕혀 놓는다.

② 화물을 바닥에 놓는 경우 화물의 가장 넓은 면이 바닥에 놓이도록 한다.

③ 바닥이 약하거나 원형물건 등 평평하지 않은 화물은 지지력이 있고 평평한 면적을 가진 받침을 이용한다.

④ 사람의 손으로 하는 작업을 가능한 한 줄이고 기계를 이용한다.

⑤ 화물을 하역하기 위해 로프를 풀고 문을 열 때는 짐이 무너질 위험이 있으므로 주의한다.

⑥ 화물 위에 올라타지 않도록 한다.

⑦ 동일 거래처의 제품이 자주 파손될 때에는 반드시 개봉하여 포장상태를 점검하고, 수제품의 경우에는 옆으로 눕혀 포장하지 말고 상하를 구별할 수 있는 스티커와 취급주의 스티커의 부착이 필요하다.

⑧ 제품 파손을 인지하였을 때는 즉시 사용 가능, 불가능 여부에 따라 분리하여 2차 오손을 방지한다.

⑨ 박스가 물에 젖어 훼손되었을 시에는 즉시 다른 박스로 교환하여 배송이나 운반 도중에 박스의 훼손으로 인한 제품 파손이 발생하지 않도록 한다.

⑩ 수작업 운반과 기계작업 운반의 기준

    ㉠ 수작업 운반기준 : 두뇌작업이 필요한 작업(분류, 판독, 검사), 얼마 동안 시간 간격을 두고 되풀이되는 소량취급 작업, 취급물의 형상, 성질, 크기 등이 일정하지 않은 작업, 취급물이 경량인 작업

    ㉡ 기계작업 운반기준 : 단순하고 반복적인 작업(분류, 판독, 검사), 표준화되어 있어 지속적이고 운반량이 많은 작업, 취급물의 형상, 성질, 크기 등이 일정한 작업, 취급물이 중량물인 작업

### 3 고압가스 및 컨테이너의 취급

**(1) 고압가스의 취급**

① 고압가스를 운반할 때는 그 고압가스의 명칭, 성질과 이동 중의 재해방지를 위해 필요한 주의 사항을 기재한 서면을 운반책임자 또는 운전자에게 교부하고 운반 중에 휴대시킬 것

② 고압가스를 적재하여 운반하는 차량은 차량의 고장, 교통사정 또는 운전책임자, 운전자의 휴식 등 부득이한 경우를 제외하고는 장시간 정차하지 않으며, 운반책임자와 운전자가 동시에 차량에서 이탈하지 아니할 것

③ 고압가스를 운반하는 때에는 안전관리책임자가 운반책임자 또는 운반차량 운전자에게 그 고압가스의 위해 예방에 필요한 사항을 주지시킬 것

④ 고압가스를 운반하는 자는 그 충전용기를 수요자에게 인도하는 때까지 최선의 주의를 다하여 안전하게 운반하여야 하며, 운반 도중 보관하는 때에는 안전한 장소에 보관할 것

⑤ 200km 이상의 거리를 운행하는 경우에는 중간에 충분한 휴식을 취한 후 운전할 것

⑥ 노면이 나쁜 도로에서는 가능한 한 운행하지 말고, 부득이 노면이 나쁜 도로를 운행할 때에는 운행 개시 전에 충전용기의 적재상황을 재검사하여 이상이 없는가를 확인할 것

⑦ 노면이 나쁜 도로를 운행한 후에는 일단정지하여 적재 상황, 용기 밸브, 로프 등의 풀림 등이 없는 것을 확인할 것

**(2) 컨테이너의 취급**

① **컨테이너의 구조** : 컨테이너는 해당 위험물 운송에 충분히 견딜 수 있는 구조와 강도를 가져야 하며, 또한 영구히 반복하여 사용할 수 있도록 견고히 제조되어야 한다.

② **위험물의 수납방법 및 주의사항** : 위험물의 수납에 앞서 위험물의 성질, 성상, 취급방법, 방제대책을 충분히 조사하는 동시에 해당 위험물의 적화방법 및 주의사항을 지킬 것

　㉠ 컨테이너에 위험물을 수납하기 전에 철저히 점검하여 그 구조와 상태 등이 불안한 컨테이너를 사용해서는 안 되며, 특히 개폐문의 방수상태를 점검할 것

　㉡ 컨테이너를 깨끗이 청소하고 잘 건조할 것

　㉢ 수납되는 위험물 용기의 포장 및 표찰이 완전한가를 충분히 점검하여 포장 및 용기가 파손되었거나 불완전한 것은 수납을 금지시킬 것

　㉣ 수납에 있어서는 화물의 이동, 전도, 충격, 마찰, 누설 등에 의한 위험이 생기지 않도록 충분한 깔판 및 각종 고임목 등을 사용하여 화물을 보호하는 동시에 단단히 고정시킬 것

　㉤ 화물의 중량의 배분과 외부충격의 완화를 고려하는 동시에 어떠한 경우라도 화물 일부가 컨테이너 밖으로 뛰어 나와서는 안 됨

　㉥ 수납이 완료되면 즉시 문을 폐쇄할 것

　㉦ 품명이 다른 위험물 또는 위험물과 위험물 이외의 화물이 상호작용하여 발열 및 가스를 발생하고 부식작용이 일어나거나 기타 물리적 화학작용이 일어날 염려가 있을 때에는 동일 컨테이너에 수납해서는 안 됨

③ **위험물의 표시** : 컨테이너에 수납되어 있는 위험물의 분류명, 표찰 및 컨테이너 번호를 외측부 가장 잘 보이는 곳에 표시해야 한다.

④ **적재방법**

　㉠ 위험물이 수납되어 있는 컨테이너가 이동하는 동안에 전도, 손상, 압괴 등이 생기지 않도록 적재해야 한다.

　㉡ 위험물이 수납되어 수밀의 금속제 컨테이너를 적재하기 위해 설비를 갖추고 있는 선창 또는 구획에 적재할 경우는 상호 관계를 참조하여 적재하도록 한다.

　㉢ 컨테이너를 적재 후 반드시 콘(잠금 장치)을 해야 한다.

### 4 위험물의 취급 등

**(1) 위험물 탱크로리 취급 시의 확인·점검**

① 탱크로리에 커플링(Coupling)은 잘 연결되었는가 확인한다.

② 접지는 연결시켰는지 확인한다.

③ 플랜지 등 연결부분에 새는 곳은 없는가 확인한다.

④ 플렉시블 호스는 고정시켰는가 확인한다.

⑤ 누유된 위험물은 회수처리한다.

⑥ 인화성 물질 취급 시 소화기를 준비하고, 흡연자가 없는지 확인한다.

⑦ 주위 정리정돈 상태는 양호한지 점검한다.

⑧ 담당자 이외에는 손대지 않도록 조치한다.

⑨ 주위에 위험표지를 설치한다.

**(2) 주유취급소의 위험물 취급기준**

① 자동차 등에 주유할 때에는 고정주유설비를 사용하여 직접 주유한다.

② 자동차 등을 주유할 때는 자동차 등의 원동기를 정지시킨다.

③ 자동차 등의 일부 또는 전부가 주유취급소의 밖에 나온 채로 주유하지 않는다.

④ 주유취급소의 전용탱크 또는 간이탱크에 위험물을 주입할 때는 그 탱크에 연결되는 고정주유설비의 사용을 중지하여야 하며 자동차 등을 그 탱크의 주입구에 접근시켜서는 안 된다.

⑤ 유분리 장치에 고인 유류는 넘치지 아니하도록 수시로 퍼내어야 한다.

⑥ 고정주유설비에 유류를 공급하는 배관은 전용탱크 또는 간이탱크로부터 고정주유설비에 직접 연결된 것이어야 한다.

⑦ 자동차 등에 주유할 때는 정당한 이유 없이 다른 자동차 등을 그 주유취급소 안에 주차시켜서는 안 된다. 다만, 재해발생의 우려가 없는 경우에는 그러하지 않다.

**(3) 독극물 취급 시 주의사항**

① 독극물을 취급하거나 운반할 때는 소정의 안전한 용기, 도구, 운반구 및 운반차를 이용할 것

② 취급불명의 독극물은 함부로 다루지 말 것

③ 독극물의 취급 및 운반은 거칠게 다루지 말고, 독극물 취급방법을 확인한 후 취급할 것

④ 독극물 저장소, 드럼통, 용기, 배관 등은 내용물을 알 수 있도록 확실하게 표시하여 놓을 것

⑤ 독극물이 들어 있는 용기는 마개를 단단히 닫고 빈 용기와 확실하게 구별하여 놓을 것

⑥ 용기가 깨어질 염려가 있는 것은 나무상자나 플라스틱상자 속에 넣고 쌓아둔 것은 울타리나 철망으로 둘러싸서 보관할 것

⑦ 취급하는 독극물의 물리적·화학적 특성을 충분히 알고, 그 성질에 따라 방호수단을 알고 있을 것

⑧ 만약 독극물이 새거나 엎질러졌을 때는 신속히 제거할 수 있는 안전조치를 하여 놓을 것

⑨ 도난방지 및 오용(誤用)방지를 위해 보관을 철저히 할 것

⑩ 독극물을 보호할 수 있는 조치를 취하고 적재 및 적하 작업 전에는 주차 브레이크를 사용하여 차량이 움직이지 않도록 할 것

⑪ 독극물이 들어있는 용기가 쓰러지거나 미끄러지거나 튀지 않도록 철저하게 고정할 것

### (4) 상하차 작업 시 확인사항

① 작업원에게 화물의 내용, 특성 등을 잘 주지시켰는가?

② 받침목, 지주, 로프 등 필요한 보조용구는 준비되어 있는가?

③ 차량에 구름막이는 되어 있는가?

④ 위험한 승강을 하고 있지는 않는가?

⑤ 던지기 및 굴려내리기를 하고 있지 않는가?

⑥ 적재량을 초과하지 않았는가?

⑦ 적재화물의 높이, 길이, 폭 등의 제한은 지키고 있는가?

⑧ 화물붕괴의 방지조치는 취해져 있는가?

⑨ 위험물이나 긴 화물은 소정의 위험표지를 하였는가?

⑩ 차량의 이동신호는 잘 지키고 있는가?

⑪ 작업 신호에 따라 작업이 잘 행하여지고 있는가?

⑫ 차를 통로에 방치해두지 않았는가?

## 03 적재물 결박·덮개 설치

### 1 팰릿(Pallet) 화물의 붕괴 방지요령

#### (1) 밴드걸기 방식

① 나무상자를 팰릿에 쌓는 경우의 붕괴 방지에 많이 사용되는 방법이며, 수평 밴드걸기 방식과 수직 밴드걸기 방식이 있다.

② 밴드가 걸려 있는 부분은 화물의 움직임을 억제하지만, 밴드가 걸리지 않은 부분의 화물이 튀어나오는 결점이 있다.

③ 각목대기 수평 밴드걸기 방식은 포장화물의 네 모퉁이에 각목을 대고, 그 바깥쪽으로부터 밴드를 거는 방법이다. 이것은 쌓은 화물의 압력이나 진동·충격으로 밴드가 느슨해지는 결점이 있다.

#### (2) 주연어프 방식

팰릿의 가장자리를 높게 하여 포장화물을 안쪽으로 기울여 화물이 갈라지는 것을 방지하는 방법으로서 부대화물 등에는 효과가 있으나, 주연어프 방식만으로 화물이 갈라지는 것을 방지하기는 어려우므로 다른 방법과 병용하여 안전을 확보하는 것이 효율적이다.

#### (3) 슬립 멈추기 시트삽입 방식

포장과 포장 사이에 미끄럼을 멈추는 시트를 넣음으로써 안전을 도모하는 방법이며, 부대화물에는 효과가 있으나 상자는 진동하면 튀어오르기 쉽다는 문제가 있다.

#### (4) 풀 붙이기 접착 방식

자동화·기계화가 가능하고, 비용도 저렴한 방식이다. 여기서 사용하는 풀은 미끄럼에 대한 저항이 강하고, 상하로 뗄 때의 저항은 약한 것을 택하지 않으면 화물을 팰릿에서 분리시킬 때 장해가 일어난다. 또 풀은 온도에 의해 변화하는 수도 있는 만큼, 포장화물의 중량이나 형태에 따라서 풀의 양이나 풀칠하는 방식을 결정하여야 한다.

#### (5) 수평 밴드걸기 풀 붙이기 방식

풀 붙이기와 밴드걸기의 병용이며, 화물의 붕괴를 방지하는 효과를 한층 더 높이는 방법이다.

#### (6) 슈링크 방식

① 열수축성 플라스틱 필름을 팰릿 화물에 씌우고 슈링크 터널을 통과시킬 때 가열하여 필름을 수축시켜서 팰릿과 밀착시키는 방식으로서, 물이나 먼지도 막아내기 때문에 우천 시의 하역이나 야적보관도 가능하게 된다.

② 통기성이 없고, 고열(120~130℃)의 터널을 통과하므로 상품에 따라서는 이용할 수가 없으며, 비용도 높다는 결점이 있다.

#### (7) 스트레치 방식

① 스트레치 포장기를 사용하여 플라스틱 필름을 팰릿 화물에 감아서 움직이지 않게 하는 방법이다.

② 슈링크 방식과는 달라서 열처리는 행하지 않고, 통기성은 없으며, 비용이 많이 드는 단점이 있다.

#### (8) 박스 테두리 방식

팰릿에 테두리를 붙이는 박스 팰릿과 같은 형태는 화물이 무너지는 것을 방지하는 효과는 커지지만, 평 팰릿에 비해 제조원가가 많이 든다.

### 2 화물붕괴 방지요령

#### (1) 팰릿 화물 사이에 생기는 틈바구니를 적당한 재료로 메우는 방법

① 팰릿 화물이 서로 얽히지 않도록 사이 사이에 합판을 넣는다.

② 여러 가지 두께의 발포 스티롤판으로 틈바구니를 없앤다.

③ 에어백이라는 공기가 든 부대를 사용한다.

#### (2) 차량에 특수장치를 설치하는 방법

① 화물붕괴 방지와 짐을 싣고 부리는 작업성을 생각하여 차량에 특수한 장치를 설치하는 방법이 있다.

② 팰릿 화물의 높이가 일정하다면 적재함의 천장이나 측벽에서 팰릿 화물이 붕괴되지 않도록 누르는 장치를 설치한다.

③ 청량음료 전용차와 같이 적재공간이 팰릿 화물치수에 맞추어 작은 칸으로 구분되는 장치를 설치한다.

### 3 포장화물 운송과정의 외압과 보호요령

**(1) 하역 시의 충격**

① 하역 시의 충격에서 가장 큰 것은 낙하충격이다. 낙하충격이 화물에 미치는 영향도는 낙하의 높이, 낙하면의 상태 등 낙하 상황과 포장의 방법에 따라 상이하다.

② 일반적으로 수하역의 경우에 낙하의 높이는 아래와 같다.
  ㉠ 견하역 : 100cm 이상
  ㉡ 요하역 : 10cm 정도
  ㉢ 팰릿 쌓기의 수하역 : 40cm 정도

**(2) 수송 중의 충격 및 진동**

① 트랙터와 트레일러를 연결할 때 발생하는 수평충격은 낙하충격에 비하면 적은 편이다.

② 화물은 수평충격과 함께 수송 중에는 항상 진동을 받고 있다. 진동에 의한 장해로는 제품의 포장면이 서로 닿아서 상처를 일으키거나 표면이 상하는 것 등이 있다.

③ 트럭수송에서 포장상태가 나쁜 길을 달리는 경우에는 상하진동이 발생하게 되므로 고정시켜 진동으로부터 화물을 보호한다.

**(3) 보관 및 수송 중의 압축 하중**

① 포장화물은 보관 중 또는 수송 중에 밑에 쌓은 화물이 반드시 압축 하중을 받는다. 통상 높이는 창고에서는 4m, 트럭이나 화차에서는 2m이지만, 주행 중에는 상하진동을 받으므로 2배 정도로 압축하중을 받게 된다.

② 내하중은 포장재료에 따라 상당히 다르다. 나무상자는 강도의 변화가 거의 없으나 골판지는 시간이나 외부 환경에 의해 변화를 받기 쉬우므로 골판지의 경우에는 외부의 온도와 습기, 방치 시간 등에 대하여 특히 유의해야 한다.

### 04 운행요령

### 1 일반사항

① 배차지시에 따라 차량을 운행한다.

② 배차지시에 따라 배정된 물자를 지정된 장소로 한정된 시간 내에 안전하고 정확하게 운행할 책임이 있다.

③ 사고예방을 위해 관계법규를 준수함은 물론 운전 전, 운전 중, 운전 후 점검 및 정비를 철저히 이행해야 한다.

④ 운전에 지장이 없도록 충분한 수면을 취하고 주취운전이나 운전 중 흡연 또는 잡담을 하지 않도록 한다.

⑤ 주차 시에는 엔진을 끄고 주차브레이크 장치로서 완전하게 제동한다.

⑥ 내리막길 운전 시에는 기어를 중립에 두지 않는다.

⑦ 트레일러 운전 시에는 트랙터와 연결부분을 점검, 확인해야 한다.

⑧ 크레인의 인양중량을 초과하는 작업을 허용해서는 안 된다.

⑨ 미끄러지는 물품, 길이가 긴 물건, 인화성 물질 운반 시에는 각별한 안전관리를 해야 한다.

⑩ 장거리운송의 경우 고속도로 휴게소 등에서 휴식을 취하다가 잠들어 시간이 지연되는 일이 없도록 한다. 특히 과다한 음주로 인한 장시간의 수면으로 운송시간의 지연이 없도록 주의한다.

⑪ 기타 고속도로 운전, 장마철, 여름철, 한랭기, 악천후, 건널목, 나쁜 길, 야간운전 등에 관한 제반 안전관리 사항에 대하여 더욱 주의한다.

### 2 운행요령

**(1) 일반적인 주의사항**

① 규정속도로 운행해야 한다.

② 비포장도로나 위험한 도로에서는 반드시 서행해야 한다.

③ 정량초과 적재를 절대로 하지 말아야 한다.

④ 화물을 편중되게 적재하지 말아야 한다.

⑤ 교통법규를 항상 준수하여 타인에게 양보할 수 있는 아량을 가져야 한다.

⑥ 올바른 운전조작과 철저한 예방정비 점검을 실시해야 한다.

⑦ 후진 시에는 반드시 뒤를 확인 후 후진 경고하며 서서히 후진한다.

⑧ 가능한 한 경사진 곳에 주차시키지 말아야 한다.

⑨ 화물적재 운행 시에는 수시로 화물적재 상태를 확인한다.

⑩ 운전은 절대 서두르지 말고 침착하게 해야 한다.

⑪ 위험물을 운반할 때에는 위험물 표지 설치 등 관련규정을 준수해야 한다.

**(2) 트랙터(Tractor) 운행에 따른 주의사항**

① 중량물 및 활대품을 수송하는 경우에는 화물결박을 바인더 잭(Binder Jack)으로 철저히 실시하고, 운행 시 수시로 결박 상태를 확인한다.

② 고속운행 중 급제동은 잭나이프 현상 등의 위험을 초래하므로 조심한다.

③ 트랙터는 일반적으로 트레일러와 연결되어 운행하여 일반 차량에 비해 회전반경 및 점유면적이 크므로 사전에 도로정보, 화물의 제원, 장비의 제원을 정확히 파악한다.

④ 화물의 균등한 적재가 이루어지도록 한다. 트레일러에 중량물을 적재할 때에는 화물적재 전에 중심을 정확히 파악하여 적재토록 해야 한다. 만약 화물을 편적하면 킹핀 또는 후륜에 무리한 힘이 작용하여 트랙터의 견인력 약화와 각 하체 부분에 무리를 가져와 타이어의 이상마모 내지 파손을 초래하거나 경사도로에서 회전할 때 전복의 위험이 발생할 수 있다.

⑤ 후진 시에는 반드시 뒤를 확인 후 서행한다.

⑥ 가능한 한 경사진 곳에 주차하지 않도록 한다.

⑦ 장거리 운행시에는 최소한 2시간 주행마다 10분 이상 휴식하면서 타이어 및 화물결박 상태를 확인한다.

**(3) 컨테이너 상차 등에 따른 주의사항**

① 상차 전

㉠ 배차계로부터 배차지시를 받아야 한다.

㉡ 배차계에서 보세 면장번호를 통보받아야 한다.

㉢ 컨테이너 라인(Line)을 배차계로부터 통보받아야 한다.

㉣ 배차계로부터 화주, 공장 위치, 공장 전화번호, 담당자 이름을 통보받아야 한다.

㉤ 배차계로부터 상차지, 도착시간을 통보받아야 한다.

㉥ 배차계로부터 컨테이너 중량을 통보받아야 한다.

㉦ 다른 라인(Line)의 컨테이너를 상차할 때 배차계로부터 통보받아야 할 사항

• 라인 종류

• 상차 장소

• 담당자 이름과 직책, 전화번호

• 터미널일 경우에는 반출 전송을 하는 사람

㉧ 면장 출력 장소

• 상차 시 해당 게이트로 가서 담당자에게 면장 번호를 불러주고 보세운송 면장과 적하목록을 출력받아야 한다.

• 철도 상차일 경우에는 철도역의 담당자, 기타 사업장일 경우에는 배차계로부터 면장 출력 장소를 통보받아야 한다.

② 상차 시

㉠ 손해(Damage) 여부와 봉인번호(Seal No.)를 체크해야 하고 그 결과를 배차계에 통보해야 한다.

㉡ 상차할 때는 안전하게 실었는지를 확인해야 한다.

㉢ 샤시 잠금 장치는 안전한지를 확실히 검사해야 한다.

㉣ 다른 라인(Line)의 컨테이너 상차가 어려울 경우 배차계로 통보해야 한다.

③ 상차 후

㉠ 도착장소와 도착시간을 다시 한 번 정확히 확인해야 한다.

㉡ 면장상의 중량과 실중량에는 차이가 있을 수 있으므로 운전자 본인이 느끼기에 실중량이 더 무겁다고 판단되면, 관련 부서로 연락해서 운송 여부를 통보받아야 한다.

㉢ 상차한 후에는 해당 게이트(Gate)로 가서 전산 정리를 해야 하고, 다른 라인일 경우에는 배차계에게 면장번호, 컨테이너 번호, 화주이름을 말해주고 전산정리를 한다.

④ 도착 지연 시 : 일정 시간(예 30분) 이상 지연 시에는 반드시 배차계에 출발시간, 도착 지연 이유, 현재 위치, 예상 도착시간 등을 연락해야 한다.

⑤ 화주 공장 도착 시

㉠ 공장 내 운행속도를 준수한다.

㉡ 사소한 문제라도 발생 시 직접 담당자와 문제를 해결하려고 하지 말고, 반드시 배차계에 연락해야 한다.

㉢ 복장 불량(슬리퍼, 러닝 차림 등), 폭언 등은 절대 금지한다.

㉣ 상하차 시 시동을 반드시 끈다.

㉤ 각 공장 작업자의 모든 지시 사항을 반드시 따른다.

㉥ 작업 상황을 배차계로 통보해야 한다.

⑥ 작업 종료 후 : 작업 종료 후 배차계에 통보(작업 종료시간, 반납할 장소 등 문의)

## 3 고속도로 제한차량 및 운행허가

**(1) 고속도로 제한차량(도로법 시행령 제79조 제2항)**

고속도로를 운행하고자 하는 차량 중 다음 사항에 저촉되는 차량은 운행제한차량에 해당된다.

① 축하중 : 차량의 축하중이 10ton을 초과

② 총중량 : 차량 총중량이 40ton을 초과

③ 길이 : 적재물을 포함한 차량의 길이가 16.7m 초과

④ 폭 : 적재물을 포함한 차량의 폭이 2.5m 초과

⑤ 높이 : 적재물을 포함한 차량의 높이가 4.0m 초과(도로 구조의 보전과 통행의 안전에 지장이 없다고 도로관리청이 인정하여 고시한 도로의 경우에는 4.2m)

⑥ 다음에 해당하는 적재불량 차량

㉠ 화물 적재가 편중되어 전도 우려가 있는 차량

㉡ 모래, 흙, 골재류, 쓰레기 등을 운반하면서 덮개를 미설치하거나 없는 차량

㉢ 스페어타이어 고정상태가 불량한 차량

㉣ 덮개를 씌우지 않았거나 묶지 않아 결속상태가 불량한 차량

㉤ 적재함 청소상태가 불량한 차량

㉥ 액체 적재물 방류 또는 유출 차량

㉦ 사고 차량을 견인하면서 파손품의 낙하가 우려되는 차량

㉧ 기타 적재불량으로 인하여 적재물 낙하 우려가 있는 차량

⑦ 저속 : 정상운행속도가 50km/h 미만 차량

⑧ 이상기후 시(적설량 10cm 이상 또는 영하 20℃ 이하) 연결 화물차량(풀카고, 트레일러 등)

⑨ 기타 도로관리청이 도로의 구조보전과 운행의 위험을 방지하기 위해 운행제한이 필요하다고 인정하는 차량

**(2) 제한차량의 표시 및 공고(도로법 시행령 제79조 제1항)**

도로법에 의한 운행제한의 표지는 다음의 사항을 기재하여 그 운행을 제한하는 구간의 양측과 그밖에 필요한 장소에 설치하고 그 내용을 공고하여야 한다.

① 해당 도로의 종류, 노선번호 및 노선명

② 차량운행이 제한되는 구간 및 기간

③ 운행이 제한되는 차량

④ 차량운행을 제한하는 사유

⑤ 그 밖에 차량운행의 제한에 필요한 사항

**(3) 운행허가기간**

운행허가기간은 해당 운행에 필요한 일수로 한다. 다만, 제한제원이 일정한 차량(구조물 보강을 요하는 차량 제외)이 일정 기간 반복하여 운행하는 경우에는 신청인의 신청에 따라 그 기간을 1년 이내로 할 수 있다.

**(4) 차량 호송**

① 운행허가기관의 장은 다음에 해당하는 제한차량의 운행을 허가하고자 할 때에는 차량의 안전운행을 위해 고속도로순찰대와 협조하여 차량호송을 실시토록 한다. 다만, 운행자가 호송할 능력이 없거나 호송을 공사에 위탁하는 경우에는 공사가 이를 대행할 수 있다.

㉠ 적재물을 포함하여 차폭 3.6m 또는 길이 20m를 초과하는 차량으로서 운행상 호송이 필요하다고 인정되는 경우
㉡ 구조물통과 하중계산서를 필요로 하는 중량제한차량
㉢ 주행속도 50km/h 미만인 차량의 경우
② 특수한 도로상황이나 제한차량의 상태를 감안하여 운행허가기관의 장이 필요하다고 인정하는 경우에는 ①의 규정에도 불구하고 그 호송기준을 강화하거나 다른 특수한 호송방법을 강구하게 할 수 있다.
③ ①의 규정에도 불구하고 안전운행에 지장이 없다고 판단되는 경우에는 제한차량 후면 좌우측에 "자동점멸신호등"의 부착 등의 조치를 함으로써 그 호송을 대신할 수 있다.

**(5) 도로법상 과적차량 단속 근거**

① 도로망의 계획수립, 도로노선의 지정, 도로공사의 시행과 도로의 시설기준, 도로의 관리·보전 및 비용 부담 등에 관한 사항을 규정하여 국민이 안전하고 편리하게 이용할 수 있는 도로의 건설과 공공복리의 향상에 기여하는 것을 목적으로 한다(도로법 제1조).
② 관리청은 도로의 구조를 보전하고, 운행의 위험을 방지하기 위하여 필요하다고 인정하면 대통령령으로 정하는 바에 따라 차량의 운행을 제한할 수 있다(도로법 제76조 제6항).

## 05 화물의 인수인계 요령

### 1 화물의 인수인계

**(1) 화물의 인수요령**

① 포장 및 운송장 기재 요령을 반드시 숙지하고 인수에 임한다.
② 집하 자제품목 및 집하 금지품목의 경우에는 그 취지를 알리고 양해를 구한 후 정중히 거절한다.
③ 집하물품의 도착지와 고객의 배달요청일이 당사의 배송 소요 일수 내에 가능한지 필히 확인하고 기간 내에 배송 가능한 물품을 인수한다(0월 0일 0시까지 배달 등 조건부 운송물품 인수금지).
④ 제주도 및 도서지역인 경우 그 지역에 적용되는 부대비용(항공료, 도선료)을 수하인에게 징수할 수 있음을 반드시 알려주고 이해를 구한 뒤 인수한다.
⑤ 도서지역의 경우 차량이 직접 들어갈 수 없는 지역이 많아 착불로 거래 시 운임을 징수할 수 없으므로 소비자의 양해를 얻어 운임 및 도선료는 선불로 처리한다.
⑥ 항공을 이용한 운송의 경우 항공기 탑재 불가 물품(총포류, 화약류, 기타 공항에서 정한 물품)과 공항유치물품(가전제품, 전자제품)은 집하 시 고객에게 이해를 구한 후 집하를 거절하여 고객과의 마찰을 방지한다.
※ 만약 항공료가 착불일 경우 기타란에 항공료 착불이라고 기재하고 합계란은 공란으로 비워둔다.
⑦ 운송인의 책임은 물품을 인수하고 운송장을 교부한 시점부터 발생한다.

⑧ 운송장에 대한 비용은 항상 발생하므로 운송장을 작성하기 전에 물품의 성질, 규격, 포장상태, 운임, 파손 면책 등 부대사항을 고객에게 통보하고 상호 동의가 되었을 때 운송장을 작성, 발급하게 하여 불필요한 운송장 낭비를 막는다.
⑨ 화물은 취급가능 화물규격 및 중량, 취급불가 화물품목 등을 확인하고, 화물의 안전수송과 타 화물의 보호를 위해 포장상태 및 화물의 상태를 확인한 후 접수 여부를 결정한다.
⑩ 두 개 이상의 화물을 하나의 화물로 밴딩 처리한 경우에는 반드시 고객에게 파손 가능성을 설명하고 별도로 포장하여 각각 운송장 및 보조송장을 부착하여 집하한다.
⑪ 신용업체의 대량화물 집하 시 수량의 착오가 발생하지 않도록 최대한 주의하여 운송장 및 보조송장을 부착하고 반드시 BOX 수량과 운송장에 기재한 수량을 확인한다.
⑫ 전화 예약 접수 시 반드시 집하 가능한 날짜와 고객의 배송 요구일자를 확인한 후 배송 가능할 때에 고객과 약속하고 약속 불이행으로 불만이 발생되지 않도록 한다.
⑬ 인수(집하)예약은 반드시 접수대장에 기재하여 누락되는 일이 없도록 한다.
⑭ 거래처 및 집하지점의 반품요청 시 반품요청일 익일로부터 빠른 시일 이내에 처리한다.

**(2) 화물의 적재요령**

① 긴급을 요하는 화물(부패성 식품 등)을 우선순위로 배송하기 위하여 쉽게 꺼낼 수 있도록 적재한다.
② 취급주의 스티커 부착 화물을 적재함 별도 공간에 위치하도록 하고 중량화물을 하단에 적재하여 타 화물이 훼손되지 않도록 주의한다.
③ 다수화물 도착 시 미도착 수량이 있는지 여부를 확인한다.

**(3) 화물의 인계요령**

① 수하인의 주소 및 수하인이 맞는지 확인한 후에 인계한다.
② 지점에 도착된 물품에 대해서는 당일 배송이 원칙이나, 산간 오지 및 당일 배송이 불가능한 경우 소비자의 양해를 구한 뒤 조치하도록 한다.
③ 수하인에게 물품을 인계할 때 인계 물품의 이상 유무를 확인하여, 이상이 있을 경우 즉시 지점에 통보하여 조치하도록 한다.
④ 각 영업소로 분류된 물품은 수하인에게 물품의 도착 사실을 알리고 배송 가능한 시간을 약속한다.
⑤ 인수된 물품 중 부패성 물품과 긴급을 요하는 물품에 대해서는 우선적으로 배송을 하여 손해배상 요구가 발생하지 않도록 한다.
⑥ 영업소(취급소)는 택배물품 배송 시 물품뿐 아니라 고객의 마음까지 배달한다는 자세로 성심껏 배송을 해야 한다.
⑦ 배송 중 사소한 문제로 수하인과 마찰이 발생할 경우 일단 소비자의 입장에서 생각하고 조심스러운 언어로 마찰을 최소화할 수 있도록 한다.
⑧ 물품포장에 경미한 이상이 있을 경우는 고객에게 사과하고 대화로 해결할 수 있도록 하며 절대로 남의 탓으로 돌려 고객들의 불만을 가중시키지 않도록 한다.

⑨ 특히 택배는 수하인에게 직접 전달하는 운송 서비스이므로 수하인에게 배달처를 못 찾으니 어디로 나오라든가, 배달처가 높아 못 올라간다는 말을 하지 않는다.

⑩ 1인이 배송하기 힘든 물품의 경우 원칙적으로 집하해서는 안 되는 물품이지만 도착된 물품에 대해서는 수하인에게 정중히 요청하여 같이 운반할 수 있도록 한다.

⑪ 물품을 고객에게 인계 시 물품의 이상 유무를 확인시키고 인수증에 정자로 인수자 서명을 받아 향후 발생할 수 있는 손해배상을 예방하도록 한다(인수자 서명이 없을 경우 수하인이 물품인수를 부인하면 그 책임이 배송지점에 전가됨).

⑫ 배송 시 고객불만의 원인 중 가장 큰 부분은 배송직원 대응 미숙으로 발생하는 경우가 많다. 부드러운 말씨와 친절한 서비스정신으로 고객과의 마찰을 예방한다.

⑬ 배송지연은 고객과의 약속 불이행 고객 불만 사항으로 발전되는 경향이 있으므로 배송지연이 예상될 경우 고객에게 사전에 양해를 구하고 약속한 것에 대해서는 반드시 이행해야 한다.

⑭ 배송확인 문의 전화를 받았을 경우, 임의적으로 약속하지 말고 반드시 해당 영업소에 확인하여 고객에게 전달하도록 한다.

⑮ 배송 시 수하인의 부재로 인해 배송이 곤란할 경우, 임의적으로 방치 또는 배송처로 무단 투기하지 말고 수하인과 통화하여 지정하는 장소에 전달하고, 수하인에게 통보한다(특히 아파트의 소화전이나 집 앞에 물건을 방치해 두지 말 것). 만약 수하인과 통화가 되지 않을 경우 송하인과 통화하여 반송 또는 익일 재배송할 수 있도록 한다.

⑯ 방문시간에 수하인 부재 시에는 부재중 방문표를 활용하여 방문 근거를 남기되 우편함에 넣거나 문틈으로 밀어 넣어 타인이 볼 수 없게 조치한다.

⑰ 수하인에게 인계가 어려워 부득이하게 대리인에게 인계 시 사후조치로 실제 수하인과 연락을 취하여 확인한다.

⑱ 수하인과 연락이 안 되어 물품을 다른 곳에 맡길 경우, 반드시 수하인과 통화하여 맡겨놓은 위치 및 연락처를 남겨 물품인수를 확인하도록 한다.

⑲ 수하인이 장기부재, 휴가, 주소불명, 기타 사유 등으로 배송이 안 될 경우, 집하지점 또는 송하인과 연락하여 조치하도록 한다.

⑳ 귀중품 및 고가품의 경우는 분실의 위험이 높고 분실 시 피해 보상폭이 크므로 수하인에게 직접 전달하도록 하며 부득이 본인에게 전달이 어려울 경우 정확하게 전달될 수 있도록 조치해야 한다.

㉑ 배송 중 수하인이 직접 찾으러 오는 경우 물품 전달 시 반드시 본인 확인을 한 후 물품을 전달하고 인수확인란에 직접 서명을 받아 그로 인한 피해가 발생하지 않도록 유의한다.

㉒ 물품 배송 중 발생할 수 있는 도난에 대비하여 근거리 배송이라도 차에서 떠날 때는 반드시 잠금장치를 하여 사고를 미연에 방지하도록 한다.

㉓ 당일 배송하지 못한 물품에 대하여는 익일 영업시간까지 물품이 안전하게 보관될 수 있는 장소에 물품을 보관해야 한다.

## (4) 인수증 관리 요령

① 인수증은 반드시 인수자 확인란에 수령인이 누구인지 인수자가 자필로 바르게 적도록 한다.

② **실수령인 구분** : 본인, 동거인, 관리인, 지정인, 기타 등으로 구분하여 확인

③ 같은 곳을 여러 박스 배송 시에는 인수증에 반드시 실제 배달 수량을 기재받아 차후에 수량 차이로 인한 시비에 휘말리지 않도록 한다.

④ 수령인이 물품의 수하인과 다른 경우 반드시 수하인과의 관계를 기재한다.

⑤ 지점에서는 회수된 인수증 관리를 철저히 하고 인수 근거가 없는 경우 즉시 확인하여 인수인계 근거를 명확히 해야 한다. 물품 인도일 기준으로 1년 내 인수근거 요청 시 입증 자료를 제시할 수 있어야 한다.

⑥ 인수증상에 인수자 서명을 운전자가 임의 기재한 경우는 무효로 간주되며 문제 발생 시 배송완료로 인정받을 수 없다.

## 2 고객 유의사항

### (1) 고객 유의사항의 필요성

① 택배는 소화물 운송으로 무한책임이 아닌 과실 책임에 한정하여 변상할 필요성

② 내용검사가 부적당한 수탁물에 대한 송하인의 책임을 명확히 설명할 필요성

③ 운송인이 통보받지 못한 위험 부분까지 책임지는 부담 해소

### (2) 고객 유의사항 사용범위(매달 지급하는 거래처 제외 - 계약서상 명시)

① 수리를 목적으로 운송을 의뢰하는 모든 물품

② 포장이 불량하여 운송에 부적합하다고 판단되는 물품

③ 중고제품으로 원래의 제품 특성을 유지하고 있다고 보기 어려운 물품(외관상 전혀 이상이 없는 경우 보상불가)

④ 통상적으로 물품의 안전을 보장하기 어렵다고 판단되는 물품

⑤ 일정 금액(예 50만원)을 초과하는 물품으로 위험 부담률이 극히 높고, 할증료를 징수하지 않은 물품

⑥ 물품 사고 시 다른 물품에까지 영향을 미쳐 손해액이 증가하는 물품

### (3) 고객 유의사항 확인 요구 물품

① 중고 가전제품 및 A/S용 물품

② 기계류, 장비 등 중량 고가물로 40kg 초과 물품

③ 포장 부실물품 및 무포장 물품(비닐포장 또는 쇼핑백 등)

④ 파손 우려 물품 및 내용검사가 부적당하다고 판단되는 부적합 물품

## 3 사고발생 방지와 처리요령

### (1) 화물사고의 유형과 원인 및 대책

| 화물사고의 유형 | 원 인 | 대 책 |
| --- | --- | --- |
| 파손사고 | • 집하 시 화물의 포장상태 미확인<br>• 화물을 함부로 던지거나 발로 차거나 끄는 행위<br>• 화물 적재 시 무분별한 적재로 압착되는 경우<br>• 차량 상하차 시 컨베이어 벨트에서 떨어져 파손되는 경우 | • 집하 시 고객에게 내용물에 관한 정보를 충분히 듣고 포장상태 확인<br>• 가까운 거리나 가벼운 화물이라도 절대 함부로 취급 금지<br>• 사고위험물품은 안전박스에 적재하거나 별도 적재 관리<br>• 충격에 약한 화물은 보강포장 및 특기사항을 표기 |
| 오손사고 | • 김치, 젓갈, 한약류 등 수량에 비해 포장이 약함<br>• 화물적재 시 중량물을 상단에 적재하는 경우 하단 화물 오손 피해 발생<br>• 쇼핑백, 이불, 카펫 등 포장이 미흡한 화물을 중심으로 오손 피해 발생 | • 상습 오손발생화물은 안전박스에 적재하여 위험으로부터 격리<br>• 중량물은 하단, 경량물은 상단 적재 규정준수 |
| 분실사고 | • 대량화물 취급 시 수량 미확인 및 송장이 2개 부착된 화물집하 시 발생<br>• 집배송 차량 이석 때 차량 내 화물 도난사고 발생<br>• 인계 시 인수자 확인(서명 등) 부실 | • 집하 시 화물수량 및 운송장 부착여부 확인 등 분실원인 제거<br>• 차량 이석 시 시건장치 철저 확인(점소 방범시설 확인)<br>• 인계 시 인수자 확인은 반드시 인수자가 직접 서명하도록 할 것 |
| 내용물 부족사고 | • 마대화물(쌀, 고춧가루, 잡곡 등) 등 비박스화물의 포장파손<br>• 포장이 부실한 화물에 대한 절취 행위(과일, 가전제품 등) | • 대량거래처의 부실포장 화물에 대한 포장개선 업무요청<br>• 부실포장 화물 집하 시 내용물 상세 확인 및 포장보강 시행 |
| 오배달 사고 | • 수령인 부재 시 임의 장소에 두고 간 후 미확인 사고<br>• 수령인의 신분 확인 없이 화물을 인계한 사고 | • 수령인 본인사실 확인작업 필히 실시<br>• 우편함, 우유통, 소화전 등 임의장소에 화물 방치 행위 엄금 |
| 지연배달 사고 | • 사전연락 미실시로 제3자 수취 후 전달 늦어짐<br>• 당일 미배송 화물에 대한 별도 관리 미흡<br>• 제3자 배송 후 사실 미통지<br>• 집하부주의, 터미널 오분류로 터미널 오착 및 잔류 | • 사전 전화연락 후 배송 계획 수립으로 효율적 배송시행<br>• 미배송 명단 작성과 조치사항 확인으로 최대한의 사고예방 조치<br>• 터미널 잔류화물 운송을 위한 가용차량 사용 조치<br>• 부재 중 방문표의 사용으로 방문사실을 알려 고객과의 분쟁을 예방 |
| 받는 사람과 보낸 사람을 알 수 없는 화물사고 | 미포장화물, 마대화물 등에 운송장 부착 시 떨어지거나 훼손 | • 집하단계에서의 운송장 부착여부 확인 및 테이프 등으로 떨어지지 않도록 고정 실시<br>• 운송장과 보조운송장을 부착하여 훼손 가능성을 최소화 |

### (2) 사고발생 시 영업사원의 역할

① 영업사원은 회사를 대표하여 사고처리를 위한 고객과의 최접점의 위치에서 초기 고객응대가 사고처리의 향방을 좌우한다는 인식을 가지고 최대한 정중한 자세와 냉철한 판단력을 가지고 사고를 수습해야 한다.

② 영업사원의 모든 조치가 회사 전체를 대표하는 행위로 고객의 서비스 만족 성향을 좌우한다는 신념으로 적극적인 업무자세가 필요하다.

### (3) 사고화물의 배달 등의 요령

① 화주의 심정은 상당히 격한 상태임을 생각하고 사고의 책임여하를 떠나 대면 시 정중히 인사를 한 뒤, 사고경위를 설명한다.

② 화주와 화물상태를 상호 확인하고 상태를 기록한 뒤, 사고관련 자료를 요청한다.

③ 대략적인 사고처리과정을 알리고 해당 지점 또는 사무소 연락처와 사후 조치사항에 대해 안내를 하고, 사과를 한다.

## 06 화물자동차의 종류

### 1 자동차관리법령상 화물자동차 유형별 세부기준

#### (1) 화물자동차(자동차관리법 시행규칙 [별표 1])

① 일반형 : 보통의 화물운송용인 것

② 덤프형 : 적재함을 원동기의 힘으로 기울여 적재물을 중력에 의하여 쉽게 미끄러뜨리는 구조의 화물운송용인 것

③ 밴형 : 지붕구조의 덮개가 있는 화물운송용인 것

④ 특수용도형 : 특정한 용도를 위하여 특수한 구조로 하거나, 기구를 장치한 것으로서 위 어느 형에도 속하지 아니하는 화물운송용인 것

#### (2) 특수자동차(자동차관리법 시행규칙 [별표 1])

① 견인형 : 피견인차의 견인을 전용으로 하는 구조인 것

② 구난형 : 고장·사고 등으로 운행이 곤란한 자동차를 구난·견인할 수 있는 구조인 것

③ 특수용도형 : 위 어느 형에도 속하지 아니하는 특수용도용인 것

### 2 산업현장의 일반적인 화물자동차 호칭

① 보닛 트럭(Cab–behind–engine Truck) : 원동기부의 덮개가 운전실의 앞쪽에 나와 있는 트럭

② 캡 오버 엔진 트럭(Cab–over–engine Truck) : 원동기의 전부 또는 대부분이 운전실의 아래쪽에 있는 트럭

③ 밴(Van) : 상자형 화물실을 갖추고 있는 트럭으로 지붕이 없는 것(Open-top)도 포함

④ 픽업(Pickup) : 화물실의 지붕이 없고, 옆판이 운전대와 일체로 되어 있는 화물자동차

⑤ 특수자동차(Special Vehicle)
　㉠ 다음의 목적을 위하여 설계 및 장비된 자동차
　　• 특별한 장비를 한 사람 및 물품의 수송전용
　　• 특수한 작업 전용
　　• 위의 내용을 겸하여 갖춘 것(예 차량 운반차, 쓰레기 운반차, 모터 캐러밴, 탈착보디 부착 트럭, 컨테이너 운반차 등)
　㉡ 종 류
　　• 특수용도자동차(특용차) : 특별한 목적을 위하여 보디(차체)를 특수한 것으로 하고, 또는 특수한 기구를 갖추고 있는 특수자동차(예 선전자동차, 구급차, 우편차, 냉장차 등)

- 특수장비차(특장차) : 특별한 기계를 갖추고, 그것을 자동차의 원동기로 구동할 수 있도록 되어 있는 특수자동차. 별도의 적재 원동기로 구동하는 것도 있음(예 탱크차, 덤프차, 믹서자동차, 위생자동차, 소방차, 레커차, 냉동차, 트럭 크레인, 크레인붙이트럭 등)

ⓒ 보통트럭을 제외한 트레일러, 전용특장차, 합리화 특장차는 모두 특별차에 해당되는데, 트레일러나 전용특장차는 특별 용도차에, 합리화 특장차는 특별장비차에 주로 해당한다.

⑥ 냉장차(Insulated Vehicle) : 수송물품을 냉각제를 사용하여 냉장하는 설비를 갖추고 있는 특수용도자동차

⑦ 탱크차(Tank Truck, Tank Lorry, Tanker) : 탱크 모양의 용기와 펌프 등을 갖추고, 오로지 물·휘발유 등과 같은 액체를 수송하는 특수장비차

⑧ 덤프차(Tipper, Dump Truck, Dumper) : 화물대를 기울여 적재물을 중력으로 쉽게 미끄러지게 내리는 구조의 특수장비자동차로 리어 덤프, 사이드 덤프, 삼전 덤프 등이 있다.

⑨ 믹서자동차(Truck Mixer, Agitator) : 시멘트, 골재(모래·자갈), 물을 드럼 내에서 혼합 반죽해서 콘크리트로 하는 특수장비자동차로, 특히 생 콘크리트를 교반하면서 수송하는 것을 애지테이터(Agitator)라고 한다.

⑩ 레커차(Wrecker Truck, Break Down Lorry) : 크레인 등을 갖추고 고장차의 앞 또는 뒤를 매달아 올려서 수송하는 특수장비자동차

⑪ 트럭 크레인(Truck Crane) : 크레인을 갖추고 크레인 작업을 하는 특수장비자동차로 통상 레커차는 제외

⑫ 크레인 붙이 트럭 : 차에 실은 화물의 쌓기·내리기용 크레인을 갖춘 특수장비자동차

⑬ 트레일러 견인 자동차(Trailer-towing Vehicle) : 주로 풀 트레일러를 견인하도록 설계된 자동차이다. 풀 트레일러를 견인하지 않는 경우는 트럭으로서 사용할 수 있다.

⑭ 세미 트레일러 견인 자동차(Semi-trailer-towing Vehicle) : 세미 트레일러를 견인하도록 설계된 자동차

⑮ 폴 트레일러 견인 자동차(Pole trailer-towing Vehicle) : 폴 트레일러를 견인하도록 설계된 자동차

## 3 트레일러의 종류

트레일러란 동력을 갖추지 않고, 모터 비이클에 의하여 견인되고, 사람 또는 물품을 수송하는 목적을 위해 설계되어 도로상을 주행하는 차량을 말한다.

### (1) 트레일러의 종류

① 풀 트레일러(Full Trailer) : 풀 트레일러란 트랙터와 트레일러가 완전히 분리되어 있고 트랙터 자체도 적재함을 가지고 있으며, 총 하중을 트레일러만으로 지탱되도록 설계되어 선단에 견인구 즉, 트랙터를 갖춘 트레일러이다. 돌리와 조합된 세미 트레일러는 풀 트레일러로 해석된다. 이 형태는 기준 내 차량으로서 적재톤수(세미 트레일러급 14톤에 대해 풀 트레일러급 17톤), 적재량, 용적 모두 세미 트레일러보다는 유리하다.

② 세미 트레일러(Semi-Trailer) : 세미 트레일러용 트랙터에 연결하여, 총 하중의 일부분이 견인하는 자동차에 의해서 지탱되도록 설계된 트레일러로서 가동 중인 트레일러 중에서는 가장 많고 일반적인 것이다. 잡화수송에는 밴형 세미 트레일러, 중량물에는 중량용 세미 트레일러 또는 중저상식 트레일러 등이 사용되고 있다. 세미 트레일러는 발착지에서의 트레일러 탈착이 용이하고 공간을 적게 차지해서 후진하는 운전을 하기가 쉽다.

③ 폴 트레일러(Pole Trailer) : 기둥, 통나무 등 장척의 적하물 자체가 트랙터와 트레일러의 연결 부분을 구성하는 구조의 트레일러로서, 파이프나 H형강 등 장척물의 수송을 목적으로 하며, 트랙터에 턴테이블을 비치하고, 폴 트레일러를 연결해서 적재함과 턴테이블이 적재물을 고정시키는 것으로, 축 거리는 적하물의 길이에 따라 조정할 수 있다.

④ 돌리(Dolly) : 세미 트레일러와 조합해서 풀 트레일러로 하기 위한 견인구를 갖춘 대차를 말한다.

### (2) 트레일러의 장점

① 트랙터의 효율적 이용 : 트랙터와 트레일러의 분리가 가능하기 때문에 트레일러가 적화 및 하역을 위해 체류하고 있는 중이라도 트랙터 부분을 사용할 수 있으므로 회전율을 높일 수 있다.

② 효과적인 적재량 : 자동차의 차량총중량은 20ton으로 제한되어 있으나, 화물자동차 및 특수자동차(트랙터와 트레일러가 연결된 경우 포함)의 경우 차량총중량은 40ton이다.

③ 탄력적인 작업 : 트레일러를 별도로 분리하여 화물을 적재하거나 하역할 수 있다.

④ 트랙터와 운전자의 효율적 운영 : 트랙터 1대로 복수의 트레일러를 운영할 수 있으므로 트랙터와 운전사의 이용효율을 높일 수 있다.

⑤ 일시보관기능의 실현 : 트레일러 부분에 일시적으로 화물을 보관할 수 있으며, 여유 있는 하역작업을 할 수 있다.

⑥ 중계지점에서의 탄력적인 이용 : 중계지점을 중심으로 각각의 트랙터가 기점에서 중계점까지 왕복운송함으로써 차량운용의 효율을 높일 수 있다.

### (3) 트레일러의 구조 형상에 따른 종류

① 평상식(Flat Bed, Platform & Straight-frame Trailer) : 전장의 프레임 상면이 평면의 하대를 가진 구조로서 일반화물이나 강재 등의 수송에 적합하다.

② 저상식(Low Bed Trailer) : 적재 시 전고가 낮은 하대를 가진 트레일러로서 불도저나 기중기 등 건설장비의 운반에 적합하다.

③ 중저상식(Drop Bed Trailer) : 저상식 트레일러 가운데 프레임 중앙 하대부가 오목하게 낮은 트레일러로서 대형 핫 코일(Hot Coil)이나 중량 블록 화물 등 중량화물의 운반에 편리하다.

④ 스케레탈 트레일러(Skeletal Trailer) : 컨테이너 운송을 위해 제작된 트레일러로서 전후단에 컨테이너 고정장치가 부착되어 있으며, 20피트(Feet)용, 40피트용 등 여러 종류가 있다.

⑤ 밴 트레일러(Van Trailer) : 하대 부분에 밴형의 보디가 장치된 트레일러로서 일반잡화 및 냉동화물 등의 운반용으로 사용된다.

⑥ 오픈탑 트레일러(Open Top Trailer) : 밴형 트레일러의 일종으로서 천장에 개구부가 있어 화물이 들어가게 만든 고척화물 운반용이다.

⑦ **특수용도 트레일러** : 덤프 트레일러, 탱크 트레일러, 자동차 운반용 트레일러 등이 있다.

### (4) 연결차량의 종류

연결차량(Combination of Vehicles)이란, 1대의 모터 비이클에 1대 또는 그 이상의 트레일러를 결합시킨 것으로, 트레일러 트럭이라고도 한다.

① **단차**(Rigid Vehicle) : 연결 상태가 아닌 자동차 및 트레일러를 지칭하는 말로 연결차량에 대응하여 사용되는 용어이다.

② **풀 트레일러 연결차량**(Road Train)

㉠ 1대의 트럭, 특별차 또는 풀 트레일러용 트랙터와 1대 또는 그 이상의 독립된 풀 트레일러를 결합한 것이다.

㉡ 이 차량은 차량 자체의 중량과 화물의 전중량을 자기의 전후 차축만으로 흡수할 수 있는 구조를 가진 트레일러가 붙어 있는 트럭으로 트랙터와 트레일러가 완전히 분리되어 있고, 트랙터 자체도 Body를 가지고 있다.

> **더 알아보기**
>
> **풀 트레일러의 이점**
> 1. 보통 트럭에 비하여 적재량을 늘릴 수 있다.
> 2. 트랙터 한 대에 트레일러 두세 대를 달 수 있어 트랙터와 운전자의 효율적 운용을 도모할 수 있다.
> 3. 트랙터와 트레일러에 각기 다른 발송지별 또는 품목별 화물을 수송할 수 있게 되어 있다.

③ **세미 트레일러 연결차량**(Articulated Road Train)

㉠ 1대의 세미 트레일러 트랙터와 1대의 세미 트레일러로 이루어진 조합이다.

㉡ 잡화수송에는 밴형 세미 트레일러, 중량물에는 중량형 세미 트레일러 또는 중저상식 트레일러 등이 사용되고 있다.

④ **더블 트레일러 연결차량**(Double Road Train) : 1대의 세미 트레일러용 트랙터와 1대의 세미 트레일러 및 1대의 풀 트레일러로 이루는 조합이다.

⑤ **폴 트레일러 연결차량**

㉠ 1대의 폴 트레일러용 트랙터와 1대의 폴 트레일러로 이루어진 조합이다.

㉡ 대형 파이프, 교각, 대형 목재 등 장척화물을 운반하는 트레일러가 부착된 트럭으로, 트랙터에 장치된 턴테이블에 폴 트레일러를 연결하고, 하대와 턴테이블에 적재물을 고정시켜서 수송한다.

## 4 적재함 구조에 의한 화물자동차의 종류

### (1) 카고 트럭

하대에 간단히 접는 형식의 문짝을 단 차량으로 일반적으로 트럭 또는 카고 트럭이라고 부른다. 카고 트럭은 우리나라에서 가장 보유대수가 많고 일반화된 것이다. 차종은 적재량 1ton 미만의 소형차로부터 12ton 이상의 대형차에 이르기까지 그 수가 많다.

### (2) 전용 특장차

특장차란 차량의 적재함을 특수한 화물에 적합하도록 구조를 갖추거나 특수한 작업이 가능하도록 기계장치를 부착한 차량을 말한다.

① **덤프트럭** : 적재함 높이를 경사지게 하여 적재물을 쏟아 내리는 것으로서 주로 흙, 모래를 수송하는 데 사용하고 있다.

② **믹서차량** : 믹서차는 적재함 위에 회전하는 드럼을 싣고 이 속에 생 콘크리트를 뒤섞으면서 토목건설 현장 등으로 운행하는 차량이다. 보디 부분을 움직이면서 수송하는 기능을 갖고 있다.

③ **벌크차량**(분립체 수송차) : 시멘트, 사료, 곡물, 화학제품, 식품 등 분립체를 자루에 담지 않고 실물상태로 운반하는 차량이다. 일반적으로 벌크차라고 부른다.

④ **액체 수송차** : 각종 액체를 수송하기 위해 탱크 형식의 적재함을 장착한 차량이다. 일반적으로 탱크로리라고 불린다. 수송하는 종류가 대단히 많으며, 적재물의 명칭을 따서 휘발유 로리, 우유 로리 등으로 부른다.

⑤ **냉동차** : 단열 보디에 차량용 냉동장치를 장착하여 적재함 내에 온도 관리가 가능하도록 한 것이다. 냉동식품이나 야채 등 온도 관리가 필요한 화물수송에 사용된다.

⑥ **기타** : 승용차를 수송하는 차량 운반차를 비롯해, 목재(Chip) 운반차, 컨테이너 수송차, 프레하브 전용차, 보트 운반차, 가축 운반차, 말 운반차, 지육 수송차, 병 운반차, 팰릿 전용차, 행거차 등이 있다.

### (3) 합리화 특장차

합리화 특장차란 화물을 싣거나 부릴 때에 발생하는 하역을 합리화하는 설비기기를 차량 자체에 장비하고 있는 차를 지칭한다.

① **실내 하역기기 장비차** : 이 유형에 속하는 차량의 특징은 적재함 바닥면에 롤러컨베이어, 로더용레일, 팰릿 이동용의 팰릿 슬라이더 또는 컨베이어 등을 장치함으로써 적재함 하역의 합리화를 도모하고 있다는 점이다.

② **측방 개폐차** : 화물에 시트를 치거나 로프를 거는 작업을 합리화하고, 동시에 포크리프트에 의해 짐 부리기를 간이화할 목적으로 개발된 것이다. 스태빌라이저차는 보디에 스태빌라이저를 장치하고 수송 중의 화물이 무너지는 것을 방지할 목적으로 개발된 것이다.

③ **쌓기·부리기 합리화차** : 리프트게이트, 크레인 등을 장비하고 쌓기·부리기 작업의 합리화를 위한 차량이다.

④ **시스템 차량** : 트레일러 방식의 소형트럭을 가리키며 CB(Changeable Body)차 또는 탈착 보디차를 말한다.

## 07 화물운송의 책임한계

### 1 이사화물 표준약관의 규정(표준약관 제10035호)

### (1) 인수거절(제7조)

① 이사화물이 다음의 하나에 해당될 때에는 사업자는 그 인수를 거절할 수 있다.

㉠ 현금, 유가증권, 귀금속, 예금통장, 신용카드, 인감 등 고객이 휴대할 수 있는 귀중품

㉡ 위험품, 불결한 물품 등 다른 화물에 손해를 끼칠 염려가 있는 물건

ⓒ 동식물, 미술품, 골동품 등 운송에 특수한 관리를 요하기 때문에 다른 화물과 동시에 운송하기에 적합하지 않은 물건

ⓔ 일반이사화물의 종류, 무게, 부피, 운송거리 등에 따라 운송에 적합하도록 포장할 것을 사업자가 요청하였으나 고객이 이를 거절한 물건

② ①의 ⓒ 내지 ⓔ에 해당되는 이사화물이더라도 사업자는 그 운송을 위한 특별한 조건을 고객과 합의한 경우에는 이를 인수할 수 있다.

**(2) 계약해제(제9조)**

① 고객의 책임 있는 사유로 계약을 해제한 경우에는 다음의 손해배상액을 사업자에게 지급한다. 다만, 고객이 이미 지급한 계약금이 있는 경우에는 그 금액을 공제할 수 있다.

ⓐ 고객이 약정된 이사화물의 인수일 1일 전까지 해제를 통지한 경우 : 계약금

ⓑ 고객이 약정된 이사화물의 인수일 당일에 해제를 통지한 경우 : 계약금의 배액

② 사업자의 책임 있는 사유로 계약을 해제한 경우에는 다음의 손해배상액을 고객에게 지급한다. 다만, 고객이 이미 지급한 계약금이 있는 경우에는 손해배상액과는 별도로 그 금액도 반환한다.

ⓐ 사업자가 약정된 이사화물의 인수일 2일 전까지 해제를 통지한 경우 : 계약금의 배액

ⓑ 사업자가 약정된 이사화물의 인수일 1일 전까지 해제를 통지한 경우 : 계약금의 4배액

ⓒ 사업자가 약정된 이사화물의 인수일 당일에 해제를 통지한 경우 : 계약금의 6배액

ⓓ 사업자가 약정된 이사화물의 인수일 당일에도 해제를 통지하지 않은 경우 : 계약금의 10배액

③ 이사화물의 인수가 사업자의 귀책사유로 약정된 인수일시로부터 2시간 이상 지연된 경우에는 고객은 계약을 해제하고 이미 지급한 계약금의 반환 및 계약금 6배액의 손해배상을 청구할 수 있다.

**(3) 손해배상(제14조)**

① 사업자는 자기 또는 사용인 기타 이사화물의 운송을 위하여 사용한 자가 이사화물의 포장, 운송, 보관, 정리 등에 관하여 주의를 게을리 하지 않았음을 증명하지 못하는 한, 고객에 대하여 다음 ② 및 ③의 이사화물의 멸실, 훼손 또는 연착으로 인한 손해를 배상할 책임을 진다.

② 사업자의 손해배상은 다음에 의한다. 다만, 사업자가 보험에 가입하여 고객이 직접 보험회사로부터 보험금을 받은 경우에는, 사업자는 다음의 금액에서 그 보험금을 공제한 잔액을 지급한다.

ⓐ 연착되지 않은 경우

㉮ 전부 또는 일부 멸실된 경우 : 약정된 인도일과 도착장소에서의 이사화물의 가액을 기준으로 산정한 손해액의 지급

㉯ 훼손된 경우 : 수선이 가능한 경우에는 수선해 주고, 수선이 불가능한 경우에는 ㉮의 규정에 준함

ⓑ 연착된 경우

㉮ 멸실 및 훼손되지 않은 경우 : 계약금의 10배액 한도에서 약정된 인도일시로부터 연착된 1시간마다 계약금의 반액을 곱한 금액(연착 시간 수×계약금×1/2)의 지급. 다만, 연착시간 수의 계산에서 1시간 미만의 시간은 산입하지 않음

㉯ 일부 멸실된 경우 : "ⓐ 연착되지 않은 경우"의 ㉮의 금액 및 "ⓑ 연착된 경우"의 ㉮의 금액 지급

㉰ 훼손된 경우 : 수선이 가능한 경우에는 수선해 주고 "ⓑ 연착된 경우"의 ㉮의 금액 지급, 수선이 불가능한 경우에는 "ⓑ 연착된 경우"의 ㉯의 규정에 준함

③ 이사화물의 멸실, 훼손 또는 연착이 사업자 또는 그의 사용인 등의 고의 또는 중대한 과실로 인하여 발생한 때 또는 고객이 이사화물의 멸실, 훼손 또는 연착으로 인하여 실제 발생한 손해액을 입증한 경우에는 사업자는 ②의 규정에도 불구하고 민법 제393조의 규정에 따라 그 손해를 배상한다.

**(4) 고객의 손해배상(제15조)**

① 고객의 책임 있는 사유로 이사화물의 인수가 지체된 경우에는, 고객은 약정된 인수일시로부터 지체된 1시간마다 계약금의 반액을 곱한 금액(지체 시간 수×계약금×1/2)을 손해배상액으로 사업자에게 지급해야 한다. 다만, 계약금의 배액을 한도로 하며, 지체 시간 수의 계산에서 1시간 미만의 시간은 산입하지 않는다.

② 고객의 귀책사유로 이사화물의 인수가 약정된 일시로부터 2시간 이상 지체된 경우에는, 사업자는 계약을 해제하고 계약금의 배액을 손해배상으로 청구할 수 있다. 이 경우 고객은 그가 이미 지급한 계약금이 있는 경우에는 손해배상액에서 그 금액을 공제할 수 있다.

**(5) 면책(제16조)**

사업자는 이사화물의 멸실, 훼손 또는 연착이 다음의 사유로 인한 경우에는 그 손해를 배상할 책임을 지지 아니한다. 다만, ① 내지 ③의 사유 발생에 대해서는 자신의 책임이 없음을 입증해야 한다.

① 이사화물의 결함, 자연적 소모

② 이사화물의 성질에 의한 발화, 폭발, 뭉그러짐, 곰팡이 발생, 부패, 변색 등

③ 법령 또는 공권력의 발동에 의한 운송의 금지, 개봉, 몰수, 압류 또는 제3자에 대한 인도

④ 천재지변 등 불가항력적인 사유

**(6) 멸실·훼손과 운임 등(제17조)**

① 이사화물이 천재지변 등 불가항력적 사유 또는 고객의 책임 없는 사유로 전부 또는 일부 멸실되거나 수선이 불가능할 정도로 훼손된 경우에는, 사업자는 그 멸실·훼손된 이사화물에 대한 운임 등을 청구하지 못한다. 사업자가 이미 그 운임 등을 받은 때에는 이를 반환한다.

② 이사화물이 그 성질이나 하자 등 고객의 책임 있는 사유로 전부 또는 일부 멸실되거나 수선이 불가능할 정도로 훼손된 경우에는, 사업자는 그 멸실·훼손된 이사화물에 대한 운임 등을 청구할 수 있다.

(7) 책임의 특별소멸사유와 시효(제18조)

① 이사화물의 일부 멸실 또는 훼손에 대한 사업자의 손해배상책임은, 고객이 이사화물을 인도받은 날로부터 30일 이내에 그 일부 멸실 또는 훼손의 사실을 사업자에게 통지하지 아니하면 소멸한다.

② 이사화물의 멸실, 훼손 또는 연착에 대한 사업자의 손해배상책임은, 고객이 이사화물을 인도받은 날로부터 1년이 경과하면 소멸한다. 다만, 이사화물이 전부 멸실된 경우에는 약정된 인도일부터 기산한다.

③ ①·②는 사업자 또는 그 사용인이 이사화물의 일부 멸실 또는 훼손의 사실을 알면서 이를 숨기고 이사화물을 인도한 경우에는 적용되지 아니한다. 이 경우에는 사업자의 손해배상책임은 고객이 이사화물을 인도받은 날로부터 5년간 존속한다.

(8) 사고증명서의 발행(제19조)

이사화물이 운송 중에 멸실·훼손 또는 연착된 경우 사업자는 고객의 요청이 있으면 그 멸실·훼손 또는 연착된 날로부터 1년에 한하여 사고증명서를 발행한다.

(9) 관할법원(제20조)

사업자와 고객 간의 소송은 민사소송법상의 관할에 관한 규정에 따른다.

## 2 택배 표준약관의 규정(표준약관 제10026호)

(1) 운송물의 수탁거절(제12조)

① 송하인이 운송장에 필요한 사항을 기재하지 아니한 경우

② 송하인이 청구나 승낙을 거절하여 운송에 적합한 포장이 되지 않은 경우

③ 송하인이 확인을 거절하거나 운송물의 종류와 수량이 운송장에 기재된 것과 다른 경우

④ 운송물 1포장의 크기가 가로·세로·높이 세 변의 합이 (   )cm를 초과하거나, 최장변이 (    )cm를 초과하는 경우

⑤ 운송물 1포장의 무게가 (    )kg를 초과하는 경우

⑥ 운송물 1포장의 가액이 300만원을 초과하는 경우

⑦ 운송물의 인도예정일(시)에 따른 운송이 불가능한 경우

⑧ 운송물이 화약류, 인화물질 등 위험한 물건인 경우

⑨ 운송물이 밀수품, 군수품, 부정임산물 등 관계기관으로부터 허가되지 않거나 위법한 물건인 경우

⑩ 운송물이 현금, 카드, 어음, 수표, 유가증권 등 현금화가 가능한 물건인 경우

⑪ 운송물이 재생 불가능한 계약서, 원고, 서류 등인 경우

⑫ 운송물이 살아있는 동물, 동물 사체 등인 경우

⑬ 운송이 법령, 사회질서, 기타 선량한 풍속에 반하는 경우

⑭ 운송이 천재지변, 기타 불가항력적인 사유로 불가능한 경우

(2) 운송물의 인도일(제14조)

① 사업자는 다음의 인도예정일까지 운송물을 인도한다.

㉠ 운송장에 인도예정일의 기재가 있는 경우에는 그 기재된 날

㉡ 운송장에 인도예정일의 기재가 없는 경우에는 운송장에 기재된 운송물의 수탁일로부터 인도예정 장소에 따라 다음 일수에 해당하는 날

• 일반 지역 : 2일

• 도서, 산간벽지 : 3일

② 사업자는 수하인이 특정 일시에 사용할 운송물을 수탁한 경우에는 운송장에 기재된 인도예정일의 특정 시간까지 운송물을 인도한다.

(3) 수하인 부재 시의 조치(제15조)

① 사업자는 운송물의 인도 시 수하인으로부터 인도확인을 받아야 하며, 수하인의 대리인에게 운송물을 인도하였을 경우에는 수하인에게 그 사실을 통지한다.

② 사업자는 수하인의 부재로 인하여 운송물을 인도할 수 없는 경우에는 고객(송하인/수하인)과 협의하여 반송하거나, 고객(송하인/수하인)의 요청 시 고객(송하인/수하인)과 합의된 장소에 보관하게 할 수 있으며, 이 경우 수하인과 합의된 장소에 보관하는 때에는 수하인에 인도가 완료된 것으로 한다.

(4) 손해배상(제22조)

① 사업자는 자기 또는 운송 위탁을 받은 자, 기타 운송을 위하여 관여된 자가 운송물의 수탁, 인도, 보관 및 운송에 관하여 주의를 태만히 하지 않았음을 증명하지 못하는 한, ② 내지 ④에 의하여 운송물의 멸실, 훼손 또는 연착으로 인한 손해를 송하인에게 배상한다.

② 송하인이 운송장에 운송물의 가액을 기재한 경우에는 사업자의 손해배상은 다음에 의한다.

㉠ 전부 또는 일부 멸실된 때 : 운송장에 기재된 운송물의 가액을 기준으로 산정한 손해액 또는 송하인이 입증한 운송물의 손해액(영수증 등)

㉡ 훼손된 때

㉮ 수선이 가능한 경우 : 실수선 비용(A/S비용)

㉯ 수선이 불가능한 경우 : ②의 ㉠에 준함

㉢ 연착되고 일부 멸실 및 훼손되지 않은 때

㉮ 일반적인 경우 : 인도예정일을 초과한 일수에 사업자가 운송장에 기재한 운임액(운송장기재운임액)의 50%를 곱한 금액(초과일수×운송장기재운임액×50%). 다만, 운송장기재운임액의 200%를 한도로 함

㉯ 특정 일시에 사용할 운송물의 경우 : 운송장기재운임액의 200%의 지급

㉣ 연착되고 일부 멸실 또는 훼손된 때 : ②의 ㉠ 또는 ㉡에 준함

③ 송하인이 운송장에 운송물의 가액을 기재하지 않은 경우에는 사업자의 손해배상은 다음에 의한다. 이 경우 손해배상한도액은 50만원으로 하되, 운송물의 가액에 따라 할증요금을 지급하는 경우의 손해배상한도액은 각 운송가액 구간별 운송물의 최고가액으로 한다.

ㄱ 전부 멸실된 때 : 인도예정일의 인도예정장소에서의 운송물 가액을 기준으로 산정한 손해액 또는 송하인이 입증한 운송물의 손해액(영수증 등)

ㄴ 일부 멸실된 때 : 인도일의 인도 장소에서의 운송물 가액을 기준으로 산정한 손해액 또는 고객이 입증한 운송물의 손해액(영수증 등)

ㄷ 훼손된 때

㉮ 수선이 가능한 경우 : 실수선 비용(A/S비용)

㉯ 수선이 불가능한 경우 : ③의 ㄴ에 준함

ㄹ 연착되고 일부 멸실 및 훼손되지 않은 때 : 위 ②의 ㄷ을 준용함

ㅁ 연착되고 일부 멸실 또는 훼손된 때 : ③의 ㄴ 또는 ㄷ에 준하되, '인도일'을 '인도예정일'로 함

④ 운송물의 멸실, 훼손 또는 연착이 사업자 또는 운송 위탁을 받은 자, 기타 운송을 위하여 관여된 자의 고의 또는 중대한 과실로 인하여 발생한 때에는, 사업자는 ②와 ③의 규정에도 불구하고 모든 손해를 배상한다.

⑤ ①에 따른 손해에 대하여 사업자가 송하인으로부터 배상 요청을 받은 경우 송하인이 영수증 등 ② 내지 ④에 따른 손해입증서류를 제출한 날로부터 30일 이내에 사업자가 우선 배상한다. 단, 손해입증서류가 허위인 경우에는 적용되지 않는다.

**(5) 사업자의 면책(제24조)**

사업자는 천재지변, 기타 불가항력적인 사유에 의하여 발생한 운송물의 멸실, 훼손 또는 연착에 대해서는 손해배상책임을 지지 아니한다.

**(6) 책임의 특별소멸사유와 시효(제25조)**

① 운송물의 일부 멸실 또는 훼손에 대한 사업자의 손해배상책임은 수하인이 운송물을 수령한 날로부터 14일 이내에 그 일부 멸실 또는 훼손의 사실을 송하인이 사업자에게 통지하지 아니하면 소멸한다.

② 운송물의 일부 멸실, 훼손 또는 연착에 대한 사업자의 손해배상책임은 수하인이 운송물을 수령한 날로부터 1년이 경과하면 소멸한다. 다만, 운송물이 전부 멸실된 경우에는 그 인도예정일로부터 기산한다.

③ ①과 ②는 사업자 또는 그 운송 위탁을 받은 자, 기타 운송을 위하여 관여된 자가 운송물의 일부 멸실 또는 훼손의 사실을 알면서 이를 숨기고 운송물을 인도한 경우에는 적용되지 아니한다. 이 경우에는 사업자의 손해배상책임은 수하인이 운송물을 수령한 날로부터 5년간 존속한다.

# 2일 핵심만 콕! 콕!

**5일 완성 화물운송종사자격** 쉽고 빠르게~ 합격은 나의 것!

**#** **핵심만 콕! 콕!** 최신 가이드북 완벽 반영한 핵심이론!

**#** **자주 나오는 문제** 다양한 빈출문제로 출제유형 파악!

**#** **달달 외워서 합격** 실전대비 합격문제로 마무리!

| 제3과목 | 안전운행 | ✔ 회독 CHECK 1 2 3 |
| --- | --- | --- |
| 제4과목 | 운송서비스 | ✔ 회독 CHECK 1 2 3 |

쉽고 빠르게~ 합격은 나의 것!

# 5일 완성

## 화물운송종사자격

제 **3** 과목

# 안전운행

## 01 교통사고의 요인

### 1 교통사고의 요인

**(1) 도로교통체계를 구성하는 요소**

다음의 요소들이 제 기능을 다하지 못할 때 체계의 이상이 초래되고 그 결과는 교통사고를 비롯한 갖가지 교통문제로 연결된다.
① 운전자 및 보행자를 비롯한 도로사용자
② 도로 및 교통신호등 등의 환경
③ 차량들

**(2) 교통사고의 3대 요인**

① **인적요인(운전자, 보행자 등)** : 신체, 생리, 심리, 적성, 습관, 태도 요인 등을 포함하는 개념으로 운전자 또는 보행자의 신체적·생리적 조건, 위험의 인지와 회피에 대한 판단, 심리적 조건 등에 관한 것과 운전자의 적성과 자질, 운전습관, 내적태도 등에 관한 것
② **차량요인** : 차량구조장치, 부속품 또는 적하(積荷) 등
③ **도로·환경요인**
　ㄱ **도로요인**
　　• 도로구조 : 도로의 선형, 노면, 차로 수, 노폭, 구배 등에 관한 것
　　• 안전시설 : 신호기, 노면표시, 방호책 등 도로의 안전시설 등에 관한 것
　ㄴ **환경요인**
　　• 자연환경 : 기상, 일광 등 자연조건에 관한 것
　　• 교통환경 : 차량 교통량, 운행차 구성, 보행자 교통량 등 교통상황에 관한 것
　　• 사회환경 : 일반국민·운전자·보행자 등의 교통도덕, 정부의 교통정책, 교통단속과 형사처벌 등에 관한 것
　　• 구조환경 : 교통여건변화, 차량점검 및 정비관리자와 운전자의 책임한계 등
※ 도로·환경요인을 도로요인과 환경요인으로 나누어 4대 요인으로 분류하기도 한다.
※ 일부 교통사고는 이상의 3대 요인(또는 4대 요인) 중 하나의 요인만으로 설명될 수 있으나, 대부분의 교통사고는 둘 이상의 요인들이 복합적으로 작용하여 유발된다.

## 02 운전자 요인과 안전운행

### 1 운전 특성

① **인지·판단·조작**
　ㄱ 운전자는 교통상황을 알아차리고(인지), 어떻게 자동차를 운전할 것인지를 결정하고(판단), 그 결정에 따라 자동차를 움직이는 운전행위(조작)의 과정을 수없이 반복한다.
　ㄴ 운전자 요인에 의한 교통사고는 '인지·판단·조작' 과정의 어느 특정한 과정 또는 둘 이상 과정의 결함에서 일어난다. 이 중 인지과정의 결함에 의한 사고가 절반 이상으로 가장 많고, 이어 판단과정의 결함, 조작과정의 결함 순이다.
　ㄷ 교통사고를 예방하고 안전을 확립하기 위해서는 운전자의 인지·판단·조작에 영향을 미치는 심리적·생리적 요인 등에 대해서도 고려해야 한다. 인적요인은 차량요인·도로환경요인 등 다른 요인에 비해 변화·수정이 상대적으로 어렵다. 따라서 체계적이고 계획적인 교육, 훈련, 지도, 계몽 등을 통해 지속적인 변화를 추구해야 한다.
② **운전에 영향을 미치는 조건**
　ㄱ 신체·생리적 조건 : 피로, 약물, 질병 등
　ㄴ 심리적 조건 : 흥미, 욕구, 정서 등
③ 운전특성은 사람 간 개인차가 있고, 개인 내에서도 신체적·생리적 및 심리적 상태에 따라 다르게 나타난다. 또한 가변적인 환경조건에도 영향을 받는다.

### 2 시각 특성

**(1) 정지시력**

정지시력이란 아주 밝은 상태에서 1/3인치(0.85cm) 크기의 글자를 20피트(6.10m) 거리에서 읽을 수 있는 사람의 시력을 말하며, 정상시력은 20/20으로 나타낸다.

> **더 알아보기**
>
> **운전과 관련되는 시각의 특성**
> 1. 운전자는 운전에 필요한 정보의 대부분을 시각을 통하여 획득한다.
> 2. 속도가 빨라질수록 시력은 떨어진다.
> 3. 속도가 빨라질수록 시야의 범위가 좁아진다.
> 4. 속도가 빨라질수록 전방주시점은 멀어진다.

**(2) 시력기준(도로교통법 시행령 제45조 제1항 제1호)**

① **시력(교정시력을 포함)**
　ㄱ 제1종 운전면허 : 두 눈을 동시에 뜨고 잰 시력이 0.8 이상이고, 두 눈의 시력이 각각 0.5 이상일 것. 다만, 한쪽 눈을 보지 못하는 사람이 보통면허를 취득하려는 경우에는 다른 쪽 눈의 시력이 0.8 이상이고, 수평시야가 120° 이상이며, 수직시야가 20° 이상이고, 중심시야 20° 내 암점 또는 반맹이 없어야 한다.

ⓛ 제2종 운전면허 : 두 눈을 동시에 뜨고 잰 시력이 0.5 이상일 것. 다만, 한쪽 눈을 보지 못하는 사람은 다른 쪽 눈의 시력이 0.6 이상이어야 한다.

② 붉은색·녹색 및 노란색을 구별할 수 있어야 한다.

### (3) 동체시력

동체시력이란 움직이는 물체(자동차, 사람 등) 또는 움직이면서(운전하면서) 다른 자동차나 사람 등의 물체를 보는 시력을 말한다.

① 동체시력은 물체의 이동속도가 빠를수록 상대적으로 저하된다.

② 동체시력은 연령이 높을수록 더욱 저하된다.

③ 동체시력은 장시간 운전에 의한 피로상태에서도 저하된다.

### (4) 야간시력

① 야간의 시력저하 : 해질 무렵에는 전조등을 비추어도 주변의 밝기와 비슷하기 때문에 다른 자동차나 보행자를 보기가 어렵다. 더욱이 야간에는 어둠으로 인해 대상물을 명확하게 보기 어렵기 때문에 가로등이나 차량의 전조등이 사용된다.

② 야간시력과 주시대상

　ⓛ 사람이 입고 있는 옷 색깔의 영향

　　• 무엇인가 있다는 것을 인지하는 데 좋은 옷 색깔은 흰색, 엷은 황색의 순이며 흑색이 가장 어렵다.

　　• 무엇인가가 사람이라는 것을 확인하는 데 좋은 옷 색깔은 적색, 백색의 순이며 흑색이 가장 어렵다.

　　• 주시대상인 사람이 움직이는 방향을 알아 맞추는 데 가장 좋은 옷 색깔은 적색이며 흑색이 가장 어렵다.

　　• 흑색의 경우는 신체의 노출 정도에 따라 영향을 받는데, 노출 정도가 심할수록 빨리 확인할 수 있다.

　ⓛ 통행인의 노상위치와 확인거리 : 주간의 경우 운전자는 중앙선에 있는 통행인을 갓길에 있는 사람보다 쉽게 확인할 수 있지만, 야간에는 대향차량 간의 전조등에 의한 현혹현상(눈부심 현상)으로 중앙선상의 통행인을 우측 갓길에 있는 통행인보다 확인하기 어렵다.

　ⓒ 야간운전 주의사항

　　• 운전자가 눈으로 확인할 수 있는 시야의 범위가 좁아진다.

　　• 마주 오는 차의 전조등 불빛에 현혹되는 경우 물체식별이 어려워진다. 마주 오는 차의 전조등 불빛으로 눈이 부실 때에는 시선을 약간 오른쪽으로 돌려 눈부심을 방지하도록 한다.

　　• 술에 취한 사람이 차도에 뛰어드는 경우에 주의해야 한다.

　　• 전방이나 좌우 확인이 어려운 신호등 없는 교차로나 커브길 진입 직전에는 전조등(상향과 하향을 2~3회 변환)으로 자기 차가 진입하고 있음을 알려 사고를 방지한다.

　　• 보행자와 자동차의 통행이 빈번한 도로에서는 항상 전조등의 방향을 하향으로 하여 운행하여야 한다.

### (5) 암순응과 명순응

① 암순응 : 일광 또는 조명이 밝은 조건에서 어두운 조건으로 변할 때 사람의 눈이 그 상황에 적응하여 시력을 회복하는 것을 말한다. 상황에 따라 다르지만 대개의 경우 완전한 암순응에는 30분 혹은 그 이상 걸리며 이것은 빛의 강도에 좌우된다(터널은 5~10초 정도).

② 명순응 : 일광 또는 조명이 어두운 조건에서 밝은 조건으로 변할 때 사람의 눈이 그 상황에 적응하여 시력을 회복하는 것을 말한다. 상황에 따라 다르지만 명순응에 걸리는 시간은 암순응보다 빨라 수초~1분에 불과하다.

### (6) 심시력

전방에 있는 대상물까지의 거리를 목측하는 것을 심경각이라고 하며, 그 기능을 심시력이라고 한다. 심시력의 결함은 입체공간 측정의 결함으로 인한 교통사고를 초래할 수 있다.

### (7) 시 야

① 시야와 주변시력 : 정지한 상태에서 눈의 초점을 고정시키고 양쪽 눈으로 볼 수 있는 범위를 시야라고 한다. 정상적인 시력을 가진 사람의 시야범위는 180~200°이다. 시야 범위 안에 있는 대상물이라 하더라도 시축에서 벗어나는 시각(視角)에 따라 시력이 저하된다. 그 정도는 시축(視軸)에서 시각이 약 3° 벗어나면 약 80%, 6° 벗어나면 약 90%, 12° 벗어나면 약 99%가 저하된다. 따라서 주행 중인 운전자는 전방의 한 곳에만 주의를 집중하기보다는 시야를 넓게 갖도록 하고 주시점을 끊임없이 이동시키거나 머리를 움직여 상황에 대응하는 운전을 해야 한다. 한쪽 눈의 시야는 좌우 각각 약 160° 정도이며 양쪽 눈으로 색채를 식별할 수 있는 범위는 약 70°이다.

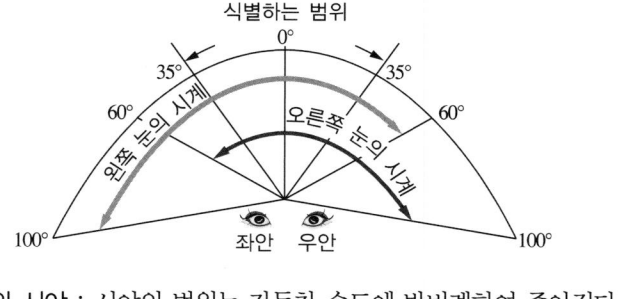

② 속도와 시야 : 시야의 범위는 자동차 속도에 반비례하여 좁아진다. 정상시력을 가진 운전자의 정지 시 시야범위는 약 180~200°이지만, 매시 40km로 운전 중이라면 그의 시야범위는 약 100°, 매시 70km면 약 65°, 매시 100km면 약 40°로 속도가 높아질수록 시야의 범위는 점점 좁아진다.

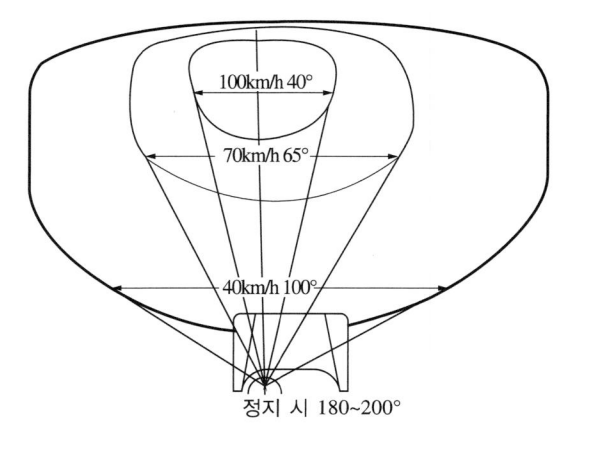

③ 주의의 정도와 시야 : 어느 특정한 곳에 주의가 집중되었을 경우의 시야범위는 집중의 정도에 비례하여 좁아진다. 운전 중 불필요한 대상에 주의가 집중되어 있다면 주의를 집중한 것에 비례하여 시야범위가 좁아지고 교통사고의 위험은 그만큼 커진다.

(8) 주행시공간(走行視空間)의 특성

① 속도가 빨라질수록 주시점은 멀어지고 시야는 좁아진다.

② 속도가 빨라질수록 가까운 곳의 풍경(근경)은 더욱 흐려지고 작고 복잡한 대상은 잘 확인되지 않는다.

## 3 사고의 심리

(1) 교통사고의 원인과 요인

교통사고의 원인이란 반드시 사고라는 결과를 초래한 그 어떤 것을 말하며, 사고의 요인이란 교통사고 원인을 초래한 인자를 말한다. 교통사고의 요인은 간접적 요인, 중간적 요인, 직접적 요인 등 3가지로 구분된다.

① 간접적 요인 : 교통사고 발생을 용이하게 한 상태를 만든 조건

㉠ 운전자에 대한 홍보활동 결여 또는 훈련의 결여

㉡ 차량의 운전 전 점검습관의 결여

㉢ 안전운전을 위하여 필요한 교육태만, 안전지식 결여

㉣ 무리한 운행계획

㉤ 직장이나 가정에서의 원만하지 못한 인간관계 등

② 중간적 요인

㉠ 운전자의 지능

㉡ 운전자 성격

㉢ 운전자 심신기능

㉣ 불량한 운전태도

㉤ 음주·과로 등

③ 직접적 요인 : 사고와 직접 관계있는 것

㉠ 사고 직전 과속과 같은 법규위반

㉡ 위험인지의 지연

㉢ 운전조작의 잘못, 잘못된 위기대처 등

(2) 교통사고의 심리적 요인

① 교통사고 운전자의 특성

㉠ 선천적 능력(타고난 심신기능의 특성) 부족

㉡ 후천적 능력(학습에 의해서 습득한 운전에 관계되는 지식과 기능) 부족

㉢ 바람직한 동기와 사회적 태도(각양의 운전상태에 대하여 인지, 판단, 조작하는 태도) 결여

㉣ 불안정한 생활환경 등

② 착 각

㉠ 크기의 착각 : 어두운 곳에서는 가로 폭보다 세로 폭의 길이를 보다 넓은 것으로 판단한다.

㉡ 원근의 착각 : 작은 것과 덜 밝은 것은 멀리 있는 것으로 느껴진다.

㉢ 경사의 착각

• 작은 경사는 실제보다 작게, 큰 경사는 실제보다 크게 보인다.

• 오름 경사는 실제보다 크게, 내림 경사는 실제보다 작게 보인다.

㉣ 속도의 착각

• 좁은 시야에서는 빠르게 느껴진다. 비교 대상이 먼 곳에 있을 때는 느리게 느껴진다.

• 상대 가속도감(반대방향), 상대 감속도감(동일방향)을 느낀다.

㉤ 상반의 착각

• 주행 중 급정거 시 반대방향으로 움직이는 것처럼 보인다.

• 큰 것들 가운데 있는 작은 것은, 작은 것들 가운데 있는 같은 것보다 작아 보인다.

• 한쪽 곡선을 보고 반대방향의 곡선을 봤을 경우 실제보다 더 구부러져 있는 것처럼 보인다.

③ 예측의 실수

㉠ 감정이 격앙된 경우

㉡ 고민거리가 있는 경우

㉢ 시간에 쫓기는 경우

## 4 운전피로

(1) 운전피로의 개념

운전작업에 의해서 일어나는 신체적인 변화, 심리적으로 느끼는 무기력 감, 객관적으로 측정되는 운전기능의 저하를 총칭한다. 순간적으로 변화하는 운전환경에서 오는 운전피로는 신체적 피로와 정신적 피로를 동시에 수반하지만, 신체적인 부담보다 오히려 심리적인 부담이 더 크다.

(2) 운전피로의 특징과 요인

① 운전피로의 특징

㉠ 피로의 증상은 전신에 걸쳐 나타나고 이는 대뇌의 피로(나른함, 불쾌감 등)를 불러온다.

㉡ 피로는 운전작업의 생략이나 착오가 발생할 수 있다는 위험 신호이다.

㉢ 단순한 운전피로는 휴식으로 회복되나 정신적, 심리적 피로는 신체적 부담에 의한 일반적 피로보다 회복시간이 길다.

② 운전피로의 요인

㉠ 생활요인 : 수면·생활환경 등

㉡ 운전작업 중의 요인 : 차내 환경·차외 환경·운행조건 등

㉢ 운전자 요인 : 신체조건·경험조건·연령조건·성별조건·성격·질병 등

(3) 피로와 교통사고

① 피로의 진행과정

㉠ 피로의 정도가 지나치면 과로가 되고 정상적인 운전이 곤란해진다.

㉡ 피로 또는 과로 상태에서는 졸음운전이 발생될 수 있고 이는 교통사고로 이어질 수 있다.

㉢ 연속운전은 일시적으로 급성피로를 야기한다.

㉣ 매일 시간상 또는 거리상으로 일정 수준 이상의 무리한 운전을 하면 만성피로를 초래한다.

② 운전피로와 교통사고 : 운전피로는 대체로 운전조작의 잘못, 주의력 집중의 편재, 외부의 정보를 차단하는 졸음 등을 불러와 교통사고의 직·간접 원인이 된다.

③ 장시간 연속운전 : 장시간 연속운전은 심신의 기능을 현저히 저하시키기 때문에 운행계획에 휴가시간을 삽입하고 생활관리를 철저히 해야 한다.

④ **수면부족** : 적정한 시간의 수면을 취하지 못한 운전자는 교통사고를 유발할 가능성이 높다. 따라서 출발 전에 충분한 수면을 취하는 것이 필요하다.

### (4) 피로와 운전착오

① 운전작업의 착오는 운전업무 개시 후 또는 종료 시에 많아진다. 개시 직후의 착오는 정적 부조화, 종료 시의 착오는 운전피로가 그 배경이다.

② 운전시간 경과와 더불어 운전피로가 증가하여 작업타이밍의 불균형을 초래한다. 이는 운전기능, 판단착오, 작업단절 현상을 초래하는 잠재적 사고로 볼 수 있다.

③ 운전착오는 심야에서 새벽 사이에 많이 발생한다. 각성수준의 저하, 졸음과 관련된다.

④ 운전 피로에 정서적 부조나 신체적 부조가 가중되면 조잡하고 난폭하며 방만한 운전을 하게 된다.

⑤ 피로가 쌓이면 졸음상태가 되어 차외, 차내의 정보를 효과적으로 입수하지 못한다.

## 5 보행자

### (1) 보행 중 교통사고

① 우리나라 보행 중 교통사고 사망자 구성비는 OECD 평균(18.8%)보다 높은 38.9%이며, 미국(14.5%), 프랑스(14.2%), 일본(36.2%) 등에 비해 높은 것으로 나타나고 있다(출처 : 2013 OECD 보행 중 사망자 수 구성비, 한국교통안전공단, 2016).

② 차 대 사람의 사고가 가장 많은 보행유형은 어떻게 도로를 횡단하였든 횡단 중(횡단보도 횡단, 횡단보도 부근 횡단, 육교 부근 횡단, 기타 횡단)의 사고가 가장 많다(54.7%).

③ 어떤 형태이든 통행 중의 사고가 많으며, 연령층별로는 어린이와 노약자가 높은 비중을 차지한다.

### (2) 보행자 사고의 요인

① 교통사고를 당했을 당시의 보행자 요인은 교통상황 정보를 제대로 인지하지 못한 경우가 가장 많고, 다음으로 판단착오, 동작착오의 순서로 많다.

② 보행자의 교통정보 인지결함의 원인

㉠ 술에 많이 취해 있었다.

㉡ 등교 또는 출근시간 때문에 급하게 서둘러 걷고 있었다.

㉢ 횡단 중 한쪽 방향에만 주의를 기울였다.

㉣ 동행자와 이야기에 열중했거나 놀이에 열중했다.

㉤ 피곤한 상태여서 주의력이 저하되었다.

㉥ 다른 생각을 하면서 보행하고 있었다.

### (3) 비횡단보도 횡단보행자의 심리

① 횡단보도로 건너면 거리가 멀고 시간이 더 걸리기 때문이다.

② 평소 교통질서를 잘 지키지 않는 습관을 그대로 답습한다.

③ 자동차가 달려오지만 충분히 건널 수 있다고 판단한다.

④ 갈 길이 바쁘다.

⑤ 술에 취해 있다.

## 6 음주와 운전

경찰청 발표 교통사고통계(2015)에 따르면 음주운전 교통사고는 전체 교통사고의 약 10.5%를 점유하고 있다.

### (1) 과다음주(알콜 남용)의 정의

과다음주란 알콜 중독보다는 경미한 상태로 의존적 증상은 없으나 신체적·심리적·사회적 문제가 생길 정도로 과도하고 빈번하게 술을 마시는 것을 말한다.

### (2) 과다음주의 문제점

① **질병** : 과다음주(알코올 남용)는 신체의 거의 모든 부분에 영향을 미쳐 간질환, 위염, 췌장염, 고혈압, 중풍, 식도염, 당뇨병, 그리고 심장병 등 많은 질환을 일으키는 것으로 보고되고 있다.

② **행동 및 심리** : 과도한 음주는 반사회적 행동, 정신장애, 기타 약물 남용, 강박신경증 등을 유발할 가능성이 높고, 우울증과 자살도 음주와 밀접한 관련이 있는 것으로 나타나고 있다.

③ **교통사고** : 과도한 음주가 아니더라도 음주는 안전한 교통생활에 매우 부정적인 영향을 미친다. 보행자의 경우도 음주보행은 교통사고의 위험을 증가시키며, 운전자의 경우는 더욱 위험하여 치명적인 교통사고로 연결되는 경우가 많다.

### (3) 음주운전 교통사고의 특징

① 음주운전으로 인한 교통사고는 치사율이 높다.

② 주차 중인 자동차와 같은 정지물체 등에 충돌할 가능성이 높다.

③ 전신주, 가로시설물, 가로수 등과 같은 고정물체와 충돌할 가능성이 높다.

④ 차량단독 사고의 가능성이 높다(차량단독 도로이탈사고 등).

⑤ 대향차의 전조등에 의한 현혹 현상 발생 시 정상운전보다 교통사고 위험이 증가된다.

### (4) 음주의 개인차

① 음주량과 체내 알코올 농도의 관계

㉠ 매일 알코올을 접하는 습관성 음주자는 음주 30분 후에 체내 알코올 농도가 정점에 도달하였지만 그 체내 알코올 농도는 중간적(평균적) 음주자의 절반 수준이었다.

㉡ 중간적 음주자는 음주 후 60분에서 90분 사이에 체내 알코올 농도가 정점에 달하였지만 그 농도는 습관성 음주자의 2배 수준이었다.

② **체내 알코올 농도의 남녀 차** : 성별에 따라 체내 알코올 농도가 정점에 도달하는 시간의 차이가 존재하며 여자가 먼저 정점에 도달한다(여자는 음주 30분 후, 남자는 60분 후).

③ 이 밖에도 음주자의 체중, 음주 시의 신체적 조건 및 심리적 조건에 따라 체내 알코올 농도 및 그 농도의 시간적 변화에 차이가 있다.

### (5) 체내 알코올 농도와 제거 소요시간

음주가 사람에 미치는 영향에는 개인차가 있고 음주 후 체내 알코올 농도가 제거되는 시간에도 개인차가 존재하지만, 체내 알코올은 충분한 시간이 경과해야만 제거된다.

## 7 교통약자

(1) 고령재(노인층) 교통안전

① 고령자의 교통행동

㉠ 고령자는 오랜 사회생활을 통하여 풍부한 지식과 경험을 가지고 있으며, 행동이 신중하여 모범적 교통 생활인으로서의 자질을 갖추고 있다.

㉡ 고령자는 신체적인 면에서 운동능력이 떨어지고 시력·청력 등 감지기능이 약화되어 위급 시 회피능력이 둔화되는 연령층이다.

㉢ 교통안전과 관련하여 움직이는 물체에 대한 판별능력이 저하되고 야간의 어두운 조명이나 대향차가 비추는 밝은 조명에 적응능력이 상대적으로 부족하다.

② 고령 운전자의 의식

㉠ 젊은층에 비하여 상대적으로 신중하다.

㉡ 과속을 하지 않는다.

㉢ 반사신경이 둔하다.

㉣ 돌발사태 시 대응력이 미흡하다.

③ 고령 운전자의 불안감

㉠ 고령 운전자의 '급후진, 대형차 추종운전' 등은 고령 운전자를 위험에 빠뜨리고 다른 운전자에게도 불안감을 유발시킨다.

㉡ 고령에서 오는 운전기능과 반사기능의 저하는 고령 운전자에게 강한 불안감을 준다.

㉢ '좁은 길에서 대형차와 교행할 때' 연령이 높을수록 불안감이 높아지는 경향이 있다.

㉣ 전방의 장애물이나 자극에 대한 반응은 60대·70대가 된다해도 급격히 저하되거나 쇠퇴하는 것은 아니지만, 후사경을 통해서 인지하고 반응해야 하는 '후방으로부터의 자극'에 대한 동작은 연령이 증가함에 따라서 크게 지연된다.

④ 고령자 교통안전 장애 요인

㉠ 고령자의 시각능력

• 시력 자체의 저하현상 발생

• 대비(Contrast)능력 저하

• 동체시력의 약화현상

• 원근 구별능력의 약화

• 암순응에 필요한 시간 증가

• 눈부심(Glare)에 대한 감수성이 증가

• 시야(Visual Field) 감소현상

㉡ 고령자의 청각능력

• 청각기능의 상실 또는 약화현상

• 주파수 높이의 판별 저하

• 목소리 구별의 감수성 저하

㉢ 고령자의 사고·신경능력

• 복잡한 교통상황에서 필요한 빠른 신경활동과 정보판단 처리능력이 저하

• 노화에 따른 근육운동의 저하

– 선택적 주의력 저하

– 다중적인 주의력의 저하

– 인지반응시간이 증가

– 복잡한 상황보다 단순한 상황을 선호

㉣ 고령 보행자의 보행행동 특성

• 고착화된 자기 경직성

• 이면도로 등에서 도로의 노면표시가 없으면 도로 중앙부를 걷는 경향을 보이며, 보행 궤적이 흔들거리며 보행 중에 사선횡단을 하기도 함

• 고령자들은 보행 시 상점이나 포스터를 보면서 걷는 경향이 있음

• 정면에서 오는 차량 등을 회피할 수 있는 여력을 갖지 못하며, 소리 나는 방향을 주시하지 않는 경향이 있음

⑤ 고령 보행자 교통안전 계몽 사항

㉠ 필요시 안경착용

㉡ 단독, 다수 또는 부축을 받아 도로를 횡단하는 방법

㉢ 야간에 운전자들의 눈에 잘 보이게 하는 방법(의복, 야광재의 보조)

㉣ 필요시 보청기 사용

㉤ 도로 횡단 시 이륜자동차(모터사이클)를 잘 살피는 것

㉥ 필요시 주차된 자동차 사이 통과방법

㉦ 기타 필요한 사항

⑥ 고령 보행자 안전수칙

㉠ 안전한 횡단보도를 찾아 멈춘다.

㉡ 횡단보도 신호에 녹색불이 들어와도 바로 건너지 않고 오고 있는 자동차가 정지했는지 확인한다.

㉢ 자동차가 오고 있다면 보낸 후 똑바로 횡단한다.

㉣ 횡단하는 동안에도 계속 주의를 기울인다.

㉤ 횡단보도를 건널 때 젊은이의 보행속도에 맞추어 무리하게 건너지 말고 능력에 맞게 건너면서 손을 들어 자동차에 양보신호를 보낸다.

㉥ 횡단보도 신호가 점멸 중일 때는 늦게 진입하지 말고 다음 신호를 기다린다.

㉦ 주차 또는 정차된 자동차 앞뒤와 골목길, 코너는 운전자가 볼 수 없는 지역이므로 일단 정지하여 확인한 후 천천히 이동해야 한다.

㉧ 음주 보행은 신체적, 정신적 능력을 저하시키므로 최대한 삼간다.

㉨ 생활 도로를 이용할 때 길 가장자리를 이용하여 안전하게 이동해야 한다.

㉩ 야간 이동 시에는 눈에 띄는 밝은 색 옷을 입어야 한다.

⑦ 고령운전자의 특성

㉠ 시각적 특성 : 사물과 사물을 식별하는 대비능력이 저하되고, 광선 혹은 섬광에 대한 민감성이 증가하며, 시계 감소현상으로 좁아진 시계 바깥에 있는 표지판, 신호, 차량, 보행자 등을 발견하지 못하는 경향이 있다. 고령으로 인한 저하되는 시각적 특성은 다음과 같다.

• 조도와 야간 시력

• 섬광회복력

• 대비(對比) 민감도

• 색채에 대한 구별

– 시각적 대상의 명도대비 및 색상

– 반사휘도와 색상

– 시 야

ⓒ 인지적 특성(정보처리와 선택적 주의) : 운전자는 운전 중 많은 정보를 탐색하고 또 필요한 정보를 선택하여 처리하나 이는 상당히 짧은 시간에 일어나야 한다. 고령운전자는 상황을 지각하고, 들어온 정보를 조직화하고 반응하는 데에 더 많은 시간을 필요로 한다. 정보란 아래를 의미한다.

- 속도와 거리판단의 정확성
- 좌회전 신호에 대한 정보처리 능력
- 단기기억

ⓒ 반응 특성 : 고령자의 신체적인 쇠퇴는 운전행동을 수행하는 능력을 손상시키며, 이는 빠르고 과도한 피로와 혼란을 일으켜 다음의 반응을 느리게 만든다.

- 긴급 상황에서의 인지반응시간
- 연속적 행동에 대한 인지반응시간

⑧ **고령인구 및 고령운전자 추이**

㉠ 고령인구 추이 : 2001년에서 2018년까지 우리나라 전체 인구는 연평균 약 0.5% 증가하였다. 13세 미만 어린이 인구가 약 2.5% 감소한데 반해서, 65세 이상 노령인구는 약 6.4%나 증가하였고, 전체 인구의 약 18.9%로 고령사회로 진입하였다.

㉡ 고령운전자 추이 : 2001년 이후 전체 운전면허 소지자는 2.4% 증가, 65세 이상 노인 운전면허 소지자 수는 8.5% 증가하였다. 전체 운전면허 소지자 중 65세 이상 노인 운전면허 소지자 수의 점유율은 2001년 1.8%에서 2018년 9.3%로 현저히 증가하였다.

⑨ **시·공간적 교통사고 특성**

㉠ 시간대별 특성

- 청장년층 : 사망사고 발생건수가 20시 이후 야간 및 새벽시간에 평균 이상이 집중
- 고령층 : 사망사고 발생건수가 18~20시까지 가장 많고, 오전부터 낮 시간대에 평균 이상이 집중
  ※ 후기고령층보다 전기고령층의 사망사고 발생건수는 약 1.6배 더 많다.

㉡ 요일별 특성

- 청장년층 : 사망사고 발생건수가 주중이 주말보다 2.4배 높다.
- 고령층 : 사망사고 발생건수가 주중이 주말보다 2.8배 높다.
  ※ 전기고령층의 경우 주중과 주말의 차이가 2.6배인 반면, 후기고령층은 그 이상이다.

㉢ 도시규모별 특성 : 연령층과 관계없이 군 단위가 10만 명당 29.6건으로 가장 많다. 군 단위에서 청장년층과 비교하여 전기고령층의 사망사고 발생건수가 다소 많다.

⑩ **인적 요인별 교통사고 특성**

㉠ 운전면허 경과년수별 특성 : 청장년층은 운전자 사망사고 발생건수가 운전면허 경과년수 5~10년 미만인 경우가 가장 많은 것으로 나타났으나, 운전면허 경과년수와 관계없이 전반적으로 많다. 반면 고령층의 경우 15년 이상인 경우에만 집중되고 있다.
  ※ 운전면허 경과년수에 관계없이 전기고령층 사망사고 발생건수가 후기고령층 사망사고 발생건수보다 약 1.9배 많다.

ⓒ 사고 직전 행동별 특성 : 청장년층은 직진 중에만 집중되고 있다. 반면, 고령층은 직진 중뿐만 아니라, 좌·우회전 중에 사고가 집중되고 있다. 특히 전기고령층은 좌·우회전 사망사고 발생건수가 청장년층에 비해 약 2배 더 많다.

ⓒ 법규위반별 특성 : 청장년층은 안전운전의무불이행에만 사고가 집중되고 있다. 고령층도 안전운전의무불이행에만 사고가 집중되고 있으며, 전기고령층의 안전운전의무불이행으로 인한 사망사고 발생건수는 청장년층에 비해 1.2배 많다. 과속, 중앙선침범, 신호위반, 교차로 통행방법위반 등 전기고령층 사망사고 발생건수도 청장년층에 비해 약 1.3~1.9배 많다.

⑪ **도로환경적 교통사고 특성**

㉠ 도로종류별 특성

- 고령층은 일반국도, 지방도에서 청장년층에 비해 상대적으로 사망사고 발생건수가 더 많다. 반면 고속도로에서는 고령층 운전자 사망사고 발생건수가 적다.
- 도시규모의 도로종류에 따라 사고발생률이 다르다.
  - 대도시 : 연령에 관계없이 특별광역시도에 집중되고 있다. 그중 전기고령층의 사망사고 발생 건수는 청장년층의 1.3배, 후기고령층의 2배 더 많다.
  - 중소도시 : 연령에 관계없이 시도, 일반국도, 지방도 순으로 사망사고 발생건수가 많다.
  - 군 단위 : 연령에 관계없이 일반국도, 지방도, 군도 순으로 사망사고 발생건수가 많다.

㉡ 도로형태별 특성 : 청장년층은 일반 단일로에 사고가 집중되어 있고, 고령층은 일반 단일로뿐만 아니라 교차로 내에 사고 발생이 집중되어 있다.

⑫ **차량요인별 교통사고 특성**

㉠ 청장년층 : 승용차, 화물차에 집중

㉡ 고령층 : 승용차, 화물차, 이륜차, 원동기장치자전거 등의 순서

㉢ 승용차에 의한 고령층 사고 발생건수는 청장년층에 비해 절반 수준인 반면, 이륜차, 자전거, 농기계 등에 의한 사고발생건수는 약 2배 이상 많다.

**(2) 어린이 교통안전**

① **어린이 교통사고의 특징**

㉠ 어릴수록 그리고 학년이 낮을수록 교통사고가 많다.

㉡ 보행 중 교통사고를 당하여 사망하는 비율이 가장 높다.

㉢ 시간대별 어린이 보행 사상자는 오후 4시에서 오후 6시 사이에 가장 많다.

㉣ 보행 중 사상자는 집이나 학교 근처 등 어린이 통행이 잦은 곳에서 가장 많이 발생되고 있다. 중학생 이하 어린이 교통 사고 예방을 위해서는 무엇보다 보행안전을 확보해야 한다는 사실을 알 수 있다.

② **어린이의 교통행동 특성**

㉠ 교통상황에 대한 주의력 부족 : 공놀이를 하다가 공이 도로로 굴러가게 되었을 때 자동차 등에 주의를 기울이지 못하고 공을 따라 무심코 도로에 뛰어들어 위험을 자초하는 경우

㉡ 판단력 부족과 모방행동 : 신호를 무시하고 횡단하는 어른의 행동을 보았을 때 그것이 잘못인 줄도 모르고 그대로 따라서 무단횡단하는 경우

ⓒ 단순한 사고방식 : 손이나 깃발을 들고 도로를 횡단하면 자동차가 멈추어 줄 것으로 생각하고 행동하는 경우

ⓔ 추상적인 말은 잘 이해하지 못함 : '위험하다', '주의해라' 등 구체성이 없는 말은 왜 위험한지, 무엇에 왜 주의해야 하는지 잘 이해할 수 없게 된다.

ⓜ 많은 호기심과 강한 모험심 : 달리는 자동차에 가까이 가보고자 한다거나 움직여보고 싶어하는 것

ⓗ 구체적인 물체를 보고서야 상황을 판단함 : 주정차된 차량으로 인해 다가오는 차량들이 보이지 않을 때 어린이는 마치 차가 없는 것처럼 생각하고 횡단하는 경우

ⓢ 자신의 감정을 억제하거나 참아내는 능력이 약함 : 기분 나는 대로 또는 감정이 변화하는 대로 행동하는 등 충동성이 강하게 나타냄

ⓞ 제한된 주의 및 지각능력 : 여러 사물에 적절히 주의를 배분하지 못하고 한 가지 사물만 집중하는 경향

③ 어린이 교통사고의 유형

ⓐ 도로에 갑자기 뛰어들기 : 어린이 보행자 사고의 대부분(약 70% 내외)은 도로에 갑자기 뛰어들기로 인하여 발생되고 있다. 특히 뛰어들기 사고는 주거지역 내의 폭이 좁고 보도와 차도가 구분되지 않는 이면도로에서 많이 발생하고, 어린이의 정서적·사회적 특성과도 관계가 있다.

ⓑ 도로 횡단 중의 부주의 : 어린이는 몸이 작기 때문에 주차 또는 정차한 차량 바로 앞뒤로 도로를 횡단하면 차를 운전하는 운전자는 어린이를 볼 수 없는 경우가 있으며, 어린이 역시 주차나 정차된 차에 가려 다른 차를 볼 수 없는 경우가 있다.

ⓒ 도로상에서 위험한 놀이 : 어린이들이 길거리나 주차한 차량 가까이서 놀다가 당하는 사고도 자주 발생한다.

ⓓ 자전거 사고 : 차도에서 자전거를 타고 놀거나 골목길에서 일단 멈추지 않고 그대로 넓은 길로 달려 나오다가 자동차와 부딪치는 사고가 발생하기도 한다.

ⓔ 차내 안전사고 : 자동차가 빠른 속도로 달리다 급정지할 경우에는 관성에 의해 몸이 앞으로 쏠리면서 차 내부의 돌기물에 부딪치게 된다. 그렇기 때문에 반드시 안전벨트를 착용하게 하고 차 안에서 장난치거나 머리나 손을 창 밖으로 내밀지 않도록 해야 한다.

④ 어린이가 승용차에 탑승했을 때의 안전사항

ⓐ 안전띠 착용 : 자동차의 시트와 안전띠는 어른의 체격에 맞도록 되어 있으므로 어린이를 그냥 앉히고 안전띠를 착용시키면 위험하므로 가급적 어린이는 뒷좌석 3점 안전띠의 길이를 조정하여 사용한다.

ⓑ 여름철 주차 시 : 여름철 차에 어린이를 혼자 태우고 방치하면 탈수현상과 산소부족으로 생명을 잃는 경우가 있으므로 주의하여야 한다.

ⓒ 문을 열고 닫을 때 : 어린이가 문을 열고 닫을 때 부주의하여 손가락이나 다리를 다칠 경우도 있고 주위의 다른 차량이나 자전거 등에 부딪칠 경우도 있으므로 반드시 어린이는 제일 먼저 태우고 제일 나중에 내리도록 하며, 문은 어른이 열고 닫아야 안전하다.

ⓓ 차를 떠날 때 : 어린이가 차 안에 혼자 남아 있으면 차의 시동을 걸거나 각종 장치를 만져 뜻밖의 사고가 생길 수 있으므로 어린이와 같이 차에서 떠나야 한다.

ⓔ 어린이의 좌석 위치 : 어린이가 앞좌석에 앉으면 운전장치나 물건 등을 만져 운전에 지장을 줄 수 있고 사고의 위험도 있다. 반드시 뒷좌석에 태우고 도어의 안전잠금장치를 잠근 후 운행한다.

## ⑧ 사업용자동차의 위험운전행태 분석

(1) 운행기록장치의 정의 및 자료 관리

① 운행기록장치 정의

ⓐ 자동차의 속도, 위치, 방위각, 가속도, 주행거리 및 교통사고 상황 등을 기록하는 자동차의 부속장치 중 하나인 전자식 장치를 말한다.

ⓑ 여객자동차 운송사업자는 운행하는 차량에 운행기록장치를 장착하고 버스의 경우 '2012. 12. 31' 이후 운행기록장치를 의무적으로 장착하도록 하고 있다.

ⓒ 전자식 운행기록장치의 장착 시 이를 수평상태로 유지되도록 하여야 하며, 수평상태 유지가 불가능할 경우 그에 따른 보정값을 만들어 수평상태와 동일한 운행기록을 표출할 수 있게 하여야 한다.

② 전자식 운행기록장치(Digital Tachograph)의 구조

ⓐ 운행기록 관련 신호를 발생하는 센서

ⓑ 신호를 변환하는 증폭장치

ⓒ 시간 신호를 발생하는 타이어

ⓓ 신호를 필요한 정보로 변환하는 연상장치

ⓔ 정보를 가시화하는 표시장치

ⓗ 운행기록을 저장하는 기억장치

ⓢ 기억장치의 자료를 외부기기에 전달하는 전송장치

ⓞ 분석 및 출력을 하는 외부기기

③ 운행기록의 보관

운행기록장치 장착의무자는 운행기록장치에 기록된 운행기록을 6개월 동안 보관하여야 하며, 운송사업자는 차량의 운행기록이 누락 혹은 훼손되지 않도록 순서에 맞춰 운행기록장치 또는 저장장치(개인용 컴퓨터, 서버, CD, 휴대용 플래시메모리 저장장치 등)에 보관하여야 하며 다음 사항을 고려하여 운행기록을 점검 및 관리하여야 한다.

ⓐ 운행기록의 보관, 폐기, 관리 등의 적절성

ⓑ 운행기록 입력자료 저장여부 확인 및 출력점검(무선통신 등 자동 전송하는 경우 포함)

ⓒ 운행기록장치의 작동불량 및 고장 등에 대한 차량운행 전 일상점검

④ 운행기록의 제출

ⓐ 운송사업자는 교통행정기관 또는 한국교통안전공단이 교통안전점검, 교통안전진단 또는 교통안전관리규정의 심사 시 운행기록의 보관 및 관리 상태에 대한 확인을 요구할 경우 이에 응하여야 한다.

ⓛ 운송사업자는 인터넷이나 무선통신을 이용하여 운행기록분석시스템으로 전송한다.

※ 한국교통안전공단은 운송사업자가 제출한 운행기록 자료를 운행기록분석시스템에 보관, 관리하여야 하며, 1초 단위의 운행기록 자료는 6개월간 저장하여야 한다.

### (2) 운행기록분석시스템의 활용

① 운행기록분석시스템 개요

자동차의 운행정보를 실시간으로 저장하여 시시각각 변화하는 운행상황을 자동적으로 기록할 수 있는 장치를 통해 운행기록 자료를 분석하여 운전자의 위험행동 등을 과학적으로 분석하는 시스템으로 분석결과를 운전자와 운수회사에 제공함으로써 운전자의 운전행태의 개선을 유도하고 교통사고를 예방할 목적으로 구축되었다.

② 운행기록분석시스템에 기록되는 자료
  ㉠ 자동차의 순간속도
  ㉡ 분당 엔진 회전수(RPM)
  ㉢ 브레이크 신호
  ㉣ GPS
  ㉤ 방위각
  ㉥ 가속도 등

③ 운행기록분석시스템 분석항목
  ㉠ 자동차의 운행경로에 대한 궤적의 표기
  ㉡ 운전자별·시간대별 운행속도 및 주행거리의 비교
  ㉢ 진로변경 횟수와 사고위험도 측정, 과속·급가속·급출발·급정지 등 위험운전 행동분석
  ㉣ 그 밖에 자동차의 운행 및 사고발생 상황 확인

④ 운행기록분석결과의 활용

교통행정기관이나 한국교통안전공단, 운송사업자는 운행기록의 분석결과를 다음과 같은 교통안전 관련 업무에 한정하여 활용할 수 있다.
  ㉠ 자동차의 운행관리
  ㉡ 운전자에 대한 교육·훈련
  ㉢ 운전자의 운전습관 교정
  ㉣ 운송사업자의 교통안전관리 개선
  ㉤ 교통수단 및 운행체계의 개선
  ㉥ 교통행정기관의 운행계통 및 운행경로 개선
  ㉦ 그 밖에 사업용 자동차의 교통사고 예방을 위한 교통안전정책의 수립

### (3) 사업용자동차 운전자 위험운전 행태분석

① 위험운전 행동기준과 정의

운행기록분석시스템에서는 위험운전 행동의 기준을 사고유발과 직접 관련 있는 5가지 유형으로 분류하고 있으며, 11가지의 구체적인 행위에 대한 기준을 제시하고 있다.
  ㉠ 과속 유형
    • 과속 : 도로 제한속도보다 20km/h 초과 운행한 경우
    • 장기과속 : 도로 제한속도보다 20km/h 초과해서 3분 이상 운행한 경우

ⓛ 급가속 유형
  • 급가속 : 초당 11km/h 이상 가속 운행한 경우
  • 급출발 : 정지상태에서 출발하여 초당 11km/h 이상 가속 운행한 경우

㉢ 급감속 유형
  • 급감속 : 초당 7.5km/h 이상 감속 운행한 경우
  • 급정지 : 초당 7.5km/h 이상 감속하여 속도가 "0"이 된 경우

㉣ 급차로변경 유형(초당 회전각)
  • 급진로변경(15~30°) : 속도가 30km/h 이상에서 진행방향이 좌/우측(15~30°)으로 차로를 변경하며 가감속(초당 −5km/h~+5km/h) 하는 경우
  • 급앞지르기(30~60°) : 초당 11km/h 이상 가속하면서 진행방향이 좌/우측(30~60°)으로 차로를 변경하며 앞지르기한 경우

㉤ 급회전 유형(누전회전각)
  • 급좌우회전(60~120°) : 속도가 15km/h 이상이고, 2초 안에 좌측(60~120° 범위)으로 급회전한 경우
  • 급U턴(160~180°) : 속도가 15km/h 이상이고, 3초 안에 좌/우측(160~180° 범위)으로 급하게 U턴한 경우

※ 연속운전(11대 위험운전행동에 포함되지 않음) : 운행시간이 4시간 이상 운행, 10분 이하 휴식일 경우

② 위험운전 행태별 사고유형 및 안전운전 요령
  ㉠ 과속 유형
    • 과속
      − 과속은 돌발 상황에 대처가 어려우며, 화물자동차는 차체 중량이 무거워 과속 시 사망사고와 같은 대형사고로 이어질 수 있으므로 항상 규정속도를 준수하여 주행하여야 한다.
      − 특히 야간에는 주간보다 시야가 좁아지며, 과속을 할 경우 시야가 더욱 좁아지는 경향이 있으므로, 야간 주행 시 전조등 불빛이 비치는 곳만 보지 말고 항상 좌우를 잘 살피고 과속을 하지 않도록 해야 한다.
    • 장기과속
      − 화물자동차는 장기과속의 위험에 항상 노출되어 있어 운전자의 속도감각 저하, 거리감 저하를 가져올 수 있다.
      − 특히 야간의 경우 운전자의 시야가 좁아지는 만큼 장기과속으로 인한 사고위험이 커지므로 항상 규정 속도를 준수하여 운행해야 한다.

  ㉡ 급가속 유형
    • 화물자동차의 무리한 급가속 행동은 차량 고장의 원인이 되며, 다른 차량에 위협감을 줄 수 있으므로 하지 않는 것이 좋다.
    • 특히 요금소를 통과 후 대형 화물자동차의 급가속 행위는 추돌사고의 원인이 되므로 주의하여야 한다.

  ㉢ 급감속 유형
    • 화물자동차의 경우 차체가 높아 멀리 볼 수 있으나, 바로 앞 상황을 정확히 인지하지 못하고 급감속을 하는 경향이 있다.

- 화물자동차는 자체가 크기 때문에 다른 차량의 시야를 가려 급감속할 경우 다른 차량에 돌발 상황을 적용시킨다.
- 화물자동차의 경우 적재물이 많고, 중량이 많이 나가 대형 사고의 위험이 있기 때문에 급감속을 하지 않도록 유의하여야 한다.
  ② 급회전 유형
- 급좌회전
  - 차체가 높고 중량이 많이 나가는 화물자동차의 급좌회전은 전도 및 전복사고를 야기할 수 있으며, 적재물이 쏟아지는 경우 2차 사고를 유발할 수 있다.
  - 비신호 교차로에서 회전 시 차체가 크기 때문에 통행 우선권을 갖는다고 생각하여 부주의하게 회전하는 경우가 있다.
  - 좌회전 시 저속으로 회전을 해야 하며, 좌회전 후 중앙선을 침범하지 않도록 항상 주의해야 한다. 특히, 급좌회전, 꼬리 물기 등을 삼가고, 저속으로 회전하는 습관이 필요하다.
- 급우회전
  - 화물자동차의 급우회전은 다른 차량과의 충돌뿐 아니라 도로를 횡단하고 있는 횡단보도 상의 보행자나 이륜차, 자전거와 사고를 유발할 수 있다.
  - 특히 속도를 줄이지 않고 회전을 하는 경우 전도, 전복위험이 크고 보행자 사고를 유발하므로 교차로 접근 시 충분히 감속하고 보행자에 주의하여 우회전해야 한다.
  - 우회전 시 저속으로 회전을 해야 하며, 다른 차선과 보도를 침범하지 않도록 주의해야 한다.
- 급U턴
  - 화물자동차의 경우 차체가 길어 속도가 느리므로 급U턴이 잘 발생하진 않지만, U턴 시에는 진행방향과 대향방향에서 오는 과속차량과의 충돌사고 위험성이 있다.
  - 차체가 길기 때문에 U턴 시 대향차로의 많은 공간이 요구되므로 대향차로 상의 과속차량에 유의해야 한다.
  ⑩ 급진로변경 유형
- 급앞지르기
  - 속도가 느린 상태에서 옆 차로로 진행하기 위해 진로변경을 시도하는 경우 급앞지르기가 발생하기 쉽다. 이 경우 진로변경 차로 상에서도 공간이 발생하여 후행차량도 급하게 진행하고자 하는 운전심리가 있어 진로변경 중 측면 접촉사고가 발생될 수 있다.
  - 진로를 변경하고자 하는 차로의 전방뿐만 아니라 후방의 교통상황도 충분하게 고려하고 반영하는 운전 습관이 중요하다.
- 급진로변경
  - 화물자동차는 차체가 높고 중량이 많이 나가기 때문에 급진로변경은 차량의 전도 및 전복을 야기할 수 있다.
  - 화물자동차는 가속능력이 떨어지고 차폭이 승용차의 1.3배에 달하며, 적재물로 인해 후방 시야확보의 한계가 있으므로, 급진로변경은 다른 차량에 큰 위협이 된다.

  - 진로변경을 하고자 하는 경우 방향지시등을 켜고 차로를 천천히 변경하여 옆 차로에 뒤따르는 차량이 진로변경을 인지할 수 있도록 해야 하며, 차로의 전방뿐만 아니라 후방의 교통상황도 충분하게 고려해야 한다.

## 03 자동차 요인과 안전운행

### 1 주요 안전장치

**(1) 제동장치**
① 제동장치의 기능 : 제동장치는 주행하는 자동차를 감속 또는 정지시킴과 동시에 주차 상태를 유지하기 위하여 필요한 장치이다.
② 구 조
  ㉠ 주차 브레이크 : 차를 주차 또는 정차시킬 때 사용하는 제동장치로서 주로 손으로 조작하나 일부 승용자동차의 경우 발로 조작하는 경우도 있으며, 뒷바퀴 좌우가 고정된다.
  ㉡ 풋 브레이크 : 주행 중에 발로써 조작하는 주 제동장치로서 브레이크 페달을 밟으면 페달의 바로 앞에 있는 마스터 실린더 내의 피스톤이 작동하여 브레이크액이 압축되고, 압축된 브레이크액은 파이프를 따라 휠 실린더로 전달된다. 휠 실린더의 피스톤에 의해 브레이크 라이닝을 밀어 주어 타이어와 함께 회전하는 드럼을 잡아 멈추게 한다.
  ㉢ 엔진 브레이크 : 가속 페달을 놓거나 저단기어로 바꾸게 되면 엔진 브레이크가 작용하여 속도가 떨어지게 된다. 이것은 마치 구동바퀴에 의해 엔진이 역으로 회전하는 것과 같이 되어 그 회전 저항으로 제동력이 발생하는 것이다. 또한 내리막길에서 풋 브레이크만 사용하게 되면 라이닝의 마찰에 의해 제동력이 떨어지므로 엔진 브레이크를 사용하는 것이 안전하다.
  ㉣ ABS(Anti-lock Brake System) : 빙판이나 빗길 미끄러운 노면상이나 통상의 주행에서 제동 시에 바퀴를 록(Lock)시키지 않음으로써 브레이크가 작동하는 동안에도 핸들의 조종이 용이하도록 하는 제동장치이다. ABS의 사용 목적은 방향 안정성과 조종성 확보에 있으며, ABS 장착 후 제동 시 후륜 잠김 현상을 방지하여 방향 안정성을 확보하고, 전륜 잠김 현상을 방지하여 조종성 확보를 통해 장애물 회피, 차로변경 및 선회가 가능하게 하며, 불쾌한 스키드(Skid) 음을 막고, 바퀴 잠김에 따른 편마모를 방지해 타이어의 수명을 연장할 수 있다.

**(2) 주행장치**
① 주행장치의 기능 : 주행장치는 엔진에서 발생된 동력이 마지막으로 전달되는 곳이다.
② 구성 : 주행장치는 타이어와 휠(Wheel)로 구성되어 있다.
  ㉠ 휠(Wheel) : 휠은 타이어와 함께 차량의 중량을 지지하고 구동력과 제동력을 지면에 전달하는 역할을 한다. 휠은 무게가 가볍고 노면의 충격과 측력에 견딜 수 있는 강성이 있어야 하고, 타이어에서 발생하는 열을 흡수하여 대기 중으로 잘 방출시켜야 한다.

ⓛ 타이어 : 타이어는 브레이크 못지않게 다음과 같은 중요한 역할을 한다.
- 휠의 림에 끼워져서 일체로 회전하며 자동차가 달리거나 멈추는 것을 원활히 한다.
- 자동차의 중량을 떠받쳐 준다.
- 지면으로부터 받는 충격을 흡수해 승차감을 좋게 한다.
- 자동차의 진행방향을 전환시킨다.

## (3) 조향장치

① 조향장치의 기능 : 운전석에 있는 핸들(Steering Wheel)에 의해 앞바퀴의 방향을 틀어서 자동차의 진행방향을 바꾸는 장치로서, 자동차가 주행할 때는 항상 바른 방향을 유지해야 하고 핸들조작이나 외부의 힘에 의해 주행방향이 잘못되었을 때는 즉시 직전 상태로 되돌아가는 성질이 요구된다.

② 앞바퀴 정렬 : 주행 중의 안정성이 좋고 핸들조작이 용이하도록 앞바퀴 정렬이 잘되어 있어야 한다.

ⓐ 토인(Toe-in) : 앞바퀴를 위에서 보았을 때 앞쪽이 뒤쪽보다 좁은 상태를 말한다. 이것은 타이어의 마모를 방지하기 위해 있는 것인데 바퀴를 원활하게 회전시켜서 핸들의 조작을 용이하게 한다.
- 주행 중 타이어가 바깥쪽으로 벌어지는 것을 방지한다.
- 캠버에 의해 토아웃 되는 것을 방지한다.
- 주행저항 및 구동력의 반력으로 토아웃이 되는 것을 방지하여 타이어의 마모를 방지한다.

ⓑ 캠버(Camber) : 자동차를 앞에서 보았을 때 위쪽이 아래보다 약간 바깥쪽으로 기울어져 있는데, 이것을 (+) 캠버라고 말한다. 또한, 위쪽이 아래보다 약간 안쪽으로 기울어져 있는 것을 (−) 캠버라고 말한다. 이것은 앞바퀴가 하중을 받았을 때 아래로 벌어지는 것을 방지하고 타이어 접지면의 중심과 킹핀의 연장선이 노면과 만나는 점과의 거리인 옵셋을 적게 하여 핸들조작을 가볍게 하기 위하여 필요하다.
- 앞바퀴가 하중을 받을 때 아래로 벌어지는 것을 방지한다.
- 핸들조작을 가볍게 한다.
- 수직방향 하중에 의해 앞차축의 휨을 방지한다.

ⓒ 캐스터(Caster) : 자동차를 옆에서 보았을 때 차축과 연결되는 킹핀의 중심선이 약간 뒤로 기울어져 있는 것을 말하는데, 이것은 앞바퀴에 직진성을 부여하여 차의 롤링을 방지하고 핸들의 복원성을 좋게 하기 위하여 필요하다.
- 주행 시 앞바퀴에 방향성(진행하는 방향으로 향하게 하는 것)을 부여한다.
- 조향을 하였을 때 직진 방향으로 되돌아오려는 복원력을 준다.

## (4) 현가장치

① 현가장치의 기능 : 차량의 무게를 지탱하여 차체가 직접 차축에 얹히지 않도록 해주며, 도로 충격을 흡수하여 운전자와 화물에 더욱 유연한 승차를 제공한다.

② 유 형

ⓐ 판 스프링(Leaf Spring) : 유연한 금속 층을 함께 붙인 것으로 차축은 스프링의 중앙에 놓이게 되며, 스프링의 앞과 뒤가 차체에 부착된다. 주로 화물자동차에 사용된다.
- 구조가 간단하나, 승차감이 나쁘다.
- 판간 마찰력을 이용하여 진동을 억제하나, 작은 진동을 흡수하기에는 적합하지 않다.
- 내구성이 크다.
- 너무 부드러운 판 스프링을 사용하면 차축의 지지력이 부족하여 차체가 불안정하게 된다.

ⓑ 코일 스프링(Coil Spring) : 각 차륜에 내구성이 강한 금속 나선을 놓은 것으로 코일의 상단은 차체에 부착하는 반면 하단은 차륜에 간접적으로 연결된다. 주로 승용자동차에 사용된다.

ⓒ 비틀림 막대 스프링(Torsion bar Spring) : 뒤틀림에 의한 충격을 흡수하며, 뒤틀린 후에도 원형을 되찾는 특수금속으로 제조된다. 도로의 융기나 함몰 지점에 대응하여 신축하거나 비틀려 차륜이 도로 표면에 따라 아래위로 움직이도록 하는 한편, 차체는 수평을 유지하도록 해준다.

ⓓ 공기 스프링(Air Spring) : 고무인포로 제조되어 압축공기로 채워지며, 에어백이 신축하도록 되어 있다. 주로 버스와 같은 대형차량에 사용된다.

ⓔ 충격흡수장치(Shock Absorber) : 작동유를 채운 실린더로서 스프링의 동작에 반응하여 피스톤이 위아래로 움직이며, 운전자에게 전달되는 반동량을 줄여준다. 현가장치의 결함은 차량의 통제력을 저하시킬 수 있으므로 항상 양호한 상태로 유지되어야 한다.
- 노면에서 발생한 스프링의 진동을 흡수하고, 승차감을 향상시킨다.
- 스프링의 피로를 감소시키고, 타이어와 노면의 접착성을 향상시켜 커브길이나 빗길에 차가 튀거나 미끄러지는 현상을 방지한다.

## 2 물리적 현상

## (1) 속도의 개념

① 속도는 대개 '매시 몇 km'로 표현한다. 그러나 주행 중인 운전자가 하여야 하는 여러 가지 결정들은 '매시 몇 km'라는 개념보다는 1초에 얼마만큼 주행하는가와 결부시킬 때 보다 현실적이다.

② 속도는 상대적인 것이며 중요한 것은 사고의 가능성과 사고의 회피를 가능하게 하는 데 필요한 공간과 시간이다.

## (2) 원심력

① 개념 : 원의 중심으로부터 벗어나려는 힘으로, 차가 커브를 돌 때도 작용한다. 자동차가 커브에 고속으로 진입하면 노면을 잡고 있으려는 타이어의 접지력을 끊어버릴 만큼 원심력이 강해진다. 원심력이 더욱 커지면 마침내 차는 도로 밖으로 기울면서 튀어나간다.

② 원심력과 안전운행

㉠ 커브에 진입하기 전에 속도를 줄여 노면에 대한 타이어의 접지력(Grip)이 원심력을 안전하게 극복할 수 있도록 하여야 한다.

㉡ 커브가 예각을 이룰수록 원심력은 커지므로 안전하게 돌려면 이러한 커브에서 보다 감속하여야 한다.

㉢ 타이어의 접지력은 노면의 모양과 상태에 의존한다. 노면이 젖어 있거나 얼어 있으면 타이어의 접지력은 감소하므로 저속으로 감속해야 한다.

(3) 스탠딩 웨이브(Standing Wave) 현상

① 개념 : 타이어가 회전하면 이에 따라 타이어의 원주에서는 변형과 복원을 반복한다. 타이어의 회전속도가 빨라지면 접지부에서 받은 타이어의 변형(주름)이 다음 접지 시점까지도 복원되지 않고 접지의 뒤쪽에 진동의 물결이 일어난다. 이 현상을 스탠딩 웨이브라고 하며, 일반구조의 승용차용 타이어의 경우 대략 150km/h 전후의 주행속도에서 이러한 스탠딩 웨이브 현상이 발생한다. 다만, 조건이 나쁘면 150km/h 이하의 저속력에서도 발생할 수 있다.

② 스탠딩웨이브 현상의 영향 : 타이어는 쉽게 과열되고 원심력으로 인해 트레드부가 변형될 뿐 아니라 오래가지 못해 파열된다.

③ 스탠딩웨이브 현상의 예방

㉠ 속도를 낮춘다.

㉡ 공기압을 높인다.

(4) 수막(Hydroplaning) 현상

① 개념 : 자동차가 물이 고인 노면을 고속으로 주행할 때 타이어는 그루브(타이어 홈) 사이에 있는 물을 배수하는 기능이 감소되어 물의 저항에 의해 노면으로부터 떠올라 물위를 미끄러지듯이 되는 현상이 발생하게 되는데, 이 현상을 수막 현상이라 한다.

② 수막 현상의 예방

㉠ 고속으로 주행하지 않는다.

㉡ 마모된 타이어를 사용하지 않는다.

㉢ 공기압을 조금 높게 한다.

㉣ 배수효과가 좋은 타이어를 사용한다.

(5) 페이드(Fade) 현상

① 비탈길을 내려가거나 할 경우 브레이크를 반복하여 사용하면 마찰열이 라이닝에 축적되어 브레이크의 제동력이 저하되는 경우가 있는데 이 현상을 페이드 현상이라고 한다.

② 원리 : 브레이크 라이닝의 온도상승으로 라이닝 면의 마찰계수가 저하되어 페달을 강하게 밟아도 제동이 잘 되지 않게 된다.

**더 알아보기**

워터페이드(Water Fade) 현상
브레이크 마찰재가 물에 젖어 마찰계수가 작아져 브레이크의 제동력이 저하되는 현상이다. 물이 고인 도로에 자동차를 정차시켰거나 수중 주행을 하였을 때 이 현상이 일어나며 브레이크가 전혀 작용되지 않을 수도 있다. 브레이크 페달을 반복하여 밟으면서 천천히 주행하면 열에 의하여 서서히 브레이크가 회복된다.

(6) 베이퍼 록(Vapor Lock) 현상

유압식 브레이크의 휠 실린더나 브레이크 파이프 속에서 브레이크액이 기화하여 페달을 밟아도 스펀지를 밟는 것 같고, 유압이 전달되지 않아 브레이크가 작용하지 않는 현상을 말한다.

(7) 모닝 록(Morning Lock) 현상

① 비가 자주 오거나 습도가 높은 날, 또는 오랜 시간 주차한 후에는 브레이크 드럼에 미세한 녹이 발생하는 모닝 록(Morning Lock) 현상이 나타나기 쉽다.

② 이 현상이 발생하면 브레이크 드럼과 라이닝, 브레이크 패드와 디스크의 마찰계수가 높아져 평소보다 브레이크가 지나치게 예민하게 작동된다. 따라서 평소의 감각대로 제동을 하게 되면 급제동이 되어 의외의 사고가 발생할 수 있다.

③ 모닝 록 현상은 서행하면서 브레이크를 몇 번 밟아 주게 되면 녹이 자연히 제거되면서 해소된다.

(8) 현가장치 관련 현상

① 자동차의 진동

㉠ 바운싱(Bouncing, 상하 진동) : 차체가 Z축 방향과 평행 운동을 하는 고유 진동이다.

㉡ 피칭(Pitching, 앞뒤 진동) : 차체가 Y축을 중심으로 하여 회전운동을 하는 고유 진동이다.

㉢ 롤링(Rolling, 좌우 진동) : 차체가 X축을 중심으로 하여 회전운동을 하는 고유 진동이다.

㉣ 요잉(Yawing, 차체 후부 진동) : 차체가 Z축을 중심으로 하여 회전운동을 하는 고유 진동이다.

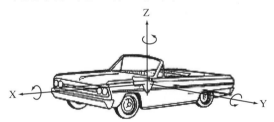

[자동차의 진동]

② 노즈 다운과 노즈 업(Nose Down & Nose Up)

㉠ 노즈 다운 : 자동차를 제동할 때 바퀴는 정지하고 차체는 관성에 의해 이동하려는 성질 때문에 앞 범퍼 부분이 내려가는 현상으로, 다이브(Dive) 현상이라고도 한다.

㉡ 노즈 업 : 자동차가 출발할 때 구동 바퀴는 이동하려 하지만 차체는 정지하고 있기 때문에 앞 범퍼 부분이 들리는 현상으로, 스쿼트(Squart) 현상이라고도 한다.

(9) 선회 특성과 방향 안정성

① 보통 언더 스티어링의 자동차가 방향 안정성이 크다. 다음 그림과 같이 옆 방향의 바람에 의해 옆 방향의 힘 P를 받으면서 직진하는 자동차를 생각하면 옆 방향의 힘 P를 상쇄시키고 직진하기 위해서는 조향 핸들을 약간 회전시켜 앞·뒷바퀴에 사이드 슬립 각도를 부여함으로써 P와 같은 양만큼의 코너링 포스를 발생시켜야 한다.

**[옆 방향의 바람을 받으면서 직진 주행할 때의 조향]**

② 오버 스티어링(앞바퀴의 사이드 슬립 각도가 뒷바퀴의 사이드 슬립 각도보다 작을 때)일 때 자동차는 O점을 중심으로 하여 OY쪽으로 진행 방향을 바꾸게 된다. 이때 선회에 의해 발생되는 원심력은 옆 방향 힘 P와 같은 방향이므로 주행 속도가 빠를수록 이러한 경향이 현저하게 나타난다.

③ 언더 스티어링(앞바퀴의 사이드 슬립 각도가 뒷바퀴의 사이드 슬립 각도보다 클 때)일 경우 자동차는 OX쪽으로 진행 방향을 바꾸게 된다. 이 때 선회에 의해 발생되는 옆 방향의 힘 P를 상쇄시키는 방향으로 작용하기 때문에 방향 안전성이 향상된다. 또한 직진 주행 중 강한 바람에 의해서 옆 방향의 힘을 받았을 경우 바람의 압력의 중심은 일반적으로 자동차의 중심점보다 앞에서 형성되기 때문에 자동차는 앞부분이 흔들리게 되어 주행 방향도 바뀌게 된다. 아스팔트 포장 도로를 장시간 고속 주행할 경우에는 옆 방향의 바람에 대한 영향이 적은 언더 스티어링이 유리하다.

### (10) 내륜차와 외륜차

① 핸들을 우측으로 돌렸을 경우 뒷바퀴의 연장선 상의 한 점을 중심으로 바퀴가 동심원을 그리게 되는데, 앞바퀴의 안쪽과 뒷바퀴의 안쪽과의 차이를 내륜차(內輪差)라 하고 바깥 바퀴의 차이를 외륜차(外輪差)라고 한다.

② 자동차가 전진 중 회전할 경우에는 내륜차에 의해, 후진 중 회전할 경우에는 외륜차에 의한 교통사고의 위험이 있다.

> **더 알아보기**
>
> **타이어 마모에 영향을 주는 요소**
> 1. 공기압 : 공기압이 규정 압력보다 낮으면 트레드 접지 면에서의 운동이 커져서 마모가 빨라진다.
> 2. 하중 : 하중이 커지면 타이어의 굴신이 심해져서 트레드의 접지 면적이 증가하고 트레드의 미끄러짐 정도도 커져서 마모를 촉진하게 된다.
> 3. 속도 : 주행 중 타이어에 일어나는 구동력, 제동력, 선회력 등의 힘은 어느 것이든 속도의 제곱에 비례하며 또 속도가 증가하면 타이어의 온도도 상승하여 트레드 고무의 내마모성이 저하된다.
> 4. 커브 : 차가 커브를 돌 때 원심력에 대항하기 위하여 타이어에 활각을 주게 되는데 활각이 크면 마모는 많아진다.
> 5. 브레이크 : 브레이크를 걸 때 마모가 더욱 심하게 된다.
> 6. 노면 : 포장된 도로에서 타이어 수명이 100%라면 비포장도로에서의 수명은 60%에 해당되기 때문에 비포장도로에서의 운행은 노면에 알맞은 주행을 하여야 마모를 줄일 수 있다.

### (11) 유체자극의 현상

① 고속도로에서 고속으로 주행할 경우 노면이나 주변 풍경이 마치 물이 흐르듯 흘러서 눈에 들어오는 느낌의 자극을 받게 된다. '유체자극(流體刺戟)'은 주변의 경관이 거의 흐르는 선과 같이 되어 눈을 자극하는 것을 의미하는데, 속도가 빠를수록 자극은 심해진다.

② 유체자극을 받으며 장시간 운전할 경우 운전자는 눈의 피로를 줄이기 위해 앞차에 일정한 거리까지 접근하여 시선을 앞차의 뒷부분에 고정시키고 앞차와 같은 속도로 주행하려고 한다.

③ 시선을 한 곳에 고정시킬 경우 시계의 입체감을 잃게 되고 속도감과 거리감 등이 마비되어 점점 의식이 저하되고 반응도 둔해지게 된다.

### 3 정지거리와 정지시간

#### (1) 공주거리와 공주시간

운전자가 자동차를 정지시켜야 할 상황임을 지각하고 브레이크로 발을 옮겨 브레이크가 작동을 시작하는 순간까지의 시간을 공주시간이라고 하며, 이때까지 자동차가 진행한 거리를 공주거리라고 한다.

#### (2) 제동거리와 제동시간

운전자가 브레이크에 발을 올려 브레이크가 막 작동을 시작하는 순간부터 자동차가 완전히 정지할 때까지의 거리를 제동거리라 하며, 이때까지 걸린 시간을 제동시간이라 한다.

#### (3) 정지거리와 정지시간

운전자가 위험을 인지하고 자동차를 정지시키려고 시작하는 순간부터 자동차가 완전히 정지할 때까지의 시간을 정지시간이라고 한다. 이때까지 자동차가 진행한 거리를 정지거리라고 하는데, 정지거리는 공주거리와 제동거리를 합한 거리를 말하며, 정지시간은 공주시간과 제동시간을 합한 시간을 말한다.

### 4 자동차의 일상점검

#### (1) 원동기

① 시동이 쉽고 잡음이 없는가?
② 배기가스의 색이 깨끗하고 유독가스 및 매연이 없는가?
③ 엔진오일의 양이 충분하고 오염되지 않았으며 누출은 없는가?
④ 연료 및 냉각수가 충분하고 새는 곳이 없는가?
⑤ 연료분사펌프 조속기의 봉인상태가 양호한가?
⑥ 배기관 및 소음기의 상태가 양호한가?

#### (2) 동력전달장치

① 클러치 페달의 유동이 없고 클러치의 유격은 적당한가?
② 변속기의 조작이 쉽고 변속기 오일의 누출은 없는가?
③ 추진축 연결부의 헐거움이나 이음은 없는가?

#### (3) 조향장치

① 스티어링 휠의 유동·느슨함·흔들림은 없는가?

② 조향축의 흔들림이나 손상은 없는가?

### (4) 제동장치

① 브레이크 페달을 밟았을 때 상판과의 간격은 적당한가?
② 브레이크액의 누출은 없는가?
③ 주차 제동레버의 유격 및 당겨짐은 적당한가?
④ 브레이크 파이프 및 호스의 손상 및 연결상태는 양호한가?
⑤ 에어브레이크의 공기 누출은 없는가?
⑥ 에어탱크의 공기압은 적당한가?

### (5) 완충장치

① 섀시스프링 및 쇼크옵서버 이음부의 느슨함이나 손상은 없는가?
② 섀시스프링이 절손된 곳은 없는가?
③ 쇼크옵서버의 오일 누출은 없는가?

### (6) 주행장치

① 휠너트(허브너트)의 느슨함은 없는가?
② 타이어의 이상마모와 손상은 없는가?
③ 타이어의 공기압은 적당한가?

### (7) 기 타

① 와이퍼의 작동은 확실한가?
② 유리세척액의 양은 충분한가?
③ 전조등의 광도 및 조사각도는 양호한가?
④ 후사경 및 후부반사기의 비침상태는 양호한가?
⑤ 등록번호판은 깨끗하며 손상이 없는가?

### (8) 차량점검 및 주의사항

① 운행 전 점검을 실시한다.
② 적색경고등이 들어온 상태에서는 절대로 운행하지 않는다.
③ 운행 전에 조향핸들의 높이와 각도가 맞게 조정되어 있는지 점검한다.
④ 운행 중에는 조향핸들의 높이와 각도를 조정하지 않는다.
⑤ 주차 시에는 항상 주차브레이크를 사용한다.
⑥ 파워핸들(동력조향)이 작동되지 않더라도 트럭을 조향할 수 있으나 조향이 매우 무거움에 유의하여 운행한다.
⑦ 주차브레이크를 작동시키지 않은 상태에서 절대로 운전석에서 떠나지 않는다.
⑧ 트랙터 차량의 경우 트레일러 주차 브레이크는 일시적으로만 사용하고 트레일러 브레이크만을 사용하여 주차하지 않는다.
⑨ 라디에이터 캡은 주의해서 연다.
⑩ 캡을 기울일 경우에는 최대 끝 지점까지 도달하도록 기울이고 스트러트(캡 지지대)를 사용한다.
⑪ 캡을 기울인 후 또는 원위치시킨 후에 엔진을 시동할 경우에는 반드시 기어레버가 중립위치에 있는지 다시 한 번 확인한다.
⑫ 캡을 기울일 때 손을 머드가드(흙받이 밀폐고무) 부위에 올려놓지 않는다(손이 끼어서 다칠 우려가 있다).
⑬ 컨테이너 차량의 경우 고정장치가 작동되는지를 확인한다.

### 5 자동차 응급조치방법

### (1) 오감으로 판별하는 자동차 이상 징후

| 감 각 | 점검방법 | 적용사례 |
|---|---|---|
| 시 각 | 부품이나 장치의 외부 굼음·변형·부식 등 | 물·오일·연료의 누설, 자동차의 기울어짐 |
| 청 각 | 이상한 음 | 마찰음, 걸리는 쇳소리, 노킹소리, 긁히는 소리 등 |
| 촉 각 | 느슨함, 흔들림, 발열 상태 등 | 볼트 너트의 이완, 유격, 브레이크 시 차량이 한쪽으로 쏠림, 전기 배선 불량 등 |
| 후 각 | 이상 발열·냄새 | 배터리 액의 누출, 연료 누설, 전선 등이 타는 냄새 등 |

① 전조현상 : 전조현상을 잘 파악하면, 고장을 사전에 예방할 수 있다.
② 고장이 자주 일어나는 부분
  ㉠ 진동과 소리가 날 때
    • 엔진의 점화장치 부분 : 주행 전 차체에 이상한 진동이 느껴질 때는 엔진에서의 고장이 주원인이다. 플러그 배선이 빠져있거나 플러그 자체가 나쁠 때 이런 현상이 나타난다.
    • 엔진의 이음 : 엔진의 회전수에 비례하여 쇠가 마주치는 소리가 날 때가 있다. 거의 이런 이음은 밸브장치에서 나는 소리로, 밸브 간극 조정으로 고쳐질 수 있다.
    • 팬벨트 : 가속 페달을 힘껏 밟는 순간 "끼익!"하는 소리가 나는 경우가 많은데, 이때는 팬벨트 또는 기타의 V벨트가 이완되어 걸려 있는 풀리와의 미끄러짐에 의해 일어난다.
    • 클러치 부분 : 클러치를 밟고 있을 때 "달달달" 떨리는 소리와 함께 차체가 떨리고 있다면, 이것은 클러치 릴리스 베어링의 고장이다. 이것은 정비공장에 가서 교환하여야 한다.
    • 브레이크 부분 : 브레이크 페달을 밟아 차를 세우려고 할 때 바퀴에서 "끼익!"하는 소리가 나는 경우는 브레이크 라이닝의 마모가 심하거나 라이닝에 결함이 있을 때 일어나는 현상이다.
    • 조향장치 부분 : 핸들이 어느 속도에 이르면 극단적으로 흔들린다. 특히 핸들 자체에 진동이 일어나면 앞바퀴 불량이 원인일 때가 많다. 앞차륜 정렬(휠 얼라인먼트)이 맞지 않거나 바퀴 자체의 휠 밸런스가 맞지 않을 때 주로 일어난다.
    • 바퀴 부분 : 주행 중 하체 부분에서 비틀거리는 흔들림이 일어나는 때가 있다. 특히 커브를 돌았을 때 휘청거리는 느낌이 들 때는 바퀴의 휠 너트의 이완이나 타이어의 공기가 부족할 때가 많다.
    • 현가장치 부분 : 비포장도로의 울퉁불퉁한 험한 노면 상을 달릴 때 "딸각딸각"하는 소리나 "쿵쿵"하는 소리가 날 때에는 현가장치인 쇼크옵서버의 고장으로 볼 수 있다.
  ㉡ 냄새와 열이 날 때
    • 전기장치 부분 : 고무 같은 것이 타는 냄새가 날 때는 대개 엔진실 내의 전기 배선 등의 피복이 녹아 벗겨져 합선에 의해 전선이 타면서 나는 냄새가 대부분이다.
    • 브레이크장치 부분 : 단내가 심하게 나는 경우는 주브레이크의 간격이 좁든가, 주차 브레이크를 당겼다 풀었으나 완전히 풀리지 않았을 경우이다.

• 바퀴 부분 : 바퀴마다 드럼에 손을 대보면 어느 한쪽만 뜨거울 경우가 있는데, 이때는 브레이크 라이닝 간격이 좁아 브레이크가 끌리기 때문이다.

ⓒ 배출 가스 : 자동차 후부에 장착된 머플러(소음기) 파이프에서 배출되는 가스의 색을 자세히 살펴보면, 엔진의 건강 상태를 알 수 있다.

• 무색 : 완전 연소 시 배출 가스의 색은 정상 상태에서 무색 또는 약간 엷은 청색을 띤다.

• 검은색 : 농후한 혼합 가스가 들어가 불완전 연소되는 경우이다. 초크 고장이나 에어 클리너 엘리먼트의 막힘, 연료 장치 고장 등이 원인이다.

• 백색(흰색) : 엔진 안에서 다량의 엔진 오일이 실린더 위로 올라와 연소되는 경우로, 헤드 개스킷 파손, 밸브의 오일 씰 노후 또는 피스톤 링의 마모 등 엔진 보링을 할 시기가 됐음을 알려준다.

### (2) 고장 유형별 조치방법

#### ① 엔진 계통

ⓐ 1일 약 2~4리터의 엔진오일 소모

| 점검사항 | 조치방법 |
| --- | --- |
| • 배기 배출가스 육안 확인<br>• 에어클리너 오염도 확인(과다오염)<br>• 블로바이 가스 과다 배출 확인<br>• 에어클리너 청소 및 교환주기 미준수, 엔진과 콤프레셔 피스톤 링 과다 마모 | • 엔진 피스톤 링 교환<br>• 실린더라이너 교환<br>• 실린더 교환이나 보링작업<br>• 오일팬이나 개스킷 교환<br>• 에어클리너 청소 및 장착 방법 준수 철저 |

ⓑ 주행 시 엔진과열(온도게이지 상승)

| 점검사항 | 조치방법 |
| --- | --- |
| • 냉각수 및 엔진오일의 양 확인과 누출 여부 확인<br>• 냉각팬 및 워터펌프의 작동 확인<br>• 팬 및 워터펌프의 벨트 확인<br>• 수온조절기의 열림 확인<br>• 라디에이터 손상 상태 및 써머스태트 작동상태 확인 | • 냉각수 보충<br>• 팬벨트의 장력조정<br>• 냉각팬 퓨즈 및 배선상태 확인<br>• 팬벨트 교환<br>• 수온조절기 교환<br>• 냉각수 온도 감지센서 교환<br>• 외관상 결함 상태가 없을 경우<br>  – 라디에이터 캡을 열고 냉각수의 흐름을 관찰한 후 냉각수 내 기포 현상이 있는가를 확인<br>  – 기포 현상은 연소실 내 압축가스가 새고 있다는 현상임(미세한 경우는 약 10~15분 정도 확인 관찰해야 함)<br>  – 이 경우 실린더헤드 볼트 조임 불량 및 손상으로 고장입고 조치 |

ⓒ 내리막길 주행 변속 시 엔진 소리와 함께 재시동이 불가함

| 점검사항 | 조치방법 |
| --- | --- |
| • 내리막길에서 순간적으로 고단에서 저단으로 기어 변속 시(감속 시) 엔진 내부가 손상되므로 엔진 내부 확인<br>• 로커암 캡을 열고 푸시로드 휨 상태, 밸브 스템 등 손상 확인(손상 상태가 심할 경우는 실린더 블록까지 파손됨) | • 과도한 엔진 브레이크 사용 지양(내리막길 주행 시)<br>• 최대 회전속도를 초과한 운전 금지<br>• 고단에서 저단으로 급격한 기어 변속 금지(특히, 내리막길)<br>• 내리막길 중립상태 운행 금지 및 최대 엔진회전수 조정볼트(봉인) 조정 금지 |

ⓓ 엔진 출력이 감소되며 매연(흑색)이 과다 발생

| 점검사항 | 조치방법 |
| --- | --- |
| • 엔진오일 및 필터 상태 점검<br>• 에어클리너 오염 상태 및 덕트 내부 상태 확인<br>• 블로바이 가스 발생 여부 확인<br>• 연료의 질 분석 및 흡·배기 밸브 간극 점검(소리로 확인) | • 출력 감소 현상과 함께 매연이 발생되는 것은 흡입 공기량(산소량) 부족으로 불완전 연소된 탄소가 나오는 것임<br>• 에어클리너 오염 확인 후 청소<br>• 에어클리너 덕트 내부 확인(부품 음 또는 폐쇄상태를 확인하여 흡입 공기량이 충분하도록 조치)<br>• 밸브간극 조정 실시 |

ⓔ 정차 중 엔진의 시동이 꺼짐, 재시동 불가

| 점검사항 | 조치방법 |
| --- | --- |
| • 연료량 확인<br>• 연료파이프 누유 및 공기유입 확인<br>• 연료탱크 내 이물질 혼입 여부 확인<br>• 워터 세퍼레이터 공기 유입 확인 | • 연료공급 계통의 공기빼기 작업<br>• 워터 세퍼레이터 공기 유입 부분 확인하여 현장에서 조치 가능하면 작업에 착수(단품교환)<br>• 작업 불가 시 응급조치하여 공장으로 입고 |

ⓕ 혹한기 주행 중 오르막 경사로에서 급가속 시 시동이 꺼지고, 일정 시간 경과 후 재시동은 가능함

| 점검사항 | 조치방법 |
| --- | --- |
| • 연료 파이프 및 호스 연결부분 에어 유입 확인<br>• 연료 차단 솔레노이드 밸브 작동 상태 확인<br>• 워터 세퍼레이터 내 결빙 확인 | • 인젝션 펌프 공기빼기 작업<br>• 워터 세퍼레이트 수분 제거<br>• 연료탱크 내 수분 제거 |

ⓖ 초기 시동이 불량하고 시동이 꺼짐

| 점검사항 | 조치방법 |
| --- | --- |
| • 연료 파이프 에어 유입 및 누유 점검<br>• 펌프 내부에 이물질이 유입되어 연료 공급이 안 됨 | • 플라이밍 펌프 작동 시 에어 유입 확인 및 공기빼기<br>• 플라이밍 펌프 내부의 필터 청소 |

#### ② 섀시 계통

ⓐ 덤프 작동 시 상승 중에 적재함이 멈춤

| 점검사항 | 조치방법 |
| --- | --- |
| • PTO(동력인출장치)의 작동상태 점검(반 클러치 정상작동)<br>• 호이스트 오일 누출 상태 점검<br>• 클러치 스위치 점검<br>• PTO 스위치 작동 불량 발견 | • PTO 스위치 교환<br>• 변속기의 PTO 스위치 내부 단선으로 클러치를 완전히 개방시키면 상기 현상 발생함<br>• 현장에서 작업 조치하고 불가능 시 공장으로 입고 |

ⓑ 주행 중 간헐적으로 ABS 경고등 점등되다가 요철 부위 통과 후 경고등 계속 점등됨

| 점검사항 | 조치방법 |
| --- | --- |
| • 자기 진단 점검<br>• 휠 스피드 센서 단선 단락<br>• 휠 센서 단품 점검 이상 발견<br>• 변속기 체인지 레버 작동 시 간섭으로 커넥터 빠짐 | • 휠 스피드 센서 저항 측정<br>• 센서 불량인지 확인 및 교환<br>• 배선부분 불량인지 확인 및 교환 |

ⓒ 주행 제동 시 차량 쏠림, 리어 앞쪽 라이닝 조기 마모 및 드럼 과열 제동 불능, 브레이크 조기 록(Lock) 및 밀림

| 점검사항 | 조치방법 |
|---|---|
| • 좌우 타이어의 공기압 점검<br>• 좌우 브레이크 라이닝 간극 및 드럼손상 점검<br>• 브레이크 에어 및 오일 파이프 점검<br>• 듀얼 서킷 브레이크 점검<br>• 공기빼기 작업<br>• 에어 및 오일 파이프 라인 이상 발견 | • 타이어의 공기압 좌우 동일하게 주입<br>• 좌우 브레이크 라이닝 간극 재조정<br>• 브레이크 드럼 교환<br>• 리어 앞 브레이크 커넥터의 장착 불량으로 유압 오작동 |

ⓔ 급제동 시 차체 진동이 심하고 브레이크 페달 떨림

| 점검사항 | 조치방법 |
|---|---|
| • 전(前)차륜 정렬상태 점검(휠 얼라인먼트)<br>• 사이드 슬립 및 제동력 테스트<br>• 앞 브레이크 드럼 및 라이닝 점검 확인<br>• 앞 브레이크 드럼의 진원도 불량 | • 조향핸들 유격 점검<br>• 허브베어링 교환 또는 허브너트 재조임<br>• 앞 브레이크 드럼 연마 작업 또는 교환 |

③ 전기 계통

㉠ 와이퍼 작동스위치를 작동시켜도 와이퍼가 작동하지 않음

| 점검사항 | 조치방법 |
|---|---|
| 모터가 도는지 점검 | • 모터 작동 시 블레이드 암의 고정 너트를 조이거나 링크기구 교환<br>• 모터 미작동 시 퓨즈, 모터, 스위치, 커넥터 점검 및 손상부품 교환 |

㉡ 와이퍼 작동 시 주기적으로 소음발생

| 점검사항 | 조치방법 |
|---|---|
| 와이퍼 암을 세워놓고 작동 | • 소음 발생 시 링크기구 탈거해 점검<br>• 소음 미발생 시 와이퍼블레이드 및 와이퍼 암 교환 |

㉢ 워셔액이 분출되지 않거나 분사방향이 불량함

| 점검사항 | 조치방법 |
|---|---|
| 워셔액 분사 스위치 작동 | • 분출 안 될 때는 워셔액의 양을 점검하고 가는 철사로 막힌 구멍 뚫기<br>• 분출방향 불량 시는 가는 철사를 구멍에 넣어 분사방향 조절 |

㉣ 미등 작동 시 브레이크 페달 미작동 시에도 제동등 계속 점등

| 점검사항 | 조치방법 |
|---|---|
| • 제동등 스위치 접점 고착 점검<br>• 전원 연결배선 점검<br>• 배선의 차체 접촉 여부 점검 | • 제동등 스위치 교환<br>• 전원 연결배선 교환<br>• 배선의 절연상태 보완 |

㉤ 틸트 캡 하강 후 계속적으로 캡 경고등 점등, 틸트 모터 작동 완료 상태임

| 점검사항 | 조치방법 |
|---|---|
| • 하강 리미트 스위치 작동상태 점검<br>• 로킹 실린더 누유 점검<br>• 틸트 경고등 스위치 정상 작동<br>• 캡 밀착 상태 점검<br>• 캡 리어 우측 쇼크옵서버 볼트 장착부 용접불량 점검<br>• 쇼크옵서버 장착 부위 정렬 불량 확인 | • 캡 리어 우측 쇼크옵서버 볼트 장착부 용접불량 개소 정비<br>• 쇼크옵서버 장착 부위 정렬 불량 정비<br>• 쇼크옵서버 교환 |

ⓗ 비상등 작동 시 점멸은 되지만 좌측이 빠르게 점멸함

| 점검사항 | 조치방법 |
|---|---|
| • 좌측 비상등 전구 교환 후 동일 현상 발생 여부 점검<br>• 커넥터 점검<br>• 전원 연결 정상 여부 확인<br>• 턴 시그널 릴레이 점검 | • 턴 시그널 릴레이 교환 |

ⓢ 주행 중 브레이크 작동 시 온도 미터 게이지 하강

| 점검사항 | 조치방법 |
|---|---|
| • 온도 미터 게이지 교환 후 동일 현상 여부 점검<br>• 수온센서 교환 후 동일현상 여부 점검<br>• 배선 및 커넥터 점검<br>• 프레임과 엔진 배선 중간부위 과다하게 꺾임 확인<br>• 배선 피복은 정상이나 내부 에나멜선의 단선 확인 | • 온도 미터 게이지 교환<br>• 수온센서 교환<br>• 배선 및 커넥터 교환<br>• 단선된 부위 납땜 조치 후 테이핑 |

---

## 04 도로 요인과 안전운행

### 1 도로의 선형과 교통사고

**(1) 도로 요인**

도로 요인은 도로 구조, 안전시설 등에 관한 것이다.
① 도로 구조 : 도로의 선형, 노면, 차로수, 노폭, 구배 등에 관한 것
② 안전시설 : 신호기, 노면표시, 방호울타리 등 도로의 안전시설에 관한 것
③ 교통사고 발생과 도로 요인 : 인적 요인, 차량 요인에 비하여 수동적 성격을 가지며, 도로 그 자체는 운전자와 차량이 하나의 유기체로 움직이는 장소

> **더 알아보기**
>
> **도로의 일반적 조건**
> • 형태성 : 차로의 설치, 비포장의 경우에는 노면의 균일성 유지 등으로 자동차 기타 운송수단의 통행에 용이한 형태를 갖출 것
> • 이용성 : 사람의 왕래, 화물의 수송, 자동차 운행 등 공중의 교통 영역으로 이용되고 있는 곳
> • 공개성 : 공중교통에 이용되고 있는 불특정 다수인 및 예상할 수 없을 정도로 바뀌는 숫자의 사람을 위해 이용이 허용되고 실제 이용되고 있는 곳
> • 교통경찰권 : 공공의 안전과 질서유지를 위하여 교통경찰권이 발동될 수 있는 장소

**(2) 평면 선형과 교통사고**

① 일반도로에서는 곡선반경이 100m 이내일 때 사고율이 높으며, 특히 2차로 도로에서는 그 경향이 강하게 나타난다. 고속도로에서도 마찬가지로 곡선반경 750m를 경계로 하여 곡선이 급해짐에 따라 사고율이 높아진다.
② 곡선부의 수가 많으면 사고율이 높을 것 같으나 반드시 그런 것은 아니다. 예를 들어 긴 직선구간 끝에 있는 곡선부는 짧은 직선구간 다음의 곡선부에 비하여 사고율이 높았다.

③ 곡선부가 오르막과 내리막의 종단경사와 중복되는 곳은 훨씬 더 사고 위험성이 높다.

④ 곡선부의 사고율에는 시거, 편경사에 의해서도 크게 좌우된다. 따라서 곡선부에서 사고를 감소시키는 방법은 편경사를 개선하고, 시거를 확보하며, 속도표지와 시선유도표지를 포함한 주의표지와 노면표시를 잘 설치해야 한다.

> **더 알아보기**
>
> **곡선부 방호울타리의 기능**
> • 자동차의 차도이탈을 방지하는 것
> • 탑승자의 상해 및 자동차의 파손을 감소시키는 것
> • 자동차를 정상적인 진행방향으로 복귀시키는 것
> • 운전자의 시선을 유도하는 것

**(3) 종단 선형과 교통사고**

① 일반적으로 종단 경사(오르막·내리막 경사)가 커짐에 따라 사고율이 높다.

② 종단 선형이 자주 바뀌면 종단 곡선의 정점에서 시거가 단축되어 사고가 일어나기 쉽다. 일반적으로 양호한 선형조건에서 제한 시거가 불규칙적으로 나타나면 평균사고율보다 훨씬 높은 사고율을 보인다.

### 2 횡단면과 교통사고

**(1) 차로수와 교통사고**

차로수와 사고율의 관계는 아직 명확하지 않으나, 일반적으로 차로수가 많으면 사고가 많다.

**(2) 차로폭과 교통사고**

일반적으로 횡단면의 차로폭이 넓을수록 교통사고예방의 효과가 있으므로, 교통량이 많고 사고율이 높은 구간의 차로폭을 넓히면 그 효과는 더욱 크게 된다.

**(3) 길어깨(갓길)와 교통사고**

① 길어깨가 넓으면 차량의 이동공간이 넓고, 시계가 넓으며, 고장차량을 주행차로 밖으로 이동시킬 수 있기 때문에 안전성이 크다.

② 길어깨가 토사나 자갈 또는 잔디보다는 포장된 노면이 더 안전하며, 포장이 되어 있지 않을 경우에는 건조하고 유지관리가 용이할수록 안전하다.

③ 일반적으로 차도와 길어깨를 단선의 흰색 페인트칠로 구획하는 노면표시를 하면 교통사고는 감소한다.

④ 길어깨(갓길)의 역할

ⓐ 고장차가 본선차도로부터 대피할 수 있고, 사고 시 교통의 혼잡을 방지하는 역할

ⓑ 측방 여유폭을 가지므로 교통의 안전성과 쾌적성에 기여한다.

ⓒ 절토부 등에서는 곡선부의 시거가 증대되기 때문에 교통의 안전성이 높다.

ⓓ 유지가 잘되어 있는 길어깨(갓길)는 도로 미관을 높인다.

ⓔ 보도 등이 없는 도로에서는 보행자 등의 통행장소로 제공된다.

**(4) 중앙분리대와 교통사고**

① 중앙분리대의 종류

ⓐ 방호울타리형 중앙분리대 : 중앙분리대 내에 충분한 설치 폭의 확보가 어려운 곳에서 차량의 대향차로로의 이탈을 방지하는 곳에 비중을 두고 설치하는 형이다.

ⓑ 연석형 중앙분리대 : 좌회전 차로의 제공이나 향후 차로 확장에 쓰일 공간 확보, 연석의 중앙에 잔디나 수목을 심어 녹지공간 제공, 운전자의 심리적 안정감에 기여하지만 차량과 충돌 시 차량을 본래의 주행방향으로 복원해주는 기능이 미약하다.

ⓒ 광폭 중앙분리대 : 도로선형의 양방향 차로가 완전히 분리될 수 있는 충분한 공간확보로 대향차량의 영향을 받지 않을 정도의 너비를 제공한다.

② 분리대의 폭이 넓을수록 분리대를 넘어가는 횡단사고가 적고 또 전체사고에 대한 정면충돌사고의 비율도 낮다.

③ 중앙분리대로 설치된 방호울타리는 사고를 방지한다기보다는 사고의 유형을 변환시켜주기 때문에 효과적이다(정면충돌사고를 차량단독사고로 변환시킴으로써 위험성이 덜하다).

> **더 알아보기**
>
> **방호울타리의 기능**
> 1. 횡단을 방지할 수 있어야 한다.
> 2. 차량을 감속시킬 수 있어야 한다.
> 3. 차량이 대향차로로 튕겨나가지 않아야 한다.
> 4. 차량의 손상이 적도록 해야 한다.

④ 일반적인 중앙분리대의 주요 기능

ⓐ 상하 차도의 교통 분리 : 차량의 중앙선 침범에 의한 치명적인 정면충돌 사고 방지, 도로 중심선 축의 교통마찰을 감소시켜 교통용량 증대

ⓑ 평면교차로가 있는 도로에서는 폭이 충분할 때 좌회전 차로로 활용할 수 있어 교통처리가 유연

ⓒ 광폭 분리대의 경우 사고 및 고장 차량이 정지할 수 있는 여유 공간을 제공 : 분리대에 진입한 차량에 타고 있는 탑승자의 안전 확보(진입차의 분리대 내 정차 또는 조정 능력 회복)

ⓓ 보행자에 대한 안전섬이 됨으로써 횡단 시 안전

ⓔ 필요에 따라 유턴(U-turn) 방지 : 교통류의 혼잡을 피함으로써 안전성을 높임

ⓕ 대향차의 현광 방지 : 야간 주행 시 전조등의 불빛을 방지

ⓖ 도로표지, 기타 교통관제시설 등을 설치할 수 있는 장소를 제공 등

**(5) 교량과 교통사고**

교량의 폭, 교량 접근부 등이 교통사고와 밀접한 관계에 있다.

① 교량 접근로의 폭에 비하여 교량의 폭이 좁을수록 사고가 더 많이 발생한다.

② 교량의 접근로 폭과 교량의 폭이 같을 때 사고율이 가장 낮다.

③ 교량의 접근로 폭과 교량의 폭이 서로 다른 경우에도 교통통제설비, 즉 안전표지, 시선유도표지, 교량끝단의 노면표시를 효과적으로 설치함으로써 사고율을 현저히 감소시킬 수 있다.

## (6) 용어정의

① **차로수** : 양방향 차로(오르막차로, 회전차로, 변속차로 및 양보차로를 제외)의 수를 합한 것

② **오르막차로** : 오르막 구간에서 저속 자동차를 다른 자동차와 분리하여 통행시키기 위하여 설치하는 차로

③ **회전차로** : 자동차가 우회전, 좌회전 또는 유턴을 할 수 있도록 직진하는 차로와 분리하여 설치하는 차로

④ **변속차로** : 자동차를 가속시키거나 감속시키기 위하여 설치하는 차로

⑤ **측대** : 운전자의 시선을 유도하고 옆부분의 여유를 확보하기 위하여 중앙분리대 또는 길어깨에 차도와 동일한 횡단경사와 구조로 차도에 접속하여 설치하는 부분

⑥ **분리대** : 차도를 통행의 방향에 따라 분리하거나 성질이 다른 같은 방향의 교통을 분리하기 위하여 설치하는 도로의 부분이나 시설물

⑦ **중앙분리대** : 차도를 통행의 방향에 따라 분리하고 옆부분의 여유를 확보하기 위하여 도로의 중앙에 설치하는 분리대와 측대

⑧ **길어깨** : 도로를 보호하고 비상시에 이용하기 위하여 차도에 접속하여 설치하는 도로의 부분

⑨ **주·정차대** : 자동차의 주차 또는 정차에 이용하기 위하여 도로에 접속하여 설치하는 부분

⑩ **노상시설** : 보도·자전거도로·중앙분리대·길어깨 또는 환경시설대 등에 설치하는 표지판 및 방호울타리 등 도로의 부속물(공동구를 제외)

⑪ **횡단경사** : 도로의 진행방향에 직각으로 설치하는 경사로서 도로의 배수를 원활하게 하기 위하여 설치하는 경사와 평면곡선부에 설치하는 편경사

⑫ **편경사** : 평면곡선부에서 자동차가 원심력에 저항할 수 있도록 하기 위하여 설치하는 횡단경사

⑬ **종단경사** : 도로의 진행방향 중심선의 길이에 대한 높이의 변화비율

⑭ **정지시거** : 운전자가 같은 차로상에 고장차 등의 장애물을 인지하고 안전하게 정지하기 위하여 필요한 거리로서 차로 중심선상 1m의 높이에서 그 차로의 중심선에 있는 높이 15cm의 물체의 맨 윗부분을 볼 수 있는 거리를 그 차로의 중심선에 따라 측정한 길이

⑮ **앞지르기시거** : 2차로 도로에서 저속 자동차를 안전하게 앞지를 수 있는 거리로서 차로의 중심선상 1m의 높이에서 반대쪽 차로의 중심선에 있는 높이 1.2m의 반대쪽 자동차를 인지하고 앞차를 안전하게 앞지를 수 있는 거리를 도로 중심선에 따라 측정한 길이

---

## 05 안전운전

### 1 방어운전

#### (1) 용어의 정의

① **안전운전** : 운전자가 자동차를 그 본래의 목적에 따라 운행함에 있어서 운전자 자신이 위험한 운전을 하거나 교통사고를 유발하지 않도록 주의하여 운전하는 것을 말한다.

② **방어운전** : 운전자가 다른 운전자나 보행자가 교통 법규를 지키지 않거나 위험한 행동을 하더라도 이에 대처할 수 있는 운전자세를 갖추어 미리 위험한 상황을 피하여 운전하는 것, 위험한 상황을 만들지 않고 운전하는 것, 위험한 상황에 직면했을 때는 이를 효과적으로 회피할 수 있도록 운전하는 것을 말한다.

ㄱ 자기 자신이 사고의 원인을 만들지 않는 운전

ㄴ 자기 자신이 사고에 말려들어 가지 않게 하는 운전

ㄷ 타인의 사고를 유발시키지 않는 운전

#### (2) 방어운전의 기본

① **능숙한 운전 기술** : 적절하고 안전하게 운전하는 기술을 몸에 익혀야 한다.

② **정확한 운전 지식** : 교통 표지판, 교통관련 법규 등 운전에 필요한 지식을 익힌다.

③ **세심한 관찰력** : 자신을 보호하는 좋은 방법 중의 하나는 언제든지 다른 운전자의 행태를 잘 관찰하고 타산지석으로 삼는 것이다.

④ **예측능력과 판단력**

ㄱ 예측력 : 앞으로 일어날 위험 및 운전 상황을 미리 파악하여 안전을 위협하는 운전 상황의 변화요소를 재빠르게 파악하는 예측능력을 키운다.

ㄴ 판단력 : 교통 상황에 적절하게 대응하고 이에 맞게 자신의 행동을 통제하고 조절하면서 운행하는 능력이 필요하다.

⑤ **양보와 배려의 실천** : 운전할 때는 자기중심적인 생각을 버리고 상대방의 입장을 생각하며 서로 양보하는 마음의 자세가 필요하다. 운전은 자기 혼자만 하는 것이 아니라 주위에서 같이 달리는 자동차의 운전자와 길을 건너고자 하는 많은 보행자를 같이 생각해야 하는 것인 만큼 양보와 배려가 습관화되도록 한다.

⑥ **교통 상황 정보 수집** : TV, 라디오, 신문, 컴퓨터, 도로상의 전광판 및 기상예보 등을 통해 입수되는 다양한 정보는 안전운전에 긴요하다. 그러나 운전 중이라면 그 교통 현장의 정확하고 빠른 교통 정보에 대한 인지가 더욱 중요하다.

⑦ **반성의 자세** : 운전 중에 다른 차의 잘못에 대해서는 신경과민이지만 자기 자신의 독선적인 운전에 대해서는 반성하지 않는 경향이 강하다. 따라서 자신의 운전행동에 대한 반성을 통하여 더욱 안전한 운전자로 거듭날 수 있다.

⑧ **무리한 운행 배제** : 졸음 상태, 음주 상태, 기분이 나쁜 상태 등 신체적·심리적으로 건강하지 않은 상태에서는 무리한 운전을 하지 않는다. 또한 자동차 고장이나 이상이 있는 경우에는 아무리 사소한 것이라도 수리·정비한 다음이 아니면 무리하게 차를 운행하지 않는다.

**(3) 실전 방어운전 요령**

① 운전자는 앞차의 전방까지 시야를 멀리 둔다. 장애물이 나타나 앞차가 브레이크를 밟았을 때 즉시 브레이크를 밟을 수 있도록 준비 태세를 갖춘다.

② 뒤차의 움직임을 룸미러나 사이드미러로 끊임없이 확인하면서 방향지시등이나 비상등으로 자기 차의 진행방향과 운전 의도를 분명히 알린다.

③ 교통신호가 바뀐다고 해서 무작정 출발하지 말고 주위 자동차의 움직임을 관찰한 후 진행한다.

④ 보행자가 갑자기 나타날 수 있는 골목길이나 주택가에서는 상황을 예견하고 속도를 줄여 충돌을 피할 시간적·공간적 여유를 확보한다.

⑤ 일기예보에 신경을 쓰고 기상변화에 대비해 체인이나 스노우 타이어 등을 미리 준비한다. 눈이나 비가 올 때는 가시거리 단축, 수막현상 등 위험요소를 염두에 두고 운전한다.

⑥ 교통량이 너무 많은 길이나 시간을 피해 운전해야 한다. 교통이 혼잡할 때는 조심스럽게 교통의 흐름을 따르고, 끼어들기 등을 삼간다.

⑦ 과로로 피로하거나 심리적으로 흥분된 상태에서는 운전을 자제한다.

⑧ 앞차를 뒤따라갈 때는 앞차가 급제동을 하더라도 추돌하지 않도록 차간거리를 충분히 유지하고, 4~5대 앞차의 움직임까지 살핀다. 대형차를 뒤따라갈 때는 가능한 앞지르기를 하지 않도록 한다.

⑨ 뒤에 다른 차가 접근해 올 때는 속도를 낮춘다. 뒤차가 앞지르기를 하려고 하면 양보해 준다. 뒤차가 바짝 뒤따라올 때는 가볍게 브레이크 페달을 밟아 제동등을 켠다.

⑩ 진로를 바꿀 때는 상대방이 잘 알 수 있도록 여유 있게 신호를 보낸다. 보낸 신호를 상대방이 알았는지 확인한 다음에 서서히 행동한다.

⑪ 교차로를 통과할 때는 신호를 무시하고 뛰어나오는 차나 사람이 있을 수 있으므로 반드시 안전을 확인한 뒤에 서서히 주행한다. 좌우로 도로의 안전을 확인한 뒤에 주행한다.

⑫ 밤에 마주 오는 차가 전조등 불빛을 줄이거나 아래로 비추지 않고 접근해 올 때는 불빛을 정면으로 보지 말고 시선을 약간 오른쪽으로 돌린다. 감속 또는 서행하거나 일시 정지한다.

⑬ 밤에 산모퉁이 길을 통과할 때는 전조등을 상향과 하향으로 번갈아 켜거나 껐다 켰다 해 자신의 존재를 알린다. 주위를 살피면서 서행한다.

⑭ 횡단하려고 하거나 횡단 중인 보행자가 있을 때는 속도를 줄이고 주의해 진행한다. 보행자가 차의 접근을 알고 있는지 확인한다.

⑮ 이면도로에서 보행 중인 어린이가 있을 때는 어린이와 안전한 간격을 두고 진행한다. 서행 또는 일시 정지한다.

⑯ 다른 차량이 갑자기 뛰어들거나 내가 차로를 변경할 필요가 있을 때 꼼짝할 수 없게 되므로 가능한 한 뒤로 물러서거나 앞으로 나아가 다른 차량과 나란히 주행하지 않도록 한다.

⑰ 다른 차의 옆을 통과 할 때는 상대방 차가 갑자기 진로를 변경할 수도 있으므로 미리 대비한다. 충분한 간격을 두고 통과한다.

⑱ 대형 화물차나 버스의 바로 뒤에서 주행할 때에는 전방의 교통상황을 파악할 수 없으므로, 이럴 때는 함부로 앞지르기를 하지 않도록 하고, 또 시기를 보아서 대형차의 뒤에서 이탈해 주행한다.

⑲ 신호기가 설치되어 있지 않은 교차로에서는 좁은 도로로부터 우선순위를 무시하고 진입하는 자동차가 있으므로, 이런 때에는 속도를 줄이고 좌우의 안전을 확인한 다음에 통행한다.

⑳ 차량이 많을 때 가장 안전한 속도는 다른 차량의 속도와 같을 때이므로 법정한도 내에서는 다른 차량과 같은 속도로 운전하고 안전한 차간거리를 유지한다.

**(4) 운전 상황별 방어운전 요령**

| 운전 상황 | 방어운전 요령 |
|---|---|
| 출발할 때 | • 차의 전후, 좌우는 물론 차의 밑과 위까지 안전을 확인한다.<br>• 도로의 가장자리에서 도로를 진입하는 경우에는 반드시 신호를 한다.<br>• 교통류에 합류할 때에는 진행하는 차의 간격상태를 확인하고 합류한다. |
| 주행 시 속도 조절 | • 교통량이 많은 곳에서는 속도를 줄여서 주행한다.<br>• 노면의 상태가 나쁜 도로에서는 속도를 줄여서 주행한다.<br>• 기상상태나 도로조건 등으로 시계조건이 나쁜 곳에서는 속도를 줄여서 주행한다.<br>• 해질 무렵, 터널 등 조명조건이 나쁠 때에는 속도를 줄여서 주행한다.<br>• 주택가나 이면도로 등에서는 과속이나 난폭운전을 하지 않는다.<br>• 곡선반경이 작은 도로나 신호의 설치간격이 좁은 도로에서는 속도를 낮추어 안전하게 통과한다.<br>• 주행하는 차들과 물 흐르듯 속도를 맞추어 주행한다. |
| 주행차로의 사용 | • 자기 차로를 선택하여 가능한 한 변경하지 않고 주행한다.<br>• 필요한 경우가 아니면 중앙의 차로를 주행하지 않는다.<br>• 갑자기 차로를 바꾸지 않는다.<br>• 차로를 바꾸는 경우에는 반드시 신호를 한다. |
| 앞지르기 할 때 | • 꼭 필요한 경우에만 앞지르기한다.<br>• 앞지르기가 허용된 지역에서만 앞지르기를 실시한다.<br>• 마주오는 차의 속도와 거리를 정확히 판단한 후 앞지르기한다.<br>• 반드시 안전을 확인한 후 시행한다.<br>• 앞지르기에 적당한 속도로 주행한다.<br>• 앞지르기 후 뒤차의 안전을 고려하여 진입한다.<br>• 앞지르기 전에 앞차에게 신호로 알린다. |
| 좌우로 회전할 때 | • 회전이 허용된 차로에서만 회전한다.<br>• 대향차가 교차로를 완전히 통과한 후 좌회전한다.<br>• 우회전을 할 때 보도나 길어깨로 타이어가 넘어가지 않도록 주의한다.<br>• 미끄러운 노면에서는 특히 급핸들 조작으로 회전하지 않는다.<br>• 회전 시에는 반드시 신호를 한다. |
| 정지할 때 | • 운행 전에 제동등이 점등되는지 확인한다.<br>• 원활하게 서서히 정지한다.<br>• 교통상황을 판단하여 미리미리 속도를 줄여 급정지하지 않도록 한다.<br>• 미끄러운 노면에서는 급제동으로 차가 회전하는 경우가 발생하지 않도록 한다. |
| 주차할 때 | • 주차가 허용된 지역이나 안전한 지역에 주차한다.<br>• 주행차로에 차의 일부분이 돌출된 상태로 주차하지 않는다.<br>• 언덕길 등 기울어진 길에는 바퀴를 고이거나 위험방지를 위한 조치를 취한 후 안전을 확인하고 차에서 떠난다.<br>• 차가 노상에서 고장을 일으킨 경우에는 적절한 고장표지를 설치한다. |
| 신호할 때 | • 틀린 신호를 하지 않도록 한다.<br>• 경음기는 사용을 태만히 하거나 남용하지 않도록 한다. |
| 차간거리 | • 앞차에 너무 밀착하여 주행하지 않도록 한다.<br>• 후진 시 후방의 물체와의 거리를 확인한다.<br>• 좌우측 차량과의 안전거리를 확인한다.<br>• 차 위의 물체와의 거리를 확인한다.<br>• 다른 차가 끼어들기 하는 경우에는 양보하여 안전하게 진입하도록 한다. |
| 감정의 통제 | • 졸음이 오는 경우에 무리하여 운행하지 않도록 한다.<br>• 타인의 운전태도에 감정적으로 반응하여 운전하지 않도록 한다.<br>• 술이나 약물의 영향이 있는 경우에는 운전을 삼간다.<br>• 몸이 불편한 경우에는 운전하지 않는다. |
| 점검과 주의 | • 운행 전·중·후에 차량점검을 철저히 한다.<br>• 자신의 차량이나 적재된 화물에 대하여 정확히 숙지한다.<br>• 운행 전후에는 차량의 문이나 결박상태를 확인한다. |

## 2 상황별 운전

### (1) 교차로

교차로는 자동차, 사람, 이륜차 등의 엇갈림(교차)이 발생하는 장소로써, 교차로 및 교차로 부근은 횡단보도 및 횡단보도 부근과 더불어 교통사고가 가장 많이 발생하는 지점이다.

① **사고발생원인**
- ㉠ 앞쪽(또는 옆쪽) 상황에 소홀한 채 진행신호로 바뀌는 순간 급출발
- ㉡ 정지신호임에도 불구하고 정지선을 지나 교차로에 진입하거나 무리하게 통과를 시도하는 신호무시
- ㉢ 교차로 진입 전 이미 황색신호임에도 무리하게 통과시도

② **교차로 안전운전 및 방어운전**
- ㉠ 신호등이 있는 경우 : 신호등이 지시하는 신호에 따라 통행
- ㉡ 교통경찰관 수신호의 경우 : 교통경찰관의 지시에 따라 통행
- ㉢ 신호등이 없는 교차로의 경우 : 통행 우선순위에 따라 주의하며 진행
- ㉣ 섣부른 추측운전 금지 : 반드시 자신의 눈으로 안전을 확인하고 주행
- ㉤ 언제든 정지할 수 있는 준비태세 : 교차로에서는 자전거 또는 어린이 등이 뛰어 나올 수 있다는 것을 염두에 두고 이에 대처할 수 있도록 언제든지 정지할 수 있는 마음의 준비를 하고 운전해야 함
- ㉥ 신호가 바뀌는 순간을 주의 : 교차로 사고의 대부분은 신호가 바뀌는 순간에 발생하므로 반대편 도로의 교통 전반을 살피며 1~2초의 여유를 가지고 서서히 출발
- ㉦ 교차로 정차 시 안전운전
  - 신호를 대기할 때는 브레이크 페달에 발을 올려놓는다.
  - 정지할 때까지는 앞차에서 눈을 떼지 않는다.
- ㉧ 교차로 통과 시 안전운전
  - 신호는 자기의 눈으로 확실히 확인(보는 것만이 아니고 안전을 확인)한다.
  - 직진할 경우는 좌·우회전하는 차를 주의한다.
  - 교차로의 대부분이 앞이 잘 보이지 않는 곳임을 유념한다.
  - 좌·우회전 시의 방향신호는 정확히 해야 한다.
  - 성급한 좌회전은 보행자를 간과하기 쉽다.
  - 앞차를 따라 차간거리를 유지해야 하며, 맹목적으로 앞차를 따라가서는 안 된다.
- ㉨ 시가지 외 도로운행 시 안전운전
  - 자기 능력에 부합된 속도로 주행한다.
  - 맹속력으로 추종하는 차에게는 진로를 양보한다.
  - 좁은 길에서 마주 오는 차가 있을 때는 서행하면서 교행한다.
  - 철도 건널목을 주의한다.
  - 커브에서는 특히 주의하여 주행한다.
  - 원심력을 가볍게 생각해서는 안 된다.

③ **교차로 황색신호** : 황색신호는 전신호와 후신호 사이에 부여되는 신호로, 전신호 차량과 후신호 차량이 교차로 상에서 상충(상호충돌)하는 것을 예방하여 교통사고를 방지하고자 하는 목적에서 운영되는 신호이다.

- ㉠ 황색신호시간 : 교차로 황색신호시간은 통상 3초를 기본으로 운영한다. 교차로의 크기에 따라 4~6초까지 연장 운영하기도 하지만, 부득이한 경우가 아니라면 6초를 초과하는 것은 금기로 한다.
- ㉡ 황색신호 시 사고유형
  - 교차로 상에서 전신호 차량과 후신호 차량의 충돌
  - 횡단보도 전 앞차 정지 시 앞차 충돌
  - 횡단보도 통과 시 보행자, 자전거 또는 이륜차 충돌
  - 유턴 차량과의 충돌
- ㉢ 교차로 황색신호 시 안전운전 방어운전
  - 황색신호에는 반드시 신호를 지켜 정지선에 멈출 수 있도록 교차로에 접근할 때는 자동차의 속도를 줄여 운행한다.
  - 교차로에 무리하게 진입하거나 통과를 시도하지 않는다.

### (2) 이면도로 운전법

① **이면도로 운전의 위험성**
- ㉠ 도로의 폭이 좁고, 보도 등의 안전시설이 없다.
- ㉡ 좁은 도로가 많이 교차하고 있다.
- ㉢ 주변에 점포와 주택 등이 밀집되어 있으므로, 보행자 등이 아무 곳에서나 횡단이나 통행을 한다.
- ㉣ 길가에서 어린이들이 뛰노는 경우가 많으므로, 어린이들과의 사고가 일어나기 쉽다.

② **이면도로를 안전하게 통행하는 방법**
- ㉠ 항상 위험을 예상하면서 운전한다.
  - 속도를 낮춘다.
  - 자동차나 어린이가 뛰어들지 모른다는 생각을 가지고 운전한다.
  - 언제라도 곧 정지할 수 있는 마음의 준비를 갖춘다.
- ㉡ 위험 대상물을 계속 주시한다.
  - 위험스럽게 느껴지는 자동차나 자전거·손수레·사람과 그 그림자 등 위험 대상물을 발견하였을 때에는, 그의 움직임을 주시하여 안전하다고 판단될 때까지 시선을 떼지 않는다.
  - 특히 어린이들은 시야가 좁고 조심성이 부족하기 때문에 자동차를 미처 보지 못하여 뜻밖의 장소에서 차의 앞으로 뛰어드는 사례가 많으므로, 방심하지 말아야 한다.

### (3) 커브길

커브길은 도로가 왼쪽 또는 오른쪽으로 굽은 곡선부를 갖는 도로의 구간을 의미한다. 곡선부의 곡선반경이 길어질수록 완만한 커브길이 되며, 곡선반경이 짧아질수록 급한 커브길이 된다.

① **커브길의 교통사고 위험**
- ㉠ 도로 외 이탈의 위험이 뒤따른다.
- ㉡ 중앙선을 침범하여 대향차와 충돌할 위험이 있다.
- ㉢ 시야불량으로 인한 사고의 위험이 있다.

② **커브길 주행요령**
- ㉠ 완만한 커브길
  - 커브길의 편구배(경사도)나 도로의 폭을 확인하고 가속 페달에서 발을 떼어 엔진 브레이크가 작동되도록 하여 속도를 줄인다.

• 엔진 브레이크만으로 속도가 충분히 떨어지지 않으면 풋 브레이크를 사용하여 실제 커브를 도는 중에 더 이상 감속할 필요가 없을 정도까지 속도를 줄인다.

• 커브가 끝나는 조금 앞부터 핸들을 돌려 차량의 모양을 바르게 한다.

• 가속 페달을 밟아 속도를 서서히 높인다.

ⓛ 급커브길

• 커브의 경사도나 도로의 폭을 확인하고 가속 페달에서 발을 떼어 엔진 브레이크가 작동되도록 하여 속도를 줄인다.

• 풋 브레이크를 사용하여 충분히 속도를 줄인다.

• 후사경으로 오른쪽 후방의 안전을 확인한다.

• 저단 기어로 변속한다.

• 커브 내각의 연장선에 차량이 이르렀을 때 핸들을 꺾는다.

• 차가 커브를 돌았을 때 핸들을 되돌리기 시작한다.

• 차의 속도를 서서히 높인다.

ⓒ 커브길 핸들조작 : 커브길에서의 핸들조작은 슬로우 인, 패스트 아웃(Slow-in, Fast-out) 원리에 입각하여 커브 진입 직전에 핸들조작이 자유로울 정도로 속도를 감속하고, 커브가 끝나는 조금 앞에서 핸들을 조작하여 차량의 방향을 안정되게 유지한 후, 속도를 증가(가속)하여 신속하게 통과할 수 있도록 하여야 한다.

③ 커브길 안전운전 및 방어운전

ⓐ 커브길에서는 미끄러지거나 전복될 위험이 있으므로 부득이한 경우가 아니면 급핸들 조작이나 급제동은 하지 않는다.

ⓑ 핸들을 조작할 때는 가속이나 감속을 하지 않는다.

ⓒ 중앙선을 침범하거나 도로의 중앙으로 치우쳐 운전하지 않는다.

ⓓ 주간에는 경음기, 야간에는 전조등을 사용하여 내 차의 존재를 알린다.

ⓔ 항상 반대 차로에 차가 오고 있다는 것을 염두에 두고 차로를 준수하며 운전한다.

ⓕ 커브길에서 앞지르기는 대부분 안전 표지로 금지하고 있으나 안전 표지가 없더라도 절대로 하지 않는다.

ⓖ 겨울철에는 빙판이 그대로 노면에 있는 경우가 있으므로 사전에 조심하여 운전한다.

## (4) 차로폭

차로폭이란 어느 도로의 차선과 차선 사이의 최단거리를 말한다. 관련 기준에 따라 도로의 설계속도, 지형조건 등을 고려하여 달리할 수 있으나 대개 3.0~3.5m를 기준으로 한다. 다만, 교량 위, 터널 내, 유턴차로(회전차로) 등에서 부득이한 경우 2.75m로 할 수 있다.

① 차로폭에 따른 사고 위험

ⓐ 차로폭이 넓은 경우 : 운전자가 느끼는 주관적 속도감이 실제 주행속도보다 낮게 느껴짐에 따라 제한속도를 초과한 과속사고의 위험이 있다.

ⓑ 차로폭이 좁은 경우 : 차로폭이 좁은 도로의 경우는 차로수 자체가 편도 1~2차로에 불과하거나 보·차분리시설이 미흡하거나 도로정비가 미흡하고 자동차, 보행자 등이 무질서하게 혼재하는 경우가 있어 사고의 위험성이 높다.

② 차로폭에 따른 안전운전 및 방어운전

ⓐ 차로폭이 넓은 경우 : 주관적인 판단을 가급적 자제하고 계기판의 속도계에 표시되는 객관적인 속도를 준수할 수 있도록 노력하여야 한다.

ⓑ 차로폭이 좁은 경우 : 보행자, 노약자, 어린이 등에 주의하여 즉시 정지할 수 있는 안전한 속도로 주행속도를 감속하여 운행한다.

## (5) 언덕길

① 내리막길 안전운전 및 방어운전

ⓐ 내리막길을 내려가기 전에는 미리 감속하여 천천히 내려가며 엔진 브레이크로 속도를 조절하는 것이 바람직하다.

ⓑ 엔진 브레이크를 사용하면 페이드(Fade) 현상을 예방하여 운행 안전도를 더욱 높일 수 있다.

ⓒ 배기 브레이크가 장착된 차량의 경우 배기 브레이크를 사용하면 다음과 같은 효과가 있어 운행의 안전도를 더욱 높일 수 있다.

• 브레이크 액의 온도상승 억제에 따른 베이퍼 록 현상을 방지한다.

• 드럼의 온도상승을 억제하여 페이드 현상을 방지한다.

• 브레이크 사용 감소로 라이닝의 수명을 증대시킬 수 있다.

ⓓ 도로의 오르막길 경사와 내리막길 경사가 같거나 비슷한 경우라면, 변속기 기어의 단수도 오르막 내리막을 동일하게 사용하는 것이 적절하다.

ⓔ 커브 주행 시와 마찬가지로 중간에 불필요하게 속도를 줄인다든지 급제동하는 것은 금물이다.

ⓕ 비교적 경사가 가파르지 않은 긴 내리막길을 내려갈 때 시선은 통상 먼 곳을 바라보는 경향이 있기 때문에 가속 페달을 무심코 밟게 되어 자신도 모르게 순간 속도가 높아질 위험이 있으므로 조심해야 한다.

> **더 알아보기**
>
> **내리막길에서 기어를 변속할 때의 요령**
> 1. 변속할 때 클러치 및 변속 레버의 작동은 신속하게 한다.
> 2. 변속 시에는 머리를 숙인다든가 하여 다른 곳에 주의를 빼앗기지 말고 눈은 교통상황 주시상태를 유지한다.
> 3. 왼손은 핸들을 조정하며 오른손과 양발은 신속히 움직인다.

② 오르막길 안전운전 및 방어운전

ⓐ 정차할 때는 앞차가 뒤로 밀려 충돌할 가능성을 염두에 두고 충분한 차간거리를 유지한다.

ⓑ 오르막길의 사각 지대는 정상 부근이다. 마주 오는 차가 바로 앞에 다가올 때까지는 보이지 않으므로 서행하여 위험에 대비한다.

ⓒ 정차 시에는 풋 브레이크와 핸드 브레이크를 동시에 사용한다.

ⓓ 출발 시에는 핸드 브레이크를 사용하는 것이 안전하다.

　㉺ 오르막길에서 앞지르기할 때는 힘과 가속력이 좋은 저단 기어를 사용하는 것이 안전하다.

③ **언덕길 교행** : 언덕길에서 올라가는 차량과 내려오는 차량의 교행 시에는 내려오는 차에 통행 우선권이 있으므로, 올라가는 차량이 양보한다.

### (6) 앞지르기

앞지르기란 뒤차가 앞차의 좌측면을 지나 앞차의 앞으로 진행하는 것을 말한다.

① **앞지르기의 사고 위험**

　㉠ 앞지르기는 앞차보다 빠른 속도로 가속하여 상당한 거리를 진행해야 하므로 앞지르기할 때의 가속도에 따른 위험이 수반된다.

　㉡ 앞지르기는 필연적으로 진로변경을 수반한다. 진로변경은 동일한 차로로 진로변경 없이 진행하는 경우에 비하여 사고의 위험이 높다.

② **앞지르기 사고의 유형**

　㉠ 앞지르기를 위한 최초 진로변경 시 동일방향 좌측 후속차 또는 나란히 진행하던 차와 충돌

　㉡ 좌측 도로상의 보행자와 충돌, 우회전 차량과의 충돌

　㉢ 중앙선을 넘어 앞지르기할 때에는 대향차와 충돌(중앙선이 실선인 경우 중앙선침범이 적용되고, 중앙선이 점선인 경우 일반과실 사고로 처리된다)

　㉣ 진행 차로 내의 앞뒤 차량과의 충돌

　㉤ 앞 차량과의 근접주행에 따른 측면 충돌

　㉥ 경쟁 앞지르기에 따른 충돌

③ **앞지르기 안전운전 및 방어운전**

　㉠ 자차가 앞지르기할 때

　　• 과속은 금물이다. 앞지르기에 필요한 속도가 그 도로의 최고속도 범위 이내일 때 앞지르기를 시도한다.

　　• 앞지르기에 필요한 충분한 거리와 시야가 확보되었을 때 앞지르기를 시도한다.

　　• 앞차가 앞지르기를 하고 있는 때는 앞지르기를 시도하지 않는다.

　　• 앞차의 오른쪽으로 앞지르기하지 않는다.

　　• 점선의 중앙선을 넘어 앞지르기하는 때에는 대향차의 움직임에 주의한다.

　㉡ 다른 차가 자차를 앞지르기할 때

　　• 자차의 속도를 앞지르기를 시도하는 차의 속도 이하로 적절히 감속한다.

　　• 앞지르기 금지 장소나 앞지르기를 금지하는 때에도 앞지르기하는 차가 있다는 사실을 항상 염두에 두고 주의 운전한다.

### (7) 철길 건널목

① **철길 건널목의 종류** : 철도와 도로법에서 정한 도로가 평면 교차하는 곳을 의미한다.

　㉠ 제1종 건널목 : 차단기, 경보기 및 건널목 교통안전 표지를 설치하고 차단기를 주·야간 계속하여 작동시키거나 또는 건널목 안내원이 근무하는 건널목

　㉡ 제2종 건널목 : 경보기와 건널목 교통안전 표지만 설치하는 건널목

　㉢ 제3종 건널목 : 건널목 교통안전 표지만 설치하는 건널목

② **철길 건널목의 사고원인**

　㉠ 운전자가 건널목의 경보기를 무시하거나, 일시정지를 하지 않고 통과하다가 주로 발생한다.

　㉡ 일단 사고가 발생하면 인명피해가 큰 대형사고가 주로 발생하게 된다.

③ **철길 건널목의 안전운전 및 방어운전**

　㉠ 일시정지 후, 좌우의 안전을 확인한다.

　㉡ 건널목 통과 시 기어는 변속하지 않는다.

　㉢ 건널목 건너편 여유 공간을 확인한 후 통과한다.

④ **철길 건널목 내 차량고장 대처요령**

　㉠ 즉시 동승자를 대피시킨다.

　㉡ 철도 공사 직원에게 알리고 차를 건널목 밖으로 이동시키도록 조치한다.

　㉢ 시동이 걸리지 않을 때는 당황하지 말고 기어를 1단 위치에 넣은 후 클러치 페달을 밟지 않은 상태에서 엔진 키를 돌리면 시동 모터의 회전으로 바퀴를 움직여 철길을 빠져 나올 수 있다.

### (8) 고속도로의 운행

① 속도의 흐름과 도로사정, 날씨 등에 따라 안전거리를 충분히 확보한다.

② 주행 중 속도계를 수시로 확인하여 법정속도를 준수한다.

③ 차로 변경 시는 최소한 100m 전방으로부터 방향지시등을 켜고, 전방 주시점은 속도가 빠를수록 멀리 둔다.

④ 앞차의 움직임뿐 아니라 가능한 한 앞차 앞의 3~4대 차량의 움직임도 살핀다.

⑤ 고속도로 진·출입 시 속도감각에 유의하여 운전한다.

⑥ 고속도로 진입 시 충분한 가속으로 속도를 높인 후 주행차로로 진입하여 주행차에 방해를 주지 않도록 한다.

⑦ 주행차로 운행을 준수하고 두 시간마다 휴식한다.

⑧ 뒤차가 자기 차를 추월하고 있는 상황에서 경쟁하는 것은 위험하다.

### (9) 기 타

① **야간** : 야간에는 주간에 비해 시야가 전조등의 범위로 한정되어 노면과 앞차의 후미등 전방만을 보게 되므로 주간보다 속도를 20% 정도 감속하고 운행해야 한다.

**더 알아보기**

**야간 안전운전 방법**
1. 해가 저물면 곧바로 전조등을 점등할 것
2. 주간보다 속도를 낮추어 주행할 것
3. 야간에 흑색이나 감색의 복장을 입은 보행자는 발견하기 곤란하므로 보행자의 확인에 더욱 세심한 주의를 기울일 것
4. 실내를 불필요하게 밝게 하지 말 것
5. 가급적 전조등이 비치는 곳 끝까지 살필 것
6. 주간보다 안전에 대한 여유를 크게 가질 것
7. 대향차의 전조등을 바로 보지 말 것
8. 자동차가 교행할 때에는 조명장치를 하향 조정할 것
9. 장거리 운행할 때에는 운행계획을 세워 적시에 휴식을 취할 것
10. 노상에 주·정차를 하지 말 것
11. 문제가 발생했을 때 정차 시는 여러 가지 안전조치를 취할 것
12. 운전 시 흡연을 하지 말 것
13. 술에 취한 사람이 차도에 뛰어드는 경우를 조심할 것

② 안개길
　㉠ 안개로 인해 시야의 장애가 발생되면 우선 차간거리를 충분히 확보하고 앞차의 제동이나 방향전환 등의 신호를 예의 주시하며 천천히 주행해야 안전하다.
　㉡ 운행 중 앞을 분간하지 못할 정도로 짙은 안개가 끼었을 때는 차를 안전한 곳에 세우고 잠시 기다리는 것이 좋다. 이때에는 지나가는 차에게 내 자동차의 존재를 알리기 위해 미등과 비상경고등을 점등시켜 충돌사고 등에 미리 예방하는 조치를 취한다.

③ 빗 길
　㉠ 비가 내려 물이 고인 길을 통과할 때에는 속도를 줄이며, 저속 기어로 바꾸어 서행하여 통과한다. 브레이크에 물이 들어가면 브레이크가 약해지거나 불균등하게 걸리거나 또는 풀리지 않을 수 있어 차량의 제동력을 감소시킨다.
　㉡ 빗물 고인 곳을 벗어난 다음 주행 시 브레이크가 듣지 않을 경우에는 브레이크를 여러 번 나누어 밟아 마찰열로 브레이크 패드나 라이닝의 물기를 제거하거나, 기어를 저단으로 하여 엔진 브레이크 상태를 만든 다음 왼발로 브레이크 페달에 저항이 걸릴 정도로 밟고, 오른발은 가속페달을 밟아 물기를 제거한다.

④ 비포장도로
　㉠ 울퉁불퉁한 비포장도로에서는 노면 마찰계수가 낮고 매우 미끄러우므로 브레이킹, 가속페달 조작, 핸들링 등을 부드럽게 해야 한다.
　㉡ 모래, 진흙 등에 빠지면 엔진을 고속회전시켜서는 안 된다.

**3 계절별 운전**

(1) 봄 철
① 교통사고의 특징
　㉠ 도로조건 : 날씨가 풀리면서 겨우내 얼어 있던 땅이 녹아 지반 붕괴로 인한 도로의 균열이나 낙석의 위험이 크며, 특히 포장된 도로를 운행할 때 노변을 통하여 운행하는 것은 노변의 붕괴 또는 함몰로 인한 대형 사고의 위험이 높다.
　㉡ 운전자 : 춘곤증에 의한 졸음운전으로 전방주시태만과 관련된 사고의 위험이 높다.

　㉢ 보행자 : 교통상황에 대한 판단능력이 부족한 어린이와 신체 능력이 약화된 노약자들의 보행이나 교통수단 이용이 겨울에 비해 늘어나는 계절적 특성으로 어린이·노약자 관련 교통사고가 늘어난다. 주택가나 학교 주변 또는 정류소 등 보행자가 많은 지역에서는 차간거리를 여유 있게 확보하고 서행하여야 한다.

② 안전운행 및 교통사고 예방
　㉠ 교통 환경 변화 : 봄철 안전운전을 위해 중요한 것은 무리한 운전을 하지 말고 긴장을 늦추어서는 안 된다는 것이다. 도로의 지반 붕괴와 균열로 인해 도로 노면 상태가 1년 중 가장 불안정하여 사고의 원인이 되므로 시선을 멀리 두어 노면 상태 파악에 신경을 써야 한다.
　㉡ 주변 환경 대응 : 포근하고 화창한 외부환경 여건으로 보행자나 운전자 모두 집중력이 떨어져 사고 발생률이 다른 계절에 비해 높다. 특히 본격적인 행락철을 맞아 교통수요가 많아져 통행량도 증가하게 되므로, 충분한 휴식을 취하고 운행 중에는 주변 교통 상황에 대해 집중력을 갖고 안전운행하여야 한다.
　㉢ 춘곤증 : 춘곤증은 피로·나른함 및 의욕저하를 수반하여 운전하는 과정에서 주의력 저하와 졸음운전으로 이어져 대형 사고를 일으키는 원인이 될 수 있다. 따라서 무리한 운전을 피하고 장거리 운전 시에는 충분한 휴식을 취해야 한다.

③ 자동차관리
　㉠ 세차 : 겨울을 보낸 다음에는 전문 세차장을 찾아 차체를 들어 올리고 구석구석 세차를 해야 한다. 노면의 결빙을 막기 위해 뿌려진 염화칼슘이 운행 중에 자동차의 바닥부분에 부착되어 차체의 부식을 촉진시키기 때문이다.
　㉡ 월동장비 정리 : 겨울을 나기 위해 필요했던 스노우 타이어, 체인 등 월동장비를 잘 정리해서 보관한다.
　㉢ 엔진오일 점검 : 주행거리와 오일의 상태에 따라 교환해 주거나 부족 시 보충해야 한다.
　㉣ 배선상태 점검 : 전선의 피복이 벗겨진 부분은 없는지, 소켓 부분이 부식되지는 않았는지 등을 살펴보고 낡은 배선은 새 것으로 교환해주어 화재발생을 예방할 수 있도록 한다.

(2) 여름철
① 교통사고의 특징
　㉠ 도로조건 : 여름철에 발생되는 무더위, 장마, 폭우로 인한 교통환경의 악화를 운전자들이 극복하지 못하여 교통사고를 일으킬 수 있으므로 기상 변화에 잘 대비하여야 한다.
　㉡ 운전자 : 기온과 습도 상승으로 불쾌지수가 높아져 적절히 대응하지 못하면 이성적 통제가 어려워져 난폭운전, 불필요한 경음기 사용, 사소한 일에도 언성을 높이며 잘못을 전가하려는 행동이 나타난다. 또한 수면부족과 피로로 인한 졸음운전 등도 집중력 저하 요인으로 작용한다.
　㉢ 보행자 : 장마철에는 우산을 받치고 보행함에 따라 전·후방 시야를 확보하기 어렵고, 장마 이후엔 무더운 날씨로 인해 낮에는 더위에 지치고 밤에는 잠을 제대로 자지 못해 피로가 쌓여 불쾌지수가 증가하므로 위험한 상황에 대한 인식이 둔해지고 안전수칙을 무시하려는 경향이 강하게 나타난다.

② 안전운행 및 교통사고 예방

㉠ 뜨거운 태양 아래 오래 주차 시 : 기온이 상승하면 차량의 실내 온도는 뜨거운 양철 지붕 속과 같이 되므로 출발하기 전에 창문을 열어 실내의 더운 공기를 환기시키고 에어컨을 최대로 켜서 실내의 더운 공기가 빠져나간 다음에 운행하는 것이 좋다.

㉡ 주행 중 갑자기 시동이 꺼졌을 때 : 기온이 높은 날에는 운행 도중 엔진이 저절로 꺼지는 일이 발생하기도 한다. 이같은 현상은 연료 계통에서 열에 의한 증기로 통로의 막힘 현상이 나타나 연료 공급이 단절되기 때문으로, 자동차를 길 가장자리 통풍이 잘되는 그늘진 곳으로 옮긴 다음, 보닛을 열고 10여분 정도 열을 식힌 후 재시동을 건다.

㉢ 비가 내리는 중에 주행 시 : 비에 젖은 도로를 주행할 때는 건조한 도로에 비해 마찰력이 떨어져 미끄럼에 의한 사고 가능성이 있으므로 감속 운행해야 한다.

③ 자동차관리

㉠ 냉각장치 점검 : 여름철에는 무더운 날씨 속에 엔진이 과열되기 쉬우므로 냉각수의 양은 충분한지, 냉각수가 새는 부분은 없는지, 그리고 팬벨트의 장력은 적절한지를 수시로 확인해야 하며, 팬벨트는 여유분을 휴대하는 것이 바람직하다.

㉡ 와이퍼의 작동상태 점검 : 장마철 운전에 없어서는 안 될 와이퍼의 작동이 정상적인가 확인해야 하는데, 유리면과 접촉하는 부위인 블레이드가 닳지 않았는지, 모터의 작동은 정상적인지, 노즐의 분출구가 막히지 않았는지, 노즐의 분사각도는 양호한지, 그리고 워셔액은 깨끗하고 충분한지를 점검해야 한다.

㉢ 타이어 마모상태 점검 : 과마모 타이어는 빗길에서 잘 미끄러질 뿐더러 제동거리가 길어지므로 교통사고의 위험이 높다. 노면과 맞닿는 부분인 트레드 홈 깊이가 최저 1.6mm 이상이 되는지 확인하고 적정 공기압을 유지하고 있는지 점검한다.

㉣ 차량 내부의 습기 제거 : 차량 내부에 습기가 찰 때에는 습기를 제거하여 차체의 부식과 악취발생을 방지한다.

**(3) 가을철**

① 교통사고의 특징

㉠ 도로조건 : 한가위 귀향 교통량의 증가로 전국 도로가 몸살을 앓기는 하지만 다른 계절에 비하여 도로조건은 비교적 좋은 편이다.

㉡ 운전자 : 추수철 국도 주변에는 경운기·트랙터 등의 통행이 늘고, 주변 경관을 감상하다보면 집중력이 떨어져 교통사고의 발생 위험이 있다.

㉢ 보행자 : 맑은 날씨, 곱게 물든 단풍, 풍성한 수확, 추석절, 단체여행객의 증가 등으로 들뜬 마음에 의한 주의력 저하 관련 사고가능성이 높다.

② 안전운행 및 교통사고 예방

㉠ 이상기후 대처 : 안개 속을 주행할 때 갑작스럽게 감속을 하면 뒤차에 의한 추돌이 우려되고, 반대로 감속하지 않으면 앞차를 추돌하기 쉽다. 안개 지역에서는 처음부터 감속 운행한다.

㉡ 보행자에 주의하여 운행 : 기온이 떨어지면서 보행자도 교통상황에 대처하는 능력이 저하되므로 보행자가 있는 곳에서는 보행자의 움직임에 주의하여 운행한다.

㉢ 행락철 주의 : 단체 여행의 증가로 행락질서를 문란하게 하고 운전자의 주의력을 산만하게 만들어 대형 사고를 유발할 위험성이 높으므로 과속을 피하고, 교통법규를 준수하여야 한다.

㉣ 농기계 주의 : 추수 시기를 맞아 경운기 등 농기계의 빈번한 사용도 교통사고의 원인이 되므로, 농촌지역 운행 시에는 농기계의 출현에 대비하여야 한다.

③ 자동차관리

㉠ 세차 및 차체 점검 : 바닷가로 여행을 다녀온 차량은 바닷가의 염분이 차체를 부식시키므로 깨끗이 씻어내고 페인트가 벗겨진 곳은 부분적으로 칠을 해서 녹이 슬지 않도록 한다.

㉡ 서리제거용 열선 점검 : 기온의 하강으로 인해 유리창에 서리가 끼게 되므로 열선의 연결부분이 이탈하지 않았는지, 열선이 정상적으로 작동하는지를 미리 점검한다.

---

**더 알아보기**

**장거리 운행 전 점검사항**

장거리 여행을 떠날 때는 출발 전에 점검을 철저히 하여야 한다.

1. 타이어의 공기압은 적절하고, 상처난 곳은 없는지, 스페어타이어는 이상이 없는지를 점검한다.
2. 본닛을 열어 냉각수와 브레이크액의 양을 점검하고, 엔진오일은 양뿐 아니라 상태에 대한 점검을 병행하며, 팬벨트의 장력은 적정한지, 손상된 부분은 없는지 점검하고 여유분 한 개를 더 휴대한다.
3. 헤드라이트, 방향지시등과 같은 각종 램프의 작동 여부를 점검한다.
4. 운행 중의 고장이나 점검에 필요한 휴대용 작업등, 손전등을 준비한다.
5. 출발 전 연료를 가득 채우고 지도를 휴대한다.

---

**(4) 겨울철**

① 교통사고의 특징

㉠ 도로조건 : 겨울철에는 눈이 녹지 않고 쌓여 적은 양의 눈이 내려도 바로 빙판이 되기 때문에 자동차의 충돌·추돌·도로이탈 등의 사고가 많이 발생한다.

㉡ 운전자 : 한 해를 마무리하고 새해를 맞이하는 시기로 사람들의 마음이 바쁘고 들뜨기 쉬우며 각종 모임의 한잔 술로 인한 음주운전 사고가 우려된다. 추운 날씨로 인해 방한복 등 두터운 옷을 착용함에 따라 움직임이 둔해져 위기상황에 대한 민첩한 대처능력이 떨어지기 쉽다.

㉢ 보행자 : 겨울철 보행자는 추위와 바람을 피하기 위해 두터운 외투와 방한복 등을 착용하고 앞만 보면서 최단거리로 목적지까지 이동하고자 하는 경향이 있어서 안전한 보행을 위하여 보행자가 확인하고 통행하여야 할 사항을 소홀히 하거나 생략하여 사고에 직면하기 쉽다.

② 안전운행 및 교통사고 예방

㉠ 출발 시

• 도로가 미끄러울 때에는 급하거나 갑작스러운 동작을 하지 말고 부드럽게 천천히 출발하며, 처음 출발할 때 도로 상태를 느끼도록 한다.

• 승용차의 경우 평상시에는 1단기어로 출발하는 것이 정상이지만, 미끄러운 길에서는 기어를 2단에 넣고 반클러치를 사용하는 것이 효과적이고 만일 핸들이 꺾여 있는 상태에서 출발하면 앞바퀴의 회전각도 자체가 브레이크 역할을 해서 바퀴가 헛도는 결과를 초래하므로 앞바퀴를 직진 상태에서 출발한다.

• 눈이 쌓인 미끄러운 오르막길에서는 주차 브레이크를 절반쯤 당겨 서서히 출발하며, 자동차가 출발한 후에는 주차 브레이크를 완전히 푼다.

ⓛ 전·후방 주시 철저 : 겨울철은 밤이 길고, 약간의 비나 눈만 내려도 물체를 판단할 수 있는 능력이 감소하므로 전·후방의 교통 상황에 대한 주의가 필요하다. 특히 미끄러운 도로를 운행할 때에는 돌발 사태에 대처할 수 있는 시간과 공간이 필요하므로 보행자나 다른 자동차의 흐름을 잘 살피고 자신의 자동차가 다른 사람의 눈에 잘 띌 수 있도록 한다.

ⓒ 주행 시 : 미끄러운 도로에서의 제동 시 정지거리가 평소보다 2배 이상 길기 때문에 충분한 차간거리 확보 및 감속이 요구된다.

• 눈이 내린 후 차바퀴 자국이 나 있을 때에는 선(앞)차량의 타이어 자국 위에 자기 차량의 타이어 바퀴를 넣고 달리면 미끄러짐을 예방할 수 있고 눈이 새로 내렸을 때는 타이어가 눈을 다지는 기분으로 주행하고, 기어는 2단 혹은 3단으로 고정하여 구동력을 바꾸지 않는 방법으로 주행한다.

• 미끄러운 오르막길에서는 앞서가는 자동차가 정상에 오르는 것을 확인한 후 올라가야 하며, 도중에 정지하는 일이 없도록 밑에서부터 탄력을 받아 일정한 속도로 기어 변속 없이 한 번에 올라가야 한다.

• 주행 중 노면의 동결이 예상되는 그늘진 장소도 주의해야 한다.

• 눈 쌓인 커브 길 주행 시에는 기어 변속을 하지 않는다. 기어 변속은 차의 속도를 가감하여 주행 코스 이탈의 위험을 가져온다.

ⓡ 장거리 운행 시 : 장거리 운행을 할 때는 목적지까지의 운행 계획을 평소보다 여유 있게 세워야 하며, 도착지·행선지·도착시간 등을 타인에게 고지하여 기상악화나 불의의 사태에 신속히 대처할 수 있도록 한다. 특히, 비포장 도로나 산악 도로를 운행 시에는 월동 비상장구를 휴대하도록 한다.

③ 자동차관리

㉠ 월동장비 점검 : 겨울철의 눈길이나 빙판길을 안전하게 주행하기 위해 스노우 타이어로 교환하거나 체인을 장착한다.

㉡ 부동액 점검 : 냉각수의 동결을 방지하기 위해 부동액의 양 및 점도를 점검한다.

㉢ 정온기 상태 점검 : 엔진의 온도를 일정하게 유지시켜 주는 역할을 하는 정온기를 점검하여 엔진의 워밍업이 길어지거나, 히터의 기능이 떨어지는 것을 예방한다.

㉣ 체인 점검 : 스노체인 없이는 안전한 곳까지 운전할 수 없는 상황에 처할 수 있으므로 자신의 타이어에 맞는 적절한 수의 체인과 여분의 크로스 체인을 구비하고 체인의 절단이나 마모 부분은 없는지 점검하며 체인을 채우는 방법을 미리 익혀둔다.

## 4 위험물 운송

### (1) 개 요

① 위험물의 성질 : 발화성, 인화성 또는 폭발성의 성질

② 위험물의 종류 : 고압가스, 화약, 석유류, 독극물, 방사성 물질 등

### (2) 위험물의 적재방법

① 운반용기와 포장외부에 표시해야 할 사항 : 위험물의 품목, 화학명 및 수량

② 운반 도중 그 위험물 또는 위험물을 수납한 운반용기가 떨어지거나 그 용기의 포장이 파손되지 않도록 적재할 것

③ 수납구를 위로 향하게 적재할 것

④ 직사광선 및 빗물 등의 침투를 방지할 수 있는 유효한 덮개를 설치할 것

⑤ 혼재 금지된 위험물의 혼합 적재 금지

### (3) 운반방법

① 마찰 및 흔들림을 일으키지 않도록 운반할 것

② 지정 수량 이상의 위험물을 차량으로 운반할 때는 차량의 전면 또는 후면의 보기 쉬운 곳에 표지를 게시할 것

③ 일시 정차 시는 안전한 장소를 택하여 안전에 주의할 것

④ 그 위험물에 적응하는 소화설비를 설치할 것

⑤ 독성가스를 차량에 적재하여 운반하는 때에는 당해 독성가스의 종류에 따른 방독면, 고무장갑, 고무장화, 그 밖의 보호구 및 재해 발생 방지를 위한 응급조치에 필요한 자재, 제독제 및 공구 등을 휴대할 것

⑥ 재해발생 우려 시 응급조치를 취하고 가까운 소방관서, 기타 관계 기관에 통보하여 조치를 받을 것

### (4) 차량에 고정된 탱크의 안전운행

① 운행 전의 점검

㉠ 차량 점검 : 운행 전에 차량 각 부분의 이상 유무를 점검한다.

• 엔진 관련 부분
  - 라디에이터(Radiator) 등의 냉각장치 누수 유무
  - 냉각수량의 적정 유무
  - 라디에이터 캡(Radiator Cap)의 부착상태의 적정 유무
  - 팬벨트의 당김상태 및 손상의 유무
  - 기름량의 적정 유무
  - 기타 운전 시의 배기색깔

• 동력전달장치 부분
  - 접속부의 조임과 헐거움의 정도
  - 접속부의 이완 유무
  - 접속부의 손상 유무

• 브레이크 부분
  - 브레이크액 누설 또는 배관 속의 공기 유무
  - 브레이크 오일량의 적정 여부
  - 페달과 바닥판과의 간격
  - 핸들 브레이크 래칫(Ratchet)의 물림상태 및 레버의 조임상태 적정 여부

• 조향 핸들
- 핸들 높이의 정도
- 핸들 헐거움의 유무
- 기타 운전 시 조향 상태
• 바퀴 상태
- 바퀴의 조임, 헐거움의 유무
- 림(Rim)의 손상 유무
- 타이어 균열 및 손상 유무(편마모가 없을 것, 틈 깊이가 충분할 것, 공기압이 충분할 것)
• 섀시, 스프링 부분
- 스프링의 절손 또는 스프링 부착부의 손상 유무 점검(점검 해머나 손 또는 육안검사)
• 기타 부속품
- 전조등, 점멸 표시등, 차폭등 및 차량번호판 등의 손상 및 작동상태
- 경음기, 방향지시기 및 윈도우 클리너 작동 상태
ⓛ 탑재기기, 탱크 및 부속품 점검
• 탱크 본체가 차량에 부착되어 있는 부분에 이완이나 어긋남이 없을 것
• 밸브류가 확실히 닫혀 있어야 하며, 밸브 등의 개폐 상태를 표시하는 꼬리표(Tag)가 정확히 부착되어 있을 것
• 밸브류, 액면계, 압력계 등이 정상적으로 작동하고 그 본체 이음매, 조작부 및 배관 등에 누설 부분이 없을 것
• 호스의 접속구에 캡이 부착되어 있을 것
• 접지탭, 접지클립, 접지코드 등의 정비가 양호할 것
② 운송 시 주의사항
㉠ 도로상이나 주택가, 상가 등 지정된 장소가 아닌 곳에서는 탱크로리 상호간에 취급물질을 입·출하시키지 말 것
㉡ 운송 전에 다음과 같은 운행계획 수립 및 확인 필요
• 운송 도착지까지 이용하는 주행로 확정
• 이용도로에 대한 제한 속도
• 운송지역에 대한 기상상태
• 눈·비 등 기상 악화 시 도로상태
• 운송 중 주정차 예정지 확인
• 운송 도중의 사고 또는 수리에 대비하여 미리 정비공장을 지정하고 고장을 고려한 대비책 수립
• 그 밖에 안전운송에 필요한 사항
㉢ 운송 중은 물론 정차 시에도 허용된 장소 이외에서는 담배를 피우거나 그 밖의 화기를 사용하지 않을 것
㉣ 차를 수리할 때는 통풍이 양호한 장소에서 실시할 것
㉤ 운송할 물질의 특성, 차량의 구조, 탱크 및 부속품의 종류와 성능, 정비점검방법, 운행 및 주차 시의 안전조치와 재해발생 시에 취해야 할 조치를 숙지할 것
③ 안전운송기준
㉠ 법규, 기준 등의 준수 : 「도로교통법」, 「고압가스안전관리법」, 「액화석유가스의 안전관리 및 사업법」 등 관계법규 및 기준을 잘 준수할 것
㉡ 운송 중의 임시점검 : 노면이 나쁜 도로를 통과할 경우에는 그 주행 직전에 안전한 장소를 선택하여 주차하고, 가스의 누설,

밸브의 이완, 부속품의 부착부분 등을 점검하여 이상 여부를 확인할 것
㉢ 운행 경로의 변경 : 운행 경로를 임의로 바꾸지 말아야 하지만, 부득이하여 운행 경로를 변경하고자 할 때에는 소속사업소, 회사 등에 연락하여 비상사태를 대비할 것
㉣ 육교 등 밑의 통과 : 차량이 육교 등 밑을 통과할 때는 육교 등 높이에 주의하여 서서히 운행하여야 하며, 차량이 육교 등의 아랫부분에 접속할 우려가 있는 경우에는 다른 길로 돌아서 운행하고, 또한 빈차의 경우는 적재차량보다 차의 높이가 높게 되므로 적재차량이 통과한 장소라도 주의할 것
㉤ 철길건널목 통과 : 철길건널목을 통과하는 경우는 건널목 앞에서 일단 정지하고 열차가 지나가지 않는가를 확인하여 건널목 위에 차가 정지하지 않도록 통과하고, 특히 야간의 강우, 짙은 안개, 적설의 경우, 또한 건널목 위에 사람이 많이 지나갈 때는 차를 안전하게 운행할 수 있는가를 생각하고 통과할 것
㉥ 터널 내의 통과 : 터널에 진입하는 경우는 전방에 이상사태가 발생하지 않았는지 표시등을 확인하면서 진입할 것
㉦ 취급물질 출하 후 탱크 속 잔류가스 취급 : 취급물질을 출하한 후에도 탱크 속에는 잔류가스가 남아 있으므로 내용물이 적재된 상태와 동일하게 취급 및 점검을 실시할 것
㉧ 주차 : 운송 중 노상에 주차할 필요가 있는 경우에는 주택 및 상가 등이 밀집한 지역을 피하고, 교통량이 적고 부근에 화기가 없는 안전하고 지반이 평탄한 장소를 선택하여 주차할 것
㉨ 여름철 운행 : 탱크로리의 직사광선에 의한 온도상승을 방지하기 위하여 노상에 주차할 경우에는 직사광선을 받지 않도록 그늘에 주차시키거나 탱크에 덮개를 씌우는 등의 조치를 할 것
㉩ 고속도로 운행 : 고속도로를 운행할 경우에는 속도감이 둔하여 실제의 속도 이하로 느낄 수 있으므로 제한 속도와 안전거리를 준수하여야 하고, 커브길 등에서는 특히 신중하게 운전할 것. 200km 이상의 거리를 운행하는 경우에는 중간에 충분한 휴식을 취한 후 운행할 것
④ 운행을 종료한 때의 점검
㉠ 밸브 등의 이완이 없을 것
㉡ 경계표지 및 휴대품 등의 손상이 없을 것
㉢ 부속품 등의 볼트 연결상태가 양호할 것
㉣ 높이검지봉 및 부속배관 등이 적절히 부착되어 있을 것

**(5) 충전용기 등의 적재·하역 및 운반요령**
① 고압가스 충전용기의 운반기준
㉠ 경계 표시 : 충전용기를 차량에 적재하여 운반하는 때에는 당해 차량의 앞뒤 보기 쉬운 곳에 각각 붉은 글씨로 '위험 고압가스'라는 경계 표시를 할 것
㉡ 밸브의 손상방지 용기취급 : 밸브가 돌출한 충전용기는 고정식 프로텍터 또는 캡을 부착시켜 밸브의 손상을 방지하는 조치를 하고 운반할 것

② 충전용기 등을 적재한 차량의 주정차
　　㉠ 충전용기 등을 적재한 차량의 주정차 장소 선정은 지형을 충분히 고려하여 가능한 한 평탄하고 교통량이 적은 안전한 장소를 택할 것. 또한 시장 등 차량의 통행이 현저히 곤란한 장소 등에는 주정차하지 말 것
　　㉡ 충전용기 등을 적재한 차량의 주정차 시 가능한 한 언덕길 등 경사진 곳을 피하여야 하며, 엔진을 정지시킨 다음 사이드브레이크를 걸어 놓고 반드시 차바퀴를 고정목으로 고정시킬 것
　　㉢ 충전용기 등을 적재한 차량은 제1종 보호시설에서 15m 이상 떨어지고, 제2종 보호시설이 밀착되어 있는 지역은 가능한 한 피하고, 주위의 교통상황, 주위의 화기 등이 없는 안전한 장소에 주정차할 것
　　㉣ 차량의 고장, 교통사정 또는 운반책임자·운전자의 휴식, 식사 등 부득이한 경우를 제외하고는 당해 차량에서 동시에 이탈하지 아니할 것. 동시에 이탈할 경우에는 차량이 쉽게 보이는 장소에 주차할 것
　　㉤ 차량의 고장 등으로 인하여 정차하는 경우는 고장 자동차의 표지 등을 설치하여 다른 차와의 충돌을 피하기 위한 조치를 할 것
③ 충전용기 등을 차량에 싣거나, 내리거나 또는 지면에서 운반 작업 등을 하는 경우
　　㉠ 충전용기 등을 차에 싣거나, 내릴 때에는 당해 충전용기 등의 충격이 완화될 수 있는 고무판 또는 가마니 등의 위에서 주의하여 취급하여야 하며 이들을 항시 차량에 비치할 것
　　㉡ 충전용기 몸체와 차량과의 사이에 헝겊, 고무링 등을 사용하여 마찰을 방지하고 당해 충전용기 등에 흠이나 찌그러짐 등이 생기지 않도록 조치할 것
　　㉢ 고정된 프로텍터가 없는 용기는 보호캡을 부착한 후 차량에 실을 것
　　㉣ 충전용기를 용기보관소로 운반할 때는 가능한 한 손수레를 사용하거나 용기의 밑부분을 이용하여 운반할 것. 또한 지반면 위를 운반하는 경우는 용기 등의 몸체가 지반면에 닿지 않도록 할 것
　　㉤ 충전용기 등을 차량에 적재하여 운반할 때는 그물망을 씌우거나, 전용 로프 등을 사용하여 떨어지지 않도록 하여야 하며, 특히 충전용기 등을 차량에 싣거나, 내릴 때에는 로프 등으로 충전용기 등 일부를 고정하여 작업 도중 충전용기 등이 무너지거나 떨어지지 않도록 하여 작업할 것
　　㉥ 독성가스 충전 용기를 운반하는 때에는 용기 사이에 목재 칸막이 또는 패킹을 할 것
　　㉦ 가연성 가스 또는 산소를 운반하는 차량에서 소화 설비 및 재해발생 방지를 위한 응급조치에 필요한 자재 및 공구 등을 휴대할 것
　　㉧ 가연성 가스와 산소를 동일차량에 적재하여 운반하는 때에는 그 충전용기의 밸브가 서로 마주보지 않게 적재할 것
　　㉨ 충전용기와 소방법이 정하는 위험물과는 동일 차량에 적재하여 운반하지 아니할 것

　　㉩ 납붙임용기 및 접합용기에 고압가스를 충전하여 차량에 적재할 때에는 포장상자(외부의 압력 또는 충격 등에 의하여 당해 용기 등에 흠이나 찌그러짐 등이 발생되지 않도록 만들어진 상자를 말한다)의 외면에 가스의 종류·용도 및 취급 시 주의 사항을 기재한 것에 한하여 적재하여야 한다.
④ 충전용기 등의 차량 적재 기준
　　㉠ 차량의 최대 적재량을 초과하여 적재하지 않을 것
　　㉡ 차량의 적재함을 초과하여 적재하지 않을 것
　　㉢ 운반 중의 충전용기는 항상 40℃ 이하를 유지할 것
　　㉣ 자전거 또는 오토바이에 적재하여 운반하지 아니할 것(다만, 차량이 통행하기 곤란한 지역 그 밖에 시·도지사가 지정하는 경우에는 그러하지 아니하다)
　　㉤ 충전용기 등의 적재는 다음 방법에 따를 것
　　　• 충전용기를 차량에 적재하여 운반하는 때에는 차량운행 중의 동요로 인하여 용기가 충돌하지 아니하도록 고무링을 씌우거나 적재함에 넣어 세워서 운반할 것. 다만, 압축가스의 충전용기 중 그 형태 및 운반차량의 구조상 세워서 적재하기 곤란한 때에는 적재함 높이 이내로 눕혀서 적재할 수 있다.
　　　• 충전용기 등을 목재·플라스틱 또는 강철재로 만든 팔렛(견고한 상자 또는 틀) 내부에 넣어 안전하게 적재하는 경우와 용량 10kg 미만의 액화석유가스 충전용기를 적재할 경우를 제외하고 모든 충전용기는 1단으로 쌓을 것
　　　• 충전용기 등은 짐이 무너지거나, 떨어지거나 차량의 충돌 등으로 인한 충격과 밸브의 손상 등을 방지하기 위하여 차량의 짐받이에 바싹대고 로프, 짐을 조이는 공구 또는 그물 등을 사용하여 확실하게 묶어서 적재하여야 하며, 운반 차량 뒷면에는 두께가 5mm 이상, 폭 100mm 이상의 범퍼(SS400 또는 이와 동등 이상의 강도를 갖는 강재를 사용한 것에 한한다) 또는 이와 동등 이상의 효과를 갖는 완충장치를 설치하여야 한다.
　　　• 차량에 충전용기 등을 적재한 후에 당해 차량의 측판 및 뒤판을 정상적인 상태로 닫은 후 확실하게 걸게쇠로 걸어 잠글 것
　　　• 가스운반용 차량의 적재함
　　　　– 가스운반전용차량의 적재함에는 리프트를 설치하여야 하며, 적재할 충전용기 최대 높이의 2/3 이상까지 SS400 또는 이와 동등 이상의 강도를 갖는 재질(가로×세로× 두께가 75×40×5mm 이상인 ㄷ형강 또는 호칭지름× 두께가 50×3.2mm 이상의 강판)로 적재함을 보강하여 용기고정이 용이하도록 할 것
　　　　– 충전용기는 적재함의 구조가 위의 기준에 적합한 가스전용 운반차량에 의하여 적재·운반 및 하역을 할 것. 다만, 적재능력 1ton 이하의 차량에는 적재함에 리프트를 설치하지 않을 수 있다.

### 5 고속도로 교통안전

**(1) 고속도로 교통사고 특성**

① 고속도로는 빠르게 달리는 도로의 특성상 다른 도로에 비해 치사율이 높다.

② 고속도로에서는 운전자 전방주시 태만과 졸음운전으로 인한 2차(후속)사고 발생 가능성이 높아지고 있다.

③ 고속도로는 운행 특성상 장거리 통행이 많고 특히 영업용 차량(화물차, 버스) 운전자의 장거리 운행으로 인한 과로로 졸음운전이 발생할 가능성이 매우 높다.

④ 대형차량의 안전운전 불이행으로 대형사고가 발생하고, 사망자도 대폭 증가하고 있는 추세이다.

⑤ 화물차의 적재불량과 과적은 도로상에 낙하물을 발생시키고 교통사고의 원인이 되고 있다.

⑥ 최근 고속도로 운전 중 휴대폰 사용, DMB 시청 등 기기사용 증가로 인해 전방주시에 소홀해지고 이로 인한 교통사고 발생 가능성이 더욱 높아지고 있다.

**(2) 고속도로 안전운전 방법**

① 전방주시

② 진입은 안전하게 천천히, 진입 후 가속은 빠르게

③ 주변 교통흐름에 따라 적정속도 유지

④ 주행차로로 주행

⑤ 전좌석 안전띠 착용

⑥ 후부 반사판 부착(차량 총중량 7.5ton 이상 및 특수 자동차는 의무 부착)

**(3) 교통사고 및 고장 발생 시 대처 요령**

① 2차 사고 방지

　㉠ 2차 사고는 선행 사고나 고장으로 정차한 차량 또는 사람(선행차량 탑승자 또는 사고 처리자)을 후방에서 접근하는 차량이 재차 충돌하는 사고를 말한다.

　㉡ 2차 사고 예방 안전행동요령

　　• 신속히 비상등을 켜고 다른 차의 소통에 방해가 되지 않도록 갓길로 차량을 이동시킨다.

　　• 후방에서 접근하는 차량의 운전자가 쉽게 확인할 수 있도록 고장자동차의 표지(안전삼각대)를 한다.

　　• 운전자와 탑승자가 차량 내 또는 주변에 있는 것은 매우 위험하므로 가드레일 밖 등 안전한 장소로 대피한다.

　　• 경찰관서(112), 소방관서(119), 한국도로공사 콜센터(1588-2504)로 연락하여 도움을 요청한다.

> **더 알아보기**
>
> **고속도로 2504 긴급견인서비스(1588-2504, 한국도로공사 콜센터)**
> • 고속도로 본선, 갓길에 멈춰 2차 사고가 우려되는 소형차량을 가까운 안전지대(영업소, 휴게소, 쉼터)까지 견인하는 제도로서 한국도로공사에서 비용을 부담하는 무료서비스
> • 대상차량 : 승용차, 16인 이하 승합차, 1.4ton 이하 화물차

**(4) 도로터널 안전운전**

① 도로터널 화재의 위험성

　㉠ 터널은 반밀폐된 공간으로 화재가 발생할 경우, 내부에 열기가 축적되며 급속한 온도상승과 종방향으로 연기확산이 빠르게 진행되어 시야확보가 어렵고 연기 질식에 의한 다수의 인명피해가 발생될 수 있다.

　㉡ 대형차량 화재 시 약 1,200℃까지 온도가 상승하여 구조물에 심각한 피해를 유발하게 된다.

② 터널 내 화재 시 행동요령

　㉠ 운전자는 차량과 함께 터널 밖으로 신속히 이동한다.

　㉡ 터널 밖으로 이동이 불가능한 경우 최대한 갓길 쪽으로 정차한다.

　㉢ 엔진을 끈 후 키를 꽂아 둔 채 신속하게 하차한다.

　㉣ 비상벨을 누르거나 비상전화로 화재발생을 알려 줘야 한다.

　㉤ 사고 차량의 부상자에게 도움을 준다(비상전화 및 휴대폰 사용 터널관리소 및 119 구조 요청 / 한국도로공사 1588-2504).

　㉥ 터널에 비치된 소화기나 설치되어 있는 소화전으로 조기 진화를 시도한다.

　㉦ 조기 진화가 불가능할 경우 젖은 수건이나 손등으로 코와 입을 막고 낮은 자세로 화재 연기를 피해 유도등을 따라 신속히 터널 외부로 대피한다.

**(5) 운행 제한차량 단속**

① 운행 제한차량 종류

　㉠ 차량의 축하중 10ton, 총중량 40ton을 초과한 차량

　㉡ 적재물을 포함한 차량의 길이(16.7m), 폭(2.5m), 높이(4m)를 초과한 차량

　㉢ 다음에 해당하는 적재가 불량한 차량

　　• 편중적재, 스페어 타이어 고정 불량

　　• 덮개를 씌우지 않았거나 묶지 않아 결속 상태가 불량한 차량

　　• 액체 적재물 방류차량, 견인 시 사고 차량 파손품 유포 우려가 있는 차량

　　• 기타 적재 불량으로 인하여 적재물 낙하 우려가 있는 차량

② 과적차량 제한 사유

　㉠ 고속도로의 포장균열, 파손, 교량의 파괴

　㉡ 저속주행으로 인한 교통소통 지장

　㉢ 핸들 조작의 어려움, 타이어 파손, 전·후방 주시 곤란

　㉣ 제동장치의 무리, 동력연결부의 잦은 고장 등 교통사고 유발

③ 운행 제한차량 통행이 도로포장에 미치는 영향

　㉠ 축하중 10ton : 승용차 7만 대 통행과 같은 도로파손

　㉡ 축하중 11ton : 승용차 11만 대 통행과 같은 도로파손

　㉢ 축하중 13ton : 승용차 21만 대 통행과 같은 도로파손

　㉣ 축하중 15ton : 승용차 39만 대 통행과 같은 도로파손

④ 운행 제한차량 운행허가서 신청절차

　㉠ 출발지 및 경유지 관할 도로관리청에 제한차량 운행허가 신청서 및 구비서류를 준비하여 신청

　㉡ 제한차량 인터넷 운행허가 시스템(http://www.ospermit.go.kr) 신청 가능

제 **4** 과목 # 운송서비스

## 01 직업운전자의 기본자세

### 1 고객만족

**(1) 개 념**

고객만족이란 고객이 무엇을 원하고 있으며 무엇이 불만인지 알아내어 고객의 기대에 부응하는 좋은 제품과 양질의 서비스를 제공함으로써 고객으로 하여금 만족감을 느끼게 하는 것이다.

**(2) 친절이 중요한 이유**

① 고객이 거래를 중단하는 가장 큰 이유는 제품에 대한 불만이 아니라 일선 종업원의 불친절이다. 즉, 종업원의 친절이 고객에게 가장 큰 영향을 미친다.

② 100명의 종업원 중 99명의 종업원이 바람직한 서비스를 제공한다 하더라도 '고객'이 접해본 단 1명의 종업원이 불만족스럽다면 고객은 그 1명을 통하여 회사 전체를 평가하게 된다. 즉, 한 사람을 통하여 고객은 회사 전체를 평가할 수밖에 없는 것이다.

**(3) 고객의 욕구**

① 기억되기를 바란다.
② 환영받고 싶어 한다.
③ 관심을 가져 주기를 바란다.
④ 중요한 사람으로 인식되기를 바란다.
⑤ 편안해지고 싶어 한다.
⑥ 칭찬받고 싶어 한다.
⑦ 기대와 욕구를 수용하여 주기를 바란다.

### 2 고객서비스

**(1) 무형성 : 보이지 않는다.**

서비스는 형태가 없는 무형의 상품으로서 제품과 같이 객관적으로 누구나 볼 수 있는 형태로 제시되지도 않으며 측정하기도 어렵지만 누구나 느낄 수는 있다.

**(2) 동시성 : 생산과 소비가 동시에 일어난다.**

서비스는 공급자에 의하여 제공됨과 동시에 고객에 의하여 소비되는 성격을 갖는다. 따라서 서비스는 재고가 없고, 불량 서비스가 나와도 다른 제품처럼 반품할 수도 없고, 고치거나 수리할 수도 없다. 한 번 불량서비스를 팔게 되면 그 결과는 제품 판매의 경우보다 훨씬 나쁜 결과를 초래한다.

**(3) 인간 주체(이질성) : 사람에 의존한다.**

서비스는 사람에 의하여 생산되어 고객에게 제공되기 때문에 똑같은 서비스라 하더라도 그것을 행하는 사람에 따라 품질의 차이가 발생하기 쉽다. 제품은 기계나 설비로 얼마든지 균질의 것을 만들어 낼 수 있다는 점과 대조적이다.

**(4) 소멸성 : 즉시 사라진다.**

서비스는 오래도록 남아있는 것이 아니고 제공한 즉시 사라져서 남아있지 않는다.

**(5) 무소유권 : 가질 수 없다.**

서비스는 누릴 수 있으나 소유할 수는 없다.

### 3 고객만족을 위한 3요소

**(1) 고객만족을 위한 서비스 품질의 분류**

① 상품품질
  ㉠ 성능 및 사용방법을 구현한 하드웨어(Hardware) 품질이다.
  ㉡ 고객의 필요와 욕구 등을 각종 시장조사나 정보를 통해 정확하게 파악하여 상품에 반영시킴으로써 고객만족도를 향상시킨다.

② 영업품질
  ㉠ 고객이 현장사원 등과 접하는 환경과 분위기를 고객만족 쪽으로 실현하기 위한 소프트웨어(Software) 품질이다.
  ㉡ 고객에게 상품과 서비스를 제공하기까지의 모든 영업활동을 고객지향적으로 전개하여 고객만족도 향상에 기여하도록 한다.

③ 서비스품질
  ㉠ 고객으로부터 신뢰를 획득하기 위한 휴먼웨어(Human-ware) 품질이다.
  ㉡ 서비스 품질에 대한 평가는 오로지 고객에 의해서만 이루어진다. 즉, 서비스가 좋은가, 나쁜가 하는 판단은 고객의 기대치가 실제로 어느 정도 충족되었느냐에 달려 있다.
  ㉢ 서비스품질이란 '고객의 서비스에 대한 기대와 실제로 느끼는 것의 차이에 의해서 결정되는 것'이라 할 수 있다.

> **더 알아보기**
>
> **고객의 결정에 영향을 미치는 요인**
> 구전에 의한 의사소통, 개인적인 성격이나 환경적 요인, 과거의 경험, 서비스 제공자들의 커뮤니케이션 등

**(2) 서비스 품질을 평가하는 고객의 기준**

① 신뢰성 : 정확하고 틀림없다. 약속기일이 확실하다.
② 신속한 대응 : 기다리게 하지 않는다. 처리가 재빠르고, 적절하게 시간을 맞춘다.
③ 정확성 : 서비스를 행하기 위한 상품 및 서비스에 대한 지식이 충분하고 정확하다.

④ 편의성 : 의뢰하기가 쉽다. 언제라도 곧 연락이 되며, 곧 전화를 받는다.

⑤ 태도 : 예의 바르다. 고객을 배려할 줄 알며, 복장이 단정하다.

⑥ 커뮤니케이션(Communication) : 고객의 이야기를 잘 들으며, 알기 쉽게 설명한다.

⑦ 신용도 : 회사를 신뢰할 수 있으며, 담당자가 신용이 있다.

⑧ 안전성 : 신체적 안전, 재산적 안전, 비밀유지

⑨ 고객의 이해도 : 고객이 진정으로 요구하는 것을 알며, 사정을 잘 이해하여 만족시킨다.

⑩ 환경 : 쾌적한 환경, 좋은 분위기, 깨끗한 시설 등의 조건을 완비하였다.

## 4 기본예절 등

### (1) 기본예절

① 상대방을 알아준다.
  ㉠ 사람을 기억한다는 것은 인간관계의 기본조건이다.
  ㉡ 상대가 누구인지 알아야 어떠한 관계든지 이루어질 수 있다.
  ㉢ 기억을 함으로써 관심을 갖게 되어 관계는 더욱 가까워진다.

② 자신의 것만 챙기는 이기주의는 바람직한 인간관계 형성의 저해요소이다.

③ 약간의 어려움을 감수하는 것은 좋은 인간관계 유지를 위한 투자이다.

④ 예란 인간관계에서 지켜야 할 도리이다.

⑤ 연장자는 사회의 선배로서 존중하고, 공·사를 구분하여 예우한다.

⑥ 상스러운 말을 하지 않는다.

⑦ 상대에게 관심을 갖는 것은 상대로 하여금 내게 호감을 갖게 한다.

⑧ 관심을 가짐으로써 인간관계는 더욱 성숙한다.

⑨ 상대방의 입장을 이해하고 존중한다.

⑩ 상대방의 여건, 능력, 개인차를 인정하여 배려한다.

⑪ 상대의 결점을 지적할 때에는 진지한 충고와 격려로 한다.

⑫ 상대 존중은 돈 한 푼 들이지 않고 상대를 접대하는 효과가 있다.

⑬ 모든 인간관계는 성실을 바탕으로 한다.

⑭ 항상 변함없는 진실한 마음으로 상대를 대한다.

⑮ 성실성으로 상대는 신뢰를 갖게 되어 관계는 깊어지게 된다.

⑯ 상대방과의 신뢰관계는 이익을 창출하는 것이 아니라 상대방에게 도움이 되어야 형성된다.

### (2) 고객만족 행동예절

① 인 사
  ㉠ 개념 : 인사는 서로 만나거나 헤어질 때 말·태도 등으로 존경, 사랑, 우정을 표현하는 행동양식이다.
  ㉡ 인사의 중요성
    • 인사는 평범하고도 대단히 쉬운 행위이지만 습관화되지 않으면 실천에 옮기기 어렵다.
    • 인사는 애사심, 존경심, 우애, 자신의 교양과 인격의 표현이다.
    • 인사는 서비스의 주요 기법이다.
    • 인사는 고객과 만나는 첫걸음이다.

• 인사는 고객에 대한 마음가짐의 표현이다.
• 인사는 고객에 대한 서비스 정신의 표시이다.
  ㉢ 인사의 마음가짐
    • 정성과 감사의 마음으로
    • 예절 바르고 정중하게
    • 밝고 상냥한 미소로
    • 경쾌하고 겸손한 인사말과 함께
  ㉣ 꼴불견 인사
    • 얼굴을 빤히 보고 하는 인사(턱을 쳐들고 눈을 치켜뜨고 하는 인사)
    • 할까 말까 망설이면서 하는 인사
    • 인사말이 없거나 분명치 않거나 성의 없이 말로만 하는 인사
    • 무표정한 인사
    • 경황없이 급히 하는 인사
    • 뒷짐을 지고 하는 인사
    • 상대방의 눈을 보지 않는 인사
    • 자세가 흐트러진 인사
    • 높은 곳에서 윗사람에게 하는 인사
    • 머리만 까닥거리는 인사
    • 고개를 옆으로 돌리는 인사
    • 머리로 얼굴을 덮거나 바로 하기 위해 머리를 흔드는 인사
  ㉤ 올바른 인사방법
    • 머리와 상체를 숙인다(가벼운 인사 : 15°, 보통 인사 : 30°, 정중한 인사 : 45°).
    • 머리와 상체를 직선으로 하여 상대방의 발끝이 보일 때까지 천천히 숙인다.
    • 항상 밝고 명랑한 표정의 미소를 짓는다.
    • 인사하는 지점의 상대방과의 거리는 약 2m 내외가 적당하다.
    • 턱을 지나치게 내밀지 않도록 한다.
    • 손을 주머니에 넣거나 의자에 앉아서 하는 일이 없도록 한다.

② 악 수
  ㉠ 계속 손을 잡은 채로 말하지 않는다.
  ㉡ 상대와 적당한 거리에서 손을 잡는다.
  ㉢ 손은 반드시 오른손을 내민다.
  ㉣ 손이 더러울 때에는 양해를 구한다.
  ㉤ 손을 너무 세게 쥐거나 또는 힘없이 잡지 않는다.
  ㉥ 왼손은 자연스럽게 바지 옆선에 붙이거나 오른손 팔꿈치를 받쳐준다.
  ㉦ 상대의 눈을 바라보며 웃는 얼굴로 악수한다.
  ㉧ 허리는 무례하지 않도록 자연스레 편다(상대방에 따라 10~15° 정도 굽히는 것도 좋다).

③ 호감 사는 표정관리
  ㉠ 표정의 중요성
    • 밝은 표정은 좋은 인간관계의 기본이다.
    • 표정은 첫인상을 크게 좌우한다.
    • 첫인상은 대면 직후 결정되는 경우가 많다.
  ㉡ 시 선
    • 가급적 고객의 눈높이와 맞춘다.
    • 자연스럽고 부드러운 시선으로 상대를 본다.
    • 눈동자는 항상 중앙에 위치하도록 한다.

**더 알아보기**

> **고객이 싫어하는 시선**
> 치켜뜨는 눈, 곁눈질, 한곳만 응시하는 눈, 위아래로 훑어보는 눈

ⓒ 좋은 표정 체크사항(Check-point)
- 입은 가볍게 다문다.
- 입의 양 꼬리가 올라가게 한다.
- 밝고 상쾌한 표정인가?
- 얼굴 전체가 웃는 표정인가?
- 돌아서면서 표정이 굳어지지 않는가?

ⓔ 고객 응대 마음가짐 10가지
- 사명감을 가진다.
- 고객의 입장에서 생각한다.
- 원만하게 대한다.
- 항상 긍정적으로 생각한다.
- 고객이 호감을 갖도록 한다.
- 공사를 구분하고 공평하게 대한다.
- 투철한 서비스 정신을 가진다.
- 예의를 지켜 겸손하게 대한다.
- 자신감을 갖는다.
- 꾸준히 반성하고 개선한다.

④ 언어예절(대화 시 유의사항)
㉠ 욕설, 독설, 험담을 삼간다.
㉡ 불평불만을 함부로 떠들지 않는다.
㉢ 독선적, 독단적, 경솔한 언행을 삼간다.
㉣ 쉽게 흥분하거나 감정에 치우치지 않는다.
㉤ 매사 함부로 단정하지 않고 말한다.
㉥ 일부분을 보고 전체를 속단하여 말하지 않는다.
㉦ 상대방의 약점을 지적하는 것을 피한다.
㉧ 남이 이야기하는 도중에 분별없이 차단하지 않는다.
㉨ 매사 침묵으로 일관하지 않는다.
㉩ 남을 중상 모략하는 언동을 하지 않는다.
㉪ 불가피한 경우를 제외하고 논쟁을 피한다.
㉫ 도전적 언사는 가급적 자제한다.
㉬ 농담은 조심스럽게 한다.
㉭ 엉뚱한 곳을 보며 말을 듣거나 말하는 버릇은 고친다.

⑤ 흡연예절
㉠ 흡연을 삼가야 할 곳
- 운행 중 차내에서
- 보행 중
- 재떨이가 없는 응접실
- 혼잡한 식당 등 공공장소
- 다른 사람이 담배를 안 피우는 사무실 내
- 회의장

㉡ 담배꽁초의 처리방법
- 담배꽁초는 반드시 재떨이에 버린다.
- 자동차 밖으로 버리지 않는다.
- 화장실 변기에 버리지 않는다.
- 꽁초를 길에 버린 후 발로 비비지 않는다.
- 꽁초를 손가락으로 튕겨 버리지 않는다.

⑥ 음주예절
㉠ 경영방법이나 특정한 인물에 대하여 비판하지 않는다.
㉡ 상사에 대한 험담을 하지 않는다.
㉢ 과음하거나 지식을 장황하게 늘어놓지 않는다.
㉣ 술좌석을 자기자랑이나 평상시 언동의 변명의 자리로 만들지 않는다.
㉤ 상사와 합석한 술좌석은 근무의 연장이라 생각하고 예의 바른 모습을 보여 주어 더 큰 신뢰를 얻도록 한다.
㉥ 고객이나 상사 앞에서 취중의 실수는 영원한 오점을 남긴다.

⑦ 운전예절
㉠ 운전자의 사명
- 남의 생명도 내 생명처럼 존중
- 운전자는 '공인'이라는 자각이 필요

㉡ 운전자가 가져야 할 기본적 자세
- 교통법규의 이해와 준수
- 여유 있고 양보하는 마음으로 운전
- 주의력 집중
- 심신상태의 안정
- 추측 운전의 삼가
- 운전기술의 과신은 금물
- 저공해 등 환경보호, 소음공해 최소화 등

㉢ 올바른 운전예절
- 횡단보도에서는 보행자가 먼저 지나가도록 일시 정지하여 보행자를 보호하는 데 앞장서고 횡단보도 내에 자동차가 들어가지 않도록 정지선을 반드시 지킨다.
- 교차로나 좁은 길에서 마주 오는 차끼리 만나면 먼저 가도록 양보해 주고 전조등은 끄거나 하향으로 하여 상대방 운전자의 눈이 부시지 않도록 한다.
- 도로상에서 고장차량을 발견하였을 때에는 즉시 서로 도와 길 가장자리 구역으로 유도한다.
- 방향지시등을 켜고 끼어들려고 할 때에는 눈인사를 하면서 양보해 주는 여유를 가지며, 도움이나 양보를 받았을 때 정중하게 손을 들어 답례한다.
- 교차로에 교통량이 많거나 교통정체가 있을 경우 자동차의 흐름에 따라 여유를 가지고 서행하며 안전하게 통과한다.

㉣ 삼가야 할 운전행동
- 욕설이나 경쟁 운전행위
- 도로상에서 사고 등으로 차량을 세워 둔 채로 시비, 다툼 등의 행위를 하여 다른 차량의 통행을 방해하는 행위
- 음악이나 경음기 소리를 크게 하여 다른 운전자를 놀라게 하거나 불안하게 하는 행위
- 신호등이 바뀌기 전에 빨리 출발하라고 전조등을 켰다 껐다 하거나 경음기로 재촉하는 행위
- 자동차 계기판 윗부분 등에 발을 올려놓고 운행하는 행위
- 교통 경찰관의 단속에 불응하고 항의하는 행위
- 방향지시등을 켜지 않고 갑자기 끼어들거나, 버스전용차로를 무단 통행하거나 갓길로 주행하는 행위 등

㉤ 화물운전자의 서비스 확립자세
- 화물운송의 기초로서 도착지의 주소가 명확한지 재확인하고 연락이 가능한 전화번호 기록을 유지할 것

- 현지에서 화물의 파손위험 여부 등 사전 점검 후 최선의 안전수송을 하여 착지의 화주에 인수인계하며, 특히 컨테이너의 경우 외부에서 물품이 보이지 않으므로 인수인계 시 철저한 화물관리가 요구됨
- 일반화물 중 이삿짐 수송 시에도 자신의 물건으로 여기고 소중히 수송할 것
- 화물운송 시 중간지점(휴게소)에서 화물의 이상 유무, 결속/풀림상태, 자동차 점검 등 안전 유무를 반드시 점검한다.
- 화주가 요구하는 최종지점까지 배달하고 특히, 택배차량은 신속하고 편리함을 추구하여 자택까지 수송하여야 한다.

⑧ 용모, 복장

㉠ 인성과 습관의 중요성 : 운전자의 습관은 운전행동에 영향을 미치게 되어 운전태도로 나타나므로 나쁜 운전습관을 개선하기 위해 노력하여야 한다.

㉡ 운전자의 습관 형성

- 습관은 후천적으로 형성되는 조건반사 현상이므로 무의식 중에 어떤 것을 반복적으로 행하게 될 때 자기도 모르게 습관화된 행동이 나타난다.
- 습관은 본능에 가까운 강력한 힘을 발휘하게 되어 나쁜 운전습관이 몸에 배면 나중에 고치기 어려우며 잘못된 습관은 교통사고로 이어진다.

㉢ 기본원칙

- 깨끗하게
- 단정하게
- 품위 있게
- 규정에 맞게
- 통일감 있게
- 계절에 맞게
- 편한 신발을 신되 샌들이나 슬리퍼는 삼간다.

㉣ 고객에게 불쾌감을 주는 몸가짐

- 충혈된 눈
- 잠잔 흔적이 남은 머릿결
- 정리되지 않은 덥수룩한 수염
- 길게 자란 코털
- 지저분한 손톱
- 무표정 등

㉤ 단정한 용모·복장의 중요성

- 첫인상
- 고객과의 신뢰형성
- 활기찬 직장 분위기 조성
- 일의 성과
- 기분전환 등

⑨ 운전자의 기본적 주의사항

㉠ 법규 및 사내 안전관리 규정 준수

- 수입포탈 목적 장비운행 금지
- 배차지시 없이 임의 운행금지
- 정당한 사유 없이 지시된 운행경로 임의 변경운행 금지
- 승차 지시된 운전자 이외의 타인에게 대리운전 금지
- 사전승인 없이 타인을 승차시키는 행위 금지
- 운전에 악영향을 미치는 음주 및 약물복용 후 운전 금지

- 철도 건널목에서는 일시정지 준수 및 주·정차행위 금지
- 본인이 소지하고 있는 면허로 관련법에서 허용하고 있는 차종 이외의 차량 운전금지
- 회사차량의 불필요한 집단운행 금지. 다만, 적재물의 특성상 집단운행이 불가피할 때에는 관리자의 사전승인을 받아 사고를 예방하기 위한 제반 안전 조치를 취하고 운행
- 자동차 전용도로, 급한 경사길 등에 주정차 금지
- 기타 사회적인 물의를 야기시키거나 회사의 신뢰를 추락시키는 난폭운전 등의 운전행위 금지
- 차량은 이동 홍보물로써 청결함이 요구된다. 차량의 청결은 회사든 개인이든 신뢰도를 제고하고 적재된 물품의 상태까지 신뢰하게 할 수 있는 요인으로 작용한다. 외관뿐 아니라 운전석 등 내부도 청결하게 하여 쾌적한 운행환경을 유지한다.

㉡ 운행 전 준비

- 용모 및 복장 확인(단정하게)
- 항상 친절하여야 하며, 고객 및 화주에게 불쾌한 언행금지
- 세차를 하고 화물의 외부덮개 및 결박상태를 철저히 확인한 후 운행
- 운전석 내부를 항상 청결하게 유지
- 일상점검을 철저히 하고 이상 발견 시는 정비관리자에게 즉시 보고하여 조치를 받은 후 운행
- 배차사항 및 지시, 전달사항을 확인하고 적재물의 특성을 확인하여 특별한 안전조치가 요구되는 화물에 대하여는 사전 안전장비 장치 및 휴대 후 운행

㉢ 운행상 주의

- 주정차 후 운행을 개시하고자 할 때에는 차량주변의 노상취객 등을 확인 후 안전하게 운행
- 내리막길에서는 풋 브레이크 장시간 사용을 삼가고, 엔진 브레이크 등을 적절히 사용하여 안전운행
- 보행자, 이륜자동차, 자전거 등과 교행, 병진, 추월운행 시 서행하며 안전거리를 유지하고 주의의무를 강화하여 운행
- 후진 시에는 유도요원을 배치, 신호에 따라 안전하게 후진
- 노면의 적설, 빙판 시 즉시 체인을 장착한 후 안전운행
- 후속차량이 추월하고자 할 때에는 감속 등으로 양보운전

㉣ 교통사고 발생 시 조치

- 교통사고가 발생한 경우 현장에서의 인명구호, 관할경찰서에 신고 등의 의무를 성실히 수행
- 어떠한 사고라도 임의처리는 불가하며 사고발생 경위를 육하원칙에 의거 거짓 없이 정확하게 회사에 즉시 보고
- 사고로 인한 행정, 형사처분(처벌) 접수 시 임의처리 불가하며 회사의 지시에 따라 처리
- 형사 합의 등과 같이 운전자 개인의 자격으로 합의 보상 이외 회사의 어떠한 경우라도 회사손실과 직결되는 보상업무는 일반적으로 수행 불가
- 회사소속 자동차 사고를 유·무선으로 통보 받거나 발견 즉시 최인근 지점에 기착 또는 유·무선으로 육하원칙에 의거 즉시 보고

㉤ 신상변동 등의 보고

- 결근, 지각, 조퇴가 필요하거나 운전면허증 기재사항 변경, 질병 등 신상 변동 시 회사에 즉시 보고

- 운전면허 일시정지, 취소 등의 면허행정 처분 시 즉시 회사에 보고하여야 하며 어떠한 경우라도 운전금지

⑩ 직업관

ㄱ 직업의 4가지 의미
- 경제적 의미 : 일터, 일자리, 경제적 가치를 창출하는 곳
- 정신적 의미 : 직업의 사명감과 소명의식을 갖고 정성과 정열을 쏟을 수 있는 곳
- 사회적 의미 : 자기가 맡은 역할을 수행하는 능력을 인정받는 곳
- 철학적 의미 : 일한다는 인간의 기본적인 리듬을 갖는 곳

ㄴ 직업윤리
- 직업에는 귀천이 없다(평등).
- 천직의식(운전으로 성공한 운전기사는 긍정적인 사고방식으로 어려운 환경을 극복)
- 감사하는 마음(본인, 부모, 가정, 직장, 국가에 대하여 본인의 역할이 있음을 감사하는 마음)

ㄷ 직업의 3가지 태도
- 애 정
- 긍 지
- 충 성

⑪ 고객응대 예절

ㄱ 집하 시 행동방법
- 집하는 서비스의 출발점이라는 자세로 한다.
- 인사와 함께 밝은 표정으로 정중히 두 손으로 화물을 받는다.
- 책임 배달 구역을 정확히 인지하여 24시간, 48시간, 배달 불가 지역에 대한 배달점소의 사정을 고려하여 집하한다.
- 2개 이상의 화물은 반드시 분리 집하한다(결박화물 집하 금지).
- 취급제한 물품은 그 취지를 알리고 정중히 집하를 거절한다.
- 택배운임표를 고객에게 제시한 후 운임을 수령한다.
- 운송장 및 보조송장 도착지란에 시, 구, 동, 군, 면 등을 정확하게 기재하여 터미널 오분류를 방지할 수 있도록 한다.
- 송하인용 운송장을 절취하여 고객에게 두 손으로 건네준다.
- 화물 인수 후 감사의 인사를 한다.

ㄴ 배달 시 행동방법
- 배달은 서비스의 완성이라는 자세로 한다.
- 긴급배송을 요하는 화물은 우선 처리하고, 모든 화물은 반드시 기일 내에 배송한다.
- 수하인 주소가 불명확할 경우 사전에 정확한 위치를 확인한 후 출발한다.
- 무거운 물건일 경우 손수레를 이용하여 배달한다.
- 고객이 부재 시에는 "부재중 방문표"를 반드시 이용한다.
- 방문 시 밝고 명랑한 목소리로 인사하고 화물을 정중하게 고객이 원하는 장소에 가져다 놓는다.
- 인수증 서명은 반드시 정자로 실명 기재 후 받는다.
- 배달 후 돌아갈 때에는 이용해 주셔서 고맙다는 뜻을 밝히며 밝게 인사한다.

ㄷ 고객불만 발생 시 행동방법
- 고객의 감정을 상하게 하지 않도록 불만 내용을 끝까지 참고 듣는다.
- 불만사항에 대하여 정중히 사과한다.
- 고객의 불만, 불편사항이 더 이상 확대되지 않도록 한다.

- 고객불만을 해결하기 어려운 경우 적당히 답변하지 말고 관련 부서와 협의 후에 답변을 하도록 한다.
- 책임감을 갖고 전화를 받는 사람의 이름을 밝혀 고객을 안심시킨 후 확인 연락을 할 것을 전해 준다.
- 불만 전화 접수 후 우선적으로 빠른 시간 내에 확인하여 고객에게 알린다.

ㄹ 고객 상담 시의 대처방법
- 전화벨이 울리면 즉시 받는다(3회 이내).
- 밝고 명랑한 목소리로 받는다.
- 집하의뢰 전화는 고객이 원하는 날, 시간 등에 맞추도록 노력한다.
- 배송확인 문의전화는 영업사원에게 시간을 확인한 후 고객에게 답변한다.
- 고객의 문의전화, 불만전화 접수 시 해당 지점이 아니더라도 확인하여 고객에게 친절히 답변한다.
- 담당자가 부재중일 경우 반드시 내용을 메모하여 전달한다.
- 전화가 끝나면 마지막 인사를 하고 상대편이 먼저 끊은 후 전화를 끊는다.

## 02 물류의 이해

### 1 물류의 기초 개념

(1) 물류의 개념

물류(物流, 로지스틱스, Logistics)란 공급자로부터 생산자, 유통 업자를 거쳐 최종 소비자로 이르는 재화의 흐름을 의미한다.

① 미국로지스틱스관리협회(1985) : 로지스틱스란 소비자의 요구에 부응할 목적으로 생산지에서 소비지까지 원자재, 중간재, 완성품 그리고 관련 정보의 이동(운송) 및 보관에 소요되는 비용을 최소화하고 효율적으로 수행하기 위하여 이들을 계획·수행·통제하는 과정이다.

② 물류정책기본법 : 물류란 재화가 공급자로부터 조달·생산되어 수요자에게 전달되거나 소비자로부터 회수되어 폐기될 때까지 이루어지는 운송·보관·하역 등과 이에 부가되어 가치를 창출하는 가공·조립·분류·수리·포장·상표부착·판매·정보통신 등을 말한다.

(2) 기업경영과 물류

① 기업경영에서 본 물류관리와 로지스틱스

ㄱ 로지스틱스(Logistics)는 '병참'을 뜻하는 프랑스어로, 전략 물자를 효과적으로 활용하기 위해 고안해낸 관리조직에서 유래했다.

ㄴ 기업경영에서 본 물류관리도 로지스틱스(병참)와 유사하다.

ㄷ 로지스틱스와 기업경영에서 본 물류관리 내용이 유사하여 로지스틱스라는 군사용어가 경영이론에 도입되었다.

② 물류(Logistics) 개념의 국내 도입
　㉠ 물류(Logistics)라는 용어는 1922년 미국의 클라크(Clark) 교수가 처음 사용하였으며, 1950년대 미국기업들이 군의 병참학을 응용하여 기업의 자재관리, 공급관리 및 유통관리 분야에 '물적유통'이라는 개념을 도입하면서 학문적으로 본격 사용되기 시작하였다.
　㉡ 한국에 물류(Logistics)가 소개된 것은 제2차 경제개발 5개년 계획이 시작된 1962년 이후, 교역규모의 신장에 따른 물동량 증대, 도시교통의 체증 심화, 소비의 다양화·고급화가 시작되면서이다.

**(3) 물류와 공급망관리**

① 1970년대 : 경영정보시스템(Management Information System) 단계로서 창고보관·수송을 신속히 하여 주문처리시간을 줄이는 데 초점을 둔 시기

> **더 알아보기**
>
> **경영정보시스템(MIS)**
> 기업경영에서 의사결정의 유효성을 높이기 위해 경영 내외의 관련 정보를 필요에 따라 즉각적으로 그리고 대량으로 수집·전달·처리·저장·이용할 수 있도록 편성한 인간과 컴퓨터와의 결합시스템을 말한다.

② 1980~1990년대 : 전사적자원관리(Enterprise Resource Planning) 단계로서 정보기술을 이용하여 수송, 제조, 구매, 주문관리기능을 포함하여 합리화하는 로지스틱스 활동이 이루어졌던 시기

> **더 알아보기**
>
> **전사적자원관리(ERP)**
> 기업활동을 위해 사용되는 기업 내의 모든 인적, 물적 자원을 효율적으로 관리하여 궁극적으로 기업의 경쟁력을 강화시켜 주는 역할을 하는 통합정보시스템을 말한다.

③ 1990년대 중반 이후 : 공급망관리(Supply Chain Management) 단계로서, 최종고객까지 포함하여 공급체인상의 업체들이 수요, 구매정보 등을 상호 공유
　㉠ 공급망관리란 고객 및 투자자에게 부가가치를 창출할 수 있도록 최초의 공급업체로부터 최종 소비자에게 이르기까지의 상품·서비스 및 정보의 흐름이 관련된 프로세스를 통합적으로 운영하는 경영전략이다(글로벌 공급망 포럼, 1998).
　㉡ 공급망관리란 제조, 물류, 유통업체 등 유통공급망에 참여하는 모든 업체들이 협력을 바탕으로 정보기술(IT)을 활용하여 재고를 최적화하고 리드타임을 대폭적으로 감축하여 결과적으로 양질의 상품 및 서비스를 소비자에게 제공함으로써 소비자가치를 극대화시키기 위한 전략이다(한국유통정보센터, 1999).
　㉢ 공급망관리란 제품생산을 위한 프로세스를 부품조달에서 생산계획, 납품, 재고관리 등을 효율적으로 처리할 수 있는 관리 솔루션이다.
　㉣ 공급망관리란 인터넷유통시대의 디지털기술을 활용하여 공급자, 유통채널, 소매업자, 고객 등과 관련된 물자 및 정보흐름을 신속하고 효율적으로 관리하는 것을 의미한다.

**(4) 물류의 역할**

① 물류에 대한 개념적 관점에서의 물류의 역할
　㉠ 국민경제적 관점
　　• 기업의 유통효율 향상으로 물류비를 절감하여 소비자물가와 도매물가의 상승을 억제하고 정시배송의 실현을 통한 수요자 서비스 향상에 이바지한다.
　　• 자재와 자원의 낭비를 방지하여 자원의 효율적인 이용에 기여한다.
　　• 사회간접자본의 증강과 각종 설비투자의 필요성을 증대시켜 국민경제개발을 위한 투자기회를 부여한다.
　　• 지역 및 사회개발을 위한 물류개선은 인구의 지역적 편중을 막고, 도시의 재개발과 도시교통의 정체완화를 통한 도시 생활자의 생활환경개선에 이바지한다.
　　• 물류합리화를 통하여 상거래흐름의 합리화를 가져와 상거래의 대형화를 유발한다.
　㉡ 사회경제적 관점
　　• 생산, 소비, 금융, 정보 등 우리 인간이 주체가 되어 수행하는 경제활동의 일부분이다.
　　• 운송·통신활동과 상업활동을 주체로 하며 이들을 지원하는 제반활동을 포함한다.
　㉢ 개별기업적 관점
　　• 최소의 비용으로 소비자를 만족시켜 서비스의 질을 높임으로써 매출신장을 꾀하는 역할을 하게 된다.
　　• 고객욕구만족을 위한 물류서비스가 판매경쟁에 있어 중요하며, 상품을 제조 또는 판매하기 위한 원재료 구입과 제품 판매와 관련된 물류의 제업무를 종합적으로 총괄하는 물류관리에 중점을 두게 된다.

② 기업경영에 있어서 물류의 역할
　㉠ 마케팅의 절반을 차지
　㉡ 판매기능을 촉진
　㉢ 적정재고의 유지로 재고비용 절감에 기여
　㉣ 상류(商流)와 물류(物流) 분리를 통한 유통합리화에 기여 등

**(5) 물류의 기능**

① 운송기능 : 물품을 공간적으로 이동시키는 것으로, 수송에 의해서 생산지와 수요지와의 공간적 거리가 극복되어 상품의 장소적(공간적) 효용 창출
② 포장기능 : 물품의 수·배송, 보관, 하역 등에 있어서 가치 및 상태를 유지하기 위해 적절한 재료, 용기 등을 이용해서 포장하여 보호하고자 하는 활동
③ 보관기능 : 물품을 창고 등의 보관시설에 보관하는 활동으로, 생산과 소비와의 시간적 차이를 조정하여 시간적 효용을 창출
④ 하역기능 : 수송과 보관의 양단에 걸친 물품의 취급으로 물품을 상하좌우로 이동시키는 활동으로 싣고 내림, 시설 내에서의 이동, 파킹, 분류 등의 작업
⑤ 정보기능 : 물류활동과 관련된 물류정보를 수집, 가공, 제공하여 운송, 보관, 하역, 포장, 유통가공 등의 기능을 컴퓨터 등의 전자적 수단으로 연결하여 줌으로써 종합적인 물류관리의 효율화를 도모할 수 있도록 하는 기능

⑥ 유통가공기능 : 물품의 유통과정에서 물류효율을 향상시키기 위하여 가공하는 활동으로 단순가공, 재포장 또는 조립 등 제품이나 상품의 부가가치를 높이기 위한 물류활동

**(6) 물류관리**

① 정의 : 경제재의 효용을 극대화시키기 위한 재화의 흐름에 있어서 운송, 보관, 하역, 포장, 정보, 가공 등의 모든 활동을 유기적으로 조정하여 하나의 독립된 시스템으로 관리하는 것

② 물류관리의 기본원칙
　㉠ 7R 원칙
　　• Right Quality(적절한 품질)
　　• Right Quantity(적량)
　　• Right Time(적시)
　　• Right Place(적소)
　　• Right Impression(좋은 인상)
　　• Right Price(적절한 가격)
　　• Right Commodity(적절한 상품)
　㉡ 3S 1L 원칙
　　• 신속히(Speedy)
　　• 안전하게(Safety)
　　• 확실히(Surely)
　　• 저렴하게(Low)
　㉢ 제3의 이익원천 : 매출증대, 원가절감에 이은 물류비절감은 이익을 높일 수 있는 세 번째 방법

③ 물류관리의 목표
　㉠ 비용절감과 재화의 시간적·장소적 효용가치의 창조를 통한 시장능력의 강화
　㉡ 고객서비스 수준 향상과 물류비의 감소(트레이드오프 관계)
　㉢ 고객서비스 수준의 결정은 고객지향적이어야 하며, 경쟁사의 서비스 수준을 비교한 후 그 기업이 달성하고자 하는 특정한 수준의 서비스를 최소의 비용으로 고객에게 제공

④ 물류관리의 의의
　㉠ 기업 외적 물류관리 : 고도의 물류서비스를 소비자에게 제공하여 기업경영의 경쟁력을 강화
　㉡ 기업 내적 물류관리 : 물류관리의 효율화를 통한 물류비 절감
　㉢ 물류의 신속, 안전, 정확, 정시, 편리, 경제성을 고려한 고객지향적인 물류서비스를 제공

⑤ 물류관리의 활동
　㉠ 중앙과 지방의 재고보유 문제를 고려한 창고입지 계획, 대량·고속운송이 필요한 경우 영업운송을 이용, 말단 배송에는 자차를 이용한 운송, 고객주문을 신속하게 처리할 수 있는 보관·하역·포장활동의 성력화, 기계화, 자동화 등을 통한 물류에 있어서 시간과 장소의 효용증대를 위한 활동
　㉡ 물류예산관리제도, 물류원가계산제도, 물류기능별단가(표준원가), 물류사업부 회계제도 등을 통한 원가절감에서 프로젝트 목표의 극대화
　㉢ 물류관리 담당자 교육, 직장간담회, 불만처리위원회, 물류의 품질관리, 무하자운동, 안전위생관리 등을 통한 동기부여의 관리

**(7) 기업물류**

① 기업에 있어서의 물류관리 : 소비자의 요구와 필요에 따라 효율적인 방법으로 재화와 서비스를 공급하는 것을 말한다.

② 기업물류의 범위 : 일반적으로 물류활동의 범위는 물적 공급과정과 물적 유통과정에 국한된다.
　㉠ 물적 공급과정 : 원재료, 부품, 반제품, 중간재를 조달·생산하는 물류과정
　㉡ 물적 유통과정 : 생산된 재화가 최종 고객이나 소비자에게까지 전달되는 물류과정

③ 기업물류의 활동
　㉠ 주활동 : 대고객서비스수준, 수송, 재고관리, 주문처리
　㉡ 지원활동 : 보관, 자재관리, 구매, 포장, 생산량과 생산일정 조정, 정보관리

④ 기업물류의 조직
　㉠ 기업 전체의 목표 내에서 물류관리자는 그 나름대로의 목표를 수립하여 기업 전체의 목표를 달성하는 데 기여하도록 한다. 즉 물류관리자는 해당 기간 내에 투자에 대한 수익을 최대화할 수 있도록 물류활동을 계획, 수행, 통제한다.
　㉡ 물류관리의 목표 : 이윤증대와 비용절감을 위한 물류체계의 구축

⑤ 기업물류의 의의
　㉠ 생산과 소비가 일어나는 장소와 시간 사이에 이루어지는 기업활동이 물류활동이며, 이는 생산과 마케팅의 효율을 높이는 기능을 담당함
　㉡ 기업물류는 종전에 부분적으로 생산부서와 마케팅부서에 속해 있던 재화의 흐름과 보관기능을 기업조직 측면에서 통합하거나 기능적으로 통합하는 것임
　㉢ 일반적으로 기업활동과 관련하여 체계적으로 조직을 분리할 때 조직 간의 상호협조가 잘 이루어지며 기업의 목적을 가장 잘 달성할 수 있음

**(8) 기업전략과 물류전략**

① 기업전략
　㉠ 기업전략은 기업의 목적을 명확히 결정함으로써 설정된다. 이를 위해 기업이 추구하는 것이 이윤획득, 존속, 투자에 대한 수익, 시장점유율, 성장목표 가운데 무엇인지를 이해하는 것이 필요하며, 그 다음으로 비전수립이 필요하다.
　㉡ 훌륭한 전략수립을 위해서는 소비자, 공급자, 경쟁사, 기업 자체의 4가지 요소를 고려할 필요가 있다.

② 물류전략
　㉠ 물류전략의 목표
　　• 비용절감 : 운반 및 보관과 관련된 가변비용을 최소화하는 전략
　　• 자본절감 : 물류시스템에 대한 투자를 최소화하는 전략
　　• 서비스개선 : 제공되는 서비스수준에 비례하여 수익이 증가한다는 데 근거를 둠
　㉡ 물류관리 전략의 필요성과 중요성 : 기업이 살아남기 위한 중요한 경쟁우위의 원천으로서 물류를 인식하는 것이 전략적 물류관리의 방향이다.

- 전략적 물류 : 코스트 중심, 제품효과 중심, 기능별 독립 수행, 부분 최적화 지향, 효율 중심의 개념
- 로지스틱스 : 가치창출 중심, 시장진출 중심(고객 중심), 기능의 통합화 수행, 전체 최적화 지향, 효과(성과) 중심의 개념
- 21세기 초일류회사 → 변화관리
  - 미래에 대한 비전(Vision)과 경영전략 및 물류전략에 대한 전사적인 공감대 형성
  - 전략적 물류관리 마인드 제고를 위한 전사적인 계획 및 지속적인 실행
  - 전사적인 업무·전산 교육체계 도입 및 확산
  - 로지스틱스에 대한 정보수집·분석·공유를 위한 모니터 체계 확립
- ㉢ 전략적 물류관리(SLM ; Strategic Logistics Management)의 필요성 : 대부분의 기업들이 경영전략과 로지스틱스 활동을 적절하게 연계시키지 못하고 있는 것이 문제점으로 지적되고 있으며, 이를 해결하기 위한 방안으로 전략적 물류관리가 필요
- ㉣ 전략적 물류관리의 목표(물류전략 프로세스 혁신의 목표)
  - 업무처리속도 향상, 업무품질 향상, 고객서비스 증대, 물류원가 절감
  - 고객만족 = 기업의 신경영체제 구축
- ㉤ 로지스틱스 전략관리의 기본요건
  - 전문가 집단 구성 : 물류전략계획 전문가, 현업 실무관리자, 물류서비스 제공자, 물류혁신 전문가, 물류인프라 디자이너
  - 전문가의 자질 : 분석력, 기획력, 창조력, 판단력, 기술력, 행동력, 관리력, 이해력
- ㉥ 전략적 물류관리의 접근대상
  - 자원소모, 원가 발생 → 원가경쟁력 확보, 자원 적정 분배
  - 활동 → 부가가치 활동 개선
  - 프로세스 → 프로세스 혁신
  - 흐름 → 흐름의 상시 감시
- ㉦ 물류전략의 실행구조
  전략수립(Strategic) → 구조설계(Structural) → 기능정립(Functional) → 실행(Operational) → 과정순환
- ㉧ 물류전략의 핵심영역

| 전략수립 | 고객서비스 수준 결정 : 고객서비스 수준은 물류시스템이 갖추어야 할 수준과 물류성과 수준을 결정 |
|---|---|
| 구조설계 | • 공급망 설계 : 고객요구 변화에 따라 경쟁 상황에 맞게 유통경로를 재구축<br>• 로지스틱스 네트워크 전략 구축 : 원·부자재 공급에서부터 완제품의 유통까지 흐름을 최적화 |
| 기능정립 | 창고설계·운영, 수송관리, 자재관리 |
| 실 행 | 정보·기술관리와 조직·변화관리 |

## 2 제3자 물류의 이해와 기대효과

### (1) 제3자 물류의 이해

① 정의 : 제3자 물류업은 화주기업이 고객서비스 향상, 물류비 절감 등 물류활동을 효율화할 수 있도록 공급망(Supply Chain)상의 기능 전체 혹은 일부를 대행하는 업종이다.

② 제3자 물류의 발전 과정
  ㉠ 자가물류(제1자 물류) : 기업이 사내에 물류조직을 두고 물류업무를 직접 수행하는 경우
  ㉡ 물류자회사(제2자 물류) : 기업이 사내의 물류조직을 별도로 분리하여 자회사로 독립시키는 경우
  ㉢ 제3자 물류 : 외부의 전문물류업체에게 물류업무를 아웃소싱하는 경우

### (2) 물류아웃소싱과 제3자 물류

국내의 제3자 물류 수준은 물류아웃소싱 단계에 있으며, 물류아웃소싱과 제3자 물류의 차이점은 물류아웃소싱은 화주로부터 일부 개별서비스를 발주받아 운송서비스를 제공하는 데 반해 제3자 물류는 1년의 장기계약을 통해 회사 전체의 통합물류서비스를 제공한다.

〈물류아웃소싱과 제3자 물류의 비교〉

| 구 분 | 물류아웃소싱 | 제3자 물류 |
|---|---|---|
| 화주와의 관계 | 거래기반, 수발주관계 | 계약기반, 전략적 제휴 |
| 관계내용 | 일시 또는 수시 | 장기(1년 이상), 협력 |
| 서비스 범위 | 기능별 개별서비스 | 통합물류서비스 |
| 정보공유 여부 | 불필요 | 반드시 필요 |
| 도입결정권한 | 중간관리자 | 최고경영층 |
| 도입방법 | 수의계약 | 경쟁계약 |

### (3) 제3자 물류의 도입 이유

① 자가물류 활동에 의한 물류효율화의 한계 : 자가물류는 경기변동과 수요 계절성에 의한 물량의 불안정, 기업 구조조정에 따른 물류경로의 변화 등에 효율적으로 대처하기 어렵다는 구조적 한계가 있다.

② 물류자회사에 의한 물류효율화의 한계 : 물류자회사는 모기업의 물류효율화를 추진할수록 그만큼 자사의 수입이 감소하는 이율배반적 상황에 직면하므로 궁극적으로 모기업의 물류효율화에 소극적인 자세를 보이게 된다.

③ 제3자 물류 → 물류산업 고도화를 위한 돌파구 : 제3자 물류의 활성화는 물류산업이 현재의 낙후와 비효율을 극복하여 자생적인 발전능력을 확보할 수 있는 돌파구로 인식되고 있다.

④ 세계적인 조류로서 제3자 물류의 비중 확대 : 주요 선진국에서는 자가물류활동을 가능한 한 축소하고, 물류전문업체에 자사 물류활동을 위탁하는 물류아웃소싱·제3자 물류가 활성화되어 있고, 앞으로 그 비중은 더욱 더 확대될 것으로 전망된다.

### (4) 제3자 물류의 기대효과

① 화주기업 측면
  ㉠ 제3자 물류업체의 고도화된 물류체계를 활용함으로써 화주기업은 각 부문별로 최고의 경쟁력을 보유하고 있는 기업 등과 통합·연계하는 공급망을 형성하여 공급망 대 공급망 간 경쟁에서 유리한 위치를 차지할 수 있다.

ⓒ 조직 내 물류기능 통합화와 공급망상의 기업간 통합·연계화로 자본, 운영시설, 재고, 인력 등의 경영자원을 효율적으로 활용할 수 있고 또한 리드타임(Lead Time) 단축과 고객서비스의 향상이 가능하다.

ⓒ 물류시설 설비에 대한 투자부담을 제3자 물류업체에게 분산시킴으로써 유연성 확보와 자가물류에 의한 물류효율화의 한계를 보다 용이하게 해소할 수 있다.

ⓔ 고정투자비 부담을 없애고, 경기변동, 수요계절성 등 물동량 변동, 물류경로 변화에 효과적으로 대응할 수 있다.

② 물류업체 측면
ⓐ 제3자 물류의 활성화는 물류산업의 수요기반 확대로 이어져 규모의 경제효과에 의해 효율성, 생산성 향상을 달성할 수 있다.

ⓑ 물류업체는 고품질의 물류서비스를 개발·제공함에 따라 현재보다 높은 수익률을 확보할 수 있고, 또 서비스 혁신을 위한 신규투자를 더욱 활발하게 추진할 수 있다.

**더 알아보기**

**화주기업이 제3자 물류를 사용하지 않는 주된 이유**
1. 화주기업은 물류활동을 직접 통제하기를 원할 뿐 아니라, 자사 물류 이용과 제3자 물류서비스 이용에 따른 비용을 일대일로 직접 비교하기가 곤란하다.
2. 운영시스템의 규모와 복잡성으로 인해 자체운영이 효율적이라 판단할 뿐만 아니라 자사물류 인력에 대해 더 만족하기 때문이다.

③ 제3자 물류에 의한 물류혁신 기대효과
ⓐ 물류산업의 합리화에 의한 고물류비 구조를 혁신
ⓑ 고품질 물류서비스의 제공으로 제조업체의 경쟁력 강화 지원
ⓒ 종합물류서비스의 활성화
ⓔ 공급망관리(SCM) 도입·확산의 촉진

### 3 제4자 물류

**(1) 제4자 물류의 개념**
① 제4자 물류(4PL ; Fourth-party Logistics)는 다양한 조직들의 효과적인 연결을 목적으로 하는 통합체(Single Contact Point)로서 공급망의 모든 활동과 계획관리를 전담한다.
② 제4자 물류 공급자는 광범위한 공급망의 조직을 관리하고 기술, 능력, 정보기술, 자료 등을 관리하는 공급망 통합자이다.
③ 제4자 물류란 제3자 물류의 기능에 컨설팅 업무를 더해 수행하는 것이다.
④ 제4자 물류의 핵심은 고객에게 제공되는 서비스를 극대화하는 것(Best of Breed)이다.

**(2) 제4자 물류(4PL)의 특징**
① 제3자 물류보다 범위가 넓은 공급망의 역할을 담당
② 전체적인 공급망에 영향을 주는 능력을 통해 가치를 증식

**(3) 공급망관리에 있어서 제4자 물류의 단계**
① 1단계 - 재창조(Reinvention)
ⓐ 공급망에 참여하고 있는 복수의 기업과 독립된 공급망 참여자들 사이에 협력을 넘어서 공급망의 계획과 동기화에 의해 가능

ⓑ 재창조는 참여자의 공급망을 통합하기 위해서 비즈니스 전략을 공급망 전략과 제휴하면서 전통적인 공급망 컨설팅 기술을 강화

② 2단계 - 전환(Transformation)
ⓐ 판매, 운영계획, 유통관리, 구매전략, 고객서비스, 공급망 기술을 포함한 특정한 공급망에 초점을 맞춤
ⓑ 전략적 사고, 조직변화관리, 고객의 공급망활동과 프로세스를 통합하기 위한 기술을 강화

③ 3단계 - 이행(Implementation)
ⓐ 제4자 물류(4PL)는 비즈니스 프로세스 제휴, 조직과 서비스의 경계를 넘은 기술의 통합과 배송운영까지를 포함하여 실행
ⓑ 제4자 물류(4PL)에 있어서 인적자원관리가 성공의 중요한 요소로 인식

④ 4단계 - 실행(Execution)
ⓐ 제4자 물류(4PL) 제공자는 다양한 공급망 기능과 프로세스를 위한 운영상의 책임을 짐
ⓑ 조직은 공급망 활동에 대한 전체적인 범위를 제4자 물류(4PL) 공급자에게 아웃소싱할 수 있음
ⓒ 제4자 물류(4PL) 공급자가 수행할 수 있는 범위는 제3자 물류(3PL) 공급자, IT회사, 컨설팅회사, 물류솔루션 업체들임

### 4 물류시스템의 이해

**(1) 물류시스템의 구성**
① 운송
ⓐ 물품을 장소적·공간적으로 이동시키는 것을 말한다.
ⓑ 운송시스템은 터미널이나 야드 등을 포함한 운송결절점인 노드(Node), 운송경로인 링크(Link), 운송기관(수단)인 모드(Mode)를 포함한 하드웨어적인 요소와 운송의 컨트롤과 오퍼레이션 등을 포함하는 소프트웨어적인 측면의 각종 요소가 조직적으로 결합되고 통합됨으로써 전체적인 효율성이 발휘된다.

| 수 송 | 배 송 |
|---|---|
| • 장거리 대량화물의 이동 | • 단거리 소량화물의 이동 |
| • 거점·거점 간 이동 | • 기업·고객 간 이동 |
| • 지역간 화물의 이동 | • 지역 내 화물의 이동 |
| • 1개소의 목적지에 1회에 직송 | • 다수의 목적지를 순회하면서 소량 운송 |

**더 알아보기**

**화물자동차운송의 특징(선박 및 철도와 비교)**
1. 원활한 기동성과 신속한 수·배송
2. 신속하고 정확한 문전운송
3. 다양한 고객요구 수용
4. 운송단위가 선박, 철도에 비해 소량
5. 에너지 다소비형의 운송기관 등

② 보 관
ⓐ 물품을 저장·관리하는 것을 의미하고 시간·가격조정에 관한 기능을 수행한다.
ⓑ 수요와 공급의 시간적 간격을 조정함으로써 경제활동의 안정과 촉진을 도모한다.
ⓒ 보관을 위한 시설인 창고에서는 물품의 입고, 정보에 기초한 재고관리가 행해진다.

③ 유통가공

　㉠ 보관을 위한 가공 및 동일 기능의 형태 전환을 위한 가공 등 유통단계에서 상품에 가공이 더해지는 것을 의미한다.

　㉡ 절단, 상세분류, 천공, 굴절, 조립 등의 경미한 생산활동이 포함되며, 유닛화, 가격표·상표 부착, 선별, 검품 등 유통의 원활화를 도모하는 보조작업이 있다.

④ 포 장

　㉠ 물품의 운송, 보관 등에 있어서 물품의 가치와 상태를 보호하는 것을 말한다.

　㉡ 기능 면에서 품질유지를 위한 포장을 의미하는 공업포장과 소비자의 손에 넘기기 위하여 행해지는 포장으로서 상품가치를 높여 정보전달을 포함하여 판매촉진의 기능을 목적으로 한 포장을 의미하는 상업포장으로 구분한다.

⑤ 하 역

　㉠ 운송, 보관, 포장의 전후에 부수하는 물품의 취급으로 교통 기관과 물류시설에 걸쳐 행해진다.

　㉡ 적입, 적출, 분류, 피킹(Picking) 등의 작업이 여기에 해당하며, 하역합리화의 대표적인 수단으로는 컨테이너화와 팰릿화가 있다.

⑥ 정 보

　㉠ 컴퓨터와 정보통신기술에 의해 물류시스템의 고도화가 이루어져 수주, 재고관리, 주문품 출하, 상품조달(생산), 운송, 피킹 등을 포함한 5가지 요소기능과 관련한 업무흐름의 일괄 관리가 실현되고 있다.

　㉡ 정보에는 상품의 수량과 품질, 작업관리에 관한 물류정보와 수·발주와 지불에 관한 상류정보가 있다.

　㉢ 대형소매점과 편의점에서는 유통비용의 절감과 판로확대를 위해 POS(판매시점관리)가 사용되고 EDI(전자문서교환)가 결부된 물류정보시스템이 급속하게 보급되고 있다.

**(2) 물류시스템화**

① 물류시스템의 기능과 정의

　㉠ 물류시스템의 기능

　　• 작업서브시스템(운송·하역·보관·유통가공·포장)

　　• 정보서브시스템(수·발주·재고·출하)

　㉡ 물류시스템은 물류시스템 기능의 유기적인 관련을 고려하여 6가지의 개별물류활동을 통합하고 필요한 자원을 이용하여 물류서비스를 산출하는 체계이다.

② 물류시스템의 목적 : 최소의 비용으로 최대의 물류서비스를 산출하기 위하여 3S 1L의 원칙(Speedy, Safely, Surely, Low)으로 물류서비스를 행하는 것이다.

　㉠ 고객에게 상품을 적절한 납기에 맞추어 정확하게 배달하는 것

　㉡ 고객의 주문에 대해 상품이 품절을 가능한 한 적게 하는 것

　㉢ 물류거점을 적절하게 배치하여 배송효율을 향상시키고 상품의 적정재고량을 유지하는 것

　㉣ 운송, 보관, 하역, 포장, 유통·가공의 작업을 합리화하는 것

　㉤ 물류비용의 적절화·최소화 등

③ 토털 코스트(Total Cost) 접근방법의 물류시스템화

　㉠ 개별 물류활동은 이를 수행하는 데 필요한 비용과 서비스 레벨의 트레이드오프(Trade-off, 상반) 관계가 성립한다. 이는 두 가지의 목적이 공통의 자원(예를 들어, 비용)에 대하여 경합하고 일방의 목적을 보다 많이 달성하려고 하면 다른 목적의 달성이 일부 희생되는 관계가 개별 물류활동 간에 성립한다는 의미이다.

　㉡ 물류시스템에서는 운송, 보관, 하역, 포장, 유통가공 등의 시스템 비용이 최소가 될 수 있도록 각각의 활동을 전체적으로 조화·양립시켜 전체 최적에 근접시키려는 노력이 필요하다.

　㉢ 물류서비스와 물류비용 간에도 트레이드오프 관계가 성립한다. 즉 물류서비스의 수준을 향상시키면 물류비용도 상승하므로 비용과 서비스의 사이에는 '수확체감의 법칙'이 작용한다.

④ 물류서비스와 비용 간의 관계

　㉠ 물류서비스 일정, 물류비용 절감 : 일정한 서비스를 가능한 한 낮은 비용으로 달성하고자 하는 효율추구의 사고

　㉡ 물류서비스 향상, 물류비용 상승 : 물류서비스를 향상시키기 위해 물류비용이 상승하여도 달리 방도가 없음

　㉢ 물류서비스 향상, 물류비용 일정 : 적극적으로 물류비용을 고려하는 방법으로, 물류비용을 유효하게 활용하여 최적의 성과를 달성하는 성과추구의 사고

　㉣ 물류서비스 향상, 물류비용 절감 : 보다 낮은 물류비용으로 보다 높은 물류서비스를 실현하여 판매증가와 이익증가를 동시에 도모하는 전략적 발상

**(3) 운송 합리화 방안**

① 적기 운송과 운송비 부담의 완화

　㉠ 적기에 운송하기 위해서는 운송계획이 필요하며 판매계획에 따라 일정량을 정기적으로 고정된 경로를 따라 운송하고 가능하면 공장과 물류거점 간의 간선운송이나 선적지까지 공장에서 직송하는 것이 효율적이다.

　㉡ 출하물량 단위의 대형화와 표준화가 필요하다.

　㉢ 출하물량 단위를 차량별로 단위화하거나 운송수단에 적합하게 물품을 표준화하며, 차량과 운송수단을 대형화하여 운송횟수를 줄이고 화주에 맞는 차량이나 특장차를 이용한다.

　㉣ 트럭의 적재율과 실차율의 향상을 위하여 기준 적재중량, 용적, 적재함의 규격을 감안하여 최대허용치에 접근시키며, 적재율 향상을 위해 제품의 규격화나 적재품목의 혼재를 고려해야 한다.

② 실차율 향상을 위한 공차율의 최소화 : 화물을 싣지 않은 공차 상태로 운행함으로써 발생하는 비효율을 줄이기 위하여 주도면밀한 운송계획을 수립한다.

**화물자동차운송의 효율성 지표**
1. 가동률 : 화물자동차가 일정기간(예를 들어 1개월)에 걸쳐 실제로 가동한 일수
2. 실차율 : 주행거리에 대해 실제로 화물을 싣고 운행한 거리의 비율
3. 적재율 : 최대적재량 대비 적재된 화물의 비율
4. 공차거리율 : 주행거리에 대해 화물을 싣지 않고 운행한 거리의 비율
5. 적재율이 높은 상태로 가능한 실차상태로 가동률을 높이는 것이 트럭운송의 효율성을 최대로 하는 것임

③ 물류기기의 개선과 정보시스템의 정비 : 유닛로드시스템의 구축과 물류기기의 개선뿐 아니라 차량의 대형화, 경량화 등을 추진하며, 물류거점 간의 온라인화를 통한 화물정보시스템과 화물추적시스템 등의 이용을 통한 총물류비의 절감 노력이 필요하다.

④ 최단 운송경로의 개발 및 최적 운송수단의 선택 : 신규 운송경로 및 복합 운송경로의 개발과 운송정보에 관심을 집중하고 최적의 운송수단을 선택하기 위한 종합적인 검토와 계획이 필요하다.

〈공동 수송의 장단점〉

| | |
|---|---|
| 장 점 | • 물류시설 및 인원의 축소<br>• 발송작업의 간소화<br>• 영업용 트럭의 이용증대<br>• 입·출하 활동의 계획화<br>• 운임요금의 적정화<br>• 여러 운송업체와의 복잡한 거래교섭의 감소<br>• 소량 부정기화물도 공동수송 가능 |
| 단 점 | • 기업비밀 누출에 대한 우려<br>• 영업부문의 반대<br>• 서비스 차별화에 한계<br>• 서비스 수준의 저하 우려<br>• 수화주와의 의사소통 부족<br>• 상품특성을 살린 판매전략의 제약 |

〈공동 배송의 장단점〉

| | |
|---|---|
| 장 점 | • 수송효율 향상(적재효율, 회전율 향상)<br>• 소량화물 혼적으로 규모의 경제효과<br>• 자동차, 기사의 효율적 활용<br>• 안정된 수송시장 확보<br>• 네트워크의 경제효과<br>• 교통혼잡 완화<br>• 환경오염 방지 |
| 단 점 | • 외부 운송업체의 운임 덤핑에 대처 곤란<br>• 배송순서의 조절이 어려움<br>• 출하시간 집중<br>• 물량파악이 어려움<br>• 제조업체의 산재에 따른 문제<br>• 종업원 교육, 훈련에 시간 및 경비 소요 |

## 5 화물운송정보시스템의 이해

**(1) 수·배송관리시스템**

주문상황에 대해 적기 수·배송체제의 확립과 최적의 수·배송계획을 수립함으로써 수송비용을 절감하려는 체제이다.

**(2) 화물정보시스템**

화물이 터미널을 경유하여 수송될 때 수반되는 자료 및 정보를 신속하게 수집하여 이를 효율적으로 관리하는 동시에 화주에게 적기에 정보를 제공해주는 시스템을 의미한다.

**(3) 터미널화물정보시스템**

수출계약이 체결된 후 수출품이 트럭터미널을 경유하여 항만까지 수송되는 경우, 국내거래 시 한 터미널에서 다른 터미널까지 수송되어 수하인에게 이송될 때까지의 전 과정에서 발생하는 각종 정보를 전산시스템으로 수집·관리·공급·처리하는 종합정보관리체제이다.

**(4) 수·배송활동의 각 단계에서의 물류정보처리 기능**

① 계획 : 수송수단 선정, 수송경로 선정, 수송로트(Lot) 결정, 다이어그램 시스템 설계, 배송센터의 수 및 위치 선정, 배송지역 결정 등
② 실시 : 배차 수배, 화물적재 지시, 배송 지시, 발송정보 착하지에의 연락, 반송화물 정보관리, 화물의 추적 파악 등
③ 통제 : 운임계산, 차량적재효율 분석, 자동차가동률 분석, 반품운임 분석, 빈 용기운임 분석, 오송 분석, 교착수송 분석, 사고분석 등

## 03 화물운송서비스의 이해

## 1 물류의 신시대와 트럭수송의 역할

**(1) 미개척의 블루오션 시장**

① 피터 드러커(P. Drucker) : "아직도 비용을 절감할 수 있는 엄청난 미개척 영역(=물류)이 남아 있다."
② 물류 관리가 최근 경영혁신의 중심체 역할을 하고 있다. 또 물류 자체만으로 새로운 시장을 창출하기도 한다.
③ 전문가들은 앞으로 물류혁신은 전문 물류업체를 중심으로 이루어질 것으로 전망하고 있다.

**(2) 경쟁력의 신무기인 물류**

① 물류는 경영합리화에 필요한 코스트를 절감하는 영역뿐 아니라 경쟁자와의 격차를 벌이려고 하는 중요한 경쟁수단이 되고 있다. 이러한 물류가 경쟁수단으로 된 것은, 이제까지는 화주에게만 종속하는 입장에서 화주기업전략의 일환을 담당하는 적극적인 자세가 기대되기 때문이다.
② 이와 같은 변화 속에서 트럭운송 주체가 하나의 화주뿐만 아니라 산업계 전반에 어떻게 대응할 것인가가 트럭운송산업이 향후 기간 수송수단으로서 어느 정도의 전망을 보여줄 것인가의 열쇠라고 할 것이다.

**(3) 총물류비의 절감**

① 고빈도·소량의 수송체계는 필연적으로 물류코스트의 상승을 가져온다. 물류가 기업 간의 중요 수단이 되면, 물류 서비스체제에 비중을 두게 되고 점차 물류코스트가 과대해지면서 코스트 면에서 경쟁력을 저하시키는 요인이 된다.
② 이런 사정으로 화주는 운임·보관료 등의 물류 요소의 인하를 물류 전문업자에게 요청하게 되지만, 실제 비용절감은 구성 요소에서 10% 미만에 지나지 않는다.

③ 실제로 화주기업에서 물류는 생산·영업의 한 영역에 속해 있는 경우가 많으며, 경영조직에서 물류코스트의 절감은 물류전문업자에게 요금을 인하하는 것이라는 생각이 일반적이기 때문에 물류합리화를 기대하기 어렵다.

④ 전문 물류참모를 두지 못한 화주에게 물류시스템의 개선이 물류비 절감의 최대 요건이라는 것을 설명하고 구체적인 개선안을 제시해야 한다.

⑤ 물류합리화는 시스템을 구축하지 않고 개개의 요소를 생각해서는 안 되는데, 아무리 훌륭한 참모가 있어도 상대적인 물류코스트를 상승분의 물류전문업자에게 맡기는 것이 일반적인 방법이다.

⑥ 물류서비스 제공자로서 화주의 총 물류비를 억제, 절감하기 위해서 관련 전문지식을 가지고 공헌하는 것이 파트너로서의 책무이다. 물류시스템을 파악하고 총 물류비를 대상으로 하는 절감은 반드시 수송비나 보관료 등의 인하를 필요로 하는 조건은 아닌 것이다.

### (4) 적정요금을 품질(서비스)로 환원

① 물류의 구성요소의 하나인 수송, 보관 등의 요금을 절감한다는 필연성 이전에, 총비용에서 물류비를 절감할 수 있는 요인이 화주 측에 많이 존재하고 있다는 것은 이미 화주의 물류개선의 많은 실적에서 증명되었다.

② 물류전문업계, 특히 트럭운송업계는 평균적으로 일반산업에 비교해 뒤처지고 있으며, 이러한 트럭업계의 빈곤함이 고객인 산업계에 가져다 준 것은 서비스를 포함한 품질향상에 대한 노력의 결여라기보다는 수익률이 낮은 데에서 오는 노동자 비율의 저수준에 의한 생산성 향상의 저해에 기인하는 바가 오히려 크다.

③ 자본이익률로 대표되고 있는 수익률의 상승이 서비스의 향상으로 이어지며, 생산성(노동생산성과 자본생산성)을 높여야 한다는 것은 상위를 차지하고 있는 택배업자에게서 이미 입증되고 있다.

④ 물류업무의 적정한 대가를 받고, 정당한 이익을 계상함과 동시에 노동조건의 개선에 힘쓰면서, 서비스의 향상, 운송기술의 개발, 원가절감 등의 성과를 일을 통해 화주(고객)에게 환원한다고 하는 높은 이념을 갖는 트럭운송산업계의 자세야말로 물류혁신시대의 화주기업과 물류전문업계 및 종사자의 새로운 파트너십이다.

### (5) 혁신과 트럭운송

① 기업존속 결정의 조건
  ㉠ 매상을 올리거나, 또는 코스트를 내리는 것 중에서 어느 한가지라도 실현시킬 수 있다면 사업의 존속이 가능하다.
  ㉡ 매상만이 이익의 원천이 아니며, 코스트를 줄이는 것도 이익의 원천이 될 수 있다.

② 기업의 유지관리와 혁신
  ㉠ 기업경영에는 기업고유의 전통과 실적을 계승하여 유지·관리하는 것, 그리고 기업의 전통과 현상을 부정하여 새로운 기업 체질을 창조하는 것(혁신)의 2가지 측면이 있으며, 이 둘의 균형에 의해 기업의 영속적 발전을 기대할 수 있다.
  ㉡ 새로운 이익의 원천을 구하는 길을 경영혁신이라고 한다.

③ 기술혁신과 트럭운송사업
  ㉠ 성숙기의 포화된 경제환경 하에서 거시적 시각의 새로운 이익 원천에는 인구의 증가, 영토의 확대, 기술의 혁신 등 3가지가 있다.
  ㉡ 고객인 화주에게 제공되는 운송서비스가 일단 빛을 보게 되어 성숙되지만, 한번 빛이 바래지면 그리고 환경변화에 따라 새롭게 빛을 발하는 서비스가 강력한 신장을 하게 되면 기존의 서비스는 쇠퇴하게 된다. 따라서 끊임없는 새로운 서비스의 개발·도입, 즉 운송서비스의 혁신만이 생명력을 보장한다.
  ㉢ 트럭운송업계가 당면하고 있는 영역
    • 고객인 화주기업의 시장개척의 일부를 담당할 수 있는가?
    • 소비자가 참가하는 물류의 신경쟁시대에 무엇을 무기로 하여 싸울 것인가?
    • 고도정보화시대, 그리고 살아남기 위한 진정한 협업화에 참가할 수 있는가?
    • 트럭이 새로운 운송기술을 개발할 수 있는가?
    • 의사결정에 필요한 정보를 적시에 수집할 수 있는가?

④ 수입 확대와 원가 절감
  ㉠ 생산자 지향에서 소비자 지향으로 변화 : 수입의 확대는 '사업을 번창하게 하는 방법을 찾는 것'이라고 말할 수 있다. 마케팅의 출발점은 잘 팔리는 것, 손님이 찾고 있는 것, 찾고는 있지만 느끼지 못하고 있는 것을 손님에게 제공하는 것이다.
  ㉡ 물류마케팅의 이념 : 기존의 운송수단을 화주에게 파는 데에 전념할 뿐 아니라 화주가 찾고 있는 수요의 실태를 파악하여 고객이 찾고 있는 물류서비스를 제공하는 것
  ㉢ 원가의 절감은 원가의 재생산이라고 하는 것이 보다 더 적합하다(연료의 리터당 주행거리, 연료구입단가, 차량수리비, 타이어가 견딜 수 있는 킬로수 등의 제1차적 관리대상).
  ㉣ 차량관리를 충실히 하여 원가를 절감한다는 것은 트럭운송 사업경영의 기본이지만, 원가절감에 있어서 현장종사자들의 영역은 의외로 좁은 경우가 많다. 운송원가는 차량의 운행이 필요한 직접 원가만이 있는 것이 아니다.
  ㉤ 원가절감은 지출을 억제한다고 하는 방어적인 수법만이 아니라 운행효율의 향상, 생산성의 향상이라고 하는 적극적·공격적인 수법이 필요한 것이다.

⑤ 변혁의 외부적 요인과 내부적 요인
  ㉠ 외부적 요인 : 물류 관련 조직이나 개인은 어지러운 시장동향에 대해 화주를 거쳐 간접적으로 영향을 받게 되는 경우가 많기 때문에(운송수요는 제품이나 상품에 대한 수요의 파생수요임) 자칫하면 감도가 둔해지는 경우가 있지만, 화주가 소비자의 개성화, 다양화, 차별화나 생활양식의 변화에 초점을 맞춘 마케팅에 여념이 없는데, 동반자인 물류담당자가 이에 응할 수 없다면 화주의 기대에 어긋나게 되며 화주는 다른 업자나 다른 수송수단을 선택하게 된다.
  ㉡ 내부적 요인 : 조직이나 개인의 변화를 말한다. 조직이든 개인이든 환경에 대한 오픈시스템으로 부단히 변화하는 것이다.

⑥ 현상의 변혁에 성공하는 비결 : 현상의 변혁에 성공하는 비결은 개혁을 적시에 착수하는 것이다. 즉, 창립기념일이나 실적이 호조를 보일 때, 위기에 직면했을 때, 새 건물이나 새 차량을 구입하였을 때, 신규노선이나 신지역에 진출하였을 때 등이다. 현상의 부정, 타파, 창조변혁을 이룬다고 하는 변혁의 철학이 '더욱 좋게 한다.'고 하는 명제 속에 전부 포함돼 있다고 할 수 있다.

⑦ 트럭운송을 통한 새로운 가치 창출 : 사람이 사는 곳이라면 어디든지 물자의 운송이 이루어져야 하므로 트럭은 사회의 공기(公器)라 할 수 있다. 운수회사든 종사자든 트럭이 사회에 대해서 해야만 하는 사명을 바르게 이해해야만 진정한 목적달성을 할 수 있다. 트럭이 해야 하는 제1의 원칙은 사회에 대하여 운송활동을 통해 새로운 가치를 창출해내는 것이다.

⑧ 화물운송종사업무는 새로운 가치를 창출하고 사회에 무엇인가 공헌을 하고 있다는 데에 존재의의가 있으며, 운송행위와 관련 있는 모든 사람들의 다면적인 욕구를 충족시킨다는 사회로서의 사명을 가지고 있다.

## 2 신물류서비스 기법의 이해

**(1) 공급망관리(SCM ; Supply Chain Management)**

① 개념 : 공급망관리(SCM)란 최종고객의 욕구를 충족시키기 위하여 원료공급자로부터 최종소비자에 이르기까지 공급망 내의 각 기업 간에 긴밀한 협력을 통해 공급업체인 전체의 물자 흐름을 원활하게 하는 공동전략을 말한다. 즉, 공급체인 내의 각 기업은 상호 협력하여 공급망 프로세스를 재구축하고, 업무협약을 맺으며, 공동전략을 구사하게 된다.

② 발전과정 : 물류 → 로지스틱스(Logistics) → 공급망관리(SCM)로의 발전

| 구 분 | 물 류 | Logistics | SCM |
|---|---|---|---|
| 시 기 | 1970~1985년 | 1986~1997년 | 1998년 |
| 목 적 | 물류부문 내 효율화 | 기업 내 물류 효율화 | 공급망 전체 효율화 |
| 대 상 | 수송, 보관, 하역, 포장 | 생산, 물류, 판매 | 공급자, 메이커, 도소매, 고객 |
| 수 단 | 물류부문 내 시스템 기계화, 자동화 | 기업 내 정보시스템 POS, VAN, EDI | 기업 간 정보시스템, 파트너 관계, ERP, SCM |
| 주 제 | 효율화(전문화, 분업화) | 물류코스트 + 서비스 대행, 다품종수량, JIT, MRP | ECR, ERP, 3PL, APS, 재고소멸 |
| 표 방 | 무인 도전 | 토탈 물류 | 종합 물류 |

[주] APS(Advanced Planing Scheduling) : 고급계획수립시스템

**(2) 전사적 품질관리(TQC ; Total Quality Control)**

① 기업경영에 있어서 전사적 품질관리란 제품이나 서비스를 만드는 모든 작업자가 품질에 대한 책임을 나누어 갖는다는 개념이다.

② 물류의 전사적 품질관리(TQC)는 물류활동에 관련되는 모든 사람들이 물류서비스 품질에 대하여 책임을 나누어 가지고 문제점을 개선하는 것이며, 물류서비스 품질관리 담당자 모두가 물류서비스 품질의 실천자가 된다는 내용이다.

③ 물류서비스의 품질관리를 보다 효율적으로 하기 위해서는 물류현상을 정량화하는 것이 중요하다. 즉, 물류서비스의 문제점을 파악하여 그 데이터를 정량화하는 것이 중요하다.

**(3) 제3자 물류(TPL 또는 3PL ; Third-party Logistics)**

① 제3자(Third-party)란 물류채널 내의 다른 주체와의 일시적이거나 장기적인 관계를 가지고 있는 물류채널 내의 대행자 또는 매개자를 의미하여, 화주와 단일 혹은 복수의 제3자 물류 또는 계약물류(Contract Logistics)이다.

② 제3자 물류의 개념에 포함된 두 가지 관점

㉠ 기업이 사내에서 직접 수행하던 물류업무를 외부의 전문물류업체에게 아웃소싱한다는 관점

> **더 알아보기**
>
> **물류아웃소싱**
> 기업이 사내에서 수행하던 물류업무를 전문업체에 위탁하는 것을 의미한다.
> 1. 물류 관련 자산비용의 부담을 줄임으로써 비용절감을 기대
> 2. 전문물류서비스의 활용을 통해 고객서비스를 향상
> 3. 자사의 핵심사업 분야에 더욱 집중할 수 있어서, 전체적인 경쟁력을 제고

㉡ 전문물류업체와의 전략적 제휴를 통해 물류시스템 전체의 효율성을 제고하려는 전략의 일환으로 보는 관점

**(4) 신속대응(QR ; Quick Response)**

① 개념 : 신속대응(QR) 전략이란 생산·유통기간의 단축, 재고의 감소, 반품손실 감소 등 생산·유통의 각 단계에서 효율화를 실현하고 그 성과를 생산자, 유통관계자, 소비자에게 골고루 돌아가게 하는 기법을 말한다.

② 원칙 : 신속대응(QR)은 생산·유통 관련 업자가 전략적으로 제휴하여 소비자의 선호 등을 즉시 파악하여 시장변화에 신속하게 대응함으로써 시장에 적합한 상품을 적시 적소에 적당한 가격으로 제공하는 것을 원칙으로 하고 있다.

③ 신속대응(QR)의 효과

㉠ 소매업자 측면 : 유지비용의 절감, 고객서비스의 제고, 높은 상품회전율, 매출과 이익증대 등

㉡ 제조업자 측면 : 정확한 수요예측, 주문량에 따른 생산의 유연성 확보, 높은 자산회전율 등

㉢ 소비자 측면 : 상품의 다양화, 낮은 소비자 가격, 품질개선, 소비패턴 변화에 대응한 상품구매 등

**(5) 효율적 고객대응(ECR ; Efficient Consumer Response)**

① 개념 : 효율적 고객대응(ECR) 전략이란 소비자 만족에 초점을 둔 공급망관리의 효율성을 극대화하기 위한 모델로서, 제품의 생산단계에서부터 도매·소매에 이르기까지 전 과정을 하나의 프로세스로 보아 관련 기업들의 긴밀한 협력을 통해 전체로서의 효율 극대화를 추구하는 효율적 고객대응기법이다.

② 목적 : 효율적 고객대응(ECR)은 제조업체와 유통업체가 상호 밀접하게 협력하여 기존의 상호기업 간에 존재하던 비효율적이고 비생산적인 요소들을 제거하여 보다 효용이 큰 서비스를 소비자에게 제공하자는 것이다.

③ 단순한 공급체인 통합전략과 다른 점 : 산업체와 산업체 간에도 통합을 통하여 표준화와 최적화를 도모할 수 있다는 점이며, 신속 대응(QR)과의 차이점은 섬유산업뿐만 아니라 식품 등 다른 산업부문에도 활용할 수 있는 것이다.

**(6) 주파수 공용통신(TRS ; Trunked Radio System)**

① 개념 : 주파수 공용통신(TRS)이란 중계국에 할당된 여러 개의 채널을 공동으로 사용하는 무전기시스템이다. 이동차량이나 선박 등 운송수단에 탑재하여 이동 간의 정보를 리얼타임(Realtime)으로 송·수신할 수 있는 혁신적인 화물추적통신망시스템으로서 주로 물류관리에 많이 이용된다.

② 주파수 공용통신(TRS)의 서비스 : 음성통화, 공중망접속통화, TRS데이터통신, 첨단차량군 관리 등

③ 주파수 공용통신(TRS)기능

㉠ 주파수 공용통신(TRS)과 공중망접속통화로 물류의 3대 축인 운송회사·차량·화주의 통신망을 연결하면 화주가 화물의 소재와 도착시간 등을 즉각 파악할 수 있다.

㉡ 운송회사에서도 차량의 위치추적에 의해 사전 회귀배차(廻歸配車)가 가능해지고 단말기 화면을 통한 작업지시가 가능해져 급격한 수요변화에 대한 신축적 대응이 가능해진다.

④ 주파수 공용통신(TRS)의 도입 효과

㉠ 업무분야별 효과

• 차량운행 측면 : 사전배차계획 수립과 배차계획 수정이 가능해지면, 차량의 위치추적기능의 활용으로 도착시간의 정확한 추정이 가능해진다.

• 집배송 측면 : 음성 혹은 데이터통신을 통한 메시지 전달로 수작업과 수·배송 지연사유 등 원인분석이 곤란했던 점을 체크아웃 포인트의 설치나 화물추적기능의 활용으로 지연사유 분석이 가능해져 표준운행시간 작성에 도움을 줄 수 있다.

• 자동차 및 운전자관리 측면 : TRS를 통해 고장차량에 대응한 차량 재배치나 지연사유 분석이 가능해진다. 이외에도 데이터통신에 의한 실시간 처리가 가능해져 관리업무가 축소되며, 대고객에 대한 정확한 도착시간 통보로 JIT(卽納)가 가능해지고 분실화물의 추적과 책임자 파악이 용이하게 된다.

㉡ 기능별 효과 : 차량의 운행정보 입수와 본부에서 차량으로 정보전달이 용이해지고 차량으로 접수한 정보의 실시간 처리가 가능해지며, 화주의 수요에 신속히 대응할 수 있다는 점이며 또한 화주의 화물추적이 용이해진다.

**(7) 범지구측위시스템(GPS ; Global Positioning System)**

① 개념 : GPS란 관성항법(慣性航法)과 더불어 어두운 밤에도 목적지로 유도하는 측위(測衛)통신망으로서 그 유도기술의 핵심이 되는 것은 인공위성을 이용한 범지구측위시스템(GPS)이며, 주로 차량위치추적을 통한 물류관리에 이용되는 통신망이다.

② GPS의 도입 효과

㉠ 각종 자연재해로부터 사전대비를 통해 재해를 회피할 수 있고, 토지조성공사에도 작업자가 건설용지를 돌면서 지반침하와 침하량을 측정하여 리얼 타임으로 신속하게 대응할 수 있다.

㉡ 대도시의 교통혼잡 시에 차량에서 행선지 지도와 도로 사정을 파악할 수 있다.

㉢ 밤낮으로 운행하는 운송차량추적시스템을 GPS를 통해 완벽하게 관리 및 통제할 수 있다.

**(8) 통합판매·물류·생산시스템(CALS ; Computer Aided Logistics Support)**

① CALS의 개념 : 통합판매·물류·생산시스템(CALS)이란 정보유통의 혁명을 통해 제조업체의 생산·유통(상류와 물류)·거래 등 모든 과정을 컴퓨터망으로 연결하여 자동화·정보화 환경을 구축하고자 하는 첨단컴퓨터시스템으로서 설계·개발·구매·생산·유통·물류에 이르기까지 표준화된 모든 정보를 기업 간·국가 간에 공유토록 하는 정보화시스템의 방법론이다. 따라서 컴퓨터 네트워크를 사용하여 전 과정을 단시간에 처리할 수 있어 기업으로서는 품질향상, 비용절감 및 신속처리에 큰 효과를 거둘 수 있다.

② CALS의 목표 : 설계, 제조 및 유통과정과 보급·조달 등 물류지원과정을 비즈니스 리엔지니어링을 통해 조정하고, 동시공학(同時工學, Concurrent Engineering)적 업무처리과정으로 연계하며, 다양한 정보를 디지털화하여 통합데이터베이스(Database)에 저장하고 활용하는 것이다.

③ CALS의 중요성과 적용

㉠ 정보화 시대의 기업경영에 필요한 필수적인 산업정보화

㉡ 방위산업뿐 아니라 중공업, 조선, 항공, 섬유, 전자, 물류 등 제조업과 정보통신 산업에서 중요한 정보전략화

㉢ 과다서류와 기술자료의 중복 축소, 업무처리절차 축소, 소요시간 단축, 비용절감

㉣ 기존의 전자데이터정보(EDI)에서 영상, 이미지 등 전자상거래(Electronic Commerce)로 그 범위를 확대하고 궁극적으로 멀티미디어 환경을 지원하는 시스템으로 발전

㉤ 동시공정, 에러검출, 순환관리 자동활용을 포함한 품질관리와 경영혁신 구현 등

④ CALS의 도입 효과

㉠ CALS/EC는 새로운 생산·유통·물류의 패러다임으로 등장

• 비용절감 효과

• 조직 간의 정보공유 및 신속한 정보전달

• 제품생산 소요시간의 단축

• 산업정보화에 의한 국제경쟁력 강화

㉡ 기업경영에 필수적인 산업정보화전략

㉢ 기업통합과 가상기업을 실현

## 04 화물운송서비스와 문제점

### 1 물류고객서비스

#### (1) 물류고객서비스의 개념

① 고객서비스란 일반적으로 고객 요구를 만족시키는 것, 즉 기업이 자사의 제품을 다른 회사의 제품과 구별짓고, 고객의 신용을 유지하며, 판매를 증가시키고 수익을 향상시키는 수단이다.

② 어떤 기업이 제공하는 고객서비스의 수준은 기존의 고객이 고객으로서 계속 남을 것인가 말 것인가를 결정할 뿐만 아니라 얼마만큼의 잠재고객이 고객으로 바뀔 것인가를 결정하게 된다.

③ 고객서비스는 신규고객을 획득하는 데 일정한 역할을 하며, 고객유치를 위한 마케팅자원 중에서 가장 유효한 무기가 된다.

④ 물류고객서비스는 장기적으로 고객수요를 만족시킬 것을 목적으로 주문이 제시된 시점과 재화를 수취한 시점과의 사이에 계속적인 연계성을 제공하려고 조직된 시스템이라고 말할 수 있다.

⑤ 물류 부문의 고객서비스는 기존 고객의 유지 확보를 도모하고 잠재적 고객이나 신규고객의 획득을 도모하기 위한 수단이라는 데 의의가 있다.

#### (2) 물류고객서비스의 요소

① **거래 전 요소** : 문서화된 고객서비스 정책 및 고객에 대한 제공, 접근가능성, 조직구조, 시스템의 유연성, 매니지먼트 서비스

② **거래 시 요소** : 재고품절 수준, 발주정보, 주문사이클, 배송촉진, 환적(Transshipment), 시스템의 정확성, 발주의 편리성, 대체제품, 주문상황 정보

③ **거래 후 요소** : 설치, 보증, 변경, 수리, 부품, 제품의 추적·보증, 고객의 클레임, 고충·반품처리, 제품의 일시적 교체, 예비품의 이용 가능성

[고객서비스 요소]

#### (3) 고객서비스 전략의 구축

① 물류클레임으로 품절만큼 중요한 것으로는 오손, 파손, 오품, 수량오류, 오량, 오출하, 전표오류, 지연 등이 있다. 또한 리드 타임의 단축, 체류시간의 단축, 납품시간 및 시간대 지정, 24시간 수주, 상품신선도, 유통가공, 부대서비스, 다양한 정보서비스 등 수없이 많다.

② 운송종사자는 서비스 향상을 요구하는 고객의 요청에 대하여 전체적인 예측이 가능해지고 치밀한 종합적인 서비스정책을 전개하여야 할 것이다. 고객별로 긴급수송, 기술적인 지원, 수·발주, 재고상황조회시스템 등 무엇이든지 간에 고객이나 시장 전체에 걸쳐 동일 이상의 서비스 내용을 준비하여야 할 것이다.

③ 고객이 만족하여야만 하는 서비스정책은 무엇인가라는 것에 초점을 맞추는 적극적인 자세가 중요하다.

④ 일반적으로 코스트를 내린다는 것은 품질을 희생하는 것으로, 역으로 품질을 향상시키려고 한다면 비용이 올라가게 되는 것이다. 주안점을 물류코스트를 내리는 것에 둘 것인가, 서비스 수준을 향상시키는 데 둘 것인가를 결정하지 않으면 안 된다.

⑤ 최근 성공한 조직은 서비스수준의 향상 또는 재고축소에 주안점을 두고 있는 추세이다. 서비스수준의 향상은 수주부터 도착까지의 리드타임 단축, 소량출하체제, 긴급출하 대응실시, 수주 마감시간 연장 등을 목표로 정하고 있다. 물류기능의 코스트 절감보다는 비즈니스 프로세스를 고려한 코스트 절감을 추구하는 것이 바람직하다.

### 2 택배운송서비스

#### (1) 고객의 불만사항

① 약속시간을 지키지 않는다(특히 집하요청 시).

② 전화도 없이 불쑥 나타난다.

③ 임의로 다른 사람에게 맡기고 간다.

④ 너무 바빠서 질문을 해도 도망치듯 가버린다.

⑤ 불친절하다.

   ㉠ 인사를 잘 하지 않는다.

   ㉡ 용모가 단정치 못하다.

   ㉢ 사인(배달확인)을 서둘러 달라고 윽박지르듯 한다.

⑥ 사람이 있는데도 경비실에 맡기고 간다.

⑦ 화물을 함부로 다룬다.

⑧ 화물을 무단으로 방치해 놓고 간다.

⑨ 전화로 불러낸다.

⑩ 길거리에서 화물을 건네준다.

⑪ 배달이 지연된다.

⑫ 기 타

   ㉠ 잔돈이 준비되어 있지 않다.

   ㉡ 포장이 안 되었다고 그냥 간다.

   ㉢ 운송장을 고객에게 작성하라고 한다.

   ㉣ 전화응대 불친절(통화 중, 여러 사람 연결)

   ㉤ 사고배상 지연 등

#### (2) 고객 요구사항

① 할인 요구

② 포장불비로 화물 포장 요구

③ 착불요구(확실한 배달을 위해)

④ 냉동화물 우선 배달

⑤ 판매용 화물 오전배달

⑥ 규격 초과화물, 박스화되지 않은 화물 인수 요구

  ※ 고객들은 화물의 성질, 포장상태에 따라 각각 다른 형태의 취급절차와 방법을 사용하는 것으로 생각한다.

(3) 택배종사자의 서비스 자세

① 애로사항이 있더라도 극복하고 고객만족을 위하여 최선을 다한다.

　㉠ 송하인, 수하인, 화물의 종류, 집하시간, 배달시간 등이 모두 달라 서비스의 표준화가 어렵다(그럼에도 불구하고 수많은 고객을 만족시켜야 한다).

　㉡ 특히 개인고객의 경우 어려움이 많다(고객 부재, 지나치게 까다로운 고객, 주소불명, 산간오지·고지대 등).

② 단정한 용모, 반듯한 언행, 대고객 약속 준수 등 진정한 택배종사자로서 대접받을 수 있도록 한다.

③ 상품을 판매하고 있다고 생각한다.

　㉠ 많은 화물이 통신판매나 기타 판매된 상품을 배달하는 경우가 많다.

　㉡ 배달이 불량하면 판매에 영향을 준다.

　㉢ 내가 판매한 상품을 배달하고 있다고 생각하면서 배달한다.

④ 택배종사자의 복장과 용모

　㉠ 복장과 용모, 언행을 통제한다.

　㉡ 고객도 복장과 용모에 따라 대한다.

　㉢ 신분확인을 위해 명찰을 패용한다.

　㉣ 선글라스는 강도, 깡패로 오인할 수 있다.

　㉤ 슬리퍼는 혐오감을 준다.

　㉥ 항상 웃는 얼굴로 서비스 한다.

⑤ 택배차량의 안전운행과 차량관리

　㉠ 사고와 난폭운전은 회사와 자신의 이미지 실추 → 이용 기피

　㉡ 골목길 처마, 간판 주의

　㉢ 어린이, 노인 주의

　㉣ 후진 주의(반드시 뒤로 돌아 탈 것)

　㉤ 골목길 네거리 주의하여 통과

　㉥ 후문은 확실히 잠그고 출발(과속방지턱 통과 시 뒷문이 열려 사고발생)

　㉦ 골목길 난폭운전은 고객들의 이미지 손상

　㉧ 차량의 외관은 항상 청결하게 관리

⑥ 택배화물의 배달방법

　㉠ 배달 순서 계획

　　• 관내 상세지도를 보유한다(비닐코팅).

　　• 배달표에 나타난 주소대로 배달할 것을 표시한다.

　　• 우선적으로 배달해야 할 고객의 위치 표시한다.

　　• 배달과 집하 순서표시(루트 표시)한다.

　　• 순서에 입각하여 배달표를 정리한다.

　㉡ 개인고객에 대한 전화

　　• 100% 전화하고 배달할 의무는 없다.

　　• 전화는 해도 불만, 안 해도 불만을 초래할 수 있다. 그러나 전화를 하는 것이 더 좋다(약속은 변경 가능).

　　• 위치 파악, 방문예정시간 통보, 착불요금 준비를 위해 방문예정시간은 2시간 정도의 여유를 갖고 약속한다.

　　• 전화를 안 받는다고 화물을 안 가지고 가면 안 된다.

　　• 주소, 전화번호가 맞아도 그런 사람이 없다고 할 때가 있다(며느리 이름).

　　• 방문예정시간에 수하인이 부재중일 경우 반드시 지명받은 대리 인수자에게 인계해야 한다(인계 용이, 착불요금, 화물 안전상).

　　• 약속시간을 지키지 못할 경우에는 재차 전화하여 예정시간 정정

　㉢ 수하인 문전 행동방법

　　• 화물인계방법 : 겉포장의 이상 유무를 확인한 후 인계한다.

　　• 배달표 수령인 날인 확보 : 반드시 정자 이름과 사인(또는 날인)을 동시에 받는다. 가족 또는 대리인이 인수할 때는 관계를 반드시 확인한다.

　　• 고객의 문의 사항 : 집하 이용, 반품 등을 문의할 때는 성실히 답변한다. 조립요령, 사용요령, 입어 보이기 등은 정중히 거절한다.

　　• 불필요한 말과 행동을 하지 말 것(오해 소지)

　　• 화물에 이상이 있을 시 인계방법

　　　－ 약간의 문제가 있을 시는 잘 설명하여 이용하도록 함

　　　－ 완전히 파손, 변질 시에는 진심으로 사과하고 회수 후 변상, 내품에 이상이 있을 시에는 전화할 곳과 절차를 알려줌

　　　－ 배달완료 후 파손, 기타 이상이 있다는 요청 시 반드시 현장 확인

　　• 반드시 약속 시간(기간) 내에 배달해야 할 화물 : 모든 배달품은 약속 시간(기간) 내에 배달되어야 하며 특히 한약, 병원조제약, 식품, 학생들 기숙사 용품, 채소류, 과일, 생선, 판매용 식품(특히 명절 전), 서류 등은 약속 시간(기간) 내에서 좀 더 신속히 배달되도록 한다.

　　• 과도한 서비스 요청 시 : 설치 요구, 방 안까지 운반, 제품 이상 유무 확인까지 요청 시 정중히 거절. 노인, 장애인 등이 요구할 때는 방 안까지 운반

　　• 인계 전 동, 호수, 성명 확인 : 아파트 등에서 너무 바쁘게 배달하다 보면 동을 잘못 알거나 호수를 착각하여 배달하는 경우가 있다.

　㉣ 대리 인계 시 방법

　　• 인수자 지정 : 전화로 사전에 대리 인수자를 지정받는다(원활한 인수, 파손·분실 문제 책임, 요금수수). 반드시 이름과 서명을 받고 관계를 기록한다. 서명을 거부할 때는 시간, 상호, 기타 특징을 기록한다.

　　• 임의 대리 인계 : 수하인이 부재중일 때 외에는 대리 인계를 절대 해서는 안 된다. 불가피하게 대리 인계를 할 때는 확실한 곳에 인계해야 한다(옆집, 경비실, 친척집 등).

　　• 대리 인수 기피 인물 : 노인, 어린이, 가게 등

　　• 화물의 인계 장소 : 아파트는 현관문 안. 단독주택은 집에 딸린 문안

　　• 사후확인 전화 : 대리 인계 시는 반드시 귀점 후 통보

　㉤ 고객부재 시 방법

　　• 부재안내표의 작성 및 투입 : 반드시 방문시간, 송하인, 화물명, 연락처 등을 기록하여 문안에 투입(문밖에 부착은 절대 금지)한다. 대리인 인수 시는 인수처를 명기하여 찾도록 해야 함

　　• 대리인 인계가 되었을 때는 귀점 중 다시 전화로 확인 및 귀점 후 재확인

　　• 밖으로 불러냈을 때의 요령 : 반드시 죄송하다는 인사를 한다. 소형화물 외에는 집까지 배달한다(길거리 인계는 안 됨).

ⓑ 기타 배달 시 주의 사항
- 화물에 부착된 운송장의 기록을 잘 보아야 한다(특기사항).
- 중량초과화물 배달 시 정중한 조력 요청
- 손전등 준비(초기 야간 배달)

ⓢ 미배달화물에 대한 조치 : 미배달 사유를 기록하여 관리자에게 제출하고 화물은 재입고(주소불명, 전화불통, 장기부재, 인수거부, 수하인 불명)

⑦ 택배 집하 방법

ⓞ 집하의 중요성
- 집하는 택배사업의 기본이다.
- 집하가 배달보다 우선되어야 한다.
- 배달 있는 곳에 집하가 있다.
- 집하를 잘 해야 고객불만이 감소한다.

ⓛ 방문 집하 요령
- 방문 약속시간의 준수 : 고객 부재 상태에서는 집하 곤란. 약속시간이 늦으면 불만 가중(사전 전화)
- 기업화물 집하 시 행동 : 화물이 준비되지 않았다고 운전석에 앉아 있지 말고 작업을 도와주도록 함. 출하담당자와 친구가 되도록 할 것
- 운송장 기록의 중요성 : 운송장 기록을 정확하게 기재하지 않고 부실하게 기재하면 오도착, 배달불가, 배상금액 확대, 화물파손 등의 문제점 발생
  ※ 정확히 기재해야 할 사항 : 수하인 전화번호, 정확한 화물명, 화물가격
- 포장의 확인 : 화물종류에 따른 포장의 안전성을 판단하여 안전하지 못할 경우에는 보완을 요구하여 보완, 발송한다. 포장에 대한 사항은 미리 전화하여 부탁해야 한다.

## 3 운송서비스의 사업용·자가용 특징 비교

(1) 트럭운송의 장단점

① 장 점
- ㉠ 중간 하역이 불필요하고 포장의 간소화·간략화가 가능하다.
- ㉡ 다른 수송기관과 연동하지 않고서도 일관된 서비스를 할 수가 있어 싣고 부리는 횟수가 적어도 된다.

② 단 점
- ㉠ 수송 단위가 작고 연료비나 인건비(장거리의 경우) 등 수송 단가가 높다.
- ㉡ 진동, 소음 또는 광화학 스모그 등의 공해 문제, 가솔린의 다량소비에서 오는 자원 및 에너지절약 문제점이 있다.

③ 기타 : 택배운송의 전국 네트워크화의 확립 등에 의해 트럭 의존도가 높아지고 있는 것이 사실이다. 따라서 도로망의 정비·유지, 트럭 터미널, 정보를 비롯한 트럭수송 관계의 공공투자를 계속적으로 수행하고, 전국 트레일러 네트워크의 확립을 축으로, 수송기관 상호의 인터페이스의 원활화를 급속히 실현해야 할 것이다.

(2) 사업용(영업용) 트럭운송의 장단점

① 장 점
- ㉠ 수송비가 저렴하고, 융통성이 높다.
- ㉡ 수송 능력이 높고, 변동비 처리가 가능하다.
- ㉢ 설비투자, 인적 투자 등이 필요 없다.
- ㉣ 물동량의 변동에 대응한 안전수송이 가능하다.

② 단 점
- ㉠ 기동성이 부족하고, 관리기능이 저해된다.
- ㉡ 마케팅 사고가 희박하고, 시스템의 일관성이 없다.
- ㉢ 인터페이스가 취약하고, 운임의 안정화가 곤란하다.

(3) 자가용 트럭운송의 장단점

① 장 점
- ㉠ 작업의 기동성이 높고, 안정적 공급이 가능하다.
- ㉡ 높은 신뢰성이 확보되고, 상거래에 기여한다.
- ㉢ 시스템의 일관성이 유지되고, 리스크가 낮다.
- ㉣ 인적 교육이 가능하다.

② 단 점
- ㉠ 인적 투자, 설비투자 등이 필요하다.
- ㉡ 사용하는 차종, 차량 등 수송능력에 한계가 있다.
- ㉢ 비용의 고정비화가 발생한다.
- ㉣ 수송량의 변동에 대응하기가 어렵다.

(4) 트럭운송의 발전방향

① 고효율화 : 차종, 차량, 하역, 주행의 최적화를 도모하고 낭비를 배제하도록 항상 유의하여야 할 것이다.

② 왕복실차율을 높임 : 공차로 운행하지 않도록 수송을 조정하고 효율적인 운송시스템을 확립하는 것이 바람직하다.

③ 트레일러 수송과 도킹시스템화 : 트레일러의 활용과 시스템화를 도모함으로써 대규모 수송을 실현함과 동시에 중간지점에서 트랙터와 운전자가 양방향으로 되돌아오는 도킹시스템에 의해 차량 진행 관리나 노무관리를 철저히 하고, 전체로서의 합리화를 추진하여야 한다.

④ 바꿔 태우기 수송과 이어타기 수송 : 트럭의 보디를 바꿔 실음으로써 합리화를 추진하는 것을 바꿔 태우기 수송이라고 하고, 중간지점에서 운전자만 교체하는 수송방법을 이어타기 수송이라고 한다.

⑤ 컨테이너 및 팰릿 수송의 강화

㉠ 컨테이너를 내릴 수 있는 장치를 트럭에 장비함으로써 컨테이너 단위의 짐을 내리는 작업이 쉽게 이루어질 수 있는 시스템을 실현하는 것이 필요하다.

㉡ 팰릿을 측면으로부터 상하 하역할 수 있는 측면개폐유개차, 후방으로부터 화물을 상하 하역할 때에 가드레일이나 롤러를 장치한 팰릿 로더용 가드레일차나 롤러 장착차, 짐이 무너지는 것을 방지하는 스태빌라이저 장치차 등 용도에 맞는 차량을 활용할 필요가 있다.

⑥ **집배 수송용 차의 개발과 이용** : 택배운송 등 소량화물운송용의 집배차량은 적재능력, 주행성, 하역의 효율성, 승강의 용이성 등의 각종 요건을 충족시켜야 하는데 이에 출현한 것이 델리베리카(워크트럭차)이다.

⑦ **트럭터미널** : 트럭터미널의 복합화, 시스템화가 필요하다.

**(5) 국내 화주기업 물류의 문제점**

① 각 업체의 독자적 물류기능 보유(합리화 장애)

② 제3자 물류(3P/L) 기능의 약화(제한적·변형적 형태)

③ 시설 간·업체 간 표준화 미약

④ 제조·물류 업체 간 협조성 미비

⑤ 물류 전문업체의 물류 인프라 활용도 미약 등

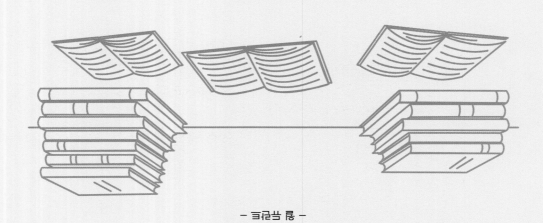

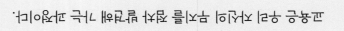

- 윌 듀란트 -

교육은 우리 자신의 무지를 점차 발견해 가는 과정이다.

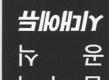

# 3일 자주 나오는 문제

www.sdedu.co.kr

**5일 완성 화물운송종사자격** 쉽고 빠르게~ 합격은 나의 것!

# 핵심만 콕! 콕!  최신 가이드북 완벽 반영한 핵심이론!

# 자주 나오는 문제  다양한 빈출문제로 출제유형 파악!

# 달달 외워서 합격  실전대비 합격문제로 마무리!

# 제1과목 교통 및 화물자동차 운수사업 관련 법규

**01** 신호기의 정의로 옳은 것은?

① 교차로에서 볼 수 있는 모든 등화
② 주의·규제·지시 등을 표시한 표지판
③ 도로의 바닥에 표시된 기호나 문자, 선 등의 표지
④ 도로 교통의 신호를 표시하기 위하여 사람이나 전기의 힘에 의하여 조작되는 장치

**해설**
신호기
도로 교통에서 문자·기호 또는 등화(燈火)를 사용하여 진행·정지·방향전환·주의 등의 신호를 표시하기 위하여 사람이나 전기의 힘으로 조작하는 장치(도로교통법 제2조 제15호)

**02** 다음 중 용어의 설명이 옳은 것은?

① 자동차전용도로 – 자동차의 고속 운행에만 사용하기 위하여 지정된 도로를 말한다.
② 보도 – 보행자가 도로를 횡단할 수 있도록 안전표지로 표시한 도로의 부분을 말한다.
③ 횡단보도 – 도로를 횡단하는 보행자나 통행하는 차마의 안전을 위하여 안전표지나 이와 비슷한 인공구조물로 표시한 도로의 부분을 말한다.
④ 일시정지 – 운전자가 차 또는 노면전차의 그 바퀴를 일시적으로 완전 정지시키는 것을 말한다.

**해설**
① 고속도로(도로교통법 제2조 제3호)
② 횡단보도(도로교통법 제2조 제12호)
③ 안전지대(도로교통법 제2조 제14호)

**03** 다음 중 용어의 설명이 옳지 않은 것은?

① 주차 – 운전자가 승객을 기다리거나, 화물을 싣거나, 차가 고장 나거나, 그 밖의 사유로 차를 계속 정지 상태에 두는 것
② 정차 – 운전자가 차에서 떠나서 즉시 그 차를 운전할 수 없는 상태에 두는 것
③ 앞지르기 – 차의 운전자가 앞서가는 다른 차의 옆을 지나서 그 차의 앞으로 나가는 것
④ 서행 – 운전자가 차 또는 노면전차를 즉시 정지시킬 수 있는 정도의 느린 속도로 진행하는 것

**해설**
② 정차 : 운전자가 5분을 초과하지 아니하고 차를 정지시키는 것으로, 주차 외의 정지 상태(도로교통법 제2조 제25호)
① 주차 : 운전자가 승객을 기다리거나, 화물을 싣거나, 차가 고장 나거나, 그 밖의 사유로 차를 계속 정지 상태에 두는 것 또는 운전자가 차에서 떠나서 즉시 그 차를 운전할 수 없는 상태에 두는 것(도로교통법 제2조 제24호)

**04** 교통안전표지에 해당하지 않는 것은?

① 노면표시
② 주의표지
③ 보조표지
④ 도로표지

**해설**
교통안전표지의 종류(도로교통법 시행규칙 제8조 제1항 제1~5호)
주의표지, 규제표지, 지시표지, 보조표지, 노면표시

**05** 다음 진로양보의무 설명 중 옳지 않은 것은?

① 좁은 도로에서 물건을 실은 자동차와 물건을 싣지 않은 자동차가 서로 마주보고 진행하는 경우에는 물건을 싣지 않은 자동차가 양보한다.
② 비탈진 좁은 도로에서 자동차가 서로 마주보고 진행하는 경우에는 올라가는 자동차가 양보한다.
③ 좁은 도로에서 사람을 태운 자동차와 동승자가 없는 자동차가 서로 마주보고 진행하는 경우에는 동승자가 없는 자동차가 양보한다.
④ 통행 구분이 설치된 도로의 경우 뒤에서 따라오는 차보다 느린 속도로 가려는 경우에는 도로의 우측 가장자리로 피하여 진로를 양보하여야 한다.

**해설**
④ 모든 차(긴급자동차는 제외)의 운전자는 뒤에서 따라오는 차보다 느린 속도로 가려는 경우에는 도로의 우측 가장자리로 피하여 진로를 양보하여야 한다. 다만, 통행 구분이 설치된 도로의 경우에는 그러하지 아니하다(도로교통법 제20조 제1항).
①·③ 도로교통법 제20조 제2항 제2호
② 도로교통법 제20조 제2항 제1호

**정답** 1④ 2④ 3② 4④ 5④

## 06 다음 설명 중 옳지 않은 것은?

① 차도를 통행하는 학생의 대열은 그 차도의 우측을 통행하여야 한다.

② 사회적으로 중요한 행사에 따른 시가행진인 경우에는 도로의 중앙을 통행할 수 있다.

③ 보행자는 신호 또는 지시에 따라 차의 바로 앞이나 뒤로 횡단하여서는 아니 된다.

④ 횡단보도가 설치되어 있지 아니한 도로에서는 가장 짧은 거리로 횡단하여야 한다.

**해설**

③ 보행자는 차와 노면전차의 바로 앞이나 뒤로 횡단하여서는 아니 된다. 다만, 횡단보도를 횡단하거나 신호기 또는 경찰공무원 등의 신호나 지시에 따라 도로를 횡단하는 경우에는 그러하지 아니하다(도로교통법 제10조 제4항).
① 도로교통법 제9조 제1항
② 도로교통법 제9조 제2항
④ 도로교통법 제10조 제3항

## 07 횡단보도의 설치 기준이 잘못된 것은?

① 횡단보도에는 횡단보도 표시와 횡단보도 표지판을 설치한다.

② 횡단보도를 설치하고자 하는 장소에 횡단보행자용 신호기가 설치되어 있는 경우에는 횡단보도 표시를 설치한다.

③ 횡단보도를 설치하고자 하는 도로의 표면이 포장이 되지 아니하여도 반드시 횡단보도 표시를 하여야 한다.

④ 횡단보도는 육교・지하도 및 다른 횡단보도로부터 집산도로 및 국지도로에서는 100m, 그 외의 도로에서는 200m 이내에 설치하여서는 아니 된다.

**해설**

③ 횡단보도를 설치하고자 하는 도로의 표면이 포장이 되지 아니하여 횡단보도 표시를 할 수 없는 때에는 횡단보도 표지판을 설치한다. 이 경우에는 그 횡단보도 표지판에 횡단보도의 너비를 표시하는 보조표지를 설치하여야 한다(도로교통법 시행규칙 제11조 제3호).
① 도로교통법 시행규칙 제11조 제1호
② 도로교통법 시행규칙 제11조 제2호
④ 도로교통법 시행규칙 제11조 제4호

## 08 다음 중 도로의 중앙이나 좌측 부분을 통행할 수 있는 경우가 아닌 것은?

① 도로가 일방통행으로 된 경우

② 도로의 파손, 도로공사나 그 밖의 장애 등으로 그 도로의 우측 부분을 통행할 수 없는 경우

③ 도로의 우측 부분의 폭이 6m가 되지 아니하는 도로에서 다른 차를 앞지르고자 하는 경우

④ 도로의 좌측 부분의 폭이 그 차마의 통행에 충분하지 아니한 경우

**해설**

④ 도로의 우측 부분의 폭이 그 차마의 통행에 충분하지 아니한 경우(도로교통법 제13조 제4항 제4호)
① 도로교통법 제13조 제4항 제1호
② 도로교통법 제13조 제4항 제2호
③ 도로교통법 제13조 제4항 제3호

## 09 다음 중 서행하지 않아도 되는 장소는?

① 비탈길의 고갯마루 부근

② 교통정리를 하고 있는 교차로

③ 가파른 비탈길의 내리막

④ 도로가 구부러진 부근

**해설**

도로교통법 제31조 제1항에 의해 ①, ③, ④ 이외에 시・도경찰청장이 안전표지로 지정한 곳에서는 서행하여야 한다.

## 10 중부고속도로에서 1.5ton을 초과하는 화물자동차의 최고속도는?

① 60km/h 이내

② 80km/h 이내

③ 90km/h 이내

④ 110km/h 이내

**해설**

③ 중부고속도로에 있어서 최저속도는 50km/h, 최고속도는 110km/h. 다만, 화물자동차・특수자동차・위험물운반자동차 및 건설기계의 최고속도는 90km/h 이내이다(최고속도 110km/h인 고속도로 지정 고시).

**정답** 6 ③ 7 ③ 8 ④ 9 ② 10 ③

**11** 다음 중 앞지르기가 가능한 곳은?

① 일방통행인 도로
② 가파른 비탈길의 내리막
③ 교차로·터널 안 또는 다리 위
④ 비탈길의 고갯마루 부근

**해설**

앞지르기 금지장소(도로교통법 제22조 제3항)
• 교차로·터널 안 또는 다리 위
• 도로의 구부러진 곳
• 비탈길의 고갯마루 부근 또는 가파른 비탈길의 내리막
• 시·도경찰청장이 도로에서의 위험을 방지하고 교통의 안전과 원활한 소통을 확보하기 위하여 필요하다고 인정하여 안전표지에 의하여 지정한 곳

**12** 일반도로에서의 속도로 옳은 것은?

① 편도 1차로에서 최저속도는 제한이 없다.
② 편도 1차로에서의 최고속도는 매시 50km 이내이다.
③ 편도 2차로 이상에서의 최저속도는 매시 30km이다.
④ 편도 2차로 이상의 최고속도는 매시 90km 이내이다.

**해설**

일반도로에서의 자동차 등과 노면전차의 속도(도로교통법 시행규칙 제19조 제1항 제1호)
㉠「국토의 계획 및 이용에 관한 법률」의 규정에 따른 주거지역·상업지역 및 공업지역의 일반도로에서는 매시 50km(시·도경찰청장이 원활한 소통을 위하여 특히 필요하다고 인정하여 지정한 노선 또는 구간에서는 매시 60km) 이내
㉡ ㉠ 외의 일반도로에서는 매시 60km(편도 2차로 이상의 도로에서는 매시 80km) 이내

**13** 정차 및 주차금지에 관하여 틀린 것은?

① 교차로의 가장자리 또는 도로의 모퉁이로부터 5m 이내의 장소에는 정차·주차할 수 없다.
② 안전지대가 설치된 도로에서는 그 안전지대의 사방으로부터 각각 10m 이내의 장소에는 정차·주차할 수 없다.
③ 차도와 보도에 걸쳐 설치된 주차장법에 의한 노상주차장에 정차·주차할 수 없다.
④ 건널목의 가장자리 또는 횡단보도로부터 10m 이내의 장소에는 정차·주차할 수 없다.

**해설**

③ 교차로·횡단보도·건널목이나 보도와 차도가 구분된 도로의 보도(「주차장법」에 따라 차도와 보도에 걸쳐서 설치된 노상주차장은 제외)에서는 정차·주차할 수 없다(도로교통법 제32조 제1호).
① 도로교통법 제32조 제2호
② 도로교통법 제32조 제3호
④ 도로교통법 제32조 제5호

**14** 주차위반차의 이동·보관·공고·매각 또는 폐차 등에 소요된 비용은 누가 부담하는가?

① 시장 등
② 경찰서장
③ 차의 사용자
④ 차의 운전자

**해설**

③ 주차위반차의 이동·보관·공고·매각 또는 폐차 등에 들어간 비용은 그 차의 사용자가 부담한다(도로교통법 제35조 제6항).

**15** 이상기후 시의 운행속도를 최고속도의 50/100으로 줄여야 하는 경우가 아닌 것은?

① 비가 내려 노면이 젖어 있는 경우
② 폭우·폭설·안개 등으로 가시거리가 100m 이내인 경우
③ 노면이 얼어붙은 경우
④ 눈이 20mm 이상 쌓인 경우

**해설**

이상기후 시의 감속 운행 기준(도로교통법 시행규칙 제19조 제2항)

| 이상기후 상태 | 운행속도 |
|---|---|
| • 비가 내려 노면이 젖어 있는 경우<br>• 눈이 20mm 미만 쌓인 경우 | 최고속도의 20/100을 줄인 속도 |
| • 폭우·폭설·안개 등으로 가시거리가 100m 이내인 경우<br>• 노면이 얼어붙은 경우<br>• 눈이 20mm 이상 쌓인 경우 | 최고속도의 50/100을 줄인 속도 |

**정답**  11 ①  12 ①  13 ③  14 ③  15 ①

**16** 다음 중 불법부착장치의 기준이 잘못된 것은?

① 속도 측정기기탐지용 장치와 그 밖에 교통단속용 장비의 기능을 방해하는 장치
② 경찰관서에서 사용하는 무전기와 동일한 주파수의 무전기
③ 긴급자동차가 아닌 차에 부착된 경광등, 사이렌 또는 비상등
④ 자동차 및 자동차부품의 성능과 기준에 관한 규칙에서 정하지 아니한 것으로서 안전운전에 현저히 장애가 될 정도의 장치

**해설**
불법부착장치의 기준(도로교통법 시행규칙 제29조)
• 경찰관서에서 사용하는 무전기와 동일한 주파수의 무전기
• 긴급자동차가 아닌 자동차에 부착된 경광등, 사이렌 또는 비상등
•「자동차 및 자동차부품의 성능과 기준에 관한 규칙」에서 정하지 아니한 것으로서 안전운전에 현저히 장애가 될 정도의 장치

**17** 긴급자동차의 특례에 대한 설명으로 옳지 않은 것은?

① 긴급한 경우에는 정지해야 하는 경우에도 정지하지 아니할 수 있다.
② 끼어들기에 대한 규정을 적용하지 아니한다.
③ 자동차 속도에 대한 규정을 적용하지 아니한다.
④ 긴급하고 부득이한 경우에도 도로의 중앙이나 좌측 부분을 통행해서는 안 된다.

**해설**
④ 긴급하고 부득이한 경우에는 도로의 중앙이나 좌측 부분을 통행할 수 있다(도로교통법 제29조 제1항).
① 도로교통법 제29조 제2항
②·③ 도로교통법 제30조

**18** 다음 중 500만원 이하의 과태료에 처하는 위반행위가 아닌 것은?

① 교통안전교육기관 운영의 정지 또는 폐지 신고를 하지 아니한 사람
② 어린이통학버스를 신고하지 아니하고 운행한 운영자
③ 강사의 인적사항과 교육 과목을 게시하지 아니한 사람
④ 교통사고 발생 시의 조치를 하지 아니한 사람

**해설**
④ 제54조 제1항(차의 운전 등 교통으로 인하여 사람을 사상하거나 물건을 손괴한 경우)에 따른 교통사고 발생 시의 조치를 하지 아니한 사람은 5년 이하의 징역이나 1천500만원 이하의 벌금에 처한다(도로교통법 제148조).
500만원 이하의 과태료를 부과하는 위반행위(도로교통법 제160조)
• 제78조를 위반하여 교통안전교육기관 운영의 정지 또는 폐지 신고를 하지 아니한 사람
• 제109조 제2항을 위반하여 강사의 인적 사항과 교육 과목을 게시하지 아니한 사람
• 제52조 제1항에 따라 어린이통학버스를 신고하지 아니하고 운행한 운영자

**19** 다음 도로 중 지방자치단체가 비용을 부담하는 것은?

① 국도대체 우회도로
② 국가지원지방도
③ 국토교통부장관이 관리하는 도로
④ 행정구역의 경계에 있는 도로

**해설**
④ 행정청이 인정한 관할구역 외의 노선이 지정된 도로나 행정구역의 경계에 있는 도로에 관한 비용은 관계 지방자치단체가 협의하여 부담 금액과 분담 방법을 정할 수 있다(도로법 제85조 제2항).

**20** 다음 중 제1종 보통면허로 운전할 수 없는 차량은?

① 대형견인차, 구난차
② 승차정원 15인 이하 승합자동차
③ 원동기장치자전거
④ 적재중량 12ton 미만의 화물자동차

**해설**
제1종 보통면허로 운전할 수 있는 차의 종류(도로교통법 시행규칙 별표 18)
• 승용자동차
• 승차정원 15명 이하의 승합자동차
• 적재중량 12ton 미만의 화물자동차
• 건설기계(도로를 운행하는 3ton 미만의 지게차로 한정)
• 총중량 10ton 미만의 특수자동차(구난차 등은 제외)
• 원동기장치자전거

**정답** 16 ① 17 ④ 18 ④ 19 ④ 20 ①

**21** 다음 중 제2종 보통면허로 운전할 수 있는 차량은?

① 승차정원 10인 이하 승합자동차

② 3륜 화물자동차

③ 긴급자동차

④ 적재중량 12ton 미만 화물자동차

> **해설**
> 제2종 보통면허로 운전할 수 있는 차의 종류(도로교통법 시행규칙 별표 18)
> • 승용자동차
> • 승차정원 10명 이하의 승합자동차
> • 적재중량 4ton 이하의 화물자동차
> • 총중량 3.5ton 이하의 특수자동차(구난차 등은 제외)
> • 원동기장치자전거

**22** 운전면허 취소 후 5년 동안 운전면허시험에 응시할 수 없는 경우로 맞는 것은?

① 운전면허를 취득하지 않은 상태에서 운전한 경우

② 경찰관의 음주측정요구에 3번 이상 불응한 경우

③ 교통사고로 인명피해가 있는데도 구호조치를 하지 않고 사고현장을 이탈한 경우

④ 혈중알코올 0.07% 상태에서 운전 중 교통사고로 전치 6주의 상해를 발생시킨 후 뺑소니한 경우

> **해설**
> ④ 5년(음주운전 1년 + 뺑소니 4년) 동안 운전면허시험에 응시할 수 없다.
> ① 1년 동안 운전면허시험에 응시할 수 없다.
> ② 2년 동안 운전면허시험에 응시할 수 없다.
> ③ 4년 동안 운전면허시험에 응시할 수 없다.

**23** 1년간 누산점수가 몇 점 이상이면 그 면허를 취소하여야 하는가?

① 40점 이상

② 121점 이상

③ 201점 이상

④ 271점 이상

> **해설**
> 벌점·누산점수 초과로 인한 면허 취소(도로교통법 시행규칙 별표 28)
> 1회의 위반·사고로 인한 벌점 또는 연간 누산점수가 다음 표의 벌점 또는 누산점수에 도달한 때에는 그 운전면허를 취소한다.
>
> | 기 간 | 벌점 또는 누산점수 |
> | --- | --- |
> | 1년간 | 121점 이상 |
> | 2년간 | 201점 이상 |
> | 3년간 | 271점 이상 |

**24** 차량의 운행제한에 대한 다음 설명 중 틀린 것은?

① 관리청은 축하중이 10ton을 초과하거나 총중량이 40ton을 초과하는 차량의 통행을 제한할 수 있다.

② 관리청은 운행제한에 대한 위반 여부를 확인하기 위하여 차량의 운전자에 대하여 적재량의 측정 및 관계서류의 제출을 요구할 수 있다.

③ 관리청은 천재지변 기타 비상사태에 있어서 도로의 구조보전과 통행의 위험방지를 위하여 필요한 경우에는 운행을 제한할 수 있다.

④ 관리청은 운행의 허가를 함에 있어서 운행방법에 대해서는 조건을 붙일 수 없다.

> **해설**
> ④ 도로관리청은 차량의 운행허가를 하려면 미리 출발지를 관할하는 경찰서장과 협의한 후 차량의 조건과 운행하려는 도로의 여건을 고려하여 운행허가를 하여야 하며, 운행허가를 할 때에는 운행노선, 운행시간, 운행방법 및 도로 구조물의 보수·보강에 필요한 비용부담 등에 관한 조건을 붙일 수 있다(도로법 제77조 제5항).
> ① 도로법 시행령 제79조 제2항 제1호
> ② 도로법 제77조 제4항
> ③ 도로법 시행령 제79조 제3항

**25** 신호기 조작으로 인해 도로에서 교통위험을 일으키게 한 사람에 대한 벌칙은?

① 5년 이하의 징역이나 3천만원 이하의 벌금

② 5년 이하의 징역이나 1천500만원 이하의 벌금

③ 3년 이하의 징역이나 1천만원 이하의 벌금

④ 1년 이하의 징역이나 1천만원 이하의 벌금

> **해설**
> 신호기를 조작하는 행위로 인하여 도로에서 교통위험을 일으키게 한 사람은 5년 이하의 징역이나 1천500만원 이하의 벌금에 처한다(도로교통법 제149조 제2항).

**정답** 21 ① 22 ④ 23 ② 24 ④ 25 ②

**26** 함부로 신호기를 조작하거나 신호기 또는 안전표지를 철거·이전·손괴한 사람에 대한 벌칙은?

① 5년 이하의 징역이나 1천만원 이하의 벌금에 처한다.
② 3년 이하의 징역이나 700만원 이하의 벌금에 처한다.
③ 2년 이하의 징역이나 300만원 이하의 벌금에 처한다.
④ 1년 이하의 징역이나 100만원 이하의 벌금에 처한다.

**해설**
함부로 신호기를 조작하거나 교통안전시설을 철거·이전·손괴한 사람은 3년 이하의 징역이나 700만원 이하의 벌금에 처한다(도로교통법 제149조 제1항).

**27** 중앙선 침범사고로 중상 2명, 경상 1명의 인적피해와 물적피해로 300만원의 피해를 입혔다면 가해 운전자에 대한 행정처분 벌점은 얼마인가?

① 30점
② 55점
③ 65점
④ 90점

**해설**
30점(중앙선 침범) + 15점(중상) × 2명 + 5점(경상) = 65점
물적피해는 벌점 없음

**28** 무면허 상태에서 자동차를 운전하는 경우가 아닌 것은?

① 유효기간이 지난 운전면허증으로 운전하는 경우
② 면허 취소처분을 받은 자가 운전하는 경우
③ 취소사유 상태이나 취소처분(통지) 전에 운전하는 경우
④ 면허정지 기간 중에 운전하는 경우

**해설**
무면허 상태에서 자동차를 운전하는 경우
• 면허를 취득치 않고 운전하는 경우
• 유효기간이 지난 운전면허증으로 운전하는 경우
• 면허 취소처분을 받은 자가 운전하는 경우
• 면허정지 기간 중에 운전하는 경우
• 시험합격 후 면허증 교부 전에 운전하는 경우
• 면허종별 외의 차량 운전하는 경우(오토면허로 스틱차를 운전하는 경우 포함)
• 외국인으로 국제운전면허를 받지 않고 운전하는 경우
• 외국인으로 입국 1년이 지난 국제운전면허증을 소지하고 운전하는 경우

**29** 다음 중 음주운전 시 형사처벌 기준으로 연결이 틀린 것은?

① 0.03~0.08% 미만 – 1년 이하 징역이나 500만원 이하 벌금
② 0.08~0.2% 미만 – 1년 이상 2년 이하의 징역이나 500만원 이상 1,000만원 이하의 벌금
③ 0.2% 이상 – 2년 이상 5년 이하의 징역이나 1,000만원 이상 2,000만원 이하의 벌금
④ 측정거부 – 6개월 이하 징역이나 300만원 이하 벌금

**해설**
음주운전 형사처벌 기준(도로교통법 제148조의2)

| 위반횟수 | | 처벌기준 |
|---|---|---|
| 1회 | 0.2% 이상 | 2년 이상 5년 이하 징역이나 1,000만원 이상 2,000만원 이하 벌금 |
| | 0.08~0.2% 미만 | 1년 이상 2년 이하 징역이나 500만원 이상 1,000만원 이하 벌금 |
| | 0.03~0.08% 미만 | 1년 이하 징역이나 500만원 이하 벌금 |
| | 측정거부 | 1년 이상 5년 이하의 징역이나 500만원 이상 2천만원 이하의 벌금 |
| 1회 위반하여 벌금 이상의 형을 선고받고 그 형이 확정된 날부터 10년 내에 다시 위반한 사람(형이 실효된 사람도 포함) | 측정거부 | 1년 이상 6년 이하의 징역이나 500만원 이상 3천만원 이하의 벌금 |
| | 0.2% 이상 | 2년 이상 6년 이하의 징역이나 1천만원 이상 3천만원 이하의 벌금 |
| | 0.03%~0.2% 미만 | 1년 이상 5년 이하의 징역이나 500만원 이상 2천만원 이하의 벌금 |

**30** 교통사고처리특례법에서 피해자가 명시한 의사에 반하여 공소를 제기할 수 없도록 규정한 경우는?

① 안전운전 의무 불이행으로 사람을 다치게 한 경우
② 약물 복용 운전으로 사람을 다치게 한 경우
③ 교통사고로 사람을 죽게 한 경우
④ 교통사고 야기 후 도주한 경우

**해설**
②, ③, ④는 교통사고처리특례법 제3조에 근거한 중요 위반 행위 12개 항목에 해당한다.

**정답** ▶ 26 ② 27 ③ 28 ③ 29 ④ 30 ①

**31** 교통사고처리특례법상 반의사불벌죄가 적용되는 경우는?

① 보도 침범으로 일어난 치상 사고
② 일반도로에서 횡단, 회전, 후진 중 일어난 치상 사고
③ 앞지르기 방법 위반으로 일어난 치상 사고
④ 무면허 운전으로 일어난 치상 사고

**해설**
고속도로 또는 자동차 전용도로에서의 횡단, 회전, 후진 중 일어난 사고는 반의사불벌죄가 적용되지 않지만, 일반도로에서는 적용된다(교통사고처리특례법 제3조 제2항 제2호).

**32** 교통사고처리특례법에 의해 형사처벌을 면제받을 수 있는 경우는?

① 앞지르기 방법 위반으로 인한 치상 사고
② 신호를 위반하여 치사 사고 발생
③ 중앙선 침범으로 인한 물적 피해 사고
④ 무면허 운전으로 인한 치사 사고

**해설**
③ 중앙선 침범으로 인한 물적 피해 사고는 형사처벌을 면제받을 수 있다.
※ 교통사고처리특례법 제3조

**33** 교통사고처리 특례법 시행령에 의거 교통사고 피해자가 보험회사와의 합의 여부에 관계없이 우선 지급받을 수 있는 손해배상금의 범위로 옳지 않은 것은?

① 대물손해의 경우 대물배상액의 100분의 50에 해당하는 금액
② 후유장애의 경우 위자료 전액과 상실수익액의 100분의 50에 해당하는 금액
③ 부상의 경우 위자료 전액과 휴업손해액의 100분의 70에 해당하는 금액
④ 치료비 전액

**해설**
우선 지급할 치료비 외의 손해배상금의 범위(교통사고처리 특례법 시행령 제3조)
• 부상의 경우 : 위자료 전액과 휴업손해액의 50/100
• 후유장애의 경우 : 위자료 전액과 상실수익액의 50/100
• 대물손해의 경우 : 대물배상액의 50/100

**34** 화물자동차 운수사업법상 화물자동차 운전자의 요건에 대해 맞는 것은?

① 남자만 가능하다.
② 40세 이하만 가능하다.
③ 20세 이상인 자로 운전경력 2년 이상이어야 한다.
④ 키가 165cm 이상이어야 한다.

**해설**
화물자동차 운전자의 연령 · 운전경력 등의 요건(화물자동차 운수사업법 시행규칙 제18조)
• 화물자동차를 운전하기에 적합한 운전면허를 가지고 있을 것
• 20세 이상일 것
• 운전경력이 2년 이상일 것. 다만, 여객자동차 운수사업용 자동차 또는 화물자동차 운수사업용 자동차를 운전한 경력이 있는 경우에는 그 운전경력이 1년 이상이어야 한다.

**35** 화물자동차 운수사업법상의 과징금에 대한 설명 중 가장 옳지 않은 것은?

① 과징금 부과처분을 받은 자가 과징금을 기한 내에 납부하지 아니하는 때에는 국세 체납처분의 예에 의하여 이를 징수한다.
② 사업정지처분에 갈음하여 3천만원 이하의 과징금을 부과할 수 있다.
③ 현행법상 징수된 과징금은 화물터미널 건설 및 확충, 공동차고지의 건설 및 확충 등의 용도로 사용되어야 한다.
④ 과징금을 받은 수납기관은 과징금을 낸 자에게 과징금영수증을 교부할 의무가 있다.

**해설**
② 국토교통부장관은 운송사업자가 화물자동차 운송사업의 허가취소 사유에 해당하여 사업정지 처분을 하여야 하는 경우로, 그 사업정지처분이 해당 화물자동차운송사업의 이용자에게 심한 불편을 주거나 그 밖에 공익을 해칠 우려가 있으면 대통령령으로 정하는 바에 따라 사업정지 처분에 갈음하여 2천만원 이하의 과징금을 부과 · 징수할 수 있다(화물자동차 운수사업법 제21조 제1항).
① 화물자동차 운수사업법 제21조 제3항
③ 화물자동차 운수사업법 제21조 제4항
④ 화물자동차 운수사업법 시행령 제8조 제3항

**정답** 31 ② 32 ③ 33 ③ 34 ③ 35 ②

**36** 화물자동차 운수사업법령에서 규정하고 있는 과징금의 용도와 가장 거리가 먼 것은?

① 유통단지의 건설 및 확충
② 공동차고지의 건설 및 확충
③ 화물터미널의 건설 및 확충
④ 화물에 대한 정보 제공사업

**해설**
과징금의 용도(화물자동차 운수사업법 제21조 제4항, 시행령 제8조의2)
• 화물터미널의 건설 및 확충
• 공동차고지(사업자단체, 운송사업자 또는 운송가맹사업자가 운송사업자 또는 운송가맹사업자에게 공동으로 제공하기 위하여 설치하거나 임차한 차고지를 말함)의 건설 및 확충
• 경영개선이나 그 밖에 화물에 대한 정보 제공사업 등 화물자동차 운수사업의 발전을 위하여 필요한 사업
  – 공영차고지의 설치·운영사업
  – 특별시장, 광역시장, 특별자치시장, 도지사 또는 특별자치도지사(시·도지사)가 설치·운영하는 운수종사자의 교육시설에 대한 비용의 보조사업
  – 사업자단체가 법 제49조 제3호에 따라 실시하는 교육훈련 사업
• 신고포상금의 지급

**37** 화물자동차 운수사업법령에 규정하고 있는 운수종사자의 준수사항이다. 가장 거리가 먼 것은?

① 부당한 운임 또는 요금을 요구하거나 받는 행위를 하여서는 아니 된다.
② 정당한 사유 없이 화물의 운송을 거부하는 행위를 하여서는 아니 된다.
③ 정당한 사유 없이 화물을 중도에서 내리게 하는 행위를 하여서는 아니 된다.
④ 운임 및 요금과 운송약관을 영업소 또는 화물자동차에 갖추어 두고 이용자가 요구하면 이를 내보여야 한다.

**해설**
④는 운송사업자의 준수사항(「화물자동차 운수사업법」 제11조 제8항)이다.
①·②·③ 화물자동차 운수사업법 제12조 제1항

**38** 화물자동차 운송사업의 허가를 받은 자가 변경허가를 해야 할 경우 그 내용으로 부적당한 것은?

① 상호의 변경
② 주사무소·영업소의 이전
③ 화물자동차의 등록사항
④ 화물취급소의 설치 또는 폐지

**해설**
허가사항변경신고의 대상(화물자동차 운수사업법 시행령 제3조 제2항)
• 상호의 변경
• 대표자의 변경(법인인 경우에만 해당)
• 화물취급소의 설치 또는 폐지
• 화물자동차의 대폐차(代廢車)
• 주사무소·영업소 및 화물취급소의 이전. 다만, 주사무소 이전의 경우에는 관할 관청의 행정구역 내에서의 이전만 해당한다.

**39** 다음 중 화물의 기준에 적합하지 않은 것은?

① 폭발성·인화성·부식성 물품
② 혐오감을 주는 동물
③ 악취가 나는 수산물
④ 화주 1명당 화물의 중량이 30kg 이상인 것

**해설**
④ 화주(貨主) 1명당 화물의 중량이 20kg 이상일 것(화물자동차 운수사업법 시행규칙 제3조의2 제1항)

**40** 운송약관에 대한 설명 중 틀린 것은?

① 운송사업자는 운송약관을 신고하고자 할 때에는 운송약관 신고서를 관할 관청에 제출하여야 한다.
② 운송사업자는 운송약관을 정하여 국토교통부장관에게 신고하여야 한다.
③ 운송약관신고서에는 원가계산서 및 요금·운임의 신구대비표를 첨부하여야 한다.
④ 운송약관에는 손해배상 및 면책에 관한 사항이 기재되어야 한다.

**해설**
운송약관신고서에는 다음의 서류를 첨부하여야 한다(화물자동차 운수사업법 시행규칙 제16조 제2항).
• 운송약관
• 운송약관의 신·구대비표(변경신고인 경우에 한함)
① 화물자동차 운수사업법 시행규칙 제16조 제1항
② 화물자동차 운수사업법 제6조 제1항
④ 화물자동차 운수사업법 시행규칙 제16조 제3항

**정답** 36 ① 37 ④ 38 ③ 39 ④ 40 ③

**41** 운송사업자는 화물이 인도기한이 지난 후 얼마 이내에 인도되지 아니한 경우 해당 화물을 멸실된 것으로 보는가?

① 15일
② 1개월
③ 2개월
④ 3개월

**해설**

화물이 인도기한이 지난 후 3개월 이내에 인도되지 아니하면 그 화물은 멸실된 것으로 본다(화물자동차 운수사업법 제7조 제2항).

**42** 다음 구분이 잘못 설명된 것은?

① 허가취소 – 화물자동차운송사업의 허가취소
② 감차조치 – 화물자동차의 감차를 수반하는 허가사항의 변경
③ 위반차량감차조치 – 위반행위와 직접 관련된 화물자동차에 대한 감차조치
④ 위반차량운행정지 – 위반행위와 직접 관련된 화물자동차의 폐차

**해설**

위반차량운행정지(화물자동차 운수사업법 시행령 제5조 제1항 제6호)
위반행위와 직접 관련된 화물자동차(위반행위와 직접 관련된 화물자동차가 없는 경우에는 위반행위를 한 운송사업자의 다른 화물자동차를 말한다)의 사용정지

**43** 다음 중 운송사업자가 화물자동차의 자동차등록증과 자동차등록번호판을 반납해야 할 사항으로 옳은 것은?

① 신고한 휴지기간이 종료된 때
② 화물자동차운송사업의 허가를 받은 때
③ 화물자동차운송사업의 휴업·폐업신고를 한 때
④ 사업정지기간이 만료된 때

**해설**

자동차 사용의 정지(화물자동차 운수사업법 제20조 제1항)
운송사업자는 다음에 해당하는 경우에는 해당 화물자동차의 자동차등록증과 자동차 등록번호판을 국토교통부장관에게 반납하여야 한다.
• 화물자동차운송사업의 휴업·폐업신고를 한 경우
• 허가취소 또는 사업정지처분을 받은 경우
• 감차를 목적으로 허가사항을 변경한 경우(감차조치명령에 의한 경우를 포함한다)
• 임시허가기간이 만료된 경우

**44** 화물자동차의 등록번호판 및 자동차등록증은 누구에게 반납하는가?

① 국토교통부장관
② 시·도지사
③ 관할 시장·군수
④ 관할 경찰서장

**해설**

화물자동차의 자동차등록증과 자동차등록번호판은 국토교통부장관에게 반납하여야 한다(화물자동차 운수사업법 제20조 제1항).

**45** 관할 관청은 운송사업자의 위반행위를 적발하였을 때에는 특별한 사유가 없으면 적발한 날부터 며칠 이내에 처분하여야 하는가?

① 5일
② 10일
③ 15일
④ 30일

**해설**

관할 관청은 위반행위를 적발하였을 때에는 특별한 사유가 없으면 적발한 날부터 30일 이내에 처분을 하여야 한다. 다만, 위반행위와 관련된 화물자동차가 자기 관할이 아닌 경우에는 적발한 날부터 5일 이내에 적발통보서를 관할관청에 통지하여야 한다(화물자동차 운수사업법 시행규칙 제28조 제1항).

**정답** ▶ 41 ④  42 ④  43 ③  44 ①  45 ④

**46** 공영차고지를 설치하여 이를 직접 운영하거나 운송사업자에게 임대할 수 없는 자는?

① 국토교통부장관
② 시·도지사
③ 시장·군수
④ 구청장

**해설**

시·도지사, 시장·군수·구청장, 공공기관, 지방공사(화물자동차 운수사업법 제2조 제9호)의 어느 하나에 해당하는 자는 공영차고지를 설치하여 직접 운영하거나 사업자단체, 운송사업자, 운송가맹사업자, 운송사업자로 구성된 협동조합의 어느 하나에 해당하는 자에게 임대(운영의 위탁 포함)할 수 있다(화물자동차 운수사업법 제45조 제1항).

**47** 화물자동차 운수사업의 경영개선 및 운송서비스 향상을 위하여 운수사업자를 지도할 수 있는 자는?

① 국토교통부장관
② 총 리
③ 한국교통안전공단
④ 관할 구청장

**해설**

국토교통부장관 또는 시·도지사는 화물자동차 운수사업의 경영개선 또는 운송서비스의 향상을 위하여 다음의 어느 하나에 해당하는 경우 운수사업자를 지도할 수 있다(화물자동차 운수사업법 제41조 제1항).
• 운수사업자의 준수사항에 대한 지도가 필요한 경우
• 과로, 과속, 과적 운행의 예방 등 안전한 수송을 위한 지도가 필요한 경우
• 그 밖에 화물자동차의 운송에 따른 안전 확보 및 운송서비스 향상에 필요한 경우

**48** 화물자동차 운송사업에 이용되지 아니하고 자가용으로 사용되는 화물자동차는 누구에게 신고하여야 하는가?

① 국토교통부장관
② 시장·군수·구청장
③ 시·도지사
④ 한국교통안전공단

**해설**

화물자동차 운송사업과 화물자동차 운송가맹사업에 이용되지 아니하고 자가용으로 사용되는 화물자동차로서 대통령령으로 정하는 화물자동차를 사용하려는 자는 국토교통부령으로 정하는 사항을 시·도지사에게 신고하여야 한다. 신고한 사항을 변경하려는 때에도 또한 같다(화물자동차 운수사업법 제55조 제1항).

**49** 영농조합법인이 소유하는 자가용 화물자동차에 대한 유상운송 허가기간은?

① 1년 이내
② 2년 이내
③ 3년 이내
④ 5년 이내

**해설**

③ 영농조합법인이 소유하는 자가용 화물자동차에 대한 유상운송 허가기간은 3년 이내로 하여야 한다(화물자동차 운수사업법 시행규칙 제51조 제2항).

**50** 허가를 받지 아니하거나 부정한 방법으로 허가를 받고 화물자동차 운송사업을 경영한 자에 대한 벌칙은?

① 1년 이하의 징역 또는 1천만원 이하의 벌금
② 1년 이하의 징역 또는 2천만원 이하의 벌금
③ 2년 이하의 징역 또는 2천만원 이하의 벌금
④ 3년 이하의 징역 또는 3천만원 이하의 벌금

**해설**

2년 이하의 징역 또는 2천만원 이하의 벌금(화물자동차 운수사업법 제67조)
• 허가를 받지 아니하거나 거짓이나 그 밖의 부정한 방법으로 허가를 받고 화물자동차 운송사업을 경영한 자
• 운임 지급과 관련하여 서로 부정한 금품을 주고받은 자
• 규정을 위반하여 자동차관리사업자와 부정한 금품을 주고받은 운송사업자
• 규정을 위반하여 자동차관리사업자와 부정한 금품을 주고받은 운수종사자
• 규정에 따른 개선명령을 이행하지 아니한 자
• 규정을 위반하여 사업을 양도한 자
• 허가를 받지 아니하거나 거짓이나 그 밖의 부정한 방법으로 허가를 받고 화물자동차 운송주선사업을 경영한 자
• 명의이용금지 의무를 위반한 자
• 허가를 받지 아니하거나 거짓이나 그 밖의 부정한 방법으로 허가를 받고 화물자동차 운송주선사업을 경영한 자
• 화물운송실적관리시스템의 정보를 변경, 삭제하거나 그 밖의 방법으로 이용할 수 없게 한 자 또는 권한 없이 정보를 검색, 복제하거나 그 밖의 방법으로 이용한 자
• 화물운송실적관리자료의 비밀유지규정을 위반하여 직무와 관련하여 알게 된 화물운송실적관리자료를 다른 사람에게 제공 또는 누설하거나 그 목적 외의 용도로 사용한 자
• 자가용 화물자동차를 유상으로 화물운송용에 제공하거나 임대한 자

**정답** 46 ① 47 ① 48 ③ 49 ③ 50 ③

**51** 다음 중 자동차관리법의 목적에 해당되지 않는 것은?

① 자동차의 효율적인 관리

② 자동차의 성능 확보

③ 자동차 안전도 확보

④ 자동차 운행자의 이익보호

**해설**

자동차관리법은 자동차의 등록·안전기준·자기인증·제작결함 시정·점검·정비·검사 및 자동차관리사업 등에 관한 사항을 정하여 자동차를 효율적으로 관리하고 자동차의 성능 및 안전을 확보함으로써 공공의 복리를 증진함을 목적으로 한다(자동차관리법 제1조).

**52** 자동차 소유자 또는 자동차 소유자로부터 자동차의 운행 등에 관리를 위탁 받은 자를 무엇이라 하는가?

① 자동차 관리자

② 자동차 사용자

③ 자동차 소유자

④ 자동차 매매자

**해설**

② 자동차관리법 제2조 제3호

**53** 다음 중 자동차의 종별에 관하여 옳은 것은?

① 승용자동차, 승합자동차의 2종이 있다.

② 승용자동차, 승합자동차, 특수자동차, 화물자동차, 이륜자동차가 있다.

③ 승용자동차, 승합자동차, 화물자동차의 3종이 있다.

④ 화물자동차, 승용자동차, 승합자동차의 3종이 있다.

**해설**

자동차는 국토교통부령이 정하는 규모별 세부기준에 의해 승용자동차·승합자동차·화물자동차·특수자동차 및 이륜자동차로 구분한다(자동차관리법 제3조 제1항).

**54** 신규로 자동차에 관한 등록을 하려는 자는 누구에게 신규 자동차 등록을 신청하여야 하는가?

① 시·도지사

② 관할관청

③ 국토교통부장관

④ 산업자원부장관

**해설**

신규로 자동차에 관한 등록을 하려는 자는 대통령령으로 정하는 바에 따라 시·도지사에게 신규 자동차등록을 신청하여야 한다(자동차관리법 제8조 제1항).

**55** 변경등록을 하여야 하는 경우가 아닌 것은?

① 자동차 소유자 변경 시

② 원동기 형식의 변경 시

③ 사용 본거지 변경 시

④ 소유권의 변동 시

**해설**

④ 자동차 소유권이 이전되었을 때에는 이전등록을 신청하여야 한다.

※ 변경등록(자동차관리법 제11조, 제7조 제6항)

자동차 소유자는 등록원부의 기재 사항이 변경(이전등록 및 말소등록 제외)된 경우에 변경등록을 신청하여야 한다. 등록원부에는 등록번호, 차대번호, 차명, 사용본거지, 자동차 소유자, 원동기형식, 구동축전지 식별번호, 차종, 용도, 세부유형, 구조장치 변경사항, 검사유효기간, 자동차저당권에 관한 사항과 그 밖에 공시할 필요가 있는 사항을 기재한다.

**정답** 51 ④ 52 ② 53 ② 54 ① 55 ④

**56** 다음 중 말소등록의 사유에 속하지 않는 것은?

① 등록자동차의 멸실
② 자동차제작·판매자 등에 반품한 경우
③ 등록자동차의 정비 또는 개조를 위한 해체
④ 수출하는 경우

> **해설**
> 말소등록의 사유(자동차관리법 제13조 제1항)
> • 자동차해체재활용업을 등록한 자에게 폐차를 요청한 경우
> • 자동차제작·판매자 등에 반품한 경우
> • 여객자동차 운수사업법에 따른 차령이 초과된 경우
> • 여객자동차 운수사업법 및 화물자동차 운수사업법에 따라 면허·등록·인가 또는 신고가 실효되거나 취소된 경우
> • 천재지변·교통사고 또는 화재로 자동차 본래의 기능을 회복할 수 없게 되거나 멸실된 경우
> • 자동차를 수출하는 경우
> • 압류등록을 한 후에도 환가절차 등 후속 강제집행 절차가 진행되고 있지 아니하는 차량 중 차령 등 대통령령으로 정하는 기준에 따라 환가가치가 남아있지 아니하다고 인정되는 경우. 이 경우 시·도지사가 해당 자동차 소유자로부터 말소등록 신청을 접수하였을 때에는 즉시 그 사실을 압류등록을 촉탁한 법원 또는 행정관청과 등록원부에 적힌 이해관계인에게 알려야 한다.
> • 자동차를 교육·연구목적으로 사용하는 등 대통령령으로 정하는 사유에 해당하는 경우

**57** 자동차 말소등록 신청기간의 기준은?

① 10일 이내
② 15일 이내
③ 20일 이내
④ 1개월 이내

> **해설**
> ④ 말소등록은 그 사유가 발생한 날부터 1개월(상속의 경우에는 상속개시일이 속하는 달의 말일부터 6개월) 이내에 자동차등록증, 등록번호판 및 봉인을 반납하고 말소등록 사유를 증명하는 서류를 첨부하여 등록관청에 신청하여야 한다(자동차등록령 제31조 제1항).

**58** 자동차등록번호판의 봉인은 누가 실시하는가?

① 한국교통안전공단
② 경찰서장
③ 관할 구청장
④ 시·도지사

> **해설**
> ④ 시·도지사는 국토교통부령으로 정하는 바에 따라 자동차등록번호판을 붙이고 봉인을 하여야 한다(자동차관리법 제10조 제1항).

**59** 자동차의 운행을 제한할 경우 국토교통부장관과 협의하는 사람은?

① 관할 구청장
② 시·도지사
③ 국방부장관
④ 경찰청장

> **해설**
> 국토교통부장관은 다음에 해당하는 사유가 있다고 인정되면 미리 경찰청장과 협의하여 자동차의 운행제한을 명할 수 있다(자동차관리법 제25조 제1항).
> • 전시·사변 또는 이에 준하는 비상사태의 대처
> • 극심한 교통체증 지역의 발생예방 또는 해소
> • 결함이 있는 자동차의 운행으로 인한 화재사고가 반복적으로 발생하여 공중(公衆)의 안전에 심각한 위해를 끼칠 수 있는 경우
> • 대기오염방지나 그 밖에 대통령령으로 정하는 사유

**60** 자동차의 강제처리 대상에 해당되는 것은?

① 공장이나 작업장에서 작업용으로 사용하는 자동차
② 대형사고를 일으킨 자동차
③ 임의 구조변경이나 개조된 자동차
④ 정당한 사유 없이 타인의 토지에 방치한 자동차

> **해설**
> 자동차의 강제처리(자동차관리법 제26조)
> ㉠ 자동차(자동차와 유사한 외관형태를 갖춘 것을 포함)의 소유자 또는 점유자는 다음에 해당하는 행위를 하여서는 아니 된다.
> • 자동차를 일정한 장소에 고정시켜 운행 외의 용도로 사용하는 행위
> • 자동차를 도로에 계속하여 방치하는 행위
> • 정당한 사유 없이 자동차를 타인의 토지에 대통령령으로 정하는 기간 이상 방치하는 행위
> ㉡ 시장·군수·구청장은 ㉠의 어느 하나에 해당된다고 판단되면 해당 자동차를 일정한 곳으로 옮긴 후 국토교통부령으로 정하는 바에 따라 그 자동차의 소유자 또는 점유자에게 폐차 요청이나 그 밖의 처분 등을 하거나, 그 자동차를 찾아가는 등의 방법으로 본인이 적절한 조치를 취할 것을 명하여야 한다.

**정답** ▶ 56 ③ 57 ④ 58 ④ 59 ④ 60 ④

**61** 임시운행허가는 대통령령이 정하는 바에 의하여 누구에게 임시 운행허가를 받아야 하는가?

① 관할 구청장
② 국토교통부장관 또는 시·도지사
③ 안전행정부장관
④ 경찰청장

해설
자동차를 등록하지 아니하고 일시 운행을 하려는 자는 대통령령으로 정하는 바에 따라 국토교통부장관 또는 시·도지사의 임시운행허가를 받아야 한다(자동차관리법 제27조 제1항).

**62** 다음에서 자동차검사의 종류가 아닌 것은?

① 신규검사
② 계속검사
③ 튜닝검사
④ 정기검사

해설
자동차검사(자동차관리법 제43조 제1항)
• 신규검사 : 신규등록을 하려는 경우 실시하는 검사
• 정기검사 : 신규등록 후 일정 기간마다 정기적으로 실시하는 검사
• 튜닝검사 : 법에 따라 자동차를 튜닝한 경우에 실시하는 검사
• 임시검사 : 자동차관리법 또는 자동차관리법에 따른 명령이나 자동차 소유자의 신청을 받아 비정기적으로 실시하는 검사
• 수리검사 : 전손처리 자동차를 수리한 후 운행하려는 경우에 실시하는 검사

**63** 자동차관리법상 자동차라 할 수 있는 것은?

① 군수품관리법에 의한 차량
② 궤도·공중선에 의하여 운행하는 차량
③ 외국에서 수입하여 운행하는 차량
④ 건설기계관리법에 의한 건설기계

해설
적용이 제외되는 자동차(자동차관리법 시행령 제2조)
• 건설기계관리법에 의한 건설기계
• 농업기계화 촉진법에 의한 농업기계
• 군수품관리법에 의한 차량
• 궤도 또는 공중선에 의하여 운행되는 차량
• 의료기기법에 따른 의료기기

**64** 제작연도에 등록된 자동차의 차령기산일로 다음 중 가장 적합한 것은?

① 최초의 신규등록일
② 제작연도의 말일
③ 자동차 출고일
④ 자동차 성능 검사일

해설
자동차의 차령기산일(자동차관리법 시행령 제3조)
• 제작연도에 등록된 자동차 : 최초의 신규등록일
• 제작연도에 등록되지 아니한 자동차 : 제작연도의 말일

**65** 도로관리청이 도로의 편리한 이용과 안전 및 원활한 도로교통의 확보, 그 밖에 도로의 관리를 위하여 설치하는 시설 또는 공작물을 무엇이라 하는가?

① 공동구
② 노상시설
③ 도로의 부속물
④ 교통관제시설

해설
③ 도로법 제2조 제2호

정답 61 ② 62 ② 63 ③ 64 ① 65 ③

**66** 도로법에 대한 설명 중 틀린 것은?

① 도로를 구성하는 부지, 옹벽 기타 물건에 대하여서는 소유권을 이전하거나 저당권을 설정할 수 없다.

② 도로법의 규정에 의한 허가 또는 승인으로 인하여 발생한 권리나 의무는 이전할 수 있다.

③ 도로관리청은 도로의 일정한 구간에서 원활한 교통소통을 위하여 필요한 경우 대통령령으로 정하는 바에 따라 자동차전용도로를 지정할 수 있다.

④ 시도는 특별자치시장 또는 시장(행정시의 경우에는 특별자치도지사)이 특별자치시, 시 또는 행정시의 관할 구역에 있는 도로 노선을 정하여 시도를 지정·고시한다.

> **해설**
> ① 도로를 구성하는 부지, 옹벽, 그 밖의 시설물에 대해서는 사권을 행사할 수 없다. 다만, 소유권을 이전하거나 저당권을 설정하는 경우에는 사권을 행사할 수 있다(도로법 제4조).

**67** 광역시·시 또는 군에 있어서 도로원표의 위치를 정하는 사람은?

① 국토교통부장관

② 경찰서장

③ 광역시장·특별자치시장·도지사 또는 특별자치도지사

④ 도로관리청

> **해설**
> ③ 광역시·특별자치시·시 또는 군의 도로원표는 광역시장·특별자치시장·시장(행정시의 경우에는 특별자치도지사를 말한다) 또는 군수가 설치·관리하되, 그 위치는 광역시장·특별자치시장·도지사 또는 특별자치도지사가 정한다(도로법 시행령 제50조 제3항).

**68** 점용물의 구조에 대한 다음 설명 중 틀린 것은?

① 지상에 설치하는 전봇대의 디딤쇠는 도로방향과 평행되게 설치할 것

② 지상에 설치하는 가설점포 등은 도로의 교통에 지장을 주지 아니하는 범위 내에서 최대한도의 규모로 설치할 것

③ 지하에 설치하는 점용물은 견고하고 내구력이 있으며, 다른 점용물에 지장을 주지 아니할 것

④ 차도에 매설하는 경우에는 도로의 구조안전에 지장을 주지 아니할 것

> **해설**
> ② 지상에 설치하는 가설점포 등은 도로의 교통에 지장을 주지 아니하는 범위 내에서 최소한도의 규모로 설치할 것(도로법 시행령 별표 2 제3호)
> 점용물의 구조(도로법 시행령 별표 2)
> • 지상에 설치하는 점용물의 구조는 다음의 기준에 적합하여야 한다.
>  − 무너짐·낙하·벗겨짐·오손(汚損)·화재·하중·누수 등에 의하여 도로의 구조안전 또는 교통에 지장을 주지 않을 것
>  − 전봇대의 디딤쇠는 도로방향과 평행되게 설치할 것
>  − 가설점포 등은 도로의 교통에 지장을 주지 않는 범위에서 최소한의 규모로 설치할 것
> • 지하에 설치하는 점용물의 구조는 다음의 기준에 적합하여야 한다.
>  − 견고하고 내구력이 있으며, 다른 점용물에 지장을 주지 않을 것
>  − 차도에 매설하는 경우에는 도로의 구조안전에 지장을 주지 않을 것
> • 점용물을 교량 또는 고가도로에 붙여 설치하는 경우에는 교량 또는 고가도로의 구조안전에 지장을 주지 않는 것이라야 한다.

**69** 도로에 설치하는 점용물의 점용장소가 틀린 것은?

① 보도가 있는 도로의 경우에는 차도 쪽의 보도에 점용물을 설치하여야 한다.

② 점용물은 도로비탈면의 앞부분에 설치한다.

③ 비탈면이 없는 경우에는 길가 쪽의 끝부분에 점용물을 설치한다.

④ 전선 및 전봇대는 도로가 교차·접속 또는 굴곡되는 부분에도 설치할 수 있다.

> **해설**
> ② 도로에 설치하는 점용물은 도로비탈면(비탈면이 없는 경우에는 길가)의 끝부분에 설치하되, 보도가 있는 도로의 경우에는 차도 쪽의 보도에 설치해야 한다(도로법 시행령 별표 2).

**70** 다음 중 환경부령이 정하는 오염도 검사기관이 아닌 것은?

① 지방환경청

② 유역환경청

③ 한국환경공단

④ 환경보전협회

> **해설**
> 대기오염도 검사기관(대기환경보전법 시행규칙 제40조)
> • 국립환경과학원
> • 특별시·광역시·특별자치시·도·특별자치도의 보건환경연구원
> • 유역환경청, 지방환경청 또는 수도권대기환경청
> • 한국환경공단
> • 「국가표준기본법」에 따른 인정을 받은 시험·검사기관 중 환경부장관이 정하여 고시하는 기관

**정답** ▶ 66 ① 67 ③ 68 ② 69 ② 70 ④

**71** 대기환경보전법령상 목적의 설명으로 옳지 않은 것은?

① 사회환경의 조성을 촉진함으로써 국민의 삶의 질 향상과 국가사회의 발전

② 대기오염으로 인한 국민건강이나 환경에 관한 위해(危害)를 예방

③ 대기환경을 적정하게 지속가능하게 관리·보전

④ 모든 국민이 건강하고 쾌적한 환경에서 생활할 수 있게 하는 것

**해설**

대기오염으로 인한 국민건강이나 환경에 관한 위해(危害)를 예방하고 대기환경을 적정하고 지속가능하게 관리·보전하여 모든 국민이 건강하고 쾌적한 환경에서 생활할 수 있게 하는 것(대기환경보전법 제1조)

**72** 대기환경보전법령상 용어의 정의로 옳지 않은 것은?

① 대기오염물질이란 대기오염의 원인이 되는 가스·입자상물질로서 환경부령으로 정하는 것

② 입자상물질(粒子狀物質)이란 대기 중에 떠다니거나 흩날려 내려오는 물질

③ 가스란 물질이 연소·합성·분해될 때에 발생하거나 물리적 성질로 인하여 발생하는 기체상물질

④ 매연이란 연소할 때에 생기는 유리(遊離) 탄소가 주가 되는 미세한 입자상물질

**해설**

②는 먼지의 정의이다.

※ 입자상물질(粒子狀物質) : 물질이 파쇄·선별·퇴적·이적(移積)될 때, 그 밖에 기계적으로 처리되거나 연소·합성·분해될 때에 발생하는 고체상(固體狀) 또는 액체상(液體狀)의 미세한 물질(대기환경보전법 제2조 제5호)

**73** 대기환경보전법령상 용어의 정의에서 온실효과를 유발하는 대기 중의 가스 상태 물질에 해당하지 않는 것은?

① 이산화탄소

② 아산화질소

③ 아황산가스

④ 메 탄

**해설**

온실가스 : 적외선 복사열을 흡수하거나 다시 방출하여 온실효과를 유발하는 대기 중의 가스 상태 물질로 이산화탄소, 메탄, 아산화질소, 수소불화탄소, 과불화탄소, 육불화황을 말한다(대기환경보전법 제2조 제3호).

**74** 대기환경보전법령상 용어의 정의로 옳지 않은 것은?

① 검댕이란 연소할 때에 생기는 유리(遊離) 탄소가 응결하여 입자의 지름이 $1\mu$ 이상이 되는 입자상물질

② 저공해엔진이란 자동차 또는 건설기계에서 배출되는 대기오염물질을 줄이기 위하여 자동차 또는 건설기계에 부착 또는 교체하는 장치로서 환경부령으로 정하는 저감효율에 적합한 장치

③ 저공해자동차라 함은 대기오염물질의 배출이 없는 자동차 또는 제작차의 배출허용기준보다 오염물질을 적게 배출하는 자동차

④ 공회전제한장치란 자동차에서 배출되는 대기오염물질을 줄이고 연료를 절약하기 위하여 자동차에 부착하는 장치로서 환경부령으로 정하는 기준에 적합한 장치

**해설**

②는 배출가스저감장치의 정의이다(대기환경보전법 제2조 제17호). 저공해엔진은 자동차 또는 건설기계에서 배출되는 대기오염물질을 줄이기 위한 엔진(엔진 개조에 사용하는 부품을 포함)으로서 환경부령으로 정하는 배출허용기준에 맞는 엔진이다(대기환경보전법 제2조 제18호).

**75** 대기환경보전법령상 시·도지사 또는 시장·군수는 관할 지역의 대기질 개선 또는 기후·생태계 변화유발물질 배출감소를 위하여 필요하다고 인정하면 그 지역에서 운행하는 자동차 및 건설기계 중 환경부령으로 정하는 요건을 충족하는 자동차 및 건설기계의 소유자에게 저공해자동차 또는 저공해건설기계로의 전환 또는 개조 등을 명령할 수 있다. 이때 명령을 이행하지 아니한 자의 처벌은?

① 300만원 이하의 벌금

② 500만원 이하의 과태료

③ 100만원 이하의 벌금

④ 300만원 이하의 과태료

**해설**

저공해자동차 또는 저공해건설기계로의 전환 또는 개조 명령, 배출가스저감장치의 부착·교체 명령 또는 배출가스 관련 부품의 교체 명령, 저공해엔진(혼소엔진을 포함)으로의 개조 또는 교체명령을 이행하지 아니한 자에게는 300만원 이하의 과태료를 부과한다(대기환경보전법 제94조 제2항 제4호).

**정답** 71 ① 72 ② 73 ③ 74 ② 75 ④

**76** 대기환경보전법령상 시·도지사는 대중교통용 자동차 등 환경부령으로 정하는 자동차에 대하여 시·도 조례에 따라 공회전 제한장치의 부착을 명령할 수 있다. 대상차량에 해당하지 않는 것은?

① 버스운송사업에 사용되는 자동차(광역급행형, 직행좌석형, 좌석형)

② 일반택시운송사업(경형, 소형, 중형, 대형, 모범형, 고급형)

③ 화물자동차운송사업에 사용되는 최대적재량이 1ton 이상인 밴형 화물자동차

④ 버스운송사업에 사용되는 자동차(일반형)

**해설**
대상차량(대기환경보전법 시행규칙 제79조의19)
• 시내버스운송사업에 사용되는 자동차(광역급행형, 직행좌석형, 좌석형, 일반형)
• 일반택시운송사업(경형, 소형, 중형, 대형, 모범형, 고급형)
• 화물자동차운송사업에 사용되는 최대적재량이 1ton 이하인 밴형 화물자동차로서 택배용으로 사용되는 자동차

**77** 대기환경보전법령상 시·도지사는 자동차의 배출가스로 인한 대기오염 및 연료 손실을 줄이기 위하여 필요하다고 인정하면 그 시·도의 조례가 정하는 바에 따라 터미널, 차고지, 주차장 등의 장소에서 자동차의 원동기를 가동한 상태로 주차하거나 정차하는 행위를 제한할 수 있다. 자동차의 원동기 가동제한을 위반한 자동차의 운전자의 처벌로 옳은 것은?

① 1차 위반(과태료 5만원), 2차 위반(과태료 5만원), 3차 이상 위반(과태료 5만원)

② 1차 위반(과태료 5만원), 2차 위반(과태료 10만원), 3차 이상 위반(과태료 15만원)

③ 1차 위반(과태료 10만원), 2차 위반(과태료 10만원), 3차 이상 위반(과태료 10만원)

④ 1차 위반(과태료 10만원), 2차 위반(과태료 15만원), 3차 이상 위반(과태료 20만원)

**해설**
자동차의 원동기 가동제한을 위반한 자동차의 운전자에게 부과되는 과태료(대기환경보전법 시행령 별표 15)
• 1차 위반 : 과태료 5만원
• 2차 위반 : 과태료 5만원
• 3차 이상 위반 : 과태료 5만원

**78** 대기환경보전법령상 운행차의 수시 점검을 하여야 하는 자에 해당하지 않는 사람은?

① 환경부장관　② 광역시장
③ 시장·군수　④ 경찰서장

**해설**
운행차의 수시 점검(대기환경보전법 제61조)
환경부장관, 특별시장·광역시장·특별자치시장·특별자치도지사·시장·군수·구청장은 자동차에서 배출되는 배출가스가 운행차 배출허용기준에 맞는지 확인하기 위하여 도로나 주차장 등에서 자동차의 배출가스 배출상태를 수시로 점검하여야 한다.

**79** 대기환경보전법령상 운행차의 수시점검에 관한 설명으로 옳지 않은 것은?

① 원활한 차량소통과 승객의 편의 등을 위하여 반드시 길 가장자리로 옮겨 정차한 후 실시한다.

② 환경부장관이 정하는 저공해자동차는 운행차의 수시점검을 면제할 수 있다.

③ 도로교통법에 따른 긴급자동차는 운행차의 수시점검을 면제할 수 있다.

④ 군용 및 경호업무용 등 국가의 특수한 공용 목적으로 사용되는 자동차는 운행차의 수시점검을 면제할 수 있다.

**해설**
운행차의 수시점검 방법(대기환경보전법 시행규칙 제83조)
① 법에 따라 환경부장관, 특별시장·광역시장·특별자치시장·특별자치도지사 또는 시장·군수·구청장은 점검대상 자동차를 선정한 후 배출가스를 점검하여야 한다. 다만, 원활한 차량소통과 승객의 편의 등을 위하여 필요한 경우에는 운행 중인 상태에서 원격측정기 또는 비디오카메라를 사용하여 점검할 수 있다.
②·③·④ 대기환경보전법 시행규칙 제84조

**80** 대기환경보전법령상 운행차의 수시점검을 불응하거나 기피·방해한 자에 대한 처벌은?

① 100만원 이하의 과태료
② 50만원 이하의 과태료
③ 200만원 이하의 과태료
④ 300만원 이하의 과태료

**해설**
운행차의 수시점검을 불응하거나 기피·방해한 자 : 200만원 이하의 과태료(대기환경보전법 제94조 제3항 제11호)

**정답** 76 ③ 77 ① 78 ④ 79 ① 80 ③

제 **2** 과목

# 화물취급요령

**01** 다음 설명 중 틀린 것은?

① 화물자동차 운전자가 부정확하게 화물을 취급할 경우 본인 뿐만 아니라 다른 사람의 안전까지 위험하게 된다.

② 결박 상태가 느슨한 화물은 교통문제를 야기할 수 있다.

③ 적정한 적재량을 초과한 과적은 엔진, 차량자체 및 운행하는 도로 등에 악영향을 미친다.

④ 운전자는 화물의 검사, 과적의 식별, 적재화물의 균형 유지 등에 대한 책임은 없다.

> **해설**
> ④ 운전자가 화물을 직접 적재·취급하는 것과 상관없이 운전자는 화물의 검사, 과적의 식별, 적재화물의 균형 유지 및 안전하게 묶고 덮는 것 등에 대한 책임이 있다.

**02** 화물자동차 운전사가 화물취급 시 주의해야 할 사항으로 틀린 것은?

① 화물 적재 시 주위에 넘어질 것을 대비하여 위험한 요소는 사후 제거한다.

② 화물 적재 시 차량 적재함의 가운데부터 좌우로 적재한다.

③ 적재함 아래쪽에 비하여 위쪽에 무거운 중량의 화물을 적재하지 않도록 한다.

④ 화물의 이동(운행 중 쏠림)을 방지하기 위하여 윗부분부터 아래 바닥까지 팽팽히 맨다.

> **해설**
> ① 물건을 적재할 때 주변으로 넘어질 것을 대비해 위험한 요소는 사전에 제거한다.

**03** 운송장의 역할이 아닌 것은?

① 화물의 품질 보증

② 화물인수증 역할

③ 운송요금 영수증 역할

④ 정보처리 기본자료

> **해설**
> 운송장의 역할
> • 계약서 역할
> • 화물인수증 역할
> • 운송요금 영수증 역할
> • 정보처리 기본자료
> • 배달에 대한 증빙
> • 수입금 관리자료
> • 행선지 분류정보 제공

**04** 다음 중 택배약관에 대한 설명으로 틀린 것은?

① 사업자는 고객이 운송장에 필요한 사항을 기재하지 아니한 경우에 운송물의 수탁을 거절할 수 있다.

② 사업자는 운송장에 인도예정일의 기재가 있는 경우에는 그 기재된 날까지 운송물을 인도한다.

③ 사업자는 운송물의 인도 시 수하인으로부터 인도확인을 받아야 한다.

④ 사업자는 천재지변에 의하여 발생한 운송물의 멸실, 훼손에 대해서도 손해배상책임을 진다.

> **해설**
> ④ 사업자는 천재지변, 기타 불가항력적인 사유에 의하여 발생한 운송물의 멸실, 훼손 또는 연착에 대해서는 손해배상책임을 지지 아니한다.

**05** 운송장의 형태가 아닌 것은?

① 기본형 운송장(포켓타입)

② 보조운송장

③ 낱장형 운송장

④ 스티커형 운송장

> **해설**
> 운송장의 형태
> • 기본형 운송장(포켓타입)
> • 보조운송장
> • 스티커형 운송장

**정답** ▶ 1 ④ 2 ① 3 ① 4 ④ 5 ③

**06 운송장의 부착요령으로 잘못 지적된 것은?**

① 운송장 부착은 원칙적으로 접수 장소에서 매 건마다 작성하여 화물에 부착한다.
② 운송장은 물품의 왼쪽 상단에 뚜렷하게 보이도록 부착한다.
③ 박스 모서리나 후면 또는 측면에 부착하여 혼동을 주어서는 안 된다.
④ 운송장을 부착할 때는 운송장과 물품이 정확히 일치하는지 확인하여 부착한다.

**해설**
② 운송장은 물품의 정중앙 상단에 뚜렷하게 보이도록 부착한다.

**07 일반화물포장이 부실한 경우, 다음 중 틀린 것은?**

① 포장비를 별도로 받고 포장한다.
② 포장을 보강하도록 고객에게 요구할 수 없다.
③ 포장이 미비하거나 포장 보강을 고객이 거부할 경우 집하를 거절할 수 있다.
④ 부득이 발송할 경우에는 면책확인서에 고객의 자필 서명을 받고 집하한다.

**해설**
② 고객에게 화물이 훼손되지 않게 포장을 보강하도록 양해를 구한다.

**08 운송장에 송하인이 기재할 사항이 아닌 것은?**

① 송하인의 주소, 성명(또는 상호) 및 전화번호
② 물품의 품명, 수량, 가격
③ 파손품 및 냉동 부패성 물품의 경우, 면책확인서(별도 양식) 자필 서명
④ 집하자 성명 및 전화번호

**해설**
④ 집하자 성명 및 전화번호는 집하담당자의 기재사항이다.

**09 운송장의 기재 시 유의사항으로 틀린 것은?**

① 고객이 직접 운송장 정보를 기입하도록 해서는 안 된다.
② 운송장은 꼭꼭 눌러 기재하여 맨 뒷면까지 잘 복사되도록 한다.
③ 도착점 코드가 정확히 기재되었는지 확인한다.
④ 특약사항에 대하여 고객에게 고지한 후 특약사항 약관설명 확인필에 서명을 받는다.

**해설**
① 화물 인수 시 적합성 여부를 확인한 다음, 고객이 직접 운송장 정보를 기입하도록 한다.

**10 운송장의 부착요령으로 틀린 것은?**

① 박스 모서리나 후면 또는 측면에 부착하여 혼동을 주어서는 안 된다.
② 운송장 부착할 때에는 운송장과 물품이 정확히 일치하는지 확인하여 부착한다.
③ 작은 소포의 경우 수하인의 동의하에 운송장 부착을 생략할 수 있다.
④ 취급주의 스티커의 경우 운송장 바로 우측 옆에 붙여서 눈에 띄게 한다.

**해설**
③ 운송장을 화물포장 표면에 부착할 수 없는 소형, 변형화물은 박스에 넣어 수탁한 후 부착하고, 작은 소포의 경우에도 운송장 부착이 가능한 박스에 포장하여 수탁한 후 부착한다.

**정답** ▶ 6 ② 7 ② 8 ④ 9 ① 10 ③

**11** 사업자의 책임사유로 사업자가 약정된 이사화물의 인수일 당일에 해제를 통지한 경우 손해배상액은?

① 계약금의 배액
② 계약금의 4배액
③ 계약금의 6배액
④ 계약금의 10배액

**해설**
① 사업자가 약정된 이사화물의 인수일 2일 전까지 해제를 통지한 경우
② 사업자가 약정된 이사화물의 인수일 1일 전까지 해제를 통지한 경우
④ 사업자가 약정된 이사화물의 인수일 당일에도 해제를 통지하지 않은 경우

**12** 물품에 대한 습도·광열 및 충격 등을 고려하여 적절한 재료·용기 등으로 물품을 포장하는 방법 또는 포장한 상태를 가리키는 말은?

① 단위포장
② 내부포장
③ 외부포장
④ 개별포장

**해설**
내장 : 포장화물 내부의 포장. 물품에 대한 수분, 습기, 광열, 충격 등을 고려하여 적절한 재료, 용기 등으로 물품에 포장하는 방법 및 포장한 상태를 속포장(내부포장)이라 한다.

**13** 다음 중 포장 합리화의 원칙이 아닌 것은?

① 사양 변경의 원칙
② 집중화 및 집약화의 원칙
③ 재질 변경의 원칙
④ 경량화 및 소형화의 원칙

**해설**
포장 합리화의 원칙
①, ②, ③ 외에 대량화 및 대형화의 원칙, 규격화 및 표준화의 원칙, 시스템화 및 단위화의 원칙이 있다.

**14** 다음 중 화인(Shipping Mark)에 대한 설명이 잘못된 것은?

① 매수인의 사용편의 및 선적서류와 물품과의 대조에 편의를 주는 데 목적이 있다.
② 화인은 한 곳 이상에 방수 잉크를 사용하여 기입하면 된다.
③ 화인이 부정확하면 통관 시 문제가 발생하는 등 확인 과정에서 시간과 비용상 큰 손실을 준다.
④ 화인이 부정확하면 하역착오, 인도착오, 불착 등의 직접적인 원인이 된다.

**해설**
② 화인은 반드시 1개 포장당 두 곳 이상에 방수잉크를 사용하여 기입하여야 한다.

**15** 화인의 종류에 대한 다음 설명 중 잘못된 것은?

① 주표시는 대개 회사의 상호를 넣어 표시하는 경우가 많다.
② 수량표시는 단일포장이 아닌 경우 포장 수량 가운데 몇 번째에 해당되는지를 표시한다.
③ 목적지 표시는 경유지나 전송지는 크게 하고 도착지명은 작게 한다.
④ 주의표시는 화물의 운송·보관 시 주의사항을 표시한다.

**해설**
③ 보통 최종 도착지명을 크게 하고 경유지나 전송지는 작게 표시한다.

**정답** 11 ③  12 ②  13 ④  14 ②  15 ③

**16** 다음 중 골판지의 장점으로 맞지 않는 것은?

① 대량주문요구를 수용할 수 있다.
② 경량이고 체적이 작아 보관이 편리하므로 운송 중 물류비가 절감된다.
③ 포장작업이 용이하고 기계화가 가능하다.
④ 소단위 생산 시 비용이 저렴하다.

해설
④ 골판지는 소단위 생산 시 비용이 비교적 높다.

**17** 다음 중 나무상자의 특징으로 맞지 않는 것은?

① 대량 생산품의 포장에 적합하다.
② 재료확보가 용이하고 공작이 간단하다.
③ 재활용의 효과가 크다.
④ 높은 강도로 고도의 내용품 보호성이 있으며 귀중품, 중량물 및 기계류의 포장이나 외장용기에 적합하다.

해설
①은 골판지의 장점에 해당한다.

**18** 인수를 거절할 수 있는 이사화물의 대상이 아닌 것은?

① 고객이 휴대할 수 있는 귀중품
② 다른 화물에 손해를 끼칠 염려가 있는 물건
③ 운송에 특수한 관리를 요하기 때문에 다른 화물과 동시에 운송하기에 적합하지 않은 물건
④ 운송을 위한 특별한 조건을 고객과 합의한 물건

해설
고객이 휴대할 수 있는 귀중품 또는 일반이사화물의 종류·무게·부피·운송거리 등에 따라 운송에 적합하도록 포장할 것을 사업자가 요청하였으나 고객이 이를 거절한 물건에 해당되는 이사화물이더라도, 사업자는 그 운송을 위한 특별한 조건을 고객과 합의한 경우에는 이를 인수할 수 있다.

**19** 특수품목에 대한 포장 시 유의사항으로 틀린 것은?

① 가구류의 경우 박스 포장하고 모서리 부분을 에어 캡으로 포장처리 후 면책확인서를 받아 집하한다.
② 박스 손상으로 인한 내용물의 유실 또는 파손 가능성이 있는 물품에 대해서는 박스를 교체하거나 보강하여 포장한다.
③ 비나 눈이 올 때는 박스 포장 후 비닐 포장을 원칙으로 한다.
④ 서류 등 부피가 작고 가벼운 물품의 경우 집하할 때에는 작은 박스에 넣어 포장한다.

해설
③ 비나 눈이 올 때는 비닐 포장 후 박스 포장을 원칙으로 한다.

**20** 창고 내 또는 입출고 시 작업요령으로 틀린 것은?

① 화물적하장소에 무단으로 출입하지 않는다.
② 창고의 통로 등에는 장애물이 없도록 조치한다.
③ 화물더미의 화물을 출하할 때에는 화물더미 아래에서부터 순차적으로 헐어낸다.
④ 화물을 쌓거나 내릴 때에는 순서에 맞게 신중히 하여야 한다.

해설
③ 화물더미의 화물을 출하할 때에는 화물더미 위에서부터 순차적으로 층계를 지으면서 헐어낸다.

정답 ▶ 16 ④ 17 ① 18 ④ 19 ③ 20 ③

**21** **화물자동차 운수사업법상 운송사업자의 책임에 대한 설명으로 틀린 것은?**

① 화물의 멸실·훼손 또는 인도의 지연으로 인한 운송사업자의 손해배상책임에 관하여는 상법(제135조)의 규정을 준용한다.
② 화물이 인도기한이 지난 후 1년 이내에 인도되지 아니하면 그 화물은 멸실된 것으로 본다.
③ 국토교통부장관은 손해배상에 관하여 화주의 요청이 있는 때에는 분쟁을 조정할 수 있다.
④ 당사자 쌍방이 조정안을 수락하면 당사자 간에 조정안과 동일한 합의가 성립된 것으로 본다.

해설
② 화물이 인도기한이 지난 후 3개월 이내에 인도되지 아니하면 그 화물은 멸실된 것으로 본다.

**22** **하역작업 시 주의사항으로 틀린 것은?**

① 작은 화물 위에 큰 화물을 놓지 말아야 한다.
② 물건을 쌓을 때는 떨어지거나 건드려서 넘어지지 않도록 한다.
③ 공간이용을 위해 화물을 한 줄로 높이 쌓을 수 있다.
④ 사용하는 깔판 자체의 결함 및 깔판 사이의 간격 등의 이상 유무를 확인한다.

해설
③ 화물을 한 줄로 높이 쌓지 말아야 한다.

**23** **카고 트럭에 대한 설명으로 옳은 것은?**

① 하대에 간단히 접는 형식의 문짝을 단 차량으로 일반적으로 트럭이라고 부른다.
② 차량의 적재함을 특수한 화물에 적합하도록 구조를 갖추거나 특수한 작업이 가능하도록 기계장치를 부착한 차량을 말한다.
③ 트레일러 방식의 소형트럭을 가리키며, CB(Changeable Body)차 또는 탈착 보디차를 말한다.
④ 적재함 높이를 경사지게 하여 적재물을 쏟아 내리는 차량을 말한다.

해설
② 전용특장차, ③ 시스템 차량, ④ 덤프트럭

**24** **화물운전자의 차량 내 적재작업 시 주의사항으로 틀린 것은?**

① 차량에 물건을 적재할 때에는 적재중량을 초과해서는 안 된다.
② 둥글고 구르기 쉬운 물건은 상자 등으로 포장한 후 적재한다.
③ 차의 동요로 안정이 파괴되기 쉬운 짐은 결박을 철저히 한다.
④ 긴 물건을 적재할 때에는 맨 앞에 위험표시를 하여 둔다.

해설
④ 긴 물건을 적재할 때에는 적재함 밖으로 나온 부위에 위험표시를 하여 둔다.

**25** **차량 내 적재작업 시 주의사항으로 틀린 것은?**

① 볼트와 같이 세밀한 물건은 상자 등에 넣어 적재한다.
② 자동차에 화물을 적하할 때 적재함의 난간에서 작업한다.
③ 작업 전 적재함 바닥의 파손, 돌출 또는 낙하물이 없는지 확인한다.
④ 화물결박 시는 추락, 전도 위험이 크므로 특히 유의한다.

해설
② 자동차에 화물을 적하할 때 적재함의 난간(문짝 위)에 서서 작업하지 않는다.

정답 21 ② 22 ③ 23 ① 24 ④ 25 ②

**26** 차량 내 화물 적재 시 화물운전자의 주의사항으로 틀린 것은?

① 적재함 문짝 개폐할 때에는 신체의 일부가 끼이거나 물리지 않도록 각별히 주의한다.

② 컨베이어 위에 올라가서 작업을 한다.

③ 화물 결박 시 옆으로 서서 고무바를 짧게 잡고 조금씩 여러 번 당긴다.

④ 지상결박자는 한 발을 타이어 및 차량 하단부를 밟고 당기지 않는다.

> **해설**
> ② 컨베이어 위로는 절대 올라가서는 안 된다.

**27** 차량 내 적재작업 시 주의사항으로 틀린 것은?

① 밧줄을 결박할 때 끊어질 것에 대비해 안전한 작업자세를 취한 후 결박한다.

② 운반하는 물건이 시야를 가리지 않도록 한다.

③ 적재 시 제품의 무게를 고려할 필요는 없다.

④ 적재 후 밴딩 끈을 사용할 때 견고하게 묶였는지 여부를 항시 점검해야 한다.

> **해설**
> ③ 적재할 때에는 제품의 무게를 반드시 고려해야 한다. 병 제품이나 앰플 등의 경우는 파손의 우려가 높기 때문에 취급에 특히 주의를 요한다.

**28** 화물의 운반작업 시 주의사항으로 틀린 것은?

① 물품과 몸의 거리는 물품의 크기와는 상관없이 동일하다.

② 물품을 들 때는 허리를 똑바로 펴야 한다.

③ 가능한 한 물건을 신체에 붙여서 단단히 잡고 운반한다.

④ 다리와 어깨의 근육에 힘을 넣고 팔꿈치를 바로 펴서 서서히 물품을 들어올린다.

> **해설**
> ① 물품과 몸의 거리는 물품의 크기에 따라 다르나, 물품을 수직으로 들어 올릴 수 있는 위치에 몸을 준비한다.

**29** 화물 운반작업방법으로 틀린 것은?

① 긴 물건을 어깨에 메고 운반할 때에는 앞부분의 끝을 운반자 신장보다 약간 낮게 하여 모서리 등에 충돌하지 않도록 운반한다.

② 시야를 가리는 물품은 계단이나 사다리를 이용하여 운반하지 않는다.

③ 물품을 운반하고 있는 사람과 마주치면 그 발밑을 방해하지 않게 피해준다.

④ 화물을 들어 올리거나 내리는 높이는 작게 할수록 좋다.

> **해설**
> ① 긴 물건을 어깨에 메고 운반할 때에는 앞부분의 끝을 운반자 신장보다 약간 높게 하여 모서리 등에 충돌하지 않도록 운반한다.

**30** 운반작업 시 주의사항으로 잘못된 것은?

① 장척물, 구르기 쉬운 화물은 단독 운반을 피하고, 중량물은 하역기계를 사용한다.

② 갈고리는 지대, 종이상자, 위험 유해물에 사용한다.

③ 두 사람이 운반작업을 할 때는 체력 및 신장이 비슷한 사람으로 조를 짠다.

④ 물품을 어깨에 메거나 받아들 때 한쪽으로 쏠리거나 꼬이더라도 충돌하지 않도록 공간을 확보하고 작업한다.

> **해설**
> ② 갈고리는 지대, 종이상자, 위험 유해물에는 사용하지 않는다.

**정답** ▶ 26 ② 27 ③ 28 ① 29 ① 30 ②

**31** 화물의 취급요령으로 틀린 것은?

① 화물은 가급적 눕혀놓지 말고 세워 놓는다.

② 화물을 바닥에 놓는 경우 화물의 가장 넓은 면이 바닥에 놓이도록 한다.

③ 화물 위에 올라타지 않도록 한다.

④ 박스가 물에 젖어 훼손되었을 때에는 즉시 다른 박스로 교환하여 배송한다.

해설
① 화물은 가급적 세우지 말고 눕혀 놓는다.

**32** 기계작업의 운반기준으로 틀린 것은?

① 두뇌작업이 필요한 작업

② 표준화되어 있어 지속적이고 운반량이 많은 작업

③ 취급물이 중량물인 작업

④ 취급물의 형상, 성질, 크기 등이 일정한 작업

해설
① 두뇌작업이 필요한 작업은 수작업 운반기준에 해당한다.

**33** 컨테이너 취급 시 주의요령으로 틀린 것은?

① 컨테이너에 위험물을 수납하기 전에 철저히 점검하여 그 구조와 상태 등이 안전한 컨테이너를 사용할 것

② 컨테이너를 깨끗이 청소하고 잘 건조할 것

③ 수납되는 위험물 용기의 포장 및 표찰이 완전한가를 충분히 점검하고 포장 및 용기가 파손되었거나 불완전한 것은 수납을 금지시킬 것

④ 컨테이너는 위험물을 수납한 후 운반목적이 끝나면 즉시 폐기할 것

해설
④ 컨테이너는 해당 위험물 운송에 충분히 견딜 수 있는 구조와 강도를 가져야 하며, 또한 영구히 반복하여 사용할 수 있도록 견고히 제조되어야 한다.

**34** 위험물 탱크로리 취급 시의 확인·점검사항으로 틀린 것은?

① 탱크로리에 커플링은 잘 연결되었는지 확인한다.

② 담당자 이외에 책임자를 둔다.

③ 플랜지 등 연결부분에 새는 곳은 없는지 확인한다.

④ 플렉시블 호스는 고정시켰는지 확인한다.

해설
② 담당자 이외에는 손대지 않도록 조치한다.

**35** 주유취급소의 위험물 취급요령으로 틀린 것은?

① 자동차 등에 주유할 때에는 이동주유설비를 사용하여 직접 주유한다.

② 자동차 등을 주유할 때는 자동차 등의 원동기를 정지시킨다.

③ 자동차 등의 일부 또는 전부가 주유취급소 밖에 나온 채로 주유하지 않는다.

④ 유분리장치에 고인 유류는 넘치지 않도록 수시로 퍼내야 한다.

해설
① 자동차 등에 주유할 때에는 고정주유설비를 사용하여 직접 주유한다.

정답    31 ①  32 ①  33 ④  34 ②  35 ①

**36** 상하차 작업 시 확인사항이 아닌 것은?

① 작업 신호에 따라 작업이 잘 행하여지고 있는가?
② 용기에 내용물을 알 수 있도록 확실하게 표시하였는가?
③ 화물의 붕괴를 방지하기 위한 조치는 취해져 있는가?
④ 적재량을 초과하지 않았는가?

해설
②는 위험물 취급 시의 확인사항이다.

**37** 팰릿 화물 사이에 생기는 틈바구니를 적당한 재료로 메꾸는 방법으로 틀린 것은?

① 틈바구니가 적을수록 짐이 허물어지는 일도 적다는 사실에 고안된 것이다.
② 팰릿 화물이 서로 얽히지 않도록 사이사이에 합판을 넣는다.
③ 단일 두께의 발포스티롤 판으로 틈바구니를 없앤다.
④ 에어백이라는 공기가 든 부대를 사용한다.

해설
③ 여러 가지 두께의 발포스티롤 판으로 틈바구니를 없앤다.

**38** 나무상자를 팰릿에 쌓는 경우 붕괴방지에 많이 사용되는 팰릿 화물의 붕괴방지 방식은?

① 밴드걸기 방식
② 주연어프 방식
③ 슈링크 방식
④ 풀 붙이기 접착 방식

해설
① 나무상자를 팰릿에 쌓는 경우의 붕괴 방지에 많이 사용되는 방법이며, 수평 밴드걸기 방식과 수직 밴드걸기 방식이 있다.

**39** 팰릿의 가장자리를 높게 하여 포장화물을 안쪽으로 기울여서 화물이 갈라지는 것을 방지하는 방식은?

① 주연어프 방식
② 밴드걸기 방식
③ 슈링크 방식
④ 스트레치 방식

해설
① 팰릿의 가장자리를 높게 하여 포장화물을 안쪽으로 기울여서 화물이 갈라지는 것을 방지하는 방법으로, 부대화물 등에 효과가 있다.

**40** 트랙터 운행요령으로 잘못된 내용은?

① 고속운행 중 급제동은 잭나이프 현상 등의 위험을 초래하므로 조심한다.
② 장거리 운행할 때에는 최소한 3시간 주행마다 10분 이상 휴식한다.
③ 회전반경 및 점유면적이 크므로 사전에 도로를 정찰하고, 화물의 제원, 장비의 제원을 정확히 파악한다.
④ 중량물 및 활대품을 수송하는 경우에는 바인더 잭(Binder Jack)으로 화물결박을 철저히 하고, 운행할 때에는 수시로 결박 상태를 확인한다.

해설
② 장거리 운행할 때에는 최소한 2시간 주행마다 10분 이상 휴식하면서 타이어 및 화물결박 상태를 확인한다.

정답 36 ② 37 ③ 38 ① 39 ① 40 ②

**41** 컨테이너 상차 전의 확인사항으로 틀린 것은?

① 배차계로부터 배차지시를 받아야 한다.
② 배차계로부터 상차지, 도착시간을 통보받아야 한다.
③ 섀시 잠금장치는 안전한지를 확실히 검사한다.
④ 배차계로부터 컨테이너 중량을 통보받아야 한다.

**해설**
③은 상차할 때의 확인사항이다.

**43** 화주 공장 도착 시 작업지침이 아닌 것은?

① 공장 내 운행속도를 준수한다.
② 상·하차할 때 시동을 꺼서는 안 된다.
③ 복장 불량, 폭언 등은 절대 하지 않는다.
④ 사소한 문제라도 발생하면 직접 담당자와 문제를 해결하려고 하지 말고, 반드시 배차계에 연락한다.

**해설**
② 상·하차할 때 시동은 반드시 끈다.

**44** 제한차량의 표시 및 공고사항으로 틀린 것은?

① 운행이 제한되는 구간
② 운행이 제한되는 사람
③ 운행이 제한되는 기간
④ 운행을 제한하는 이유

**해설**
② 운행이 제한되는 차량

**42** 컨테이너를 상차할 때의 확인사항이 아닌 것은?

① 다른 라인(Line)의 컨테이너 상차가 어려울 경우 배차계로 통보해야 한다.
② 상차할 때는 안전하게 실었는지를 확인해야 한다.
③ 도착장소와 도착시간을 다시 한 번 정확히 확인한다.
④ 손해(Damage) 여부와 봉인번호(Seal No.)를 체크하고 그 결과를 배차계에 통보한다.

**해설**
③은 상차 후의 확인사항이다.

**45** 화물의 인수요령이 아닌 것은?

① 포장 및 운송장 기재 요령을 반드시 숙지하고 인수에 임한다.
② 인수(집하)예약은 반드시 접수대장에 기재하여 누락되는 일이 없도록 한다.
③ 집하 자제품목 및 집하 금지품목의 경우는 그 취지를 알리고 양해를 구한 후 정중히 거절한다.
④ 제주도 및 도서지역인 경우에 운임을 동등하게 적용해야 한다.

**해설**
④ 제주도 및 도서지역인 경우 그 지역에 적용되는 부대비용(항공료, 도선료)을 수하인에게 징수할 수 있음을 반드시 알려주고 이해를 구한 후 인수한다.

**정답** ▶ 41 ③ 42 ③ 43 ② 44 ② 45 ④

**46** 인수증 관리요령으로 틀린 것은?

① 인수증은 반드시 인수자 확인란에 수령인이 누구인지 인수
자가 자필로 바르게 적도록 한다.

② 같은 장소에 여러 박스 배송할 때에는 인수증에 반드시 실
제 배달한 수량을 기재받아 차후에 수량차로 인한 시비가
발생하지 않도록 하여야 한다.

③ 수령인이 물품의 수하인과 다른 경우 반드시 수하인과의 관
계를 기재하여야 한다.

④ 물품 인도일 기준으로 3년 이내 인수근거 요청이 있을 때
입증 자료를 제시할 수 있어야 한다.

> **해설**
> ④ 지점에서는 회수된 인수증 관리를 철저히 하고, 인수 근거가 없는 경우 즉시
> 확인하여 인수인계 근거를 명확히 관리하여야 하며, 물품 인도일 기준으로 1년
> 이내 인수근거 요청이 있을 때 입증 자료를 제시할 수 있어야 한다.

**47** 다음 중 화물운전자의 화물인계 시 지켜야 할 사항이 아닌 것은?

① 방문시간에 수하인이 없는 경우에는 부재 중 방문표를 활용
하여 방문근거를 남기고, 타인이 볼 수 있도록 조치한다.

② 수하인에게 인계가 어려워 부득이하게 대리인에게 인계할
때에는 사후조치로 실제 수하인과 연락을 취하여 확인한다.

③ 수하인이 장기부재, 휴가, 주소불명, 기타 사유 등으로 배
송이 어려운 경우 집하지점 또는 송하인과 연락하여 조치하
도록 한다.

④ 배송 중 수하인이 직접 찾으러 오는 경우 물품을 전달할 때
반드시 본인 확인을 한 후 물품을 전달하고, 인수확인란에
직접 서명을 받아 그로 인한 피해가 발생하지 않도록 유의
한다.

> **해설**
> ① 방문시간에 수하인 없는 경우에는 부재 중 방문표를 활용하여 방문 근거를 남기되
> 우편함에 넣거나 문틈으로 밀어 넣어 타인이 볼 수 없도록 조치한다.

**48** 고객 유의사항의 확인 요구 물품으로 잘못 기재된 것은?

① 중고 가전제품 및 A/S용 물품

② 기계류, 장비 등 중량 고가물로 30kg 초과 물품

③ 포장 부실물품 및 무포장 물품(비닐포장 또는 쇼핑백 등)

④ 내용검사가 부적당하다고 판단되는 부적합 물품

> **해설**
> ② 기계류, 장비 등 중량 고가물로 40kg 초과 물품

**49** 다음 중 파손사고의 원인으로 볼 수 없는 것은?

① 집하할 때 화물의 포장상태 확인

② 화물을 함부로 던지거나 발로 차거나 끄는 행위

③ 화물 적재할 때 무분별한 적재로 압착되는 경우

④ 차량 상하차할 때 컨베이어 벨트 등에서 떨어지는 경우

> **해설**
> ① 집하할 때 화물의 포장상태 미확인이 원인이 되며, 그 대책으로는 집하할 때
> 고객에게 내용물에 관한 정보를 충분히 듣고 포장상태를 확인하는 것이다.

**50** 사고발생 시 영업사원의 역할을 잘못 설명하고 있는 것은?

① 초기 고객응대가 사고처리의 향방을 좌우한다는 인식을 가진다.

② 사고처리를 위한 고객과의 최접점의 위치에 있다.

③ 최대한 정중한 자세와 냉철한 판단력을 가지고 사고를 수습
해야 한다.

④ 영업사원의 모든 조치가 회사 전체를 대표하지는 않는다.

> **해설**
> ④ 영업사원의 모든 조치가 회사 전체를 대표하는 행위이고 고객의 서비스 만족
> 성향을 좌우한다는 신념으로 적극적인 업무자세가 필요하다.

**정답** ▶ 46 ④ 47 ① 48 ② 49 ① 50 ④

**51** 다음 중 컨테이너 운송의 한계점이라 볼 수 없는 것은?

① 특수화물의 취급이 불가능하다.
② 대단위의 투자가 필요하다.
③ 고도의 전문적인 지식과 기술이 요구된다.
④ 컨테이너 하역 시설이 갖추어진 항구에만 입항할 수 있다.

해설
① 특수 컨테이너를 이용하는 경우 특수화물의 취급이 가능하다.

**52** 행어 컨테이너에 대한 설명으로 맞는 것은?

① 중량물이나 부피가 큰 화물을 운송하기 위한 컨테이너
② 특수 컨테이너의 일종으로 건화물 컨테이너의 지붕과 측벽,
   단벽의 상부가 개방되어 있는 컨테이너
③ 몰드, 소맥분, 가축사료 등을 운송하는 컨테이너
④ 일반 건어물을 천장에 매달 수 있도록 만들어진 컨테이너

해설
① 플랫폼 컨테이너, ② 천장 개방형 컨테이너, ③ 솔리드 벌크 컨테이너

**53** 다음의 컨테이너 화물 중 최적상품인 것은?

① 가전제품
② 함석판
③ 철 사
④ 전 선

해설
컨테이너 화물의 종류
• 최적상품 : 고부가가치 상품(가전제품, 피복류, 의약품 등)
• 적합상품 : 철제류, 피혁제품, 철판 등
• 한계상품 : 운임이 싸고 도난위험이 낮은 물품(선철 등)
• 부적합상품 : 중량물, 장척물 등이나 단가가 낮고 일시 대량수송이 경제적으로
  유리한 물품(양곡, 광석 등)

**54** 컨테이너를 선박에 적재하여 운송하는 것을 무엇이라고 하는가?

① 피기 백(Piggy Back)
② 피시 백(Fishy Back)
③ 버디 백(Birdy Back)
④ 피드 백(Feed Back)

해설
① 컨테이너를 열차에 적재하여 운송하는 것
③ 컨테이너를 항공에 적재하여 운송하는 것

**55** 트레일러의 종류가 아닌 것은?

① 돌리(Dolly)
② 레 커
③ 폴 트레일러
④ 세미 트레일러

해설
트레일러의 종류 : 풀 트레일러, 세미 트레일러, 폴(Pole) 트레일러, 돌리(Dolly)

정답  51 ① 52 ④ 53 ① 54 ② 55 ②

**56** 다음 중 자동차관리법상 특수자동차가 아닌 것은?

① 화물자동차
② 로드롤러
③ 스크레이퍼
④ 트랙터셔블

**해설**

특수자동차 : 다른 자동차를 견인하거나 구난작업 또는 특수한 작업을 수행하기에
적합하게 제작된 자동차로 승용자동차·승합자동차 또는 화물자동차가 아닌 자동차

**58** 동력을 갖추지 않고, 모터 비이클에 의하여 견인되고, 사람 및
물품을 수송하는 목적을 위하여 설계되어 도로상을 주행하는 차량
을 무엇이라 하는가?

① 트레일러
② 특별차
③ 믹서차
④ 레커차

**해설**

트레일러는 자동차를 동력 부분(견인차 또는 트랙터)과 적하 부분(피견인차)으로
나누었을 때, 적하부분을 지칭한다.

**59** 파이프나 H형강 등 장척물의 수송을 목적으로 하는 트레일러는?

① 단 차
② 세미 트레일러
③ 폴 트레일러
④ 풀 트레일러

**해설**

폴 트레일러는 파이프나 H형강 등 장척물의 수송을 목적으로 하며, 트랙터에 턴테이
블을 비치하고 폴 트레일러를 연결해서 적재함과 턴테이블에 적재물을 고정시켜
수송한다.

**57** 냉동차에 대한 설명으로 틀린 것은?

① 단열 보디에 차량용 냉동장치를 장착하여 적재함 내에 온도
관리가 가능하도록 한 것이다.
② 냉동식품이나 야채 등 온도관리가 필요한 화물수송에 사용
된다.
③ 냉동차는 적재함 내를 냉각시키는 방법에 의해 기계식, 축
냉식, 액체질소식, 드라이아이스식으로 분류된다.
④ 저온유통기구(Cold Chain)의 정비가 요망되고 있는 시점에
서 중요성이 떨어지고 있다.

**해설**

콜드 체인이란 신선식품을 냉동·냉장·저온 상태에서 생산자로부터 소비자의 손에
까지 전달하는 구조를 말하므로, 냉동차의 효용은 점점 증대되고 있다.

**60** 생 콘크리트를 교반하면서 수송하는 차량으로 애지테이터(Agi-
tator)라고도 하는 특별차를 무엇이라 하는가?

① 트럭 크레인(Truck Crane)
② 레커차(Wrecker Truck)
③ 믹서차(Mixer Truck)
④ 덤프차(Dump Truck)

**해설**

③ 시멘트, 골재(모래·자갈), 물을 드럼 내에서 혼합 반죽해서 콘크리트로 하는
특수 장비차로, 특히 생 콘크리트를 교반하면서 수송하는 것을 애지테이터
(Agitator)라고 한다.

**정답** ▶ 56 ① 57 ④ 58 ① 59 ③ 60 ③

# 제3과목 안전운행

**01** 다음 운전자의 시각 특성 중 틀린 것은?

① 운전자는 운전에 필요한 정보의 대부분을 시각을 통하여 획득한다.
② 속도가 빨라질수록 시력은 떨어진다.
③ 속도가 빨라질수록 시야의 범위가 넓어진다.
④ 속도가 빨라질수록 전방주시점은 멀어진다.

**해설**
③ 속도가 빨라질수록 시야의 범위가 좁아진다.

**02** 다음 중 교통사고에 영향을 주는 후천적 능력이 아닌 것은?

① 성 격
② 타고난 심신기능
③ 도로조건 인식능력
④ 차량조작 능력

**해설**
②는 선천적 능력이다.

**03** 동체시력에 대한 설명 중 틀린 것은?

① 동체시력이란 움직이는 물체를 보는 시력 또는 움직이면서 물체를 보는 시력을 말한다.
② 동체시력은 물체의 이동속도가 빠를수록 상대적으로 저하된다.
③ 동체시력은 연령이 높을수록 높아진다.
④ 동체시력은 장시간 운전에 의한 피로상태에서도 저하된다.

**해설**
③ 동체시력은 연령이 높을수록 더욱 저하된다.

**04** 명순응과 암순응에 대한 설명으로 틀린 것은?

① 명순응은 일광 또는 조명이 밝은 조건에서 어두운 조건으로 변할 때 사람의 눈이 그 상황에 적응하여 시력을 회복하는 것을 말한다.
② 완전한 암순응에는 30분 혹은 그 이상 걸리며 이것은 빛의 강도에 좌우된다.
③ 상황에 따라 다르지만 명순응에 걸리는 시간은 암순응보다 빨라 수초~1분에 불과하다.
④ 주간운전 시 터널을 막 진입하였을 때 더욱 조심스러운 안전운전이 요구되는 이유는 암순응 때문이다.

**해설**
①은 암순응에 대한 내용이다.

**05** 운전사고의 요인 중 직접적 요인으로 적절하지 않은 것은?

① 과속과 같은 법규위반
② 운전조작의 잘못
③ 잘못된 위기대처
④ 직장이나 가정에서의 원만하지 못한 인간관계

**해설**
④는 간접적 요인에 해당한다.

**06** 보행자 사고의 가장 큰 요인은?

① 인지결함
② 판단착오
③ 동작착오
④ 신체결함

> **해설**
> 교통사고를 당했을 당시의 보행자 요인은 교통상황 정보를 제대로 인지하지 못한
> 경우가 가장 많고, 다음으로 판단착오와 동작착오의 순서로 많다.

**07** 비횡단보도에서 횡단보행자의 심리가 아닌 것은?

① 횡단보도로 건너면 시간이 덜 걸리기 때문에
② 평소 교통질서를 잘 지키지 않는 습관을 그대로 답습
③ 자동차가 달려오지만 충분히 건널 수 있다고 판단해서
④ 갈 길이 바빠서

> **해설**
> ① 횡단보도로 건너면 거리가 멀고 시간이 더 걸리기 때문에

**08** 보행자의 도로횡단 방법으로 바르지 않은 것은?

① 가드레일이나 보행자 횡단금지표지가 설치된 곳으로 횡단
  한다.
② 육교나 지하보도가 있는 경우 그 시설을 이용한다.
③ 횡단보도나 신호기가 설치된 지점에서 횡단한다.
④ 운전자와 횡단보행자가 서로 잘 볼 수 있는 장소를 이용한다.

> **해설**
> ① 가드레일이 설치되어 있거나 보행자 횡단금지표지가 설치된 장소에서 횡단해서
>   는 안 된다.

**09** 음주운전으로 인한 교통사고의 특성이 아닌 것은?

① 주차 중인 자동차와 같은 정지물체 등에 충돌할 가능성이 높다.
② 전신주, 가로시설물, 가로수 등과 같은 고정물체와 충돌할
  가능성이 높다.
③ 치사율이 낮다.
④ 차량단독사고의 가능성이 높다.

> **해설**
> ③ 음주운전에 의한 교통사고가 발생하면 치사율이 높다.

**10** 고령보행자의 교통안전 계몽사항이 아닌 것은?

① 야간에 운전자들의 눈에 잘 보이게 하는 방법
② 필요시 보청기 사용
③ 단독으로 도로를 횡단하는 방법
④ 필요시 주차된 자동차 사이를 안전하게 통과하는 방법

> **해설**
> ③ 단독보다는 다수 또는 부축을 받아 도로를 횡단하는 방법

**정답 ▶** 6 ① 7 ① 8 ① 9 ③ 10 ③

**11** 어린이 교통사고의 특징으로 틀린 것은?

① 학년이 높을수록 교통사고를 많이 당한다.
② 보행 중 교통사고를 당하여 사망하는 비율이 가장 높다.
③ 시간대별 어린이 보행 사상자는 오후 4시에서 오후 6시 사이에 가장 많다.
④ 집이나 학교 근처에서 사고가 많이 발생한다.

**해설**
① 어릴수록 그리고 학년이 낮을수록 교통사고를 많이 당한다.

**12** 다음 중 야간 안전보행요령으로 옳지 않은 것은?

① 야간에는 운전자가 쉽게 식별할 수 있는 색상의 복장이나 반사체를 휴대한다.
② 도로의 중앙 부근에 멈추는 일이 없도록 횡단하기 전에 충분히 주의한다.
③ 야간에는 운전자의 주의력과 시력이 높아진다.
④ 야간에는 보행자가 차를 볼 수 있어도, 운전자는 보행자를 잘 보지 못한다.

**해설**
③ 밤이 되면 운전자도 피로하여 주의력이나 시력이 떨어지므로, 졸면서 운전하는 등 위험한 운전이 많아지게 된다. 또한 보행자도 자동차의 속도나 그 거리를 잘 모르기 때문에 주간에 비해 더욱 조심할 필요성이 있다.

**13** 다음 중 자동차의 제동장치가 아닌 것은?

① 주차 브레이크
② 풋 브레이크
③ 타이어
④ ABS

**해설**
③ 타이어는 주행장치이다.

**14** 다음 중 자동차의 엔진과 변속기 사이에서 동력을 끊어주거나 연결하는 장치는 무엇인가?

① 브레이크
② 클러치
③ 변속기
④ 차 축

**해설**
② 엔진의 회전을 변속기(트랜스미션) 쪽으로 전달하거나 차단하는 장치이다. 엔진의 회전을 멈추지 않고 자동차를 정지하거나 또는 변속조작 때 동력전달을 일시적으로 끊어서 엔진의 회전을 전달하는 역할을 한다.

**15** 자동차의 물리적 특성 중 원심력에 관한 설명이 잘못된 것은?

① 속도가 빠를수록 커진다.
② 속도의 제곱에 비례해서 커진다.
③ 커브의 반경이 작으면 작을수록 작아진다.
④ 중량이 클수록 커진다.

**해설**
③ 원심력은 커브의 반경이 작으면 작을수록 커진다.

**정답** ▶ 11 ① 12 ③ 13 ③ 14 ② 15 ③

**16** 스탠딩 웨이브(Standing Wave) 현상에 대한 설명으로 잘못된 것은?

① 속도와 관계없이 일어나는 타이어 결함 현상이다.
② 이 현상이 발생하면 타이어 내부 공기온도가 높아지면서 타이어가 파열된다.
③ 공기압이 부족한 상태에서 고속주행 시 생긴다.
④ 고속회전 시 타이어가 물결 모양으로 나타나는 현상을 말한다.

**해설**
① 일반 구조의 승용차용 타이어의 경우 대략 150km/h 전후의 주행속도에서 스탠딩 웨이브 현상이 발생한다.

**17** 다음 중 자동차에 오르기 전 자동차 외관에 대한 점검사항으로 바르지 못한 것은?

① 각종 전기 점등장치를 순서대로 점검
② 타이어의 트레드 마모상태 및 공기압
③ 차체 밑에 냉각수나 오일이 떨어진 흔적 유무
④ 차체가 긁히거나 손상된 부분은 즉시 보수정비

**해설**
④는 자동차에 오르기 전 자동차의 외관에 대한 점검사항이 아니다.

**18** 자동차 타이어의 점검사항으로 옳지 않은 것은?

① 타이어의 공기압상태
② 타이어에 오물 부착 여부
③ 타이어의 훼손상태
④ 타이어 트레드의 마모상태

**해설**
타이어는 자동차가 달리거나 멈추는 것을 원활하게 해주는 주행장치 중 하나이다. 타이어의 공기압, 마모상태, 훼손상태 등은 사고에 영향을 주는 요소이기 때문에 평소 점검하는 습관을 가져야 한다.

**19** 자동차의 각종 전기 점등장치의 점검사항으로 옳지 않은 것은?

① 제동등, 전조등
② 경광등, 미등
③ 번호등, 안개등
④ 실내등, 방향지시등

**해설**
각종 전기 점등장치의 점검사항
전조등, 방향지시등, 제동등, 미등, 번호등, 실내등, 안개등

**20** 다음 중 곡선부에서 사고를 감소시키는 방법이 아닌 것은?

① 시거를 확보한다.
② 편경사를 개선한다.
③ 종단경사와 중복되는 곳에서는 사고가 감소된다.
④ 속도표지와 시선유도표지를 포함한 주의표지와 노면표지를 잘 설치한다.

**해설**
③ 곡선부가 오르막과 내리막의 종단경사와 중복되는 곳은 훨씬 사고 위험이 높다.

**정답** ▶ 16 ① 17 ④ 18 ② 19 ② 20 ③

**21** 다음 중 방어운전의 기술이 아닌 것은?

① 능숙한 운전기술

② 정확한 운전지식

③ 예언능력

④ 교통상황 정보수집

**해설**

방어운전의 기본

능숙한 운전기술, 정확한 운전지식, 세심한 관찰력, 예측능력과 판단력, 양보와 배려의 실천, 교통상황 정보수집, 반성의 자세, 무리한 운행 배제

**22** 운전자의 실전방어운전의 방법이 아닌 것은?

① 교통량이 너무 많은 길이나 시간을 피해 운전하도록 한다.

② 과로로 피로하거나 심리적으로 흥분한 상태에서는 운전을 자제한다.

③ 앞차를 뒤따라 갈 때는 앞차가 급제동을 하더라도 추돌하지 않도록 차간거리를 충분히 유지한다.

④ 뒤에 다른 차가 접근해 올 때는 속도를 높인다.

**해설**

④ 뒤에 다른 차가 접근해 올 때는 속도를 낮추며, 뒤의 차가 앞지르기를 하려고 하면 양보해준다.

**23** 오르막길에서의 안전운전수칙으로 잘못된 것은?

① 출발 시에는 핸드 브레이크를 사용하는 것이 안전하다.

② 좁은 언덕길에서 대향차와 교차할 때 우선권은 올라가는 차량에 있다.

③ 정차할 때는 앞차가 뒤로 밀려 충돌할 가능성을 염두에 두고 충분한 차간거리를 유지한다.

④ 오르막길에서 앞지르기할 때는 힘과 가속력이 좋은 저단 기어를 사용하는 것이 안전하다.

**해설**

② 좁은 언덕길에서 대향차와 교차할 때 우선권은 내려오는 차량에 있다.

**24** 다음 중 교차로 통과 시 안전운전이 아닌 것은?

① 교차로의 대부분이 앞이 잘 보이는 곳임을 알아야 한다.

② 직진할 경우는 좌·우회전하는 차를 주의한다.

③ 성급한 좌회전은 보행자를 간과하기 쉽다.

④ 맹목적으로 앞차를 따라가지 않는다.

**해설**

① 교차로의 대부분이 앞이 잘 보이지 않는 곳이다.

**25** 철길 건널목에서의 안전운전요령으로 바르지 못한 것은?

① 건널목 통과 중 차바퀴가 철길에 빠지지 않도록 중앙 부분으로 통과해야 한다.

② 건널목 직전에서는 일시정지하지 않고 빠르게 통과하는 것이 좋다.

③ 철길 건널목 좌우가 건물 등에 가려져 있거나 커브 지점이라면 더욱 조심한다.

④ 건널목 통과 중 기어변속을 하면 위험하다.

**해설**

② 건널목 앞에서는 일시정지 후 좌우의 안전을 확인한다.

**정답** 21 ③ 22 ④ 23 ② 24 ① 25 ②

**26** 겨울철 눈길과 빙판길에서의 안전운전방법으로 옳지 않은 것은?

① 미끄러운 길에서는 기어를 1단에 넣고 반클러치를 사용한다.
② 가능하면 앞차가 지나간 바퀴자국을 따라 통행하는 것이 안전하다.
③ 반드시 감속과 함께 앞차와 충분한 거리를 유지한다.
④ 응달이나 다리 위 또는 터널 부근은 빙판이 되기 쉬운 장소이므로 특히 주의한다.

**해설**
① 승용차의 경우 평상시에는 1단기어로 출발하는 것이 정상이지만, 미끄러운 길에서는 기어를 2단에 넣고 반클러치를 사용하는 것이 효과적이다.

**27** 커브길의 교통사고위험에 대한 설명 중 틀린 것은?

① 도로 이탈의 위험이 없다.
② 중앙선을 침범하여 대향차와 충돌할 위험이 있다.
③ 시야불량으로 인한 충돌위험이 크다.
④ 항상 반대 차로에 차가 오고 있다는 것을 염두에 두고 차로를 준수하며 운전한다.

**해설**
① 커브길은 도로 이탈의 위험이 있다.

**28** 내리막길에서 기어의 변속요령으로 틀린 것은?

① 변속할 때 클러치 및 변속 레버의 작동은 신속하게 한다.
② 변속 시에는 머리를 숙인다던가 하여 다른 곳에 주의를 빼앗기지 말아야 한다.
③ 눈은 항상 변속기어를 주시한다.
④ 왼손은 핸들을 조정하며 오른손과 양발은 신속히 움직인다.

**해설**
③ 변속 시 다른 곳에 주의를 빼앗기지 말고 눈은 교통상황 주시상태를 유지해야 한다.

**29** 앞지르기할 때의 주의사항 중 틀린 것은?

① 도로 중앙선을 넘어 앞지르기할 때에는 대향차를 확인해야 한다.
② 앞차를 앞지르고자 할 때에는 앞차의 우측으로 진행해야 한다.
③ 앞지르기 금지 장소가 아닌지 살핀다.
④ 앞지르기를 할 때에는 반대 방향의 교통에 주의하여야 한다.

**해설**
② 앞지르기란 뒤차가 앞차의 좌측면을 지나 앞차의 앞으로 진행하는 것을 의미한다.

**30** 앞지르기에 대한 설명 중 틀린 것은?

① 앞지르기는 앞차의 우측으로 하지 않는다.
② 황색 실선 중앙선이 설치된 곳이라도 앞차 운전자가 수신호를 할 때에는 앞지르기할 수 있다.
③ 점선의 중앙선을 넘어 앞지르기할 때에는 대향차의 움직임을 주시한다.
④ 앞지르기에 필요한 충분한 거리와 시야가 확보되었을 때 앞지르기를 시도한다.

**해설**
② 중앙선이 실선인 경우 중앙선침범이 적용되고, 중앙선이 점선인 경우 일반 과실사고로 처리된다.

**정답** 26 ① 27 ① 28 ③ 29 ② 30 ②

**31** 고속도로 통행방법에 대한 설명 중 잘못된 것은?

① 고속도로 진입은 안전하게 천천히 진입 후 서서히 속도를 올리는 것이 좋다.

② 주변의 교통흐름에 방해되지 않도록 최고속도 범위 내에서 적정속도를 유지한다.

③ 고속도로 및 자동차 전용도로에서의 전좌석 안전띠 착용은 의무사항이다.

④ 휴대폰, DMB 등 기기사용의 증가로, 전방주시 소홀에 의한 교통사고가 증가하고 있다.

**해설**
① 고속도로 진입은 충분한 가속으로 속도를 높인 후 주행차로로 진입하여 주행차에 방해가 되지 않도록 한다.

**32** 편도 2차로인 고속도로의 통행 방법으로 잘못된 것은?

① 1차로는 앞지르기 차로이다.

② 도로상황 등 부득이한 때에는 2차로로 앞지르기할 수 있다.

③ 2차로는 모든 자동차의 주행차로이다.

④ 도로상황 등 부득이한 때에는 1차로로 통행할 수 있다.

**해설**
편도 2차로 고속도로에서의 차로에 따른 통행차의 기준
• 1차로 : 앞지르기를 하려는 모든 자동차(단, 차량통행량 증가 등 도로상황으로 인하여 부득이하게 80km/h 미만으로 통행할 수밖에 없는 경우에는 앞지르기를 하는 경우가 아니라도 통행할 수 있음)
• 2차로 : 모든 자동차

**33** 가을철 교통사고의 특성으로 틀린 것은?

① 심한 일교차가 일어나기 때문에 안개가 집중적으로 발생해 대형 사고의 위험도 높아진다.

② 국도 주변에 경운기, 트랙터 등의 통행이 많아지므로 주의해야 한다.

③ 단풍을 감상하다 보면 집중력이 떨어져 교통사고의 발생 위험이 있다.

④ 자동차의 충돌·추돌·도로 이탈 등의 사고가 가장 많이 발생하는 계절이다.

**해설**
④는 겨울철 교통사고의 특성이다.

**34** 봄철 안전운전요령으로 틀린 것은?

① 시선을 멀리 두어 노면 상태 파악에 신경을 써야 한다.

② 변화하는 기후 조건에 잘 대처할 수 있도록 방어운전에 힘써야 한다.

③ 춘곤증은 피로·나른하지만 주의력 집중에 도움이 된다.

④ 운행 중에는 주변 교통 상황에 대해 집중력을 갖고 안전 운행하여야 한다.

**해설**
③ 춘곤증은 피로·나른함 및 의욕저하를 수반하여 운전하는 과정에서 주의력 집중이 안 되고 졸음운전으로 이어져 대형 사고를 일으키는 원인이 될 수 있다.

**35** 봄철 자동차관리 사항으로 가장 거리가 먼 것은?

① 냉각장치 점검

② 월동장비의 정리

③ 엔진오일 점검

④ 배선상태의 점검

**해설**
①은 여름철 자동차관리 사항이다.

**정답** 31 ① 32 ② 33 ④ 34 ③ 35 ①

**36** 여름철 자동차관리 사항으로 가장 거리가 먼 것은?

① 냉각장치의 점검
② 와이퍼의 작동상태 점검
③ 타이어 마모상태의 점검
④ 서리제거용 열선 점검

**해설**
④는 가을철 자동차관리 사항이다.

**37** 충전용기 등을 적재한 차량의 주·정차 내용 중 부적합한 것은?

① 교통량이 적은 곳이 좋다.
② 경사진 곳은 피한다.
③ 제1종 보호시설에서 25m 이상 떨어져야 한다.
④ 제2종 보호시설이 밀착되어 있는 지역은 피한다.

**해설**
③ 제1종 보호시설에서 15m 이상 떨어진 지역이어야 한다.

**38** 운반용기와 포장 외부에 표시해야 할 사항이 아닌 것은?

① 위험물의 품목
② 화학명
③ 제조원
④ 수 량

**해설**
운반용기와 포장 외부에 표시해야 할 사항으로는 위험물의 품목, 화학명 및 수량 등이 있다.

**39** 차량에 고정된 탱크의 안전운송기준이 아닌 것은?

① 법규, 기준 등의 준수
② 운송 중의 임시점검
③ 운행 경로의 변경 금지
④ 육교 등 높이에 주의하여 서서히 운행

**해설**
**운행 경로의 변경**
부득이하여 운행 경로를 변경하고자 할 때에는 긴급한 경우를 제외하고는 소속사업소, 회사 등에 사전 연락할 것

**40** 차량에 고정된 탱크의 이송(移送) 작업할 때의 기준으로 틀린 것은?

① 이송 전후에 밸브의 누출 유무를 점검하고 개폐는 재빠르게 할 것
② 탱크의 설계압력 이상의 압력으로 가스를 충전하지 않을 것
③ 저울, 액면계 또는 유량계를 사용하여 과충전에 주의할 것
④ 액화석유가스 충전소 내에서는 동시에 2대 이상의 고정된 탱크에서 저장설비로 이송작업을 하지 않을 것

**해설**
① 이송 전후에 밸브의 누출 유무를 점검하고 개폐는 서서히 행할 것

**정답** 36 ④ 37 ③ 38 ③ 39 ③ 40 ①

# 제4과목 운송서비스

**01** 고객응대의 마음가짐으로 틀린 것은?

① 자신의 입장에서 생각하라.
② 공사를 구분하고 공평하게 대하라.
③ 자신감을 가져라.
④ 투철한 서비스 정신으로 무장하라.

**해설**
① 고객의 입장에서 고객이 호감을 갖도록 한다.

**02** 고객 서비스의 특성에 해당되지 않는 것은?

① 무형성(Intangibility)
② 소멸성(Perishability)
③ 가분성(Separability)
④ 이질성(Heterogeneity)

**해설**
③ 동시성(Simultaneity) : 생산, 판매, 소비가 동시에 이루어짐을 의미

**03** 다음 중 고객의 욕구로 잘못 설명된 것은?

① 기억되기를 바란다.
② 환영받고 싶어 한다.
③ 관심을 갖지 않기를 바란다.
④ 중요한 사람으로 인식되기를 바란다.

**해설**
③ 관심을 가져 주기를 바란다. 이 외에도 편안해지고 싶고, 칭찬받고 싶고, 기대와 욕구를 수용해 주기를 바란다.

**04** 올바른 인사방법이 아닌 것은?

① 턱을 지나치게 내밀지 않도록 한다.
② 밝고 명랑한 표정을 짓는다.
③ 가벼운 인사의 경우 머리와 상체는 45° 정도 숙인다.
④ 인사하는 상대방과의 거리는 2m 내외가 적당하다.

**해설**
③ 머리와 상체는 가벼운 인사는 15°, 보통 인사는 30°, 정중한 인사는 45° 정도로 숙이는 것이 좋다.

**05** 다음 중 좋은 음성을 관리하는 방법으로 부적절한 것은?

① 자세를 바로 한다.
② 생동감 있게 한다.
③ 음성을 높인다.
④ 콧소리와 날카로운 소리를 없앤다.

**해설**
③ 좋은 음성은 낮고 차분하면서도 음악적인 선율이 있다.

**정답** 1 ① 2 ③ 3 ③ 4 ③ 5 ③

**06** 인사의 중요성을 설명한 것으로 틀린 것은?

① 인사는 서비스의 주요 기법이다.
② 인사는 실천하기 쉬운 행동양식이다.
③ 인사는 고객에 대한 마음가짐의 표현이다.
④ 인사는 고객에 대한 서비스정신의 표시이다.

**해설**
② 인사는 평범하고도 대단히 쉬운 행위이지만, 습관화되지 않으면 실천에 옮기기 어렵다.

**08** 다음 중 말하는 자세로 올바른 태도는?

① 상대방의 인격을 존중하고 배려하면서 공손한 말씨를 쓴다.
② 큰 소리로 자기 생각을 주장한다.
③ 항상 적극적이며 남의 말을 가로막고 이야기한다.
④ 외국어나 전문용어를 적절히 사용하여 전문성을 높인다.

**해설**
대화의 3요소
• 말씨는 알기 쉽게
• 내용은 분명하게
• 태도는 공손하게

**09** 교통질서의 중요성에 대한 다음 설명 중 옳지 못한 것은?

① 여러 사람이 안전하고 자유롭게 살기 위해서는 반드시 필요하다.
② 질서가 지켜질 때 상호조화와 화합이 이루어진다.
③ 교통질서를 어기는 것에 대해, 타인보다 자신에게 관대한 경향이 있다.
④ 교통의 흐름을 원활하게 하지만 능률적인 생활을 보장받을 수는 없다.

**해설**
④ 도로 현장에서 운전자 스스로 질서를 지키면 교통흐름이 원활하게 되어 능률적인 생활을 보장받을 수 있다.

**07** 다음 중 표정의 중요성이 아닌 것은?

① 표정은 첫인상을 크게 좌우한다.
② 첫인상은 대면 직후 결정되는 경우가 많다.
③ 첫인상이 좋아야 그 이후의 만남이 호의적으로 이루어질 수 있다.
④ 밝은 표정과 미소는 자신보다는 상대방을 위한 것이라 생각을 한다.

**해설**
④ 밝은 표정과 미소는 자신을 위하는 것이라고 생각한다.

**10** 운전자가 가져야 할 기본자세가 아닌 것은?

① 교통법규의 이해와 준수
② 여유 있고 양보하는 마음으로 운전
③ 운전기술의 과신은 금물
④ 안전한 추측 운전

**해설**
운전자가 가져야 할 기본적 자세
①, ②, ③ 이외에 주의력 집중, 심신상태의 안정, 추측 운전의 삼가, 저공해 등 환경보호, 소음공해 최소화 등이 있다.

**정답** ▶ 6 ② 7 ④ 8 ① 9 ④ 10 ④

**11** 화물차량 운전자의 특성으로 틀린 내용은?

① 현장의 작업에서 화물적재 차량이 출고되면 모든 책임은 회사의 책임이다.

② 운전자의 이동에 따라 사업장의 자체가 이동되는 특성을 갖는다.

③ 화물과 서비스가 함께 수송되어 목적지까지 운반된다.

④ 주야간의 운행으로 불규칙한 생활이 이어진다.

**해설**

① 현장의 작업에서 화물적재 차량이 출고되면 회사의 간섭을 받지 않고 모든 책임은 운전자의 책임으로 이어진다.

**12** 화물수송과정에서 요구되는 서비스로 틀린 내용은?

① 화물운송의 기초로서 도착지의 주소가 명확한지 재확인하고 연락 가능한 전화번호를 기록한다.

② 일반화물 중 이삿짐 수송 시 자신의 물건으로 여기고 소중히 수송하여야 한다.

③ 화물운송 시 안전도에 대한 점검은 출발 때만 하면 된다.

④ 화주가 요구하는 최종지점까지 배달하고, 특히 택배차량은 자택까지 수송하여야 한다.

**해설**

③ 화물운송 시 안전도에 대한 점검을 위하여 중간지점(휴게소)에서 화물 이상 유무, 결속 · 풀림상태, 차량점검 등을 반드시 실시한다.

**13** 화물운전자의 운전자세로 틀린 것은?

① 다른 자동차가 끼어들더라도 안전거리를 확보하는 여유를 가진다.

② 운전이 미숙한 자동차의 뒤를 따를 경우 서두르거나 선행자동차의 운전자를 당황하게 하지 말고 여유 있는 자세로 운행한다.

③ 화물차의 앞으로 추월하려는 운전자에게는 절대 양보해서는 안 된다.

④ 항상 자동차에 대한 점검 및 정비를 철저히 하여 자동차를 항상 최상의 상태로 유지한다.

**해설**

③ 일반 운전자는 화물차의 앞으로 추월하려는 마음이 강하기 때문에, 적당한 장소에서 후속자동차에게 진로를 양보하는 미덕을 갖는다.

**14** 운전자의 운행 전 준비사항이 아닌 것은?

① 용모 및 복장 확인

② 고객 및 화주에게 불쾌한 언행 금지

③ 세차를 하고 화물의 외부덮개 및 결박상태를 철저히 확인한 후 운행

④ 이상 발견 시는 운행 후 정비관리자에게 보고

**해설**

일상점검을 철저히 하고 이상 발견 시에는 정비관리자에게 즉시 보고하여 조치를 받은 후 운행한다.

**15** 운행상 주의사항이 아닌 것은?

① 후속차량이 추월하고자 할 때에는 감속하여 양보운전

② 내리막길에서는 풋 브레이크를 장시간 사용

③ 노면의 적설, 빙판 시 즉시 체인을 장착한 후 안전운행

④ 후진 시에는 유도요원을 배치, 신호에 따라 안전하게 후진

**해설**

② 내리막길에서는 풋 브레이크의 장시간 사용을 삼가고, 엔진 브레이크 등을 적절히 사용하여 안전운행한다.

**정답** 11 ① 12 ③ 13 ③ 14 ④ 15 ②

**16** 교통사고 발생 시 조치에 대한 설명으로 틀린 것은?

① 교통사고가 발생한 경우 현장에서의 인명구호, 관할경찰서
에 신고 등의 의무를 성실히 수행
② 경우에 따라 교통사고의 임의처리 가능
③ 사고로 인한 행정, 형사처분(처벌) 접수 시 임의처리 불가
④ 회사손실과 직결되는 보상업무는 일반적으로 수행불가

**해설**
② 어떠한 사고라도 임의처리는 불가하며, 사고발생 경위를 육하원칙에 의거하여
거짓 없이 정확하게 회사에 즉시 보고하여야 한다.

**17** 고객불만 발생 시 행동요령으로 틀린 것은?

① 고객의 감정을 상하게 하지 않도록 불만 내용을 끝까지 참
고 듣는다.
② 고객의 불만, 불편사항이 더 이상 확대되지 않도록 한다.
③ 고객불만을 해결하기 어려운 경우 적당히 답변하지 말고 관
련 부서에 넘긴다.
④ 책임감을 갖고 전화를 받는 사람의 이름을 밝혀 고객을 안
심시킨 후 확인 연락을 할 것을 전해준다.

**해설**
③ 고객불만을 해결하기 어려운 경우 적당히 답변하지 말고 관련 부서와 협의 후에
답변을 하도록 한다.

**18** 물류에 대한 설명으로 틀린 것은?

① 물류란 공급자로부터 생산자, 유통업자를 거쳐 최종 소비자
에게 이르는 재화의 흐름을 의미한다.
② 물류관리란 재화의 효율적인 '흐름'을 계획, 실행, 통제할
목적으로 행해지는 제반활동을 의미한다.
③ 물류의 기능에는 수송(운송)기능, 포장기능, 보관기능, 하
역기능, 정보기능 등이 있다.
④ 물류는 자재조달·폐기·회수 등의 의미에서 장소적인 이
동을 의미하는 운송의 개념으로 바뀌었다.

**해설**
④ 최근 물류는 단순히 장소적 이동을 의미하는 운송의 개념에서 자재조달·폐기·
회수 등을 총괄하는 개념으로 확대되었다.

**19** 기업의 차원에서의 물류의 중요성에 대한 설명 중 잘못된 것은?

① 물류비가 계속적으로 감소하는 추세에 있다.
② 기업의 생산비 절감이 한계점에 이르고 있다.
③ 기업 이윤의 원천은 물류의 근대화에 있다.
④ 고객 서비스의 개선과 향상이 크게 요청되고 있다.

**해설**
① 물류비는 계속 증가하는 추세이다.

**20** 기업경영에서의 물류의 역할이 아닌 것은?

① 물류는 마케팅의 절반을 차지한다.
② 판매기능을 촉진한다.
③ 적정재고의 유지로 재고비용의 절감에 기여한다.
④ 물류(物流)와 상류(商流)의 통합으로 유통합리화에 기여
한다.

**해설**
④ 물류(物流)와 상류(商流)의 분리를 통해 유통합리화에 기여한다.

**정답** ▶ 16 ② 17 ③ 18 ④ 19 ① 20 ④

**21** 다음 기능 중 물류의 기본적 기능이 아닌 것은?

① 시간적 기능
② 품질적 기능
③ 정보적 기능
④ 가격적 기능

**해설**
물류의 기본적 기능
장소적 기능, 시간적 기능, 수량적 기능, 품질적 기능, 가격적 기능, 인적 기능

**22** 물류관리에 대한 설명으로 틀린 것은?

① 물류관리는 운송, 보관, 하역, 포장, 정보, 가공 등의 모든 활동을 유기적으로 조정하여 하나의 독립된 시스템으로 관리하는 것이다.
② 물류관리는 경영관리의 다른 기능과 밀접한 상호관계를 갖고 있다.
③ 물류관리를 위해서는 개별시스템적 접근이 이루어져야 한다.
④ 물류관리는 그 기능의 일부가 생산 및 마케팅 영역과 밀접하게 연관되어 있다.

**해설**
물류관리의 고유한 기능 및 연결기능을 원활하게 수행하기 위해서는 기업 전체의 전략수립 차원에서 통합된 총괄시스템적 접근이 이루어져야 한다.

**23** 다음 중 물류관리의 핵심적 활동으로 볼 수 없는 것은?

① 운송관리
② 재고관리
③ 물류센터관리
④ 대고객 서비스관리

**해설**
③은 물류관리의 보조적 활동에 속한다.

**24** 다음 중 물류의 기능이 아닌 것은?

① 하 역
② 포 장
③ 정 보
④ 생 산

**해설**
물류의 기능에는 운송, 포장, 보관, 하역, 정보, 유통가공 등이 포함된다.

**25** 고객에 대한 판매가 확정된 후 고객에게 출하하여 인도하기까지의 물류 활동은?

① 조달 물류
② 폐기 물류
③ 사내 물류
④ 판매 물류

**해설**
① 원자재의 조달에서부터 구입자인 제조업자에게 납품될 때까지 물류 활동이다.
② 제품 및 포장용 또는 수송용 용기, 자재 등을 폐기하기 위한 물류 활동이다.
③ 완성된 제품에 수송 포장을 하는 시점에서 고객에 대한 판매가 최종적으로 확정되기까지의 물류 활동이다.

**정답** 21 ③  22 ③  23 ③  24 ④  25 ④

**26** 다음 고객 서비스 중 경영·기술 서비스에 해당되는 것은?

① 정보 서비스
② 품질 서비스
③ 애로 서비스
④ 고충 서비스

해설
경영·기술 서비스로는 경영 원조 서비스, 기술 원조 서비스, 정보 서비스, 시스템 서비스 등이 있다.

**28** 다음 중 물류기획부의 주요 임무가 아닌 것은?

① 생산·판매·재고 균형계획의 작성
② 물류예산의 편성관리
③ 물류비용표(Cost Table)의 작성 및 물류비의 파악
④ 전사적인 물류전략의 수립

해설
물류기획부의 주요 임무로는 ②, ③, ④ 이외에 전사적인 물류 관계 프로젝트의 추진, 전사적인 물류 시스템의 설계 개선 등이 있다.

**29** 21세기 초일류회사가 되기 위한 행동지침이 아닌 것은?

① 미래에 대한 비전(Vision)과 경영전략
② 물류전략에 대한 경영진만의 공감대 형성
③ 전사적인 업무·전산 교육체계 도입 및 확산
④ 로지스틱스에 대한 정보수집, 분석, 공유를 위한 모니터 체계 확립

해설
② 물류전략에 대한 전사적인 공감대 형성

**27** 물류전략에 대한 다음 설명 중 틀린 내용은?

① 물류와 관련된 구매기준에 기초하여 고객을 정확히 세분화
② 새로 정해진 서비스 수준을 지원하기 위한 신규 투자 확대
③ 통합된 보고 시스템을 구축하고 부서 간의 협조를 증진
④ 서로 다른 고객 집단을 위해 적절하고 차별화된 서비스 수준 결정

해설
② 새로운 투자가 요구될지라도 기존의 물류를 활용하는 것이 바람직하다.

**30** 다음 중 물류정보활동의 역할에 따른 물류정보의 분류 항목이 아닌 것은?

① 물류 관리 정보
② 재고 정보
③ 출하 정보
④ 화물 운송 정보

해설
물류정보는 물류정보활동의 역할에 따라 수주 정보, 재고 정보, 생산 정보(도매업의 경우는 매입 지시 정보), 출하 정보, 물류 관리 정보 등으로 분류할 수 있다.

정답 ▶ 26 ① 27 ② 28 ① 29 ② 30 ④

3일 자주 나오는 문제

**31** 제3자 물류에 대한 설명으로 틀린 것은?

① 제3자 물류는 기업이 사내의 물류조직을 별도로 분리하여 자회사로 독립시키는 경우를 말한다.

② 화주기업이 자기의 모든 물류활동을 외부에 위탁하는 경우를 말한다.

③ 제3자 물류의 발전과정은 자사물류(제1자) → 물류자회사(제2자) → 제3자 물류라는 단순한 절차로 발전하는 경우가 많다.

④ 국내의 제3자 물류 수준은 물류아웃소싱 단계에 있다.

해설
①은 제2자 물류(물류자회사)의 경우이다.

**32** 제3자 물류의 도입이유가 아닌 것은?

① 자기물류활동에 의한 물류효율화의 한계

② 물류자회사에 의한 물류효율화의 확대

③ 물류산업 고도화를 위한 돌파구

④ 세계적인 조류로서 제3자 물류의 비중 확대

해설
물류자회사에 의한 물류효율화의 한계
물류자회사는 물류비의 정확한 집계, 이에 따른 물류비 절감요소의 파악, 전문인력의 양성, 경제적인 투자결정 등의 이점이 있다. 반면에 태생적 제약으로 인한 구조적인 문제점도 다수 존재한다.

**33** 화주기업의 측면에서 제3자 물류의 기대효과로 볼 수 없는 것은?

① 공급망 대 공급망 간 경쟁에서 유리한 위치를 차지

② 리드타임(Lead Time) 단축과 고객서비스의 향상

③ 수요기반 확대에 따른 경제효과에 의해 효율성, 생산성 향상

④ 물동량 변동, 물류경로변화에 효과적으로 대응

해설
③은 물류업체 측면의 기대 효과

**34** 제4자 물류에 관한 설명으로 틀린 것은?

① 제4자 물류란 컨설팅업무를 제외한 제3자 물류를 말한다.

② 제4자 물류의 목표는 고객서비스의 극대화이다.

③ 제4자 물류는 제3자 물류보다 범위가 넓은 공급망의 역할을 담당한다.

④ 제4자 물류는 LLP(Lead Logistics Provider)라고도 한다.

해설
① 제4자 물류란 제3자 물류의 기능에 컨설팅 업무까지 수행하는 것을 말한다.

**35** 최소의 비용으로 최대의 물류서비스를 산출하기 위하여 물류서비스를 3S 1L의 원칙으로 행하는 물류시스템의 목적을 잘못 구체화한 것은?

① 고객에게 상품을 적절한 납기에 맞추어 정확하게 배달하는 것

② 고객의 주문에 대해 상품의 품절을 가능한 한 적게 하는 것

③ 운송, 보관, 하역, 포장, 유통·가공의 작업을 획일화하는 것

④ 물류거점을 적절하게 배치하여 배송효율을 향상하고 상품의 적정재고량을 유지하는 것

해설
운송, 보관, 하역, 포장, 유통·가공의 작업을 합리화하는 것이 물류시스템의 목적에 적합하다.

정답 ▶ 31 ① 32 ② 33 ③ 34 ① 35 ③

5일 완성 화물운송종사자격 **159** 제4과목 운송서비스

**36** 다음 중 수·배송 시스템 설계 시 고려해야 할 4가지 측면에 속하지 않는 것은?

① 경제적 측면
② 안전적 측면
③ 서비스 측면
④ 문화적 측면

**해설**
수·배송 시스템 설계 시 고려해야 할 4가지 측면은 ①, ②, ③과 사회적 측면이 있다.

**37** 다음 중 운송의 의의라고 볼 수 없는 것은?

① 장소적 효용의 창출
② 재화의 장소적 또는 공간적 이동
③ 마케팅상 물류시스템 합리화의 요소
④ 시간적 효용의 창출

**해설**
④ 시간적 효용의 창출은 판매를 의미한다.

**38** 대형 트럭, 컨테이너 등에 적합한 운송 유형은?

① 공장 - 물류거점 간 간선운송
② 공장 - 대규모 소비자 직송
③ 물류거점 - 소규모 소비자 배송
④ 물류거점 - 대규모 소비자 직송

**해설**
② 중형 트럭, 소형 컨테이너
③ 중·소형 트럭, 승용화물차량, 항공기

**39** 물류 시스템에 대한 설명으로 틀린 것은?

① 물류 시스템의 목표는 최소의 비용으로 최대의 물류 서비스를 산출하는 것이다.
② 물류 서비스 원칙에는 3S 1L 원칙이 있다.
③ 물류활동은 수행하는 데 필요한 비용과 서비스레벨 사이 트레이드오프 관계가 성립한다.
④ 비용과 서비스 수준의 사이에는 '수확체증의 법칙'이 작용한다.

**해설**
④ 물류 서비스의 수준을 향상시키면 물류비용도 상승하므로, 비용과 서비스의 사이에는 '수확체감의 법칙'이 작용한다.

**40** 운송합리화 방안이 아닌 것은?

① 적기 운송과 운송비 부담의 완화
② 실차율 향상을 위한 공차율의 최대화
③ 물류기기의 개선과 정보시스템의 정비
④ 최단 운송경로의 개발 및 최적 운송수단의 선택

**해설**
② 실차율 향상을 위한 공차율의 최소화

**정답** 36 ④ 37 ④ 38 ① 39 ④ 40 ②

**41** 화주가 화물운송수단을 결정할 때 화물운송업체 차량을 이용할 경우의 장점은?

① 공차 회송률의 감소
② 유통비의 절감효과
③ 화물추적 정보 시스템의 가동 가능
④ 오지나 격지에도 배송 가능

> **해설**
> 화물운송업체 차량 이용 시 장점
> • 돌발적인 수요 증가에 탄력적 대응 가능
> • 설비와 인력투자에 따른 고정비 절감
> • 공차 회송률의 감소
> 자사보유차량 이용 시 장점
> • 오지나 격지에도 배송 가능
> • 화물추적 정보 시스템 가동 가능
> • 화물파손이나 도난 감소
> • 유통비 절감 효과
> • 귀로 시 공차의 효율성 제고

**42** 수·배송관리가 효율적으로 시행되기 위해서 고려되어야 할 사항이 아닌 것은?

① 리드 타임(Lead Time) 단축
② 적재율 향상
③ 차량의 회전율 향상
④ 편도 운송 확대

> **해설**
> 효율적인 수·배송관리를 위해서는 적재율을 가능한 한 상승시키고, 대량의 상품을 낮은 빈도로 수·배송하여야 하며, 편도 운송·중복 운송을 줄여야 한다.

**43** 공동 수·배송 시스템의 기본 목표로 볼 수 없는 것은?

① 물류비의 절감
② 물류 서비스의 개선
③ 서비스의 차별화
④ 업계의 표준화, 시스템화

> **해설**
> ③ 공동 수·배송 시스템은 서비스 차별화에 한계가 있다.

**44** 공동 수·배송 체제를 도입함으로써 얻을 수 있는 기업의 이익과 거리가 먼 것은?

① 요금의 정확한 산정
② 기동성 향상
③ 부가가치세 및 책임보험료의 절감
④ 적재율 감소

> **해설**
> 화물자동차의 적재율이 향상되어 수·배송량이 증가하는 동시에 운송차량의 회송 시에 공차율을 감소시킴으로써 적재율이 대폭 향상된다.

**45** 다음 중 물류비의 산정 목적이 아닌 것은?

① 물류비의 크기를 표시하여 사내에서 물류의 중요성을 알게 한다.
② 물류활동의 문제점을 파악한다.
③ 물류활동을 계획·관리하고 실적을 평가한다.
④ 상품 가격에서 차지하는 유통비를 파악한다.

> **해설**
> 일반적으로 물류비는 물류비의 크기를 표시하여 사내에서 물류의 중요성을 인식하고, 물류활동의 문제점을 파악하며, 물류활동을 계획·관리, 실적을 평가하고, 생산과 판매 부문의 불합리한 물류활동을 발견하기 위한 4가지 목적으로 산정한다.

**정답** 41 ① 42 ④ 43 ③ 44 ④ 45 ④

**46** 물류비는 지급형태별, 물류기능별, 물류영역별 등의 기본적인 분류가 가능한데, 재무회계에서 비용의 발생을 기초로 한 분류는 다음 중 어느 것인가?

① 지급형태별 분류
② 물류기능별 분류
③ 물류영역별 분류
④ 관리목적별 분류

해설
지급형태별 분류는 재무회계에서 비용의 발생을 기초로 한 분류이다.

**47** 다음 중 비용이 어떠한 물류기능을 위하여 발생하였는가 하는 것을 기준으로 분류하는 방법은?

① 기능별 분류
② 지급형태별 분류
③ 발생형태별 분류
④ 물류영역별 분류

해설
기능별 분류는 비용이 어떠한 물류기능을 위하여 발생하였는가 하는 기준으로 분류하는 방법으로 비용의 발생을 기능별, 책임구분별로 관리하는 동시에 제품별 등의 적용방법별 계산을 정확하게 하기 위한 분류이다.

**48** 트럭수송의 장단점에 대한 설명으로 틀린 것은?

① 문전에서 문전으로 배송서비스를 탄력적으로 행할 수 있다.
② 중간 하역이 불필요하고 포장의 간소화·간략화가 가능하다.
③ 수송 단위가 작고, 연료비나 인건비 등 수송단가가 낮다.
④ 진동, 소음, 광화학 스모그 등의 공해문제가 있다.

해설
③ 수송 단위가 작고, 연료비나 인건비(장거리의 경우) 등 수송단가가 높다.

**49** SCM에 대한 설명으로 틀린 것은?

① SCM은 공급망인 전체의 물자의 흐름을 원활하게 하는 공동 전략을 말한다.
② 공급망 내의 각 기업은 상호 협력하여 공급망 프로세스를 재구축하고, 업무협약을 맺으며, 공동전략을 구사하게 된다.
③ 공급망관리는 기업간 협력을 기본 배경으로 하는 것이다.
④ 공급망관리는 '수직계열화'와 같은 의미이다.

해설
공급망관리는 '수직계열화'와는 다르다. 수직계열화는 보통 상류의 공급자와 하류의 고객을 소유하는 것을 의미한다.

**50** TQC(전사적 품질관리)에 대한 설명으로 틀린 것은?

① TQC란 제품이나 서비스를 만드는 모든 작업자가 품질에 대한 책임을 나누어 갖는다는 개념이다.
② 불량품을 원천에서 찾아내고 바로잡기 위한 방안이지만, 작업자가 품질에 문제가 있는 것을 발견하면 생산라인 전체를 중단시킬 수는 없다.
③ 물류서비스 품질관리 담당자 모두가 물류서비스 품질의 실천자가 된다는 내용이다.
④ 물류서비스의 품질관리를 보다 효율적으로 하기 위해서는 물류현상을 정량화하는 것이 중요하다.

해설
② TQC는 불량품을 원천에서 찾아내고 바로잡기 위한 방안이며, 작업자가 품질에 문제가 있는 것을 발견하면 생산라인 전체를 중단시킬 수도 있다.

정답  46 ①  47 ①  48 ③  49 ④  50 ②

**51** QR(신속대응)에 대한 설명으로 틀린 것은?

① 생산·유통기간의 단축, 재고의 감소, 반품손실 감소 등 생산·유통의 각 단계에서 효율화를 실현한다.

② 생산·유통 관련 업자가 전략적으로 제휴하여 소비자의 선호 등을 즉시 파악하여 시장변화에 신속하게 대응한다.

③ 제조업자는 유지비용의 절감, 고객서비스의 제고, 높은 상품회전율, 매출과 이익증대 등의 혜택을 볼 수 있다.

④ 시장에 적합한 상품을 적시 적소에 적당한 가격으로 제공하는 것이다.

**해설**

신속대응(QR)을 활용함으로써 제조업자는 정확한 수요예측, 주문량에 따른 생산의 유연성 확보, 높은 자산회전율 등의 혜택을 볼 수 있다. 그리고 소비자는 상품의 다양화, 낮은 소비자 가격, 품질개선, 소비패턴 변화에 대응한 상품구매 등의 혜택을 볼 수 있다.

**52** 주파수 공용통신(TRS)에 대한 설명으로 틀린 것은?

① 이동차량이나 선박 등 운송수단에 탑재하여 이동 간의 정보를 리얼타임(Real-time)으로 송수신할 수 있는 통신서비스이다.

② 고장차량에 대응한 차량 재배치나 지연사유 분석에 있어서는 문제가 있다.

③ 운송회사에서는 차량의 위치추적을 통해 사전 회귀배차(廻歸配車)가 가능해진다.

④ 기업은 화물추적기능, 화주의 요구에 대한 신속대응, 서류처리의 축소, 정보의 실시간 처리 등의 이점을 가져오게 된다.

**해설**

TRS를 통해 고장차량에 대응한 차량 재배치나 지연사유 분석이 가능해진다.

**53** 택배운송서비스에서 고객의 요구사항이 아닌 것은?

① 포장불비로 화물포장의 요구

② 착불요구

③ 냉동화물의 오전배달

④ 박스화되지 않은 화물의 인수요구

**해설**

③ 냉동화물의 우선배달

**54** 택배화물 배달요령이 아닌 것은?

① 관내 상세지도를 소지할 필요는 없다.

② 배달표에 나타난 주소대로 배달할 것을 표시한다.

③ 우선적으로 배달해야 할 고객의 위치를 표시한다.

④ 순서에 입각하여 배달표를 정리한다.

**해설**

① 비닐 코팅된 관내 상세지도를 보유한다.

**55** 자가용 트럭운송서비스의 특징으로 틀린 것은?

① 높은 신뢰성이 확보된다.

② 안정적 공급이 가능하다.

③ 설비투자가 필요없다.

④ 수송능력에 한계가 있다.

**해설**

③ 설비투자가 필요하다.

**정답**  51 ③  52 ②  53 ③  54 ①  55 ③

**56** 화물에 이상이 있을 시 인계 요령이 아닌 것은?

① 약간의 문제가 있어도 반드시 반품·변상 처리한다.

② 완전히 파손, 변질 시에는 진심으로 사과하고 회수 후 변상한다.

③ 내품에 이상이 있을 시에는 전화할 곳과 절차를 알려준다.

④ 배달완료 후 파손, 기타 이상이 있다는 배상 요청 시 반드시 현장 확인을 해야 한다.

> **해설**
> ① 약간의 문제가 있을 때는 잘 설명하여 이용하도록 한다.

**57** 고객부재 시의 요령으로 틀린 것은?

① 반드시 방문시간, 송하인, 화물명, 연락처 등을 기록하여 문밖에 부착한다.

② 대리인 인수 시에는 전화로 사전에 인수자를 지정받도록 해야 한다.

③ 밖으로 불러냈을 때는 반드시 죄송하다는 인사를 한다.

④ 대리인 인계가 되었을 때는 귀점 중 다시 전화로 확인, 귀점 후 재확인한다.

> **해설**
> ① 반드시 방문시간, 송하인, 화물명, 연락처 등을 기록하여 문안에 투입(문밖에 부착은 절대 금지)한다.

# 4일

## 달달 외워서 합격하기

**5일 완성 화물운송종사자격**　쉽고 빠르게~ 합격은 나의 것!

# 핵심만 콕! 콕!　최신 가이드북 완벽 반영한 핵심이론!

# 자주 나오는 문제　다양한 빈출문제로 출제유형 파악!

# 달달 외워서 합격　실전대비 합격문제로 마무리!

| 제1회 | 실전대비합격문제 | 회독 CHECK 1 2 3 |
|---|---|---|
| 제2회 | 실전대비합격문제 | 회독 CHECK 1 2 3 |

전로봇운동성사라천

# 5일 만에 생활영어

왕기초 뛰어넘기 ~ 생활영어 단어 끝!

# 제 1 회 실전대비합격문제

1과목 **교통 및 화물자동차 운수사업 관련 법규**

**01** 다음 중 연석선, 안전표지 그 밖의 이와 비슷한 인공구조물로 그 경계를 표시하여 보행자(유모차, 보행보조용 의자차, 노약자용 보행기 등 행정안전부령으로 정하는 기구·장치를 이용하여 통행하는 사람을 포함)가 통행할 수 있도록 한 도로의 부분을 뜻하는 용어는?

① 도 로 ② 차 도
③ 보 도 ④ 차 선

**해설**
① 도로법에 의한 도로, 유료도로법에 따른 유료도로, 농어촌도로 정비법에 따른 농어촌도로, 그 밖에 현실적으로 불특정 다수의 사람 또는 차마(車馬)가 통행할 수 있도록 공개된 장소로서 안전하고 원활한 교통을 확보할 필요가 있는 장소를 말한다(도로교통법 제2조 제1호).
② 연석선(차도와 보도를 구분하는 돌 등으로 이어진 선을 말함), 안전표지 또는 그와 비슷한 인공구조물을 이용하여 경계(境界)를 표시하여 모든 차가 통행할 수 있도록 설치된 도로의 부분을 말한다(도로교통법 제2조 제4호).
④ 차로와 차로를 구분하기 위하여 그 경계지점을 안전표지로 표시한 선을 말한다(도로교통법 제2조 제7호).

**02** 도로교통법 시행령에 따라 사용하는 사람 또는 기관 등의 신청에 의한 긴급자동차의 지정권자는?

① 시·도경찰청장
② 국토교통부장관
③ 행정안전부장관
④ 소방서장

**해설**
도로교통법 시행령 제2조에 따라 긴급자동차의 지정을 받으려는 사람 또는 기관 등은 긴급자동차 지정신청서에 별도의 서류를 첨부하여 시·도경찰청장에게 제출하여야 한다(도로교통법 시행규칙 제3조).

**03** 신호의 뜻에 대한 설명으로 맞는 것은?

① 녹색의 등화일 때 직진만 할 수 있다.
② 황색의 등화일 때 신호는 좌회전만 할 수 있다.
③ 우회전은 신호에 구애받지 않고 항시 할 수 있다.
④ 녹색의 등화일 때 차마는 직진할 수 있고 우회전할 수 있다.

**해설**
녹색의 등화(도로교통법 시행규칙 별표 2)
• 차마는 직진 또는 우회전할 수 있다.
• 비보호 좌회전 표지 또는 비보호 좌회전 표시가 있는 곳에서는 좌회전할 수 있다.

**04** 편도 3차로의 고속도로에서 오른쪽차로를 주행할 수 없는 차는?

① 승용자동차
② 화물자동차
③ 특수자동차
④ 건설기계

**해설**
① 편도 3차로 이상의 고속도로에서 오른쪽차로를 주행할 수 있는 차종은 대형 승합자동차, 화물자동차, 특수자동차, 법 제2조 제18호 나목에 따른 건설기계이며, 승용자동차의 주행차로는 왼쪽차로이다(도로교통법 시행규칙 별표 9).

**05** 일반도로에서 견인자동차가 아닌 자동차로 총중량 2,000kg 미만인 자동차를 총중량이 그의 3배인 자동차로 견인할 때의 속도 기준은?

① 20km/h 이내
② 25km/h 이내
③ 30km/h 이내
④ 35km/h 이내

**해설**
총중량 2,000kg 미만인 자동차를 총중량이 그의 3배 이상인 자동차로 견인하는 경우에는 30km/h 이내, 그 외의 경우 및 이륜자동차가 견인하는 경우에는 25km/h 이내의 속도로 하여야 한다(도로교통법 시행규칙 제20조).

**06** 주차금지에 대한 다음 설명 중 틀린 것은?

① 터널 안에서는 주차할 수 없다.
② 다리 위에서는 주차할 수 있다.
③ 시·도경찰청장이 주차 금지 장소로 인정하여 지정한 곳에는 주차할 수 없다.
④ 도로공사를 하고 있는 경우에는 그 공사구역의 양쪽 가장자리로부터 5m 이내에는 주차할 수 없다.

**해설**
② 다리 위는 주차금지 장소이다(도로교통법 제33조).

**정답** 1 ③ 2 ① 3 ④ 4 ① 5 ③ 6 ②

## 07 자전거 운전자 안전을 위한 자전거횡단도로의 설치권자는?

① 시·도지사
② 시·도경찰청장
③ 국토교통부장관
④ 행정안전부장관

**해설**

시·도경찰청장은 도로를 횡단하는 자전거 운전자의 안전을 위하여 행정안전부령으로 정하는 기준에 따라 자전거횡단도를 설치할 수 있다(도로교통법 제15조의2 제1항).

## 08 팔을 차체의 밖으로 내어 45° 밑으로 펴서 상하로 흔드는 신호는?

① 정지할 때
② 후진할 때
③ 뒤차에게 앞지르기를 시키려는 때
④ 서행할 때

**해설**

신호의 시기 및 방법(도로교통법 시행령 별표 2)
① 정지할 때 : 팔을 차체의 밖으로 내어 45° 밑으로 펴거나 자동차안전기준에 따라 장치된 제동등을 켠다.
② 후진할 때 : 팔을 차체의 밖으로 내어 45° 밑으로 펴서 손바닥을 뒤로 향하게 하여 그 팔을 앞뒤로 흔들거나 자동차안전기준에 따라 장치된 후진등을 켠다.
③ 뒤차에게 앞지르기를 시킬 때 : 오른팔 또는 왼팔을 차체의 왼쪽 또는 오른쪽 밖으로 수평으로 펴서 손을 앞뒤로 흔든다.

## 09 다음 중 제1종 대형면허로 운전할 수 있는 차량이 아닌 것은?

① 아스팔트살포기
② 노상안정기
③ 구난형 특수자동차
④ 콘크리트믹서트럭

**해설**

제1종 대형면허로 운전할 수 있는 차량(도로교통법 시행규칙 별표 18)
• 승용자동차
• 승합자동차
• 화물자동차
• 건설기계
  – 덤프트럭, 아스팔트살포기, 노상안정기
  – 콘크리트믹서트럭, 콘크리트펌프, 천공기(트럭 적재식)
  – 콘크리트믹서트레일러, 아스팔트콘크리트재생기
  – 도로보수트럭, 3ton 미만의 지게차
• 특수자동차(대형견인차, 소형견인차 및 구난차는 제외)
• 원동기장치자전거

## 10 술에 취한 상태에 있다고 인정할 만한 상당한 이유가 있는 사람으로서 경찰공무원의 측정에 응하지 아니한 사람의 벌칙은?

① 6개월 이상 1년 이하의 징역이나 300만원 이상 500만원 이하의 벌금에 처한다.
② 6개월 이하의 징역이나 300만원 이하의 벌금에 처한다.
③ 1년 이상 5년 이하의 징역이나 500만원 이상 2,000만원 이하의 벌금에 처한다.
④ 3년 이하의 징역이나 500만원 이상 1,000만원 이하의 벌금에 처한다.

**해설**

벌칙(도로교통법 제148조의2)
㉠ 술에 취한 상태에서의 운전 금지(제44조 제1항 또는 제2항)를 위반(자동차 등 또는 노면전차를 운전한 경우로 한정하며, 개인형 이동장치를 운전한 경우는 제외)하여 벌금 이상의 형을 선고받고 그 형이 확정된 날부터 10년 내에 다시 같은 조 제1항 또는 제2항을 위반한 사람(형이 실효된 사람도 포함)은 다음의 구분에 따라 처벌한다.
• 제44조 제2항을 위반한 사람은 1년 이상 6년 이하의 징역이나 500만원 이상 3천만원 이하의 벌금
• 제44조 제1항을 위반한 사람 중 혈중알코올농도가 0.2% 이상인 사람은 2년 이상 6년 이하의 징역이나 1천만원 이상 3천만원 이하의 벌금
• 제44조 제1항을 위반한 사람 중 혈중알코올농도가 0.03% 이상 0.2% 미만인 사람은 1년 이상 5년 이하의 징역이나 500만원 이상 2천만원 이하의 벌금
㉡ 술에 취한 상태에 있다고 인정할 만한 상당한 이유가 있는 사람으로서 제44조 제2항에 따른 경찰공무원의 측정에 응하지 아니하는 사람(자동차 등 또는 노면전차를 운전하는 사람으로 한정)은 1년 이상 5년 이하의 징역이나 500만원 이상 2천만원 이하의 벌금에 처한다.
㉢ 법 제44조 제1항을 위반하여 술에 취한 상태에서 자동차 등을 운전한 사람은 다음의 구분에 따라 처벌한다.
• 혈중알코올농도가 0.2% 이상인 사람은 2년 이상 5년 이하의 징역이나 1천만원 이상 2천만원 이하의 벌금
• 혈중알코올농도가 0.08% 이상 0.2% 미만인 사람은 1년 이상 2년 이하의 징역이나 500만원 이상 1천만원 이하의 벌금
• 혈중알코올농도가 0.03% 이상 0.08% 미만인 사람은 1년 이하의 징역이나 500만원 이하의 벌금
술에 취한 상태에서의 운전 금지(도로교통법 제44조)
㉠ 누구든지 술에 취한 상태에서 자동차 등(건설기계를 포함), 노면전차 또는 자전거를 운전하여서는 아니 된다.
㉡ 경찰공무원은 교통의 안전과 위험방지를 위하여 필요하다고 인정하거나 ㉠을 위반하여 술에 취한 상태에서 자동차 등, 노면전차 또는 자전거를 운전하였다고 인정할 만한 상당한 이유가 있는 경우에는 운전자가 술에 취하였는지를 호흡조사로 측정할 수 있다. 이 경우 운전자는 경찰공무원의 측정에 응하여야 한다.

**정답** ▶ 7 ② 8 ④ 9 ③ 10 ③

**11** 음주운전 면허정지처분 경력이 있는 운전자가 혈중알코올농도 0.05%로 다시 음주운전이 측정된 경우, 운전면허에 대한 처분은?

① 경고처분
② 면허정지
③ 면허취소
④ 운전면허 응시 박탈

**해설**
혈중알코올농도 0.05%로 면허정지인데, 이전 경력 있으므로 면허취소에 해당한다.

**12** 교통사고처리특례법상 보험 또는 공제에 가입된 경우라도 공소를 제기할 수 있는 경우가 아닌 것은?

① 운전자가 업무상 필요한 주의를 게을리하거나 중대한 과실로 다른 사람의 건조물이나 그 밖의 재물을 손괴한 경우
② 중과실치상죄를 범하고도 피해자를 사고 장소로부터 옮겨 유기하고 도주한 경우
③ 업무상과실치상죄를 범하고도 피해자를 구호하는 등의 조치를 하지 아니하고 도주한 경우
④ 피해자가 신체의 상해로 인하여 생명에 대한 위험이 발생하거나 불구가 되거나 불치 또는 난치의 질병이 생긴 경우

**해설**
① 교통사고를 일으킨 차가 보험 또는 공제에 가입된 경우에는 제3조 제2항 본문에 규정된 죄를 범한 차의 운전자에 대하여 공소를 제기할 수 없다(교통사고처리특례법 제4조 제1항).
②·③·④ 교통사고처리특례법상 보험 또는 공제에 가입된 경우라도 공소를 제기할 수 있는 경우에 해당한다(교통사고처리특례법 제4조 제1항).

**13** 다음 중 도주사고 적용 사례로 틀린 내용은?

① 차량과의 충돌사고를 알면서도 그대로 가버린 경우
② 가해자 및 피해자 일행 또는 경찰관이 환자를 후송 조치하는 것을 보고 연락처를 주고 가버린 경우
③ 피해자가 사고 즉시 일어나 걸어가는 것을 보고 구호조치 없이 그대로 가버린 경우
④ 사고 후 의식이 회복된 운전자가 피해자에 대한 구호조치를 하지 않았을 경우

**해설**
도주가 적용되지 않는 경우
• 피해자가 부상 사실이 없거나 극히 경미하여 구호조치가 필요치 않는 경우
• 가해자 및 피해자 일행 또는 경찰관이 환자를 후송 조치하는 것을 보고 연락처를 주고 가버린 경우
• 교통사고 가해운전자가 심한 부상을 입어 타인에게 의뢰하여 피해자를 후송 조치한 경우
• 교통사고 장소가 혼잡하여 도저히 정지할 수 없어 일부 진행한 후 정지하고 되돌아와 조치한 경우

**14** 교통사고처리특례법상 승객추락 방지의무 위반사고의 사례로 볼 수 없는 것은?

① 운전자가 출발하기 전 그 차의 문을 제대로 닫지 않고 출발함으로써 탑승객이 추락, 부상을 당하였을 경우
② 택시의 경우 승객이 타기 전에 출발하다가 부상을 당하였을 경우
③ 개문 당시 승객의 손이나 발이 끼어 사고가 난 경우
④ 개문 발차로 인한 승객의 낙상사고의 경우

**해설**
승객추락 방지의무 위반사고의 적용 배제 사례
• 개문 당시 승객의 손이나 발이 끼어 사고가 난 경우
• 택시의 경우 목적지에 도착하여 승객 자신이 출입문을 개폐 도중 사고가 발생한 경우
①·②·④ 도로교통법 제39조 제3항(모든 차 또는 노면전차의 운전자는 운전 중 타고 있는 사람 또는 타고 내리는 사람이 떨어지지 아니하도록 하기 위하여 문을 정확히 여닫는 등 필요한 조치를 하여야 함)에 따른 승객의 추락 방지의무를 위반하여 운전한 경우이다(교통사고처리 특례법 제3조 제10호).

**정답** 11 ③ 12 ① 13 ② 14 ③

**15** 다음은 화물자동차 운수사업법에서 사용되는 용어에 대한 정의이다. 잘못된 것은?

① "화물자동차"라 함은 자동차관리법 제3조의 규정에 의한 화물자동차 및 특수자동차로서 국토교통부령이 정하는 자동차를 말한다.

② "화물자동차 운수사업"이란 화물자동차 운송사업, 화물자동차 운송주선사업 및 화물자동차 운송가맹사업을 말한다.

③ "공영차고지"란 화물자동차 운수사업에 제공되는 차고지로 특별시장·광역시장·특별자치시장·도지사·특별자치도지사 또는 시장·군수·구청장, 「공공기관의 운영에 관한 법률」에 따른 공공기관 중 대통령령으로 정하는 공공기관과 「지방공기업법」에 따른 지방공사가 설치한 것을 말한다.

④ "운수종사자"라 함은 화물자동차의 운전자, 화물의 운송 또는 운송주선에 관한 사무를 취급하는 자이며, 이를 보조하는 보조원은 제외된다.

> **해설**
> ④ "운수종사자"라 함은 화물자동차의 운전자, 화물의 운송 또는 운송주선에 관한 사무를 취급하는 사무원 및 이를 보조하는 보조원, 그 밖에 화물자동차운수사업에 종사하는 자를 말한다(화물자동차 운수사업법 제2조 제8호).

**16** 화물자동차 운수사업법령에 규정되어 있는 운수종사자 준수사항이 아닌 것은?

① 부당한 운임 또는 요금을 요구하거나 받는 행위를 하지 말 것

② 문을 완전히 닫지 않은 상태에서 자동차를 출발시키거나 운행하는 행위를 하지 말 것

③ 정당한 사유 없이 화물의 운송을 거부하는 행위를 하지 말 것

④ 적재된 화물이 떨어지지 아니하도록 국토교통부령으로 정하는 기준 및 방법에 따라 덮개·포장·고정장치 등 필요한 조치를 하여야 한다.

> **해설**
> ④는 운송사업자의 준수사항에 해당한다(화물자동차 운수사업법 제11조 제20항).
> ①·②·③ 화물자동차 운수사업법 제12조 제1항

**17** 화물자동차 운송사업의 허가를 취소하거나 6개월 이내의 기간을 정하여 그 사업의 전부 또는 일부의 정지를 명하거나 감차조치를 명할 수 있는 사유 중 허가를 취소하여야 하는 경우는?

① 거짓이나 그 밖의 부정한 방법으로 허가를 받은 경우

② 부정한 방법으로 화물자동차운송사업의 변경 허가를 받은 경우

③ 거짓으로 신고한 경우

④ 중대한 교통사고 또는 빈번한 교통사고로 인하여 1명 이상의 사상자를 발생하게 한 경우

> **해설**
> 화물자동차 운송사업의 허가취소(화물자동차 운수사업법 제19조 제1항)
> • 부정한 방법으로 허가를 받은 경우
> • 결격사유에 해당하게 된 경우(다만, 법인의 임원 중 결격사유에 해당하는 자가 있는 경우에 3개월 이내에 그 임원을 개임(改任)하면 허가를 취소하지 아니함)
> • 화물자동차 교통사고와 관련하여 거짓이나 그 밖의 부정한 방법으로 보험금을 청구하여 금고 이상의 형을 선고받고 그 형이 확정된 경우

**18** 화물자동차 운수사업법에서 규정하고 있는 화물자동차 운송사업의 허가 기준이다. 옳지 않은 것은?

① 일반화물자동차 운송사업의 허가기준대수는 20대 이상이다.

② 개인화물자동차 운송사업의 사무실 및 영업소는 영업에 필요한 면적을 확보하여야 한다.

③ 일반화물자동차 운송사업의 업무형태를 제한하지 않는다.

④ 개인화물자동차 운송사업의 최저보유 차고면적은 해당 화물자동차의 길이와 너비를 곱한 면적이다.

> **해설**
> ② 개인화물자동차 운송사업의 사무실 및 영업소에 대한 규정은 없다(화물자동차 운수사업법 시행규칙 별표 1).

**19** 화물자동차 운수사업의 관할 관청은?

① 시·도지사

② 관할 구청

③ 산업통상자원부

④ 국토교통부

> **해설**
> 화물자동차 운수사업은 주사무소(법인이 아닌 경우에는 주소지를 말하되, 주소지 외의 장소에 사업장·공동사업장 또는 사무실을 마련하여 화물자동차 운수사업을 경영하는 경우에는 그 사업장·공동사업장 또는 사무실을 주사무소로 봄) 소재지를 관할하는 시·도지사가 관장한다(화물자동차 운수사업법 시행규칙 제4조 제1항).

**정답** 15 ④  16 ④  17 ①  18 ②  19 ①

**20** 다음 중 자동차의 사용자라 함은?

① 자동차 소유자로부터 자동차의 사용을 의뢰받은 자를 말한다.

② 자동차 소유자 또는 자동차 소유자로부터 자동차의 운행 등에 관한 사항을 위탁받은 자를 말한다.

③ 자동차 관리자로부터 자동차의 사용을 위탁받은 자를 말한다.

④ 자동차 소유자로부터 일정 기간 동안 임대하여 사용을 승낙받은 자를 말한다.

**해설**
자동차 사용자는 자동차 소유자 또는 자동차 소유자로부터 자동차의 운행 등에 관한 사항을 위탁받은 자를 말한다(자동차관리법 제2조 제3호).

**21** 자동차 소유권의 득실변경은 무엇을 하여야 그 효력이 생기는가?

① 접 수

② 신 청

③ 등 록

④ 인 가

**해설**
자동차 소유권의 득실변경은 등록을 하여야 그 효력이 생긴다(자동차관리법 제6조).

**22** 다음 시설 중 도로의 부속물이 아닌 것은?

① 도로상의 방설시설 또는 방음시설

② 운전자의 시선을 유도하기 위한 시설

③ 교통량측정시설, 차량단속시설

④ 도선의 교통을 위하여 수면에 설치하는 시설

**해설**
**도로의 부속물(도로법 제2조 제2호, 시행령 제3조)**
도로관리청이 도로의 편리한 이용과 안전 및 원활한 도로교통의 확보, 그 밖에 도로의 관리를 위하여 설치하는 다음의 어느 하나에 해당하는 시설 또는 공작물을 말한다.
• 주차장, 버스정류시설, 휴게시설 등 도로이용 지원시설
• 시선유도표지, 중앙분리대, 과속방지시설 등 도로안전시설
• 통행료 징수시설, 도로관제시설, 도로관리사업소 등 도로관리시설
• 도로표지 및 교통량 측정시설 등 교통관리시설
• 낙석방지시설, 제설시설, 식수대 등 도로에서의 재해 예방 및 구조 활동, 도로환경의 개선·유지 등을 위한 도로부대시설
• 그 밖에 도로의 기능 유지 등을 위한 시설로서 대통령령으로 정하는 시설
 − 주유소, 충전소, 교통·관광안내소, 졸음쉼터 및 대기소
 − 환승시설 및 환승센터
 − 장애물 표적표지, 시선유도봉 등 운전자의 시선을 유도하기 위한 시설
 − 방호울타리, 충격흡수시설, 가로등, 교통섬, 도로반사경, 미끄럼방지시설, 긴급제동시설 및 도로의 유지·관리용 재료적치장
 − 화물 적재량 측정을 위한 과적차량 검문소 등의 차량단속시설
 − 도로에 관한 정보 수집 및 제공 장치, 기상 관측 장치, 긴급 연락 및 도로의 유지·관리를 위한 통신시설
 − 도로 상의 방파시설(防波施設), 방설시설(防雪施設), 방풍시설(防風施設) 또는 방음시설(방음숲을 포함한다)
 − 도로에의 토사유출을 방지하기 위한 시설 및 비점오염저감시설(물환경보전법 제2조 제13호에 따른 비점오염저감시설을 말한다)
 − 도로원표(道路元標 : 도로의 출발점, 도착점 또는 경과지역을 표시하는 표지를 말한다. 이하 같다), 수선 담당 구역표 및 도로경계표
 − 공동구
 − 도로 관련 기술개발 및 품질 향상을 위하여 도로에 연접(連接)하여 설치한 연구시설

**23** 자동차 전용도로의 지정에 대한 다음 설명 중 틀린 것은?

① 도로관리청은 도로의 교통량이 현저히 증가하여 차량의 능률적인 운행에 지장이 있는 경우 대통령령으로 정하는 바에 따라 자동차 전용도로 또는 전용구역으로 지정할 수 있다.

② 자동차 전용도로를 지정할 때에는 해당 구간을 연결하는 일반교통용의 다른 도로가 있어야 한다.

③ 자동차 전용도로를 지정할 때 도로관리청이 국토교통부장관이면 경찰청장의 의견을, 특별시장·광역시장·도지사 또는 특별자치도지사이면 관할 시·도경찰청장의 의견을, 특별자치시장·시장·군수 또는 구청장이면 관할 경찰서장의 의견을 각각 들어야 한다.

④ 지정하려는 도로에 둘 이상의 도로관리청이 있으면 관계되는 도로관리청 어느 한 곳에서 지정할 수 있다.

**해설**
④ 지정하려는 도로에 둘 이상의 도로관리청이 있으면 관계되는 도로관리청이 공동으로 자동차 전용도로를 지정하여야 한다(도로법 제48조 제1항).
① 도로법 제48조 제1항 제1호
② 도로법 제48조 제2항
③ 도로법 제48조 제3항

**정답** 20 ② 21 ③ 22 ④ 23 ④

**24** 저공해자동차 또는 저공해건설기계의 전환 또는 개조 명령, 배출가스 저감장치의 부착·교체 명령 또는 배출가스 관련 부품의 교체 명령, 저공해엔진으로의 개조 또는 교체 명령을 이행하지 아니한 자의 행정조치사항은?

① 100만원 이하의 과태료
② 200만원 이하의 과태료
③ 300만원 이하의 과태료
④ 500만원 이하의 과태료

**해설**
③ 대기환경보전법 제94조 제2항 제4호

**25** 대기환경보전법 규정에 의한 기후·생태계변화 유발물질이라 볼 수 없는 것은?

① 메 탄
② 육불화황
③ 아산화질소
④ 염화수소

**해설**
기후·생태계 변화유발물질(대기환경보전법 제2조 제2호, 시행규칙 제3조)
• 온실가스(이산화탄소, 메탄, 아산화질소, 수소불화탄소, 과불화탄소, 육불화황)
• 염화불화탄소
• 수소염화불화탄소

---

**2과목** **화물취급요령**

**01** 화물자동차의 적재 용량에 대한 설명이 잘못된 것은?

① 화물자동차의 높이는 지상으로부터 4m 이내
② 2륜 화물자동차의 높이는 지상으로부터 2.5m 이내
③ 화물의 너비는 후사경으로 뒤쪽을 확인할 수 있는 범위
④ 화물의 길이는 자동차 길이의 1/10을 더한 길이

**해설**
② 2륜 화물자동차의 높이는 지상으로부터 2.0m의 높이 이내
화물자동차의 적재용량
• 길이 : 자동차 길이에 그 길이의 10분의 1을 더한 길이
• 너비 : 자동차의 후사경(後寫鏡)으로 뒤쪽을 확인할 수 있는 범위(후사경의 높이보다 화물을 낮게 적재한 경우에는 그 화물을, 후사경의 높이보다 화물을 높게 적재한 경우에는 뒤쪽을 확인할 수 있는 범위를 말함)의 너비
• 높이 : 지상으로부터 4m(도로구조의 보전과 통행의 안전에 지장이 없다고 인정하여 고시한 도로노선의 경우에는 4m 20cm)

**02** 일반 화물이 아닌 화물을 실어 나르는 화물차량의 특징으로 틀린 것은?

① 드라이 벌크 탱크(Dry Bulk Tanks) 차량은 무게 중심이 높다.
② 냉동차량은 무게중심이 높다.
③ 살아있는 동물을 운반하는 차량은 무게중심이 고정되어 있다.
④ 부피에 비하여 중량이 무거운 화물을 운반하는 차량은 적재물의 특성을 알리는 특수장비를 갖추어야 한다.

**해설**
③ 살아있는 동물을 운반하는 차량은 무게중심이 이동하면 전복될 우려가 높으므로 커브길 등에서 특별한 주의운전이 필요하다.

**03** 운송장에 대한 설명으로 틀린 것은?

① 운송장은 거래 쌍방 간의 법적인 권리와 의무를 나타내지는 않는다.
② 운송장에 기록된 내용대로 화물을 인수하였음을 확인하는 것이다.
③ 물품 분실로 인한 민원이 발생한 경우에는 책임완수 여부를 증명해주는 역할을 한다.
④ 화물이 어디로 운행될 것인지를 알려주는 역할을 한다.

**해설**
① 운송장이란 화물을 수탁시켰다는 증빙과 함께 만약 사고가 발생하는 경우에 이를 증빙으로 손해배상을 청구할 수 있는 거래 쌍방 간의 법적인 권리와 의무를 나타내는 상업적 계약서이다.

---

**정답** 24 ③ 25 ④ / 1 ② 2 ③ 3 ①

**04** 기본형 운송장(포켓타입)의 일반적인 구성요소에 해당하지 않는 것은?

① 송하인용
② 수하인용
③ 회사보관용
④ 배달표용

> **해설**
> 기본형 운송장(포켓타입)의 구성
> 송하인용, 전산처리용, 수입관리용, 배달표용, 수하인용

**07** 우리나라에서 표준 포장 치수가 KS 규격으로 제정된 것은 몇 년도인가?

① 1969년
② 1972년
③ 1974년
④ 1978년

> **해설**
> 우리나라에서 표준 포장 치수가 KS 규격으로 제정된 것은 1974년의 KS-A-1002 이다.

**05** 운송장에 기재하는 면책사항에 대한 설명으로 틀린 것은?

① 포장의 불완전 등으로 사고발생 가능성이 높아 수탁이 곤란한 화물을 수하인이 모든 책임을 진다는 조건으로 수탁할 수 있다.
② 부패의 가능성이 있는 화물인 때에는 "부패면책"을 조건으로 화물운송을 수탁한다.
③ 수하인의 전화번호가 없는 때에는 "배달지연면책", "배달불능면책"을 기재한다.
④ 포장이 불완전하거나 파손가능성이 높은 화물인 때에는 "파손면책"을 기재한다.

> **해설**
> ① 포장의 불완전 등으로 사고발생 가능성이 높아 수탁이 곤란한 화물을 송하인이 모든 책임을 진다는 조건으로 수탁할 수 있다.

**08** 적정한 공업포장을 위해서 검토되어야 할 사항이 아닌 것은?

① 편리성
② 하역성
③ 기능성
④ 표시성

> **해설**
> 공업포장과 상업포장
>
> | 공업포장 | 상업포장 |
> | --- | --- |
> | 물품의 수송·보관을 주목적으로 하는 포장으로 물품을 상자, 자루, 나무통, 금속 등에 넣어 수송·보관·하역 과정 등에서 물품이 변질되는 것을 방지하는 포장이다. 포장의 기능 중 수송·하역의 편리성이 중요시된다. | 판매를 촉진시키는 기능, 진열판매의 편리성, 작업의 효율성을 도모하는 기능이 중요시된다. |

**06** 운송장의 기록과 운영에 대한 설명으로 틀린 것은?

① 인터넷이나 콜센터를 통하여 집하접수를 받는 경우 이용자가 접수번호만으로도 추적조회를 할 수 있도록 한다.
② 중고 화물인 경우는 중고임을 기록할 필요는 없다.
③ 화물명이 취급 금지 품목임을 알고도 수탁을 한 때에는 운송회사가 그 책임을 져야 한다.
④ 운송장에 예약 접수번호·상품 주문번호·고객번호 등을 표시하도록 하고, 이 번호가 화물추적의 기본단서[키(Key)값]가 되도록 운영한다.

> **해설**
> ② 중고 화물인 경우는 중고임을 기록한다.

**09** 손상되기 쉬운 물품이나 귀중품의 포장에 사용하기에 가장 좋은 골판지는?

① 편면골판지
② 양면골판지
③ 이중양면골판지
④ 삼중골판지

> **해설**
> ③ 양면골판지에 편면골판지를 붙인 것으로 손상되기 쉬운 물품이나 귀중품의 포장에 사용된다.

**정답** ▶ 4 ③ 5 ① 6 ② 7 ③ 8 ③ 9 ③

**10** 김치, 특산물, 농수산물 등을 포장할 경우 가장 적당한 재료는?

① 아이스박스
② 플라스틱 병
③ 스티로폼
④ 골판지 박스

**해설**
식품류(김치, 특산물, 농수산물 등)의 경우 스티로폼으로 포장하는 것을 원칙으로 하되, 스티로폼이 없을 경우 비닐로 내용물이 손상되지 않도록 포장한 후 두꺼운 골판지 박스에 포장하여 집하한다.

**11** 특수품목에 대한 포장 시 유의사항으로 틀린 것은?

① 부패 또는 변질되기 쉬운 물품은 아이스박스를 사용한다.
② 매트 제품은 내용물을 보호할 수 있는 박스포장이 원칙이다.
③ 도자기, 유리병 등 일부 물품은 원칙적으로 집하금지 품목이다.
④ 옥매트 등 매트 제품은 화물중간에 테이핑 처리 후 운송장을 부착하고 운송장 대체용 또는 송·수하인을 확인할 수 있는 내역을 매트 내 투입한다.

**해설**
② 매트 제품의 내용물은 겉포장 상태가 천 종류로 되어 있어 타 화물에 의한 훼손으로 내용물의 오손 우려가 있으므로 고객에게 양해를 구하여 내용물을 보호할 수 있는 비닐포장을 하도록 한다.

**12** 하역작업 시 주의사항으로 틀린 것은?

① 같은 종류 및 동일규격끼리 적재해야 한다.
② 물품을 적재할 때는 구르거나 무너지지 않도록 받침대를 사용하거나 로프로 묶어야 한다.
③ 물건 적재할 때 주변으로 넘어질 것을 대비해 위험한 요소는 사전에 제거한다.
④ 제재목(製材木)을 적치할 때는 건너지르는 대목을 1개소에 놓아야 한다.

**해설**
④ 제재목(製材木)을 적치할 때는 건너지르는 대목을 3개소에 놓아야 한다.

**13** 운송작업 시 주의사항으로 잘못된 것은?

① 보조용구(갈고리, 지렛대, 로프 등)는 항상 점검하고 바르게 사용한다.
② 취급할 화물의 크기와 무게를 파악하고, 못이나 위험물이 부착되어 있는지 살펴본다.
③ 화물을 운반할 때는 들었다 놓았다 하지 말고 직선거리로 운반한다.
④ 화물을 놓을 때는 다리를 굽히면서 동시에 두 손을 뺀다.

**해설**
④ 화물을 놓을 때는 다리를 굽히면서 한쪽 모서리를 놓은 다음 손을 뺀다.

**14** 고속도로 제한차량에 해당되지 않는 사항은?

① 편중적재
② 적재함 폐쇄
③ 결속상태 불량
④ 덮개 미부착 차량

**해설**
② 적재함 개방 차량이 고속도로 제한차량에 해당된다.

**15** FCL 화물이란?

① 컨테이너 1개를 채우기에 충분한 양의 화물
② 컨테이너 1개를 채우기에 부족한 화물
③ 컨테이너선 1척을 채우기에 충분한 양의 화물
④ 컨테이너선 1척을 채우기에 부족한 화물

**해설**
FCL(Full Container Load) 화물이란 1개를 채우기에 충분한 양의 화물을 말하며, LCL(Less Container Load) 화물은 컨테이너 1개를 채우기에 부족한 화물이다.

**정답** ▶ 10 ③ 11 ② 12 ④ 13 ④ 14 ② 15 ①

**3과목** **안전운행**

**01** 다음 중 교통사고의 요인으로 볼 수 없는 것은?

① 운전자
② 차 량
③ 도 로
④ 건 물

**해설**
교통사고의 3대 요인은 인적요인(운전자, 보행자 등), 차량요인, 도로·환경요인이다.

**02** 교차로 부근에서 주로 발생하는 사고 유형은?

① 정면충돌사고
② 직각충돌사고
③ 추돌사고
④ 차량단독사고

**해설**
③ 교차로나 그 부근에서는 교통량이 많아 조금만 부주의해도 추돌사고가 많이 발생한다.

**03** 다음은 사고를 특히 많이 내는 사람의 특징이다. 틀린 것은?

① 지나치게 동작이 빠르거나 늦다.
② 충동 억제력이 부족하다.
③ 상황판단력이 뒤떨어진다.
④ 지식이나 경험이 풍부하다.

**해설**
④ 운전의 특성상 운전자의 지식·경험·사고·판단 등을 바탕으로 운전조작행위가 이루어지는데, 사고를 많이 내는 사람은 지식이나 경험이 부족한 경우가 많다.

**04** 음주운전자의 특성으로 틀린 것은?

① 시각적 탐색능력이 현저히 감퇴된다.
② 주위 환경에 과민하게 반응한다.
③ 속도에 대한 감각이 둔화된다.
④ 주위환경에 반응하는 능력이 크게 저하된다.

**해설**
② 음주운전자는 차량조작에만 온 정신을 집중하기 때문에 주위 환경에 반응하는 능력이 크게 저하된다.

**05** 다음 중 시야에 대한 설명으로 틀린 것은?

① 정지한 상태에서 눈의 초점을 고정시키고 양쪽 눈으로 볼 수 있는 범위를 시야라고 한다.
② 정상적인 시력을 가진 사람의 시야범위는 180~200°이다.
③ 시야의 범위는 자동차 속도에 반비례하여 넓어진다.
④ 어느 특정한 곳에 주의가 집중되었을 경우의 시야범위는 집중의 정도에 비례해 좁아진다.

**해설**
③ 시야의 범위는 자동차 속도에 반비례하여 좁아진다.

**정답** 1 ④  2 ③  3 ④  4 ②  5 ③

**06** 운전피로의 3요인이 아닌 것은?

① 생활 요인
② 운전작업 중의 요인
③ 운전자 요인
④ 도로 요인

해설
운전피로는 수면·생활환경 등 생활 요인, 차내 환경·차외 환경·운행조건 등 운전작업 중의 요인, 신체조건·경험조건·연령조건·성별조건·성격·질병 등의 운전자 요인 등 3요인으로 구성된다.

**07** 노인 보행자의 안전수칙으로 틀린 것은?

① 안전한 횡단보도를 찾아 멈춘다.
② 자동차가 오고 있다면 보낸 후 똑바로 횡단한다.
③ 횡단보도 신호가 점멸 중일 때는 빨리 진입하여 건넌다.
④ 야간 보행 시 눈에 잘 띄는 밝은색 옷을 입는다.

해설
③ 횡단보도 신호가 점멸 중일 때는 늦게 진입하지 말고 다음 신호를 기다린다.

**08** 다음 중 자동차의 진행 방향을 좌우로 자유로이 변경시키는 장치는 무엇인가?

① 주행장치
② 제동장치
③ 전기장치
④ 조향장치

해설
조향장치는 진행 방향을 좌우로 변하게 하는 장치로서 조향핸들과 앞차륜 등으로 구성된다.

**09** 자동차의 물리적 특성 중 제동력에 관한 설명이 잘못된 것은?

① 주행 중인 차의 운동에너지는 속도의 제곱에 비례해서 커진다.
② 차의 제동거리는 차가 갖는 운동에너지의 제곱에 비례해서 길어진다.
③ 차의 속도가 2배로 되면 제동거리는 4배가 된다.
④ 비에 젖은 노면에서는 제동력이 높아지므로 미끄러져 나가는 거리가 더 짧아진다.

해설
④ 비에 젖은 노면이나 빙판길에서는 제동력이 낮아지게 되므로 미끄러져 나가는 거리가 더 길어진다.

**10** 도로선형에서의 사고특성에 대한 다음 설명 중 틀린 것은?

① 일반도로에서는 곡선반경이 100m 이내일 때는 사고율이 낮게 나타난다.
② 일반적으로 종단경사가 커짐에 따라 사고율도 높게 나타난다.
③ 종단선형이 자주 바뀌면 종단곡선의 정점에서 시거가 단축되어 사고가 일어나기 쉽다.
④ 긴 직선구간 끝에 있는 곡선부는 짧은 직선구간 다음의 곡선부에 비해 사고율이 높다.

해설
일반도로에서는 곡선반경이 100m 이내일 때는 사고율이 높다. 특히, 2차로 도로에서는 그 경향이 강하게 나타난다.

정답 ▶ 6 ④  7 ③  8 ④  9 ④  10 ①

**11** 야간운전의 기초 지식에 대한 설명이다. 바르지 못한 것은?

① 마주 오는 차의 전조등 불빛을 정면으로 보지 않는다.
② 낮의 경우보다 낮은 속도로 주행한다.
③ 차 실내를 가능한 한 밝게 하고 주행한다.
④ 전조등이 비추는 범위의 앞쪽까지도 살핀다.

해설
③ 차 실내를 가능한 한 어둡게 하고 주행해야 한다.

**12** 실전방어운전의 방법이 아닌 것은?

① 운전자는 앞차의 전방까지 시야를 멀리 둔다.
② 일기예보나 기상변화에 신경 쓰지 않는다.
③ 뒤차의 움직임을 룸미러나 사이드미러로 끊임없이 확인한다.
④ 교통 신호가 바뀐다고 해서 무작정 출발하지 말고 주위 자동차의 움직임을 관찰한 후 진행한다.

해설
② 일기예보에 신경을 쓰고 기상변화에 대비해 체인이나 스노타이어 등을 미리 준비한다.

**13** 다음 중 사고율이 평균 이하인 고속도로의 특징으로 옳지 않은 것은?

① 도로변의 연석이 없다.
② 선형이 비교적 직선이다.
③ 갓길이 넓게 포장되어 있다.
④ 램프가 넓고 왼편에 접속된다.

해설
사고율이 평균 이하인 고속도로의 특징
• 넉넉한 도로폭을 가진다.
• 도로변의 연석이 없다.
• 넓게 포장된 갓길을 가진다.
• 상당히 긴 구간 동안 일관된 차선 수를 가진다.
• 램프는 넓으면서도 오른편에 접속된다.
• 선형이 비교적 직선이다.

**14** 교차로에 대한 설명으로 틀린 것은?

① 교차로는 차 대 차 또는 차 대 사람 등의 엇갈림(교차)이 발생하는 장소이다.
② 횡단보도 및 횡단보도 부근과 더불어 교통사고가 가장 많이 발생하는 지점이다.
③ 교차로는 사각이 없다.
④ 입체교차로는 교통 흐름을 공간적으로 분리하는 기능을 한다.

해설
③ 교차로는 사각이 많으며, 무리하게 교차로를 통과하려는 심리가 작용하여 충돌사고가 일어나기 쉽다.

**15** 이면도로 운전의 위험성을 설명한 것으로 틀린 내용은?

① 보도 등의 안전시설이 없다.
② 일방통행도로가 대부분이다.
③ 보행자 등이 아무 곳에서나 횡단이나 통행을 한다.
④ 어린이들과의 사고가 일어나기 쉽다.

해설
이면도로는 좁은 도로가 많이 교차하고 있다.

정답 ▶ 11 ③ 12 ② 13 ④ 14 ③ 15 ②

**16** 내리막길의 방어운전 요령으로 틀린 것은?

① 내리막길을 내려가기 전에는 미리 감속한다.
② 엔진 브레이크를 사용하면 페이드(Fade) 현상을 예방하여 운행 안전도를 더욱 높일 수 있다.
③ 커브 주행 시와 마찬가지로 중간에 불필요하게 속도를 줄인다든지 급제동하는 것은 금물이다.
④ 변속기 기어의 단수도 오르막 내리막을 동일하게 사용해서는 안 된다.

**해설**
도로의 오르막길 경사와 내리막길 경사가 같거나 비슷한 경우라면 변속기 기어의 단수도 오르막 내리막을 동일하게 사용하는 것이 적절하다.

**17** 완만한 커브길의 주행 요령으로 틀린 것은?

① 가속 페달에서 발을 떼어 엔진 브레이크가 작동되도록 하여 속도를 줄인다.
② 풋 브레이크를 사용하여 실제 커브를 도는 중에 더 이상 감속할 필요가 없을 정도까지 줄인다.
③ 커브 중간부터 핸들을 돌려 차량의 모양을 바르게 한다.
④ 가속 페달을 밟아 속도를 서서히 높인다.

**해설**
③ 커브가 끝나는 구간 조금 앞부터 핸들을 돌려 차량의 모양을 바르게 한다.

**18** 자차가 앞지르기할 때로 적절하지 않은 것은?

① 앞차의 오른쪽으로 앞지르기하지 않는다.
② 점선의 중앙선을 넘어 앞지르기 하는 때에는 대향차의 움직임에 주의한다.
③ 앞지르기에 필요한 속도가 그 도로의 최대속도 범위 이내일 때 앞지르기를 시도한다.
④ 앞차가 앞지르기를 하고 있는 때 자차도 앞지르기를 시도할 수 있다.

**해설**
④ 앞차가 앞지르기를 하고 있는 때는 앞지르기를 시도하지 않는다.

**19** 봄철 교통사고의 특성으로 틀린 것은?

① 땅이 녹아 지반이 약해지는 해빙기이다.
② 어린이 관련 교통사고가 겨울에 비하여 많이 발생한다.
③ 돌발적인 악천후, 본격적인 무더위에 의해 운전자들이 쉽게 피로해지며, 주의 집중이 어려워진다.
④ 바람과 황사현상에 의한 시야장애도 종종 사고의 원인으로 작용한다.

**해설**
③ 여름철 교통사고의 특성이다.

**20** 가스이입 작업 시 안전관리자가 지켜야 할 기준이 아닌 것은?

① 엔진을 끄고 메인스위치, 그 밖의 전기장치를 완전히 차단한다.
② 차량이 앞, 뒤로 움직이지 않도록 차바퀴의 전후를 차바퀴 고정목 등으로 확실하게 고정시킨다.
③ 저온 및 초저온가스의 경우에는 반드시 맨손으로 작업한다.
④ "이입작업 중(충전 중) 화기엄금"의 표시판이 눈에 잘 띄는 곳에 세워져 있는가를 확인한다.

**해설**
③ 저온 및 초저온가스의 경우에는 가죽장갑 등을 끼고 작업을 한다.

**정답** 16 ④ 17 ③ 18 ④ 19 ③ 20 ③

**21** 운전피로의 진행과정으로 잘못 설명된 것은?

① 피로의 정도가 지나치면 과로가 되고 정상적인 운전이 곤란해진다.

② 피로 또는 과로 상태에서는 졸음운전이 발생할 수 있고, 이는 교통사고로 이어질 수 있다.

③ 연속운전은 일시적으로 만성피로를 낳는다.

④ 매일 시간상 또는 거리상으로 일정 수준 이상의 무리한 운전을 하면 만성피로를 초래한다.

해설
③ 연속운전은 일시적으로 급성피로를 낳는다.

**22** 고령자 교통안전의 장애요인이 아닌 것은?

① 기동성 결여

② 반사 동작의 둔화

③ 과속 경향

④ 주의·예측·판단의 부족

해설
고령자의 운전은 젊은 층에 비하여 상대적으로 과속을 하지 않는다.

**23** 운전에 중요한 영향을 미치는 원심력에 대한 설명으로 틀린 것은?

① 원심력은 속도의 제곱에 비례하여 변한다.

② 커브가 예각을 이룰수록 원심력은 작아진다.

③ 커브에 진입하기 전에 속도를 줄여 원심력을 안전하게 극복할 수 있다.

④ 커브를 돌 때 원심력이 매우 커지면 차는 도로 밖으로 기울면서 튀어나간다.

해설
② 커브가 예각을 이룰수록 원심력은 커진다.

**24** 타이어 마모에 영향을 주는 요소가 아닌 것은?

① 대기압

② 하 중

③ 커 브

④ 브레이크

해설
타이어 마모에 영향을 주는 요소로는 공기압, 하중, 속도, 커브, 브레이크, 노면 등이 있다.

**25** 중앙분리대에 설치된 방호울타리의 기능으로 적합하지 않은 것은?

① 횡단을 방지할 수 있어야 한다.

② 충돌 시 반탄력이 커야 한다.

③ 차량을 감속시킬 수 있어야 한다.

④ 차량의 손상이 적도록 하여야 한다.

해설
② 차량이 대향차로로 튕겨나가지 않아야 한다.

정답  21 ③  22 ③  23 ②  24 ①  25 ②

## 4과목 운송서비스

**01** 서비스 품질을 평가하는 고객의 결정에 영향을 미치는 요인으로 가장 적절치 않은 것은?

① 현재의 경험
② 개인적인 성격이나 환경적 요인
③ 구전에 의한 의사소통
④ 서비스 제공자의 커뮤니케이션

**해설**
① 과거의 경험이 고객의 결정에 영향을 미치는 요인이다.

**02** 운송 합리화 방안 중 적기 운송과 운송비 부담의 완화에 대한 내용이 아닌 것은?

① 공차 운행으로 발생하는 비효율을 줄이기 위해 주도면밀한 운송계획을 수립한다.
② 출하물량 단위의 대형화와 표준화가 필요하다.
③ 공장과 물류거점 간의 간선운송이나 선적지까지 공장에서 직송하는 것이 효율적이다.
④ 적재율 향상을 위해 제품의 규격화나 적재품목의 혼재를 고려한다.

**해설**
①은 실차율 향상을 위한 공차율의 최소화에 해당한다.

**03** 다음 중 제3자 물류(Third Party Logistics)의 설명으로 가장 적절한 것은?

① 공급망을 3등분하고 각각을 전문 물류사업자에게 배분하는 것이다.
② 물류사업자가 하주기업으로부터 받은 물류계약을 제3자에게 위임하는 것이다.
③ 물류사업자가 하주기업으로부터 받은 물류계약을 제3자와 공동으로 대행처리하는 것이다.
④ 물류사업자가 하주기업과 전략적 제휴와 장기계약을 체결하고 물류기능을 대행처리하는 것이다.

**해설**
제3자 물류는 "기업의 물류기능 전부 또는 일부를 아웃소싱하는 것으로, 하주기업과 물류서비스 공급업체 간의 공동 목표인 물류효율화 달성을 위해 양자가 장기적인 계약하에서 정보를 공유하면서 전략적 제휴를 맺는 관계"라고 정의할 수 있다. 제3자 물류의 도입으로 얻게 되는 하주기업 측면에서의 효익은 단순한 물류비 절감과 물류서비스 향상 이외에도 전문적인 물류정보 이용, 고객 서비스 개선 및 기업의 핵심사업의 집중에 따른 경쟁력 강화를 통해 관련 업계에서의 지속적인 경쟁우위 획득임을 알 수 있다.

**04** 기업경영에 있어 물류의 역할로 옳지 않은 것은?

① 마케팅의 절반을 차지
② 판매기능 촉진
③ 물류와 상류 통합
④ 재고비용 절감에 기여

**해설**
③ 물류(物流)와 상류(商流) 분리를 통한 유통합리화에 기여

**05** 물류관리의 중요한 두 가지 목표는?

① 회전율과 경제성
② 신속성과 회전율
③ 고객서비스와 신속성
④ 고객서비스와 경제성

**해설**
물류관리의 목표는 기본적으로 효과적인 물류관리를 통한 물류비 절감(경제성)과 대고객 서비스 제고에 있으며, 최근에는 물류관리를 기업의 전략적 우위를 확보하기 위한 핵심요소로서 인식하는 추세이다.

**정답** ▶ 1 ① 2 ① 3 ④ 4 ③ 5 ④

**06** 소매업체가 판매실적 정보를 제조업체에게 실시간 제공하여 공급의 효율을 향상하는 프로그램은?

① QR(Quick Response)
② E-Marketplace
③ ERP(Enterprise Resource Planning)
④ CRM(Customer Relationship Management)

**해설**
신속대응(QR)은 생산·유통 관련 업자가 전략적으로 제휴하여 소비자의 선호 등을 즉시 파악하여 시장변화에 신속하게 대응함으로써 시장에 적합한 상품을 적시적소에 적당한 가격으로 제공하는 것을 원칙으로 한다.

**07** 물류전략의 8가지 핵심영역 중 전략수립에 해당하는 것은?

① 고객서비스수준 결정
② 수송관리
③ 정보·기술관리
④ 공급망 설계

**해설**
물류전략의 8가지 핵심영역
• 전략수립 : 고객서비스수준 결정
• 구조설계 : 공급망 설계, 로지스틱스 네트워크전략 구축
• 기능정립 : 창고설계·운영, 수송관리, 자재관리
• 실행 : 정보·기술관리, 조직·변화관리

**08** 물류시스템의 용어와 그 내용이 옳게 연결되지 않은 것은?

① 운송 – 물품을 장소적·공간적으로 이동시키는 것
② 보관 – 물품을 저장·관리하는 것을 의미하고 시간·가격 조정에 대한 기능을 수행
③ 유통가공 – 유통단계에서 상품에 가공이 더해지는 것
④ 포장 – 운송, 보관, 포장의 전후에 부수하는 물품의 취급

**해설**
④는 하역에 대한 내용이다.
※ 포장 : 물품의 운송, 보관 등에 있어서 물품의 가치와 상태를 보호하는 것

**09** 다음 중 공급망 관리(SCM)에 대한 설명으로 옳지 않은 것은?

① 보통 상류의 공급자와 하류의 고객을 소유하는 것, 즉 수직계열화를 말한다.
② 원료공급자부터 최종소비자까지 전체 물자의 흐름을 원활하게 하는 공동전략이다.
③ 공급망 관리에 있어서의 각 조직은 긴밀한 협조관계를 형성한다.
④ 상류와 하류를 연결시키는 네트워크를 말한다.

**해설**
① 공급망 관리는 수직계열화와는 다르다.
최근의 공급망 내의 각 조직들은 차별적 우위를 가지고 있는 핵심사업 분야에 집중하고 그 외의 것은 외부에서 조달하려 한다. 즉, 공급망 내의 각 기업은 상호협력을 통해 공급망 프로세스를 재구축하고 업무협력을 맺으며, 공동전략을 구사하는 것이다.

**10** 다음 중 공동배송에 대한 장점이 아닌 것은?

① 안정된 수송시장 확보
② 소량화물 혼적으로 규모의 경제효과
③ 교통혼잡 완화
④ 입출하 활동의 계획화

**해설**
④는 공동수송의 장점이다.

**정답** ▶ 6 ① 7 ① 8 ④ 9 ① 10 ④

**11** 수배송활동 중 통제단계에서의 물류정보처리 기능이 아닌 것은?

① 자동차적재효율 분석
② 오송 분석
③ 운임계산
④ 화물의 추적 파악

**해설**
④는 수배송활동 중 실시단계에 해당한다.

**12** 다음 내용 중 연결이 잘못된 것은?

① TQC - 제품이나 서비스를 만드는 모든 작업자가 품질에 대한 책임을 나누어 갖는다.
② ECR - 차량위치추적을 통한 물류관리에 이용된다.
③ TRS - 중계국에 할당된 여러 개의 채널을 공동으로 사용한다.
④ SCM - 공급망 프로세스를 재구축하고 공동전략을 구사한다.

**해설**
② GPS(Global Positioning System)에 대한 내용이다.
※ ECR(Efficient Consumer Response)
효율적 고객대응 전략으로서 소비자 만족에 초점을 둔 공급망 관리의 효율성을 극대화하기 위한 모델로, 제품의 생산단계에서부터 도매·소매에 이르기까지 전 과정을 하나의 프로세스로 보아 관련 기업들의 긴밀한 협력을 통해 전체로서의 효율 극대화를 추구하는 효율적 고객대응 기법이다.

**13** 제4자 물류에 관한 설명으로 옳지 않은 것은?

① 제4자 물류의 목표는 고객서비스의 극대화이다.
② 제4자 물류란 컨설팅 업무를 제외한 제3자 물류를 말한다.
③ 제4자 물류는 제3자 물류보다 범위가 넓은 서플라이 체인의 역할을 담당한다.
④ 제4자 물류는 기업 간 전자상거래의 확산에 따라 공급체인 효율화를 위한 발전적 대안이라 할 수 있다.

**해설**
제4자 물류는 제3자 물류의 기능에 컨설팅 업무까지 수행하는 것을 말한다.

**14** 다음 중 서비스의 주요 특징에 대한 설명으로 거리가 먼 것은?

① 실체를 보거나 만질 수 없는 무형성이다.
② 제공한 즉시 사라지는 소멸성이다.
③ 서비스는 누릴 수 있고 소유할 수 있는 소유권이다.
④ 공급자에 의하여 제공됨과 동시에 고객에 의하여 소비되는 동시성이다.

**해설**
서비스의 주요 특징
①, ②, ④ 이외에 서비스는 누릴 수는 있으나 소유할 수는 없는 무소유권과 서비스의 질이 누가, 언제, 어디서 제공하느냐에 따라 차이가 나는 이질성이 있다.

**15** 다음은 고객 컴플레인의 중요성에 대한 설명으로 틀린 것은?

① 기업이 불만족한 고객에게 불평을 이야기할 기회를 많이 주는 것 그 자체가 불만족 해소에 크게 도움이 되지 않는다.
② 부정적인 구전효과를 최소화한다.
③ 고객불평을 통해 고객의 미충족된 욕구를 파악할 수 있다.
④ 상품의 결함이나 문제점을 조기에 파악하여 그 문제가 확산되기 전에 신속하게 해결할 수 있게 해준다.

**해설**
불평하는 고객이 침묵하는 불만족 고객보다 낫다. 불평이 없다고 해서 아무런 문제가 없다고 생각하는 것이 흔히 많은 기업들이 갖고 있는 착각이다. 또한 불평을 제기한 고객은 유용한 정보를 제공한다. 고객 불평을 통해 기업은 고객의 미충족 욕구를 파악할 수 있으며, 제품이나 서비스를 어떻게 개선할 수 있는가에 대한 중요한 자료로 수집할 수 있다.

**정답** ▶ 11 ④  12 ②  13 ②  14 ③  15 ①

**제 2 회**

# 실전대비합격문제

**1과목** **교통 및 화물자동차 운수사업 관련 법규**

**01** 도로상태가 위험하거나 도로 또는 그 부근에 위험물이 있는 경우에 필요한 안전조치를 할 수 있도록 이를 도로사용자에게 알리는 안전표지는?

① 지시표지
② 노면표시
③ 주의표지
④ 규제표지

**해설**
① 도로의 통행방법·통행구분 등 도로교통의 안전을 위하여 필요한 지시를 하는 경우에 도로사용자가 이에 따르도록 알리는 표지(도로교통법 시행규칙 제8조 제3호)
② 도로교통의 안전을 위하여 각종 주의·규제·지시 등의 내용을 노면에 기호·문자 또는 선으로 도로사용자에게 알리는 표지(도로교통법 시행규칙 제8조 제5호)
④ 도로교통의 안전을 위하여 각종 제한·금지 등의 규제를 하는 경우에 이를 도로사용자에게 알리는 표지(도로교통법 시행규칙 제8조 제2호)

**02** 다음 중 운전자가 일시정지하여야 하는 경우가 아닌 것은?

① 보호자를 동반하지 않은 어린이가 도로를 횡단하고 있을 때
② 말을 하지 못하는 사람이 도로를 횡단하고 있을 때
③ 도로횡단시설을 이용할 수 없는 지체장애인이 도로를 횡단하고 있을 때
④ 흰색 지팡이를 가지고 다니는 앞을 보지 못하는 사람이 도로를 횡단하고 있을 때

**해설**
모든 운전자가 일시정지하여야 하는 경우(도로교통법 제49조 제1항 제2호)
• 어린이가 보호자 없이 도로를 횡단하는 때, 어린이가 도로에서 앉아 있거나 서 있을 때 또는 어린이가 도로에서 놀이를 할 때 등 어린이에 대한 교통사고의 위험이 있는 것을 발견한 경우
• 앞을 보지 못하는 사람이 흰색 지팡이를 가지거나 장애인보조견을 동반하는 등의 조치를 하고 도로를 횡단하고 있는 경우
• 지하도 또는 육교 등 도로횡단시설을 이용할 수 없는 지체장애인이나 노인 등이 도로를 횡단하고 있는 경우

**03** 편도 4차로인 고속도로에서 대형 승합자동차의 주행차로는?

① 1차로
② 2차로
③ 4차로
④ 모든 차로

**해설**
차로에 따른 통행차의 기준(도로교통법 시행규칙 별표 9)

| 도 로 | | 차로 구분 | 통행할 수 있는 차종 |
|---|---|---|---|
| 고속도로 외의 도로 | | 왼쪽 차로 | 승용자동차 및 경형·소형·중형 승합자동차 |
| | | 오른쪽 차로 | 대형승합자동차, 화물자동차, 특수자동차, 법 제2조 제18호 나목에 따른 건설기계, 이륜자동차, 원동기장치자전거(개인형 이동장치는 제외) |
| 고속도로 | 편도 2차로 | 1차로 | 앞지르기를 하려는 모든 자동차(다만, 차량통행량 증가 등 도로상황으로 인해 부득이하게 시속 80km 미만으로 통행할 수밖에 없는 경우에는 앞지르기를 하는 경우가 아니라도 통행할 수 있다) |
| | | 2차로 | 모든 자동차 |
| | 편도 3차로 이상 | 1차로 | 앞지르기를 하려는 승용자동차 및 앞지르기를 하려는 경형·소형·중형 승합자동차(다만, 차량통행량 증가 등 도로상황으로 인해 부득이하게 시속 80km 미만으로 통행할 수밖에 없는 경우에는 앞지르기를 하는 경우가 아니라도 통행할 수 있다) |
| | | 왼쪽 차로 | 승용자동차 및 경형·소형·중형 승합자동차 |
| | | 오른쪽 차로 | 대형 승합자동차, 화물자동차, 특수자동차, 법 제2조 제18호 나목에 따른 건설기계 |

※ 왼쪽 차로와 오른쪽 차로의 구분
• 왼쪽 차로
– 고속도로 외의 도로의 경우 : 차로를 반으로 나누어 1차로에 가까운 부분의 차로(차로수가 홀수인 경우 가운데 차로는 제외)
– 고속도로의 경우 : 1차로를 제외한 차로를 반으로 나누어 그 중 1차로에 가까운 부분의 차로(1차로를 제외한 차로의 수가 홀수인 경우 그 중 가운데 차로는 제외)
• 오른쪽 차로
– 고속도로 외의 도로의 경우 : 왼쪽 차로를 제외한 나머지 차로
– 고속도로의 경우 : 1차로와 왼쪽 차로를 제외한 나머지 차로

**04** 편도 4차로의 고속도로에서 1.5ton을 초과하는 화물자동차의 최고속도는?

① 70km/h
② 80km/h
③ 100km/h
④ 110km/h

**해설**
편도 2차로 이상 고속도로의 최저속도는 매시 50km, 최고속도는 매시 100km, 단 적재중량 1.5ton 초과 화물자동차·특수자동차·위험물운반자동차, 건설기계의 최고속도는 매시 80km이다(도로교통법 시행규칙 제19조 제1항 제3호).

**정답** 1 ③ 2 ② 3 ③ 4 ②

**05** 밤에 도로를 통행하는 때에 켜야 하는 등화의 구분이 잘못된 것은?

① 승용자동차 – 전조등, 차폭등, 미등, 번호등, 실내조명등
② 승합자동차 – 전조등, 차폭등, 미등, 번호등, 실내조명등
③ 원동기장치자전거 – 전조등, 미등
④ 견인되는 차 – 미등, 차폭등, 번호등

> **해설**
>
> 밤에 도로에서 차를 운행하는 경우 등의 등화(도로교통법 시행령 제19조 제1항)
>
> | 자동차 | 자동차안전기준에서 정하는 전조등, 차폭등, 미등, 번호등과 실내조명등(실내조명등은 승합자동차와 여객자동차 운수사업법에 따른 여객자동차운송사업용 승용자동차만 해당) |
> |---|---|
> | 원동기장치자전거 | 전조등 및 미등 |
> | 견인되는 차 | 미등·차폭등 및 번호등 |
> | 노면전차 | 전조등, 차폭등, 미등 및 실내조명등 |
> | 규정 외의 차 | 시·도경찰청장이 정하여 고시하는 등화 |

**06** 다음 중 좌석안전띠를 매야 하는 경우는?

① 신장·비만·그 밖의 신체의 상태에 의하여 좌석안전띠의 착용이 적당하지 아니하다고 인정되는 자가 자동차를 운전하거나 승차하는 때
② 우편물의 집배, 폐기물의 수집 그 밖에 빈번히 승강하는 것을 필요로 하는 업무에 종사하는 자가 해당 업무를 위하여 자동차를 운전하거나 승차하는 때
③ 자동차를 후진시키기 위하여 운전하는 때
④ 긴급자동차를 그 본래의 용도에 의하지 않고 운전하는 때

> **해설**
>
> ④ 긴급자동차가 그 본래의 용도로 운행되고 있는 때를 제외하고는 좌석안전띠를 매어야 한다(도로교통법 시행규칙 제31조 제4호).
> ① 도로교통법 시행규칙 제31조 제3호
> ② 도로교통법 시행규칙 제31조 제7호
> ③ 도로교통법 시행규칙 제31조 제2호

**07** 다음 중 도로교통법상 반드시 운전면허를 취소해야 하는 경우는?

① 운전면허증을 다른 사람에게 빌려주어 운전하게 하거나 다른 사람의 운전면허증을 빌려서 사용한 경우
② 다른 사람의 자동차 등을 훔치거나 빼앗은 경우
③ 교통단속 임무를 수행하는 경찰공무원을 폭행한 경우
④ 운전 중 고의 또는 과실로 교통사고를 일으킨 경우

> **해설**
>
> ①, ②, ④는 운전면허를 취소하거나 1년 이내의 범위에서 운전면허의 효력을 정지시킬 수 있는 경우이고, ③은 반드시 운전면허를 취소해야 하는 경우에 해당한다(도로교통법 제93조 제1항).

**08** 교통사고 발생 시부터 72시간 이내에 피해자가 사망한 경우 사망자 1명당 가해자에게 부과되는 벌점은?

① 50점
② 70점
③ 90점
④ 110점

> **해설**
>
> 운전면허 취소·정지처분 기준(도로교통법 시행규칙 별표 28)
>
> | 구 분 | | 벌 점 | 내 용 |
> |---|---|---|---|
> | 인적 피해 교통 사고 | 사망 1명마다 | 90 | 사고발생 시부터 72시간 이내에 사망한 때 |
> | | 중상 1명마다 | 15 | 3주 이상의 치료를 요하는 의사의 진단이 있는 사고 |
> | | 경상 1명마다 | 5 | 3주 미만 5일 이상의 치료를 요하는 의사의 진단이 있는 사고 |
> | | 부상신고 1명마다 | 2 | 5일 미만의 치료를 요하는 의사의 진단이 있는 사고 |

**09** 고속도로 등에서의 정차 및 주차할 수 있는 경우로 잘못된 것은?

① 정차 또는 주차할 수 있도록 안전표지를 설치한 곳이나 정류장에서 정차 또는 주차시키는 경우
② 고장이나 그 밖의 부득이한 사유로 길가장자리구역(갓길을 포함)에 정차 또는 주차시키는 경우
③ 통행료를 지불하기 위하여 통행료를 받는 곳에서 정차하는 경우
④ 경찰용 긴급자동차가 고속도로 또는 자동차전용도로에서 휴식 또는 식사를 위해 정차·주차하는 경우

> **해설**
>
> ④ 경찰용 긴급 자동차가 고속도로 등에서 범죄수사·교통단속이나 그 밖의 경찰임무를 수행하기 위하여 정차 또는 주차시키는 경우에 한한다(도로교통법 제64조 제6호).
> ① 도로교통법 제64조 제2호
> ② 도로교통법 제64조 제3호
> ③ 도로교통법 제64조 제4호

**10** 전용차로를 설치할 수 있는 사람은?

① 국토교통부장관

② 도지사

③ 관할 구청장

④ 시장 등

**해설**
④ 시장 등은 원활한 교통을 확보하기 위하여 특히 필요한 경우에는 시·도경찰청장
이나 경찰서장과 협의하여 도로에 전용차로를 설치할 수 있다(도로교통법 제15조).

**11** 다음 중 운행상의 안전기준이 잘못된 것은?

① 고속도로에서 자동차의 승차정원은 승차정원의 110% 이내
일 것

② 화물자동차의 적재 길이는 자동차 길이의 10분의 1의 길이
를 더한 길이를 넘지 아니할 것

③ 화물자동차의 적재중량은 구조 및 성능에 따르는 적재중량
의 110% 이내일 것

④ 화물자동차의 적재높이는 지상으로부터 4m를 넘지 아니
할 것

**해설**
① 자동차의 승차인원은 승차정원 이내일 것(도로교통법 시행령 제22조)

**12** 술에 취한 상태의 기준은?

① 혈중알코올농도가 0.01% 이상

② 혈중알코올농도가 0.03% 이상

③ 혈중알코올농도가 0.1% 이상

④ 혈중알코올농도가 0.5% 이상

**해설**
운전이 금지되는 술에 취한 상태의 기준은 운전자의 혈중알코올농도가 0.03% 이상인
경우로 한다(도로교통법 제44조 제4항).

**13** 다음 중 교통사고처리특례법상 피해자의 의사에 반하더라도 공소
를 제기할 수 있는 경우에 해당되는 것은?

① 정류장 질서 문란으로 인한 사고

② 통행 우선순위 위반 사고

③ 횡단보도에서의 보행자 보호의무 위반 사고

④ 난폭 운전 사고

**해설**
특례의 배제(교통사고처리특례법 제3조 제2항의 예외 단서)
차의 운전자가 제1항의 죄 중 업무상과실치상죄 또는 중과실치상죄를 범하고도 피해
자를 구호하는 등 도로교통법 제54조 제1항에 따른 조치를 하지 아니하고 도주하거나
피해자를 사고 장소로부터 옮겨 유기하고 도주한 경우, 같은 죄를 범하고 도로교통법
제44조 제2항을 위반하여 음주측정 요구에 따르지 아니한 경우(운전자가 채혈 측정
을 요청하거나 동의한 경우는 제외)와 다음의 어느 하나에 해당하는 행위로 인하여
같은 죄를 범한 경우에는 법 제3조 제2항의 단서규정에 따라 특례의 적용을 배제한다.
• 신호·지시 위반사고
• 중앙선 침범, 고속도로나 자동차전용도로에서의 횡단, 유턴 또는 후진 위반 사고
• 제한속도 위반(20km/h 초과) 과속사고
• 앞지르기의 방법·금지시기·금지장소 또는 끼어들기 금지 위반사고
• 철길건널목 통과방법 위반사고
• 횡단보도에서의 보행자 보호의무 위반사고
• 무면허운전사고
• 음주, 과로, 질병 또는 약물(마약, 대마 및 향정신성의약품과 그 밖에 행정안전부령
  으로 정하는 것)의 영향과 그 밖의 사유로 인한 사고
• 보도침범·보도횡단방법 위반사고
• 승객추락방지의무 위반사고
• 어린이보호구역 내 안전운전의무 위반으로 어린이의 신체를 상해에 이르게 한
  사고
• 자동차의 화물이 떨어지지 아니하도록 필요한 조치를 하지 않아 생긴 사고

**14** 교통사고 처리 특례의 배제에 해당되지 않는 경우는?

① 신호·지시 위반사고

② 제한속도 위반(20km/h 초과) 과속사고

③ 승객추락방지의무 위반사고

④ 업무상과실치상죄 또는 중과실치상죄를 범하고 피해자를
구호하는 등 도로교통법에 따른 조치를 한 경우

**해설**
13번 해설 참조

**정답** 10 ④ 11 ① 12 ② 13 ③ 14 ④

**15** 사고운전자가 피해자를 구호하는 등 도로교통법 제54조 제1항에 따른 조치를 하지 아니하고 도주한 경우 처벌은?

① 10년 이상의 유기징역 또는 5,000만원 이하의 벌금에 처한다.

② 1년 이상의 유기징역 또는 500만원 이상 3,000만원 이하의 벌금에 처한다.

③ 5년 이하의 징역이나 1,500만원 이하의 벌금에 처한다.

④ 15년 이상의 유기징역에 처한다.

**해설**

도로교통법 제54조 제1항에 따른 교통사고 발생 시의 조치를 하지 아니한 사람(주정차된 차만 손괴한 것이 분명한 경우에 제54조 제1항 제2호에 따라 피해자에게 인적사항을 제공하지 아니한 사람은 제외)은 5년 이하의 징역이나 1,500만원 이하의 벌금에 처한다(도로교통법 제148조).

**17** 현행 화물자동차 운수사업법에 의한 운임·요금 제도에 대한 설명으로 가장 옳은 것은?

① 화물자동차 운송사업의 운임·요금은 일부업종을 제외하고는 허가제로 운영된다.

② 일반화물자동차운송사업의 경우 주로 기업물량을 운송한다는 측면에서 요금·운임은 인가제로 운영된다.

③ 화물자동차 운송사업 운임의 기준을 제시하기 위해 표준운임제도가 도입되어 있다.

④ 구난형 특수자동차를 사용하여 고장차량을 운송하는 운송사업자의 운임 및 요금은 신고제로 운영된다.

**해설**

구난형(救難型) 특수자동차를 사용하여 고장차량·사고차량 등을 운송하는 운송사업자 또는 운송가맹사업자(화물자동차를 직접 소유한 운송가맹사업자만 해당)는 운임과 요금을 정하여 미리 국토교통부장관에게 신고하여야 한다(화물자동차 운수사업법 제5조, 시행령 제4조).

**18** 화물자동차 운수사업법에서 사용하는 용어의 정의 중 틀린 것은?

① "화물자동차 운수사업"이라 함은 화물자동차운송사업, 화물자동차 운송주선사업 및 화물자동차 운송가맹사업을 말한다.

② "화물자동차 운송사업"이라 함은 다른 사람의 수요에 응하여 화물자동차를 사용하여 화물을 유상으로 운송하는 사업을 말한다.

③ "화물자동차 운송주선사업"이라 함은 다른 사람의 수요에 응하여 유상으로 화물운송 계약을 중개·대리하거나 화물자동차 운송사업 또는 화물자동차 운송가맹사업을 경영하는 자의 화물운송수단을 이용하여 자기의 명의와 계산으로 화물을 운송하는 사업을 말한다.

④ "공영차고지"라 함은 주사무소 외의 장소에서 화물자동차 운송주선사업의 허가를 받은자가 화물운송을 주선하는 사업을 영위하는 곳을 말한다.

**해설**

④ 영업소에 대한 설명이다.

※ 공영차고지 : 화물자동차 운수사업에 제공되는 차고지로서 다음의 어느 하나에 해당하는 자가 설치한 것(화물자동차 운수사업법 제2조 제9호)
- 특별시장·광역시장·특별자치시장·도지사·특별자치도지사(시·도지사)
- 시장·군수·구청장(자치구의 구청장)
- 공공기관의 운영에 관한 법률에 따른 공공기관 중 대통령령으로 정하는 공공기관
- 지방공기업법에 따른 지방공사

**16** 교통사고처리특례법 적용 배제 사유가 아닌 것은?

① 신호위반사고

② 무면허운전사고

③ 교차로 내 사고

④ 앞지르기 금지 장소 위반사고

**해설**

도로교통법 제3조 제2항에 따라 교차로 내 사고는 12대 중과실사고에 해당하지 않는다.

**정답** 15 ③  16 ③  17 ④  18 ④

**19** 화물자동차 운수사업법에서 규정하고 있는 화물자동차 운전자의 자격요건으로 틀린 것은?

① 운전경력이 2년 이상일 것

② 운전면허를 가지고 있을 것

③ 20세 이상일 것

④ 화물자동차 운수사업용 자동차를 운전한 경력이 있는 경우에는 그 운전경력이 3년 이상일 것

> **해설**
> 화물자동차 운전자의 연령·운전경력 등의 요건(화물자동차 운수사업법 시행규칙 제18조)
> • 화물자동차를 운전하기에 적합한 운전면허를 가지고 있을 것
> • 20세 이상일 것
> • 운전경력이 2년 이상일 것. 다만, 여객자동차 운수사업용 자동차 또는 화물자동차 운수사업용 자동차를 운전한 경력이 있는 경우에는 그 운전경력이 1년 이상일 것

**20** 화물자동차 운송사업을 경영하고자 하는 자는 누구에게 허가를 받아야 하는가?

① 국토교통부장관

② 산업통상자원부장관

③ 관할 구청장

④ 시·도지사

> **해설**
> 화물자동차 운송사업을 경영하려는 자는 다음의 구분에 따라 국토교통부장관의 허가를 받아야 한다(화물자동차 운수사업법 제3조 제1항).
> • 일반화물자동차 운송사업 : 20대 이상의 범위에서 대통령령으로 정하는 대수 이상의 화물자동차를 사용하여 화물을 운송하는 사업
> • 개인화물자동차 운송사업 : 화물자동차 1대를 사용하여 화물을 운송하는 사업으로서 대통령령으로 정하는 사업

**21** 운송주선사업자의 준수사항에 대한 설명 중 틀린 내용은?

① 운송주선사업자는 자기의 명의로 운송계약을 체결한 화물에 대하여 그 계약금액 중 일부를 제외한 나머지 금액으로 다른 운송주선사업자와 재계약하여 이를 운송하도록 하여서는 아니 된다.

② 운송주선사업자는 운송사업자에게 화물의 종류·무게 및 부피 등을 거짓으로 통보하여서는 아니 된다.

③ 운송주선사업자는 화주로부터 중개 또는 대리를 의뢰받은 화물에 대하여 다른 운송주선사업자에게 수수료나 그 밖의 대가를 받고 중개 또는 대리를 의뢰하여서는 아니 된다.

④ 규정한 사항 외에 화물운송질서의 확립 및 화주의 편의를 위하여 운송주선사업자가 지켜야 할 사항은 대통령령으로 정한다.

> **해설**
> ④ 규정한 사항 외에 화물운송질서의 확립 및 화주의 편의를 위하여 운송주선사업자가 지켜야 할 사항은 국토교통부령으로 정한다(화물자동차 운수사업법 제26조 제7항).
> ① 화물자동차 운수사업법 제26조 제1항
> ② 화물자동차 운수사업법 제26조 제4항
> ③ 화물자동차 운수사업법 제26조 제2항

**22** 다음 중 도로법상 타공작물이 아닌 것은?

① 횡단도로

② 호안

③ 도로원표

④ 둑

> **해설**
> ③은 도로의 부속물에 해당된다(도로법 시행령 제3조).
> ※ 타공작물은 도로와 그 효용을 함께하는 둑, 호안, 철도 또는 궤도용의 교량, 횡단도로, 가로수, 그 밖에 대통령령으로 정하는 공작물을 말한다(도로법 제2조 제9호).

**23** 고속국도를 파손하여 교통을 방해하거나 교통에 위험을 발생하게 한 자는 어떤 벌칙에 처하는가?

① 10년 이하의 징역이나 1억원 이하의 벌금

② 5년 이하의 징역이나 1,000만원 이하의 벌금

③ 2년 이하의 징역이나 700만원 이하의 벌금

④ 1년 이하의 징역이나 500만원 이하의 벌금

> **해설**
> 10년 이하의 징역이나 1억원 이하의 벌금(도로법 제113조 제1항)
> • 고속국도를 파손하여 교통을 방해하거나 교통에 위험을 발생하게 한 자
> • 고속국도가 아닌 도로를 파손하여 교통을 방해하거나 교통에 위험을 발생하게 한 자

**정답** 19 ④ 20 ① 21 ④ 22 ③ 23 ①

**24** 자동차관리법상 자동차의 종류를 구분하는 데 기준이 되지 않는 것은?

① 자동차의 형식
② 자동차의 크기 및 구조
③ 원동기의 종류
④ 정격출력

**해설**
자동차 구분의 세부기준은 자동차의 크기·구조, 원동기의 종류, 총배기량 또는 정격출력 등에 따라 국토교통부령으로 정한다(자동차관리법 제3조 제2항).

**25** 시·도지사는 신규 등록 신청을 받은 경우 자동차소유자에게 무엇을 발급하게 되는가?

① 자동차 등록증
② 자동차 검사증
③ 자동차 등록번호
④ 등록확인증

**해설**
시·도지사는 신규 등록의 신청을 받으면 등록원부에 필요한 사항을 적고 자동차 등록증을 발급하여야 한다(자동차관리법 제8조 제2항).

**2과목** 화물취급요령

**01** 스티커형 운송장에 대한 설명으로 틀린 것은?

① 운송장 제작비와 전산 입력비용을 절약하기 위함이다.
② 기업고객과 완벽한 EDI 시스템이 구축될 수 있는 경우에 이용된다.
③ 기본형 및 보조 운송장과 달리 운송회사가 제작하여 공급해 준다.
④ 기업고객도 운송장의 출하를 바코드로 스캐닝하는 시스템을 운영해야 한다.

**해설**
기본형 운송장 또는 보조 운송장은 운송회사가 제작하여 공급해주면 기업고객은 도트프린터(Dot Printer)나 수작업으로 운송장을 기록하면 되지만, 스티커형 운송장은 라벨프린터기를 설치하고 자체 정보시스템에 운송장 발행시스템, 출하정보의 전송시스템 등 별도의 EDI 시스템이 필요하다.

**02** 운송장의 기재사항에 대한 설명으로 틀린 것은?

① 운송장의 종류 등을 나타낼 수 있도록 설계되고 관리되어야 한다.
② 화물을 보내는 사람의 정확한 이름과 주소뿐만 아니라 전화번호도 기록해야 한다.
③ 화물명은 취급 금지 및 제한 품목 여부를 알기 위해서도 반드시 기록하도록 해야 한다.
④ 화물의 크기를 눈대중으로 잰다.

**해설**
④ 화물의 크기에 따라 요금이 달라지기 때문에 중량을 정확히 기록해야 한다.

**03** 골판지와 비교한 나무상자의 단점으로 맞지 않는 것은?

① 시간이나 외부 환경에 의해 변화를 받기 쉽다.
② 중량이 무겁고 용적이 커지므로 물류비가 많이 든다.
③ 대량생산에 대응하기 어렵고 재료보관에 많은 공간이 필요하다.
④ 썩거나 강도가 저하되기 쉽고 수분의 내포로 내용품에 손상을 줄 우려가 있다.

**해설**
① 나무상자는 강도의 변화가 거의 없으나, 골판지는 시간이나 외부 환경에 의해 변화를 받기 쉬우므로 외부의 온도와 습기, 방치시간 등에 대하여 특히 유의하여야 한다.

**04** 창고 내 및 입출고 시 작업요령으로 틀린 것은?

① 창고 내에서 작업할 때에는 어떠한 경우라도 흡연을 금한다.
② 화물더미의 상층과 하층에서 동시에 작업을 해도 무방하다.
③ 발판을 이용하여 오르내릴 때에는 2명 이상이 동시에 통행하지 않는다.
④ 화물더미의 중간에서 화물을 뽑아내거나 직선으로 깊이 파내는 작업을 하지 않는다.

**해설**
② 화물더미의 상층과 하층에서 동시에 작업을 하지 않는다.

**05** 운송작업 시 유의사항으로 틀린 것은?

① 무거운 물건을 무리해서 들거나 너무 많이 들지 않는다.
② 단독으로 화물을 운반하고자 할 때에는 인력운반중량 권장기준을 준수한다.
③ 긴 물건을 어깨에 메고 운반할 때에는 앞뒤 높이를 균일하게 들어 운반한다.
④ 무거운 물품은 공동운반하거나 운반차를 이용한다.

**해설**
③ 긴 물건을 어깨에 메고 운반할 때에는 앞부분의 끝을 운반자 신장보다 약간 높게 하여 모서리 등에 충돌하지 않도록 운반한다.

**06** 독극물 취급 시 주의사항으로 틀린 것은?

① 독극물의 취급 및 운반은 거칠게 다루지 말 것
② 독극물을 취급하거나 운반할 때는 소정의 안전한 용기, 도구, 운반구 및 운반차를 이용할 것
③ 취급불명의 독극물은 즉시 폐기할 것
④ 독극물이 들어 있는 용기는 마개를 단단히 닫고 빈 용기와 확실하게 구별하여 놓을 것

**해설**
③ 취급불명의 독극물은 함부로 다루지 말고, 독극물 취급방법을 확인한 후 취급할 것

**07** 포장과 포장 사이에 미끄럼을 멈추는 시트를 넣음으로써 안전을 도모하는 화물붕괴방지 방식은?

① 주연어프 방식
② 밴드걸기 방식
③ 수평 밴드걸기 풀붙이기 방식
④ 슬립멈추기 시트삽입 방식

**해설**
슬립멈추기 시트삽입 방식
포장과 포장 사이에 미끄럼을 멈추는 시트를 넣음으로써 안전을 도모하는 방법이다. 부대화물에는 효과가 있으나, 상자는 진동하면 튀어 오르기 쉽다는 문제가 있다.

**08** 화물운송상 상차 후 작업지침이 아닌 것은?

① 면장상의 중량과 실중량의 차이에도 불구하고 일단 운송해야 한다.
② 도착장소와 도착시간을 다시 한 번 정확히 확인한다.
③ 상차한 후에는 해당 게이트(Gate)로 가서 전산 정리를 해야 한다.
④ 다른 라인일 경우에는 배차계에게 면장번호, 컨테이너번호, 화주이름을 말해주고 전산정리를 한다.

**해설**
① 면장상의 중량과 실중량에는 차이가 있을 수 있으므로, 운전자 본인이 실중량이 더 무겁다고 판단되면 관련 부서로 연락해서 운송 여부를 통보받아야 한다.

**정답** 4 ② 5 ③ 6 ③ 7 ④ 8 ①

**09** 화물의 인수 요령으로 틀린 것은?

① 도서지역의 경우 차량이 직접 들어갈 수 없는 지역이 많아 착불로 거래 시 운임을 징수할 수 없으므로 소비자의 양해를 얻어 운임 및 도선료는 선불로 처리한다.

② 운송인의 책임은 물품을 인수하고 운송장을 교부한 시점부터 발생한다.

③ 두 개 이상의 화물을 하나의 화물로 밴딩처리한 경우에는 반드시 고객에게 파손 가능성을 설명하고 하나로 포장하여 집하한다.

④ 화물은 취급가능 화물규격 및 중량, 취급불가 화물품목 등을 확인하고, 화물의 안전수송과 타화물의 보호를 위하여 포장상태 및 화물의 상태를 확인한 후 접수 여부를 결정한다.

**해설**
③ 두 개 이상의 화물을 하나의 화물로 밴딩처리한 경우에는 반드시 고객에게 파손 가능성을 설명하고 별도로 포장하여 각각 운송장 및 보조송장을 부착하여 집하한다.

**10** 고객 유의사항의 사용범위에 해당되지 않는 물품은?

① 수리를 목적으로 운송을 의뢰하는 모든 물품

② 포장이 불량하여 운송에 부적합하다고 판단되는 물품

③ 통상적으로 물품의 안전을 보장하기 어렵다고 판단되는 물품

④ 일정금액을 초과하는 물품으로 할증료를 징수하는 물품

**해설**
④ 일정금액을 초과하는 물품으로 위험 부담률이 극히 높고, 할증료를 징수하지 않은 물품

**11** 수출용 컨테이너 화물을 적재하기 위하여 수행해야 할 선사의 업무가 아닌 것은?

① 화물의 인수

② 컨테이너의 준비

③ 컨테이너의 적재

④ 선적 서류의 작성과 송부

**해설**
③ 컨테이너의 적재는 CY(Container Yard) 오퍼레이터의 업무이다.

**12** 트랙터 한 대에 트레일러 두세 대를 달 수 있어 트랙터와 운전자의 효율적 운용을 도모할 수 있는 연결차량은 무엇인가?

① 풀 트레일러 연결차량

② 세미 트레일러 연결차량

③ 덤프 트레일러 연결차량

④ 더블 트레일러 연결차량

**해설**
풀 트레일러의 장점
• 보통 트럭에 비하여 적재량을 늘릴 수 있다.
• 트랙터 한 대에 트레일러 두세 대를 달 수 있어 트랙터와 운전자의 효율적 운용을 도모할 수 있다.
• 트랙터와 트레일러에 각기 다른 발송지별 또는 품목별 화물을 수송할 수 있게 되어 있다.

**13** 적재함 높이를 경사지게 하여 적재물을 쏟아 내리는 특장차는?

① 믹서차량

② 덤프트럭

③ 분·입체차량

④ 액체 수송차

**해설**
덤프차량은 적재함 높이를 경사지게 하여 적재물을 쏟으며, 주로 흙이나 모래를 수송하는 데에 사용하고 있다.

**정답** 9 ③  10 ④  11 ③  12 ①  13 ②

**14** 고객의 책임 있는 사유로 고객이 약정된 이사화물의 인수일 1일 전까지 해제를 통지한 경우 손해배상액은?

① 계약금
② 계약금의 2배액
③ 계약금의 3배액
④ 계약금의 10배액

**해설**
고객이 약정된 이사화물의 인수일 1일 전까지 해제를 통지한 경우에는 계약금이 손해배상액이 된다.

**15** 이사화물의 멸실, 훼손 또는 연착 등에 대한 사업자의 면책사유가 아닌 것은?

① 이사화물의 결함, 자연적 소모
② 이사화물의 성질에 의한 발화, 폭발, 뭉그러짐, 곰팡이 발생, 부패, 변색 등
③ 천재지변 등 불가항력적인 사유
④ 이사화물의 경미한 훼손

**해설**
사업자의 면책사유(이사화물 표준약관 제16조)
①, ②, ③ 이외에 법령 또는 공권력의 발동에 의한 운송의 금지, 개봉, 몰수, 압류 또는 제3자에 대한 인도

**3과목** **안전운행**

**01** 다음 중 사고율이 가장 낮은 노면은?

① 건조노면
② 습윤노면
③ 눈덮인 노면
④ 결빙노면

**해설**
노면의 사고율
결빙노면 > 눈덮인 노면 > 습윤노면 > 건조노면

**02** 운전 중 운전자의 착각이 아닌 것은?

① 시간의 착각
② 경사의 착각
③ 속도의 착각
④ 원근의 착각

**해설**
운전자의 착각으로는 크기의 착각, 경사의 착각, 속도의 착각, 원근의 착각, 상반의 착각 등이 있다.

**03** 다음 중 교통정보 인지결함의 원인이 아닌 것은?

① 술에 많이 취해 있었다.
② 등교 또는 출근시간 때문에 급하게 택시를 탔다.
③ 동행자와 이야기에 열중했거나 놀이에 열중했다.
④ 횡단 중 한쪽 방향에만 주의를 기울였다.

**해설**
② 등교 또는 출근시간 때문에 급하게 서둘러 걷고 있는 경우

**정답** 14 ① 15 ④ / 1 ① 2 ① 3 ②

**04** 어린이 교통안전 지도요령에 대한 설명 중 옳지 않은 것은?

① 횡단방법이 몸에 밸 때까지 되풀이하여 지도하고 모범을 보여야 한다.

② 어린이가 유치원이나 학교에 갈 때에는 시간적 여유가 있게 보내며, 또한 잃은 물건이 없도록 준비해 둔다.

③ 교통량이 빈번한 도로나 건널목 등 위험한 곳에서 혼자 놀게 해서는 안 된다.

④ 어린이와 함께 갈 때에는 어린이는 차도 쪽으로, 보호자는 길 가장자리 쪽으로 걷는다.

**해설**
④ 어린이를 데리고 보행할 때에는 언제나 차도 쪽에 보호자가 걷고, 도로의 안쪽에 어린이가 걷도록 한다.

**05** 다음 중 자동차의 점등, 점화, 시동, 발전 또는 충전 등의 장치는 무엇인가?

① 제동장치
② 동력전달장치
③ 전기장치
④ 냉각장치

**해설**
전기장치란 각종의 등화, 엔진의 시동, 점화, 발전, 축전지 등의 전기관계장치를 말한다.

**06** 수막 현상의 예방대책으로 부적절한 것은?

① 고속으로 주행하지 않는다.
② 마모된 타이어를 사용하지 않는다.
③ 공기압은 조금 낮게 한다.
④ 배수효과가 좋은 타이어를 사용한다.

**해설**
③ 타이어의 공기압을 높이면 지면과 닿는 면적이 줄어들어 수막 현상을 방지하는 데 유리하다.

**07** 자동차 운전석에서의 점검사항으로 바르지 못한 것은?

① 클러치와 브레이크
② 속도계 등 각종 계기판
③ 주차 제동레버의 당김 상태
④ 배터리 전해액의 양과 비중

**해설**
④ 배터리 전해액의 양과 비중은 엔진룸의 점검사항이다.

**08** 커브지점에 주로 발생하는 사고유형은?

① 정면충돌사고
② 직각충돌사고
③ 앞차와의 추돌사고
④ 뒤차와의 추돌사고

**해설**
① 커브지점에서의 사고는 주로 정면충돌사고가 많으며, 이는 커브 지점에서 왼쪽으로 회전하는 차량이 커브지점의 중앙선을 침범함으로써 일어나는 사고가 대부분이다.

**정답** ▶ 4 ④  5 ③  6 ③  7 ④  8 ①

**09** 중앙분리대에 대한 다음 설명 중 틀린 것은?

① 중앙분리대의 종류에는 방호울타리형, 연석형, 광폭 중앙 분리대가 있다.

② 광폭 중앙분리대는 도로선형의 양방향 차로가 완전히 분리 될 수 있는 충분한 공간확보로 대향차량의 영향을 받지 않을 정도의 넓이를 제공한다.

③ 분리대의 폭이 넓을수록 분리대를 넘어가는 횡단사고가 많고 또 전체 사고에 대한 정면충돌사고의 비율도 높다.

④ 중앙분리대에 설치된 방호울타리는 사고를 방지한다기보다는 사고의 유형을 변환시켜 주기 때문에 효과적이다.

> **해설**
> ③ 분리대의 폭이 넓을수록 분리대를 넘어가는 횡단사고가 적고 또 전체 사고에 대한 정면충돌사고의 비율도 낮다.

**10** 교차로에서의 사고발생 유형이 아닌 것은?

① 앞쪽(또는 옆쪽) 상황에 소홀한 채 진행신호로 바뀌는 순간 급출발

② 정지신호임에도 불구하고 정지선을 지나 교차로에 진입하거나 무리하게 통과를 시도하는 신호무시

③ 교차로 진입 전 이미 황색신호임에도 무리하게 통과시도

④ 신호등이 없는 경우 통행 우선순위에 따라 통행

> **해설**
> 교차로 안전운전 및 방어운전
> • 신호등이 있는 경우 : 신호등이 지시하는 신호에 따라 통행
> • 교통경찰관 수신호의 경우 : 교통경찰관의 지시에 따라 통행
> • 신호등 없는 교차로의 경우 : 통행의 우선순위에 따라 주의하며 진행

**11** 커브길에 대한 설명으로 틀린 것은?

① 커브길은 도로가 왼쪽 또는 오른쪽으로 굽은 곡선부를 갖는 도로의 구간을 의미한다.

② 곡선부의 곡선반경이 길어질수록 완만한 커브길이 된다.

③ 곡선반경이 짧아질수록 급한 커브길이 된다.

④ 커브길은 직선도로보다 교통사고 위험이 적다.

> **해설**
> ④ 커브길은 직선도로보다 교통사고 위험이 크다.

**12** 차로폭에 대한 설명 중 틀린 것은?

① 어느 도로의 차선과 차선 사이의 최단거리를 말한다.

② 차로폭은 대개 3.0~3.5m를 기준으로 한다.

③ 교량 위, 터널 내에서는 부득이한 경우 1.5m로 할 수 있다.

④ 시내 및 고속도로 등에서는 도로폭이 비교적 넓고, 골목길이나 이면도로 등에서는 도로폭이 비교적 좁다.

> **해설**
> ③ 교량 위, 터널 내, 유턴차로(회전차로) 등에서 부득이한 경우 2.75m로 할 수 있다.

**13** 앞지르기에 대한 설명으로 틀린 것은?

① 앞지르기란 뒤차가 앞차의 좌측면을 지나 앞차의 앞으로 나가는 것을 말한다.

② 앞지르기는 앞차보다 빠른 속도로 가속하여 상당한 거리를 진행해야 하므로 앞지르기 할 때의 가속도에 따른 위험이 수반된다.

③ 앞지르기는 필연적으로 진로변경을 수반한다.

④ 진로변경은 동일한 차로로 진로변경 없이 진행하는 경우에 비하여 사고의 위험이 낮다.

> **해설**
> ④ 앞지르기는 필연적으로 진로변경을 수반하는데, 진로변경은 동일한 차로로 진로변경 없이 진행하는 경우에 비하여 사고의 위험이 높다.

**정답** ▶ 9 ③  10 ④  11 ④  12 ③  13 ④

**14** 철길건널목에서의 안전운전요령으로 옳지 않은 것은?

① 건널목 통과 중 차바퀴가 철길에 빠지지 않도록 중앙부분으로 통과해야 한다.

② 철길건널목 앞에서는 좌우를 살피거나 일시정지하지 않고 통과한다.

③ 철길건널목 좌우가 건물 등에 가려져 있거나 커브지점에서는 더욱 조심한다.

④ 건널목 통과 중 기어변속을 하면 위험하다.

**해설**

② 철길건널목의 사고원인 중에는 운전자가 경보기를 무시하거나 일시정지를 하지 않고 통과하다가 발생하는 경우가 많으므로, 일시정지 후 좌우의 안전을 확인해야 한다.

**15** 고속도로 통행 방법에 대한 설명 중 틀린 것은?

① 고속도로에서는 갓길로 통행하여서는 안 된다.

② 주행차선에 통행 차가 많을 경우 승용차에 한하여 앞지르기 차선으로 계속 통행할 수 있다.

③ 앞지르기 할 때는 지정속도를 초과할 수 없다.

④ 주행 중 속도계를 수시로 확인하여 법정속도를 준수한다.

**해설**

고속도로에서는 앞지르기 등 부득이한 경우 외에는 주행차선으로 통행하여야 한다.

**16** 야간 운전요령으로 틀린 것은?

① 자동차가 교행할 때에는 조명장치를 하향 조정할 것

② 문제가 발생했을 때의 정차 시는 소등할 것

③ 노상에 주정차를 하지 말 것

④ 운전 시 흡연을 하지 말 것

**해설**

② 문제가 발생했을 때 정차 시에는 여러 가지 안전조치를 취할 것

**17** 여름철 안전운전요령으로 틀린 것은?

① 출발하기 전에 창문을 열어 실내의 더운 공기를 환기시킨다.

② 에어컨을 최대로 켜서 실내의 더운 공기가 빠져나간 다음에 운행하는 것이 좋다.

③ 주행 중 갑자기 시동이 꺼졌을 때는 운전을 멈추고 견인한다.

④ 비에 젖은 도로를 주행할 때는 건조한 도로에 비해 마찰력이 떨어져 미끄럼에 의한 사고 가능성이 있으므로 감속 운행해야 한다.

**해설**

③ 기온이 높은 날에는 주행 중 엔진이 저절로 꺼지기도 한다. 따라서 자동차를 길 가장자리 통풍이 잘되는 그늘진 곳으로 옮긴 다음, 보닛을 열고 10분 정도 열을 식힌 후 재시동을 한다.

**18** 가을철 자동차관리로 틀린 것은?

① 부동액 점검

② 서리제거용 열선 점검

③ 장거리 운행 전 점검 철저

④ 세차 및 차체 점검

**해설**

①은 겨울철 자동차관리 사항이다.

**정답** ▶ 14 ② 15 ② 16 ② 17 ③ 18 ①

**19** 차량에 고정된 탱크의 운행방법이 아닌 것은?

① 철도 건널목을 통과하는 경우는 건널목 앞에서 일시정지하고 열차가 지나가지 않는가를 확인한다.

② 터널에 진입하는 경우는 전방에 이상사태가 발생하지 않았는지 표시등을 확인하면서 진입한다.

③ 가스를 이송한 후에도 탱크 속에는 잔류가스가 남아 있으므로 내용물이 적재된 상태와 동일하게 취급한다.

④ 차를 수리할 때에는 반드시 사람의 통행이 없고 밀폐된 장소에서 한다.

**해설**
④ 수리를 할 때에는 통풍이 양호한 장소에서 실시할 것

**20** 위험물의 운반 방법으로 틀린 것은?

① 마찰 및 흔들림을 일으키지 않도록 운반할 것

② 일시 정차 시는 안전한 장소를 택하여 안전에 주의할 것

③ 지정 수량 이상의 위험물은 절대로 운반하지 않을 것

④ 그 위험물에 적응하는 소화설비를 설치할 것

**해설**
③ 지정 수량 이상의 위험물을 차량으로 운반할 때는 차량의 전면 또는 후면의 보기 쉬운 곳에 표지를 게시할 것

**21** 다음 설명 중 틀린 것은?

① 차도와 갓길을 구획하는 노면표시를 하면 교통사고는 감소한다.

② 교통량이 많고 사고율이 높은 구간의 차로 폭을 규정범위 이내로 넓히면 사고율이 감소한다.

③ 갓길은 포장된 노면보다 토사나 자갈 또는 잔디가 안전하다.

④ 갓길이 넓으면 차량의 이동 공간이 넓고 시계가 넓으며, 고장차량을 주행차로 밖으로 이동시킬 수가 있기 때문에 안정성이 크다.

**해설**
③ 길어깨(갓길)는 토사나 자갈 또는 잔디보다는 포장된 노면이 더 안전하며, 포장이 되어 있지 않을 경우에는 건조하고 유지관리가 용이할수록 안전하다.

**22** 운전 상황별 방어운전 요령으로 틀린 것은?

① 필요한 경우가 아니면 중앙의 차로를 주행하지 않는다.

② 꼭 필요한 경우에만 추월한다.

③ 대향차가 교차로를 완전히 통과한 후 좌회전한다.

④ 미끄러운 노면에서는 차가 완전히 정지할 수 있도록 급제동한다.

**해설**
④ 미끄러운 노면에서는 급제동으로 인해 차가 회전하는 경우가 발생하지 않도록 주의해야 한다.

**23** 차로폭에 따른 사고 위험에 대한 설명 중 틀린 것은?

① 차로 폭이 넓은 경우 운전자가 느끼는 주관적 속도감이 실제 주행속도보다 낮게 느껴진다.

② 차로 폭이 넓은 경우 제한속도를 초과한 과속사고의 위험이 있다.

③ 차로 폭이 좁은 경우 보·차도 분리시설이 미흡하다.

④ 차로 폭이 좁은 경우 사고의 위험성이 낮다.

**해설**
차로 폭이 좁은 도로의 경우는 차로 수 자체가 편도 1, 2차로에 불과하거나 보·차도 분리시설이 미흡하거나 도로정비가 미흡하고 자동차, 보행자 등이 무질서하게 혼재하는 경우가 있어 사고의 위험성이 높다.

**정답** 19 ④  20 ③  21 ③  22 ④  23 ④

**24** 철길건널목의 안전운전요령으로 틀린 것은?

① 일시정지 후 좌우의 안전을 확인한다.

② 건널목 통과 시 기어를 변속한다.

③ 건널목 건너편의 여유 공간을 확인한 후 통과한다.

④ 건널목 앞쪽이 혼잡하여 건널목을 완전히 통과할 수 없게 될 염려가 있을 때에는 진입하지 않는다.

**해설**
② 엔진이 정지되지 않도록 가속 페달을 조금 힘주어 밟고 건널목을 통과하고 있을 때는 기어 변속 과정에서 엔진이 멈출 수 있으므로 가급적 기어 변속을 하지 않고 통과한다.

**25** 가을철 안전운전요령으로 틀린 것은?

① 안개 지역에서는 처음부터 감속 운행한다.

② 늦가을에 안개가 끼면 노면이 동결되는 경우가 있는데, 이 때는 급핸들조작 및 급브레이크 조작을 삼간다.

③ 행락철인 가을에는 과속을 피하고, 교통법규를 준수하여야 한다.

④ 경운기 옆을 지나갈 때는 절대 경적을 울려서는 안 된다.

**해설**
경운기에는 후사경이 달려있지 않고, 운전자가 비교적 고령이며, 자체 소음이 매우 커서 자동차가 뒤에서 접근한다는 사실을 모르고 급작스럽게 진행 방향을 변경하는 경우가 있다. 따라서 안전거리를 유지하고 경적을 울려 자동차가 가까이 있다는 사실을 알려주어야 한다.

---

**4과목** **운송서비스**

**01** 물류비를 산정하여 관리하는 목적으로 적합하지 않은 것은?

① 물류활동을 화폐적 가치로 파악하기 위해서

② 제품 판매 시 수익성 여부를 판단하기 위해서

③ 모든 기업 활동 및 프로세스에 연관된 물류 관련 비용을 파악하기 위해서

④ 물류 관련 인건비의 파악을 위해서

**해설**
물류비 산정의 목적은 물류활동에 수반되는 원가자료를 제공하고, 물류합리화에 의한 원가절감이나 서비스개선에 대한 관리지표를 제공하는 데 의의가 있다.

**02** 완제품을 포장하여 판매상에게 인도하기 이전까지의 비용은 어느 물류비에 속하는가?

① 사내물류비

② 조달물류비

③ 판매물류비

④ 반품물류비

**해설**
② 원재료로 조달선으로부터 제조업자에게 도달되기까지의 물류비
③ 고객에게 판매가 확정된 후 고객에게 인도하는 시점까지의 물류비
④ 판매한 물품의 반송에 수반되는 물류비

**정답** ▶ 24 ② 25 ④ / 1 ① 2 ①

**03** 물류 표준화의 필요성을 설명한 것 중 거리가 먼 것은?

① 물동량의 흐름이 증대함에 따라 물류의 일관성과 경제성을 확보하기 위해 필요하다.

② 물류비의 과다부담 때문에 필요하다.

③ 물류활동의 효율성을 제고시키는 데 무엇보다 물류의 표준화가 선행되어야 한다.

④ 환경오염 방지를 위한 포장, 자재 등의 처분을 원활하게 하기 위해 필요하다.

**해설**

표준화의 목적으로는 물류활동의 효율성을 높이고 화물유통에 있어서의 원활성을 높이며, 궁극적으로 물류비를 절감하는 것이다.

**04** SCM(Supply Chain Management)에서 추구하고 있는 기본적인 개념이 아닌 것은?

① 기능 간, 기업 간의 프로세스 통합

② 물자, 정보, 자금의 동시화(Synchronization)

③ 기업 간의 협력

④ 제로섬(Zero-Sum) 게임에 기반

**해설**

공급망관리(SCM ; Supply Chain Management)

최종고객의 욕구를 충족시키기 위하여 원료공급자로부터 최종소비자에 이르기까지 공급망 내의 각 기업 간에 긴밀한 협력을 통해 공급망인 전체의 물자의 흐름을 원활하게 하는 공동전략, 즉 공급망 내의 각 기업은 상호 협력하여 공급망 프로세스를 재구축하고 업무협약을 맺으며, 공동전략을 구사하게 된다.

※ 한 쪽의 이익과 다른 한 쪽의 손해를 더하면 제로가 된다는 것이 제로섬 게임이다.

**05** 통합물류관리의 목표가 아닌 것은?

① 소비자에 대한 서비스의 최적화

② 공급망 구성원에 대한 서비스의 최적화

③ 소비자에 대한 전체적인 서비스 향상과 재고 비용의 감소

④ 물류기능의 세분화 및 물류책임·권한의 분산

**해설**

④ 통합물류관리(Integrated Logistics Management)는 기업 내 물류기능 간 통합 관리를 강조한다.

**06** 마케팅과 물류의 상관관계를 설명한 내용 중 타당하지 않은 것은?

① 물류 마케팅의 4P 중 'Place'와 직접연관성을 갖는다.

② 물류의 포괄적인 마케팅 개념에 속하는 것으로 볼 수 있다.

③ 최근의 물류는 마케팅뿐만 아니라 산업공학적인 측면, 무역학적인 측면 등 보다 광범위한 개념으로 인식되고 있다.

④ 물류의 확장개념인 로지스틱스 수준에서는 마케팅과 무관하게 된다.

**해설**

오늘날 마케팅의 실현은 종래의 고객조사, 가격정책, 판매망의 조직화, 광고 및 홍보 등에서 즉납서비스 및 문전서비스 등과 같이 물리적인 고객서비스가 요청되고 있어 물류의 역할은 더욱 커지고 있다.

**07** ECR(Efficient Consumer Response)을 이루기 위한 조건으로 보기 어려운 것은?

① Cross-Docking 시스템

② 유연생산 시스템(FMS)

③ 자동발주 시스템(CAO)

④ Quick Response(QR)

**해설**

ECR을 이루기 위한 조건

• Cross-Docking 시스템

• 유연생산 시스템(FMS)

• 자동발주 시스템(CAO)

• ABC(Activity-Based Costing)

**정답** 3 ④  4 ④  5 ④  6 ④  7 ④

**08** 물류관리상 PDS(Plan‑Do‑See)의 See에 해당되는 주요 내용은?

① 물류서비스 수준 결정
② 보관활동
③ 효율평가
④ 재고관리

해설
③ See(평가)
① Plan(계획)
②, ④ Do(실시)

**09** 다음은 물류의 전략적 계획과 전술적 계획의 차이점을 설명한 것이다. 잘못 설명한 것은?

① 전략적 계획은 장기적 계획이고 전술적 계획은 단기적인 계획이다.
② 전략적 계획은 의사결정환경이 확실하고 전술적 계획은 불확실한 계획을 말한다.
③ 전략적 계획의 목적은 장기적인 생존 및 성장이고 전술적 계획은 전략적 계획의 집행을 목적으로 한다.
④ 전략적 계획의 주체는 중간관리자 및 최고경영자이고 전술적 계획은 초급관리자 및 중간관리자이다.

해설
전략적 계획은 시간의 범위가 길기 때문에 종종 불완전하고 정확도가 낮은 자료를 이용해서 수행하게 된다.

**10** 물류업무를 사내에서 분리하여 제3의 전문기업에 위탁할 때 일반적인 예상효과로 기대되는 것과 거리가 먼 것은?

① 물류비 절감
② 서비스의 향상
③ 인력 감축
④ 핵심역량에 대한 집중력 약화

해설
제3자 물류로 기대되는 이익은 운영비 감소, 서비스 개선, 핵심역량 치중, 인력 감소, 자본비용 감소 등이다.

**11** 제3자 물류(TPL)가 수행하는 기능 중 틀린 것은?

① 고객을 위한 조달 기능
② 금융조달 기능
③ 고객을 위한 배송 기능
④ 고객을 위한 재고관리 기능

해설
제3자 물류의 수행기능 : 고객을 위한 조달, 배송, 재고관리, 정보관리 기능

**12** 물류관리의 활동에 대한 설명이 틀린 것은?

① 물류에 있어서 시간과 장소의 효용 증대
② 원가절감에서 프로젝트 목표의 극대화
③ 동기부여의 관리
④ 주활동과 지원활동으로 크게 구분

해설
④ 기업물류의 활동으로, 주활동에는 대고객서비스수준, 수송, 재고 관리, 주문처리, 지원활동에는 보관, 자재관리, 구매, 포장, 생산량과 생산일정 조정, 정보관리가 포함된다.

정답 ▶ 8 ③ 9 ② 10 ④ 11 ② 12 ④

**13** 효율적인 물류 시스템 설계를 위한 물류시스템 5S 목표에 속하지 않는 것은?

① Scales(물류시설 규모의 적정화)
② Sales(판매)
③ Speed(신속 정확한 배달)
④ Stock Control(재고 관리)

**해설**
①, ③, ④ 이외에 Space Saving(물류설비의 효율성 제고), Service(고객의 서비스 향상)가 있다.

**15** 다음 물류정보시스템과 관련된 용어 중 설명이 틀린 것은?

① ECR이란 컴퓨터를 이용하여 통합, 분석하여 주문서를 작성하는 시스템이다.
② EOS는 단품관리를 위한 자동발주시스템이다.
③ POS란 상품을 판매하는 시점에서 상품에 관련된 모든 정보를 신속·정확하게 수집하여 발주, 매입, 발송, 재고관리 등의 필요한 시점에 정보를 제공하는 시스템이다.
④ EDI란 기업 간에 교환되는 서식이나 기업과 행정관청 사이에서 교환되는 행정서식을 일정한 형태를 가진 전자 메시지로 변환처리하여 컴퓨터와 컴퓨터 간에 교환되는 전자문서 교환시스템을 말한다.

**해설**
① 자동발주시스템(CAO ; Computer Assisted Ordering)에 대한 내용이다.
※ ECR(Efficient Consumer Response)
제품의 생산단계에서부터 도매·소매에 이르기까지 전 과정을 하나의 프로세스로 보아 관련 기업들의 긴밀한 협력을 통해 전체로서의 효율극대화를 추구하는 고객대응기법이다.

**14** 물류개선에 관해서 요구되는 모든 비용 중에서 각 비용의 부분적인 절감이 아닌, 비용의 총액을 어떻게 절감할 것인가를 목적으로 하여 종합적으로 분석하는 방법을 무엇이라고 하는가?

① 코스트 트레이드 오프(Cost Trade Off) 분석
② 토탈 코스트 어프로치(Total Cost Approach)
③ 기능별 물류비 분석
④ 재무회계방식

**해설**
코스트 트레이드 오프 분석방법이 특정 물류활동 또는 부분적인 관점에서 물류비 절감을 꾀하는 데 반하여 토탈 코스트 어프로치 방법은 전체적인 관점에서 물류비 절감을 꾀한다.

**정답** 13 ② 14 ② 15 ①

얼마나 많은 사람들이 책 한권을 읽음으로써

인생에 새로운 전기를 맞이했던가.

− 헨리 데이비드 소로 −

# 5일 달달 외워서 합격하기

**5일 완성 화물운송종사자격** 쉽고 빠르게~ 합격은 나의 것!

\# **핵심만 콕! 콕!** 최신 가이드북 완벽 반영한 핵심이론!

\# **자주 나오는 문제** 다양한 빈출문제로 출제유형 파악!

\# **달달 외워서 합격** 실전대비 합격문제로 마무리!

| 제3회 | 실전대비합격문제 | ✅ 회독 CHECK 1 2 3 |
| 제4회 | 실전대비합격문제 | ✅ 회독 CHECK 1 2 3 |

# 실전대비합격문제

## 1과목　교통 및 화물자동차 운수사업 관련 법규

**01** 다음 설명 중 옳지 않은 것은?

① 적색의 등화 시 차마는 우회전할 수 없다.

② 황색의 등화 시 차마는 정지선이 있거나 횡단보도가 있을 때에는 그 직전이나 교차로의 직전에 정지하여야 한다.

③ 황색의 등화 시 차마는 우회전할 수 있다.

④ 녹색의 등화 시 차마는 비보호좌회전표지 또는 비보호좌회전표시가 있는 곳에서는 좌회전할 수 있다.

**해설**
적색의 등화의 뜻(도로교통법 시행규칙 별표 2)
㉠ 차마는 정지선, 횡단보도 및 교차로의 직전에서 정지해야 한다.
㉡ 차마는 우회전하려는 경우 정지선, 횡단보도 및 교차로의 직전에서 정지한 후 신호에 따라 진행하는 다른 차마의 교통을 방해하지 않고 우회전할 수 있다.
㉢ ㉡에도 불구하고 차마는 우회전 삼색등이 적색의 등화인 경우 우회전할 수 없다.

**02** 차로의 너비보다 넓은 차가 그 차로를 통행하기 위해서는 누구의 허가를 받아야 하는가?

① 출발지를 관할하는 시 · 도경찰청장

② 도착지를 관할하는 시 · 도경찰청장

③ 출발지를 관할하는 경찰서장

④ 도착지를 관할하는 경찰서장

**해설**
차로가 설치된 도로를 통행하려는 경우로서 차의 너비가 행정안전부령으로 정하는 차로의 너비보다 넓어 교통의 안전이나 원활한 소통에 지장을 줄 우려가 있는 경우 그 차의 운전자는 그 도로를 통행하여서는 아니 된다. 다만, 행정안전부령으로 정하는 바에 따라 그 차의 출발지를 관할하는 경찰서장의 허가를 받은 경우에는 그러하지 아니하다(도로교통법 제14조 제3항).

**03** 다음 중 최고속도의 100분의 20을 줄인 속도로 운행하여야 하는 경우는?

① 노면이 얼어붙은 경우

② 눈이 20mm 이상 쌓인 경우

③ 비가 내려 노면에 젖어 있는 경우

④ 폭우 · 폭설 · 안개 등으로 가시거리가 100m 이내인 경우

**해설**
③ 도로교통법 시행규칙 제19조 제2항 제1호
①, ②, ④ 최고속도의 100분의 50을 감속하여야 한다(도로교통법 시행규칙 제19조 제2항 제2호).

**04** 차도와 보도의 구별이 없는 도로에서 정차 및 주차 시 오른쪽 가장자리로부터 얼마 이상의 거리를 두어야 하는가?

① 30cm 이상

② 50cm 이상

③ 60cm 이상

④ 90cm 이상

**해설**
② 모든 차의 운전자는 도로에서 정차를 할 때에는 차도의 오른쪽 가장자리에 정차할 것. 다만, 차도와 보도의 구별이 없는 도로의 경우에는 도로의 오른쪽 가장자리로부터 중앙으로 50cm 이상의 거리를 두어야 한다(도로교통법 시행령 제11조 제1항 제1호).

**05** 시 · 도경찰청장이 정비 불량차에 대하여 필요한 정비 기간을 정하여 사용을 정지시킬 수 있는 기간은?

① 최대 5일

② 최대 10일

③ 최대 20일

④ 최대 30일

**해설**
② 시 · 도경찰청장은 정비 상태가 매우 불량하여 위험발생의 우려가 있는 경우에는 그 차의 자동차등록증을 보관하고 운전의 일시정지를 명할 수 있다. 이 경우 필요하면 10일의 범위에서 정비기간을 정하여 그 차의 사용을 정지시킬 수 있다(도로교통법 제41조 제3항).

**06** 연습운전면허가 효력을 갖는 기간은?

① 1년

② 2년

③ 3월

④ 6월

**해설**
연습운전면허는 그 면허를 받은 날부터 1년 동안 효력을 가진다. 다만, 연습운전면허를 받은 날부터 1년 이전이라도 연습운전면허를 받은 사람이 제1종 보통면허 또는 제2종 보통면허를 받은 경우 연습운전면허는 그 효력을 잃는다(도로교통법 제81조).

**정답**　1 ① 　2 ③ 　3 ③ 　4 ② 　5 ② 　6 ①

**07** 다음 중 운전면허를 받을 수 있는 경우는?

① 16세 미만인 사람이 면허를 받고자 하는 경우
② 듣지 못하는 사람이 제2종 면허를 받고자 하는 경우
③ 운전경험이 1년 미만인 사람이 제1종 특수면허를 받고자 하는 경우
④ 19세 미만인 사람이 제1종 대형면허를 받고자 하는 경우

**해설**
운전면허의 결격사유(도로교통법 제82조, 시행령 제42조)
• 18세 미만(원동기장치자전거는 16세 미만)인 사람
• 교통상의 위험과 장해를 일으킬 수 있는 정신질환자 또는 뇌전증 환자로서 대통령령으로 정하는 사람(치매, 조현병, 조현정동장애, 양극성 정동장애(조울병), 재발성 우울장애 등의 정신질환 또는 정신 발육지연, 뇌전증 등으로 인하여 정상적인 운전을 할 수 없다고 해당 분야 전문의가 인정하는 사람)
• 듣지 못하는 사람(제1종 운전면허 중 대형면허·특수면허만 해당), 앞을 보지 못하는 사람(한쪽 눈만 보지 못하는 사람의 경우에는 제종 운전면허 중 대형면허·특수면허만 해당)이나 그 밖에 대통령령으로 정하는 신체장애인(다리, 머리, 척추, 그 밖의 신체의 장애로 인하여 앉아 있을 수 없는 사람. 다만, 신체장애 정도에 적합하게 제작·승인된 자동차를 사용하여 정상적인 운전을 할 수 있는 경우는 제외)
• 양쪽 팔의 팔꿈치관절 이상을 잃은 사람이나 양쪽 팔을 전혀 쓸 수 없는 사람. 다만, 본인의 신체장애 정도에 적합하게 제작된 자동차를 이용하여 정상적인 운전을 할 수 있는 경우에는 그러하지 아니하다.
• 교통상의 위험과 장해를 일으킬 수 있는 마약·대마·향정신성의약품 또는 알코올 중독자로서 대통령령으로 정하는 사람(마약·대마·향정신성의약품 또는 알코올 관련 장애 등으로 인하여 정상적인 운전을 할 수 없다고 해당 분야 전문의가 인정하는 사람)
• 제종 대형면허 또는 제1종 특수면허를 받으려는 경우로서 19세 미만이거나 자동차(2륜자동차는 제외)의 운전경험이 1년 미만인 사람
• 대한민국의 국적을 가지지 아니한 사람 중 출입국관리법에 따라 외국인등록을 하지 아니한 사람(외국인등록이 면제된 사람은 제외)이나 재외동포의 출입국과 법적 지위에 관한 법률에 따라 국내거소신고를 하지 아니한 사람

**08** 다음 중 범칙금 납부통고서로 범칙금을 납부할 것을 통고할 수 있는 사람은?

① 경찰서장
② 관할 구청장
③ 시·도지사
④ 국토교통부장관

**해설**
경찰서장이나 제주특별자치도지사는 범칙자로 인정되는 사람에 대하여는 이유를 분명하게 밝힌 범칙금 납부통고서로 범칙금을 낼 것을 통고할 수 있다(도로교통법 제163조 제1항).

**09** 형법 제268조(업무상과실·중과실 치사상)에서 업무상 과실 또는 중대한 과실로 인하여 사람을 사망이나 상해에 이르게 한 자에 대한 벌칙은?

① 5년 이하의 금고 또는 2,000만원 이하의 벌금
② 3년 이하의 금고 또는 1,000만원 이하의 벌금
③ 1년 이하의 징역 또는 1,000만원 이하의 벌금
④ 5년 이하의 징역 또는 3,000만원 이하의 벌금

**해설**
업무상 과실 또는 중대한 과실로 인하여 사람을 사망이나 상해에 이르게 한 자는 5년 이하의 금고 또는 2,000만원 이하의 벌금에 처한다(형법 제268조, 교통사고처리특례법 제3조 제1항).

**10** 운전자의 앞지르기 금지의 시기 혹은 장소에 해당하지 않는 것은?

① 다리 위
② 앞차가 다른 차를 앞지르고 있거나 앞지르려고 하는 경우
③ 앞차의 우측에 다른 차가 앞차와 나란히 가고 있는 경우
④ 위험을 방지하기 위하여 정지하거나 서행하고 있는 차를 앞지르려고 하는 경우

**해설**
앞지르기 금지의 시기 및 장소(도로교통법 제22조)
• 앞차의 좌측에 다른 차가 앞차와 나란히 가고 있는 경우
• 앞차가 다른 차를 앞지르고 있거나 앞지르려고 하는 경우
• 도로교통법이나 도로교통법에 따른 명령에 따라 정지하거나 서행하고 있는 차를 앞지르려고 하는 경우
• 경찰공무원의 지시에 따라 정지하거나 서행하고 있는 차를 앞지르려고 하는 경우
• 위험을 방지하기 위하여 정지하거나 서행하고 있는 차를 앞지르려고 하는 경우
• 교차로, 터널 안, 다리 위에서는 다른 차를 앞지르지 못함
• 도로의 구부러진 곳, 비탈길의 고갯마루 부근 또는 가파른 비탈길의 내리막 등 시·도경찰청장이 도로에서의 위험을 방지하고 교통의 안전과 원활한 소통을 확보하기 위하여 필요하다고 인정하는 곳으로서 안전표지로 지정한 곳

**11** 다음의 지시표지가 나타내는 것은?

① 버스 전용차로　　　　② 다인승차량 전용차로
③ 통행우선　　　　　　④ 자전거 전용차로

**해설**
① 도로교통법 시행규칙 별표 6

| 다인승차량 전용차로 | 통행우선 | 자전거 전용차로 |
|---|---|---|
|  | | |

**12** 다음 노면표시가 나타내는 것은?

① 양 보
② 유 도
③ 횡단보도
④ 안전지대

해설

도로교통법 시행규칙 별표 6

| 양 보 | 유 도 | 횡단보도 |
|---|---|---|

**13** 적재중량 5ton인 화물자동차가 법정 최고속도 40km/h 초과하여 운행하다 단속되었을 때에 운전자에게 부과되는 범칙금은?

① 3만원
② 7만원
③ 9만원
④ 11만원

해설

과태료의 부과기준(도로교통법 시행령 별표 6)
40km/h 초과, 60km/h 이하 속도위반 시 승합자동차 등(승합자동차, 4ton 초과 화물차, 특수자동차, 건설기계 및 노면전차)은 11만원의 범칙금이 부과된다.

**14** 화물자동차 운수사업법상 화물자동차 운송사업의 허가기준과 가장 거리가 먼 것은?

① 운송사업경력
② 허가기준 대수
③ 업무형태
④ 보유 차고면적

해설

화물자동차 운송사업의 허가기준(화물자동차 운수사업법 시행규칙 별표 1)
허가기준 대수, 사무실 및 영업소, 최저보유 차고면적, 화물자동차의 종류, 업무형태

**15** 화물자동차 운수사업법상 국토교통부장관이 안전운행의 확보 및 화주의 편의를 도모하기 위하여 운송사업자에게 명할 수 있는 사항과 가장 거리가 먼 것은?

① 운송약관의 변경
② 화물의 안전운송을 위한 조치
③ 화물자동차의 구조변경 및 운송시설의 개선
④ 정당한 사유 없이 화물자동차 운송사업을 경영하지 아니한 때

해설

개선명령(화물자동차 운수사업법 제13조)
국토교통부장관은 안전운행을 확보하고, 운송 질서를 확립하며, 화주의 편의를 도모하기 위하여 필요하다고 인정되면 운송사업자에게 다음의 사항을 명할 수 있다.
• 운송약관의 변경
• 화물자동차의 구조변경 및 운송시설의 개선
• 화물의 안전운송을 위한 조치
• 적재물배상보험 등의 가입과 자동차손해배상 보장법에 따라 운송사업자가 의무적으로 가입하여야 하는 보험·공제에 가입
• 위·수탁계약에 따라 운송사업자 명의로 등록된 차량의 자동차등록번호판이 훼손 또는 분실된 경우 위·수탁차주의 요청을 받은 즉시 자동차관리법에 따른 등록번호판의 부착 및 봉인을 신청하는 등 운행이 가능하도록 조치
• 위·수탁계약에 따라 운송사업자 명의로 등록된 차량의 노후, 교통사고 등으로 대폐차가 필요한 경우 위·수탁차주의 요청을 받은 즉시 운송사업자가 대폐차 신고 등 절차를 진행하도록 조치
• 위·수탁계약에 따라 운송사업자 명의로 등록된 차량의 사용본거지를 다른 시·도로 변경하는 경우 즉시 자동차등록번호판의 교체 및 봉인을 신청하는 등 운행이 가능하도록 조치
• 그 밖에 화물자동차 운송사업의 개선을 위하여 필요한 사항으로 대통령령으로 정하는 사항

**16** 다음 중 화물자동차 운수사업법령상 중대한 교통사고라고 볼 수 없는 경우는?

① 화물자동차의 정비불량으로 인해 사상자가 발생한 경우
② 화물자동차의 전복으로 인해 사상자가 발생한 경우
③ 화물자동차의 추락으로 인해 사상자가 발생한 경우
④ 화물자동차의 급발진으로 인해 사상자가 발생한 경우

해설

중대한 교통사고 등의 범위(화물자동차 운수사업법 시행령 제6조 제1항)
다음의 어느 하나에 해당하는 사유로 규정에 따른 사상자가 발생한 경우로 한다.
• 교통사고처리 특례법 제3조 제2항 단서에 해당하는 사유
• 화물자동차의 정비불량
• 화물자동차의 전복 또는 추락. 다만, 운수종사자에게 귀책사유가 있는 경우만 해당

정답 12 ④ 13 ④ 14 ① 15 ④ 16 ④

**17** 화물자동차 운수사업법상 과징금의 부과에 대한 설명으로 틀린 것은?

① 시·도지사는 운송사업자·운송주선사업자 또는 운송가맹사업자의 사업규모, 사업지역의 특수성, 위반행위의 정도 및 횟수 등을 참작하여 과징금 금액의 3분의 1의 범위 안에서 가중 또는 경감할 수 있다.

② 늘리는 경우에도 과징금의 총액은 2,000만원을 넘을 수 없다.

③ 과징금의 수납기관은 은행법에 따른 은행 및 우체국이다.

④ 과징금을 받은 수납기관은 과징금을 낸 자에게 과징금 영수증을 내주어야 한다.

**해설**

① 국토교통부장관은 운송사업자·운송주선사업자 또는 운송가맹사업자의 사업규모, 사업지역의 특수성, 위반행위의 정도 및 위반횟수 등을 고려하여 과징금 금액의 2분의 1의 범위에서 그 금액을 늘리거나 줄일 수 있다(화물자동차 운수사업법 시행령 별표 2).
② 화물자동차 운수사업법 시행령 별표 2
③ 화물자동차 운수사업법 시행규칙 제32조
④ 화물자동차 운수사업법 시행령 제8조 제3항

**18** 자가용 화물자동차의 사용에 있어서 다음 중 틀린 내용은?

① 화물자동차 운송사업 및 화물자동차 운송가맹사업의 신규등록·증차 또는 대폐차에 충당되는 화물자동차는 차령 5년의 범위 내에서 대통령령으로 정한다.

② 자가용 화물자동차 사용신고서에는 차고시설을 확보하였음을 증명하는 서류를 첨부하여야 한다.

③ 자가용 화물자동차의 소유자 또는 사용자는 자가용 화물자동차를 허가없이 유상으로 화물운송용에 제공하거나 임대하여서는 아니된다.

④ 사업용 화물자동차·철도 등 화물운송수단의 운행이 불가능하여 이를 일시적으로 대체하기 위한 수송력 공급이 필요할 때 유상운송이 가능하다.

**해설**

① 화물자동차 운송사업 및 화물자동차 운송가맹사업의 신규등록, 증차 또는 대폐차에 충당되는 화물자동차는 차령 3년의 범위 내에서 대통령령으로 정하는 연한 이내여야 한다(화물자동차 운수사업법 제57조 제1항).
② 화물자동차 운수사업법 시행규칙 제48조 제3항
③ 화물자동차 운수사업법 제56조
④ 화물자동차 운수사업법 제56조, 시행규칙 제49조

**19** 다음 괄호 안에 들어갈 말로 가장 적절한 것은?

> 자동차의 형식이라 함은 자동차의 구조와 장치에 관한 형상, 규격 및 ( ) 등을 말한다.

① 압 축
② 차 체
③ 동 력
④ 성 능

**해설**

형식이라 함은 자동차의 구조와 장치에 관한 형상·규격 및 성능 등을 말한다(자동차관리법 제2조 제4호).

**20** 자동차의 등록번호를 부여하는 자는?

① 국토교통부장관
② 관할 구청장
③ 도로교통공단
④ 시·도지사

**해설**

시·도지사는 자동차를 신규등록한 경우에는 그 자동차의 등록번호를 부여하고, 용도변경 등 대통령령으로 정하는 사유가 발생한 경우에는 그 등록번호를 변경하여 부여한다(자동차관리법 제16조).

**21** 시장·군수 또는 구청장은 특정 사유에 해당하는 자동차의 소유자에게 점검·정비·검사 또는 원상복구를 명할 수 있으며 이 경우 기간을 정하여 자동차의 운행정지를 함께 명할 수 있다. 해당하는 자동차가 아닌 것은?

① 정기검사를 받지 아니한 자동차
② 승인을 얻지 아니하고 튜닝한 자동차
③ 안전운행에 지장이 있다고 인정되는 자동차
④ 일상점검을 실시하지 아니한 자동차

**해설**

점검 및 정비명령 대상(자동차관리법 제37조)
• 자동차안전기준에 적합하지 아니하거나 안전운행에 지장이 있다고 인정되는 자동차
• 승인을 받지 아니하고 튜닝한 자동차
• 정기검사 또는 자동차종합검사를 받지 아니한 자동차
• 중대한 교통사고가 발생한 사업용 자동차
• 천재지변·화재 또는 침수로 인하여 국토교통부령으로 정하는 기준에 따라 안전운행에 지장이 있다고 인정되는 자동차

**22** 주요 도시ㆍ지정항만ㆍ주요 공항, 국가산업단지 또는 관광지 등을 연결하여 국가간선도로망을 이루는 도로 노선은?

① 고속국도
② 일반국도
③ 지방도
④ 특별시도ㆍ광역시도

**해설**
국토교통부장관은 주요 도시, 지정항만, 주요 공항, 국가산업단지 또는 관광지 등을 연결하여 고속국도와 함께 국가간선도로망을 이루는 도로 노선을 정하여 일반국도를 지정ㆍ고시한다(도로법 제12조 제1항).

**24** 대기환경보전법에서 사용하는 용어의 정의가 틀린 것은?

① '기후ㆍ생태계변화 유발물질'이라 함은 지구 온난화 등으로 생태계의 변화를 가져올 수 있는 기체상 물질로서 온실가스와 환경부령으로 정하는 것을 말한다.
② '가스'라 함은 물질의 연소ㆍ합성ㆍ분해 시에 발생하거나 화학적 성질에 의하여 발생하는 기체상 물질을 말한다.
③ '먼지'라 함은 대기 중에 떠다니거나 흩날려 내려오는 입자상 물질을 말한다.
④ '검댕'이라 함은 연소할 때에 생기는 유리탄소가 응결하여 입자의 지름이 $1\mu$ 이상이 되는 입자상 물질을 말한다.

**해설**
② '가스'라 함은 물질이 연소ㆍ합성ㆍ분해될 때에 발생하거나 물리적 성질로 인하여 발생하는 기체상 물질을 말한다(대기환경보전법 제2조 제4호).
① 대기환경보전법 제2조 제2호
③ 대기환경보전법 제2조 제6호
④ 대기환경보전법 제2조 제8호

**23** 다음 중 접도구역을 지정하였을 때에 고시할 사항으로 부적당한 것은?

① 도로의 종류
② 접도구역의 범위
③ 도로의 노선명
④ 접도구역의 차선 수

**해설**
접도구역 지정 시 고시사항(도로법 시행령 제39조 제2항)
• 도로의 종류ㆍ노선번호 및 노선명
• 접도구역의 지정구간 및 범위
• 그 밖에 필요한 사항

**25** 경유를 사용하는 자동차의 배출가스 중 대통령령으로 정하는 오염물질이 아닌 것은?

① 수 소
② 질소산화물
③ 입자상 물질
④ 매 연

**해설**
경유를 사용하는 자동차의 배출가스 : 일산화탄소, 탄화수소, 질소산화물, 매연, 입자상 물질, 암모니아(대기환경보전법 시행령 제46조 제2호)

**정답** 22 ② 23 ④ 24 ② 25 ①

## **2**과목　화물취급요령

**01** 운송장 기재 시 유의사항으로 틀린 것은?

① 수하인의 주소 및 전화번호가 맞는지 재차 확인한다.
② 특약사항에 대하여 고객에게 고지한 후 특약사항 약관설명 확인필에 서명을 받는다.
③ 파손, 부패, 변질 등 문제의 소지가 있는 물품의 경우에는 면책확인서를 받는다.
④ 도착점 코드는 확인할 필요가 없다.

　**해설**
④ 유사지역과 혼동되지 않도록 도착점 코드가 정확히 기재되었는지 확인한다.

**02** 운송장에 집하담당자가 기재할 사항이 아닌 것은?

① 배달 예정일
② 운송료
③ 수하인용 송장상의 좌측하단에 총수량 및 도착점 코드
④ 특약사항 약관설명 확인필 자필 서명

　**해설**
④는 송하인의 기재사항이다.

**03** 운송화물의 포장에 대한 다음 설명 중 틀린 내용은?

① 공업포장은 내용물의 보호 및 취급의 편리성 기능에 중점을 두고 있기 때문에 오늘날에는 경포장에서 중포장으로 전환되고 있다.
② 국내포장의 경우 주로 개별포장에 중점을 두기 때문에 판촉 위주의 포장이 중요시된다.
③ 적정 공업포장을 실현시키기 위해서는 포장을 위한 포장에서 운송을 위한 포장으로 포장 설계를 개선하여야 한다.
④ 수출포장의 경우는 국내포장과는 달리 외포장이 중요하다.

　**해설**
① 물품이 안전하게 목적지에 도착하는 한 포장비는 낮을수록 유리하므로 오늘날에는 중포장에서 경포장으로 전환되고 있다.

**04** 내부 포장용으로 주로 쓰이는 골판지는?

① 양면 골판지
② 이중양면 골판지
③ 삼중 골판지
④ 편면 골판지

　**해설**
④ 파형으로 골을 낸 골심지 원지의 한쪽 면에 라이너를 붙인 것으로 주로 내부 포장용에 많이 사용된다.

**05** 물품의 취급 시 유의사항으로 틀린 설명은?

① 물품의 특성을 잘 파악하여 물품의 종류에 따라 포장방법을 달리하여 취급하여야 한다.
② 깨지기 쉬운 물품 등의 경우 플라스틱 용기로 대체하여 충격 완화포장을 한다.
③ 내용물 간의 충돌로 파손되는 경우가 없도록 박스 안의 빈 공간에 폐지 또는 스티로폼 등으로 채워 집하한다.
④ 집하할 때에는 물품의 포장상태를 확인하지 않는다.

　**해설**
④ 집하할 때에는 반드시 물품의 포장상태를 확인한다.

**06** 하역작업 시 주의사항으로 틀린 것은?

① 화물을 싣고 내리는 작업을 할 때에는 화물더미 적재순서를 준수하여 화물의 붕괴를 예방한다.
② 화물을 적재할 때에는 소화기, 소화전, 배전함 등의 설비사용에 장애를 주지 않도록 해야 한다.
③ 바닥으로부터의 높이가 2m 이상 되는 화물더미(포대, 가마니 등으로 포장된 화물이 쌓여 있는 것)와 인접 화물더미 사이의 간격은 화물더미의 밑부분을 기준으로 100cm 이상으로 하여야 한다.
④ 화물더미가 무너질 위험이 있는 경우에는 로프를 사용하여 묶거나, 망을 치는 등 위험방지를 위한 조치를 하여야 한다.

　**해설**
③ 바닥으로부터의 높이가 2m 이상 되는 화물더미(포대, 가마니 등으로 포장된 화물이 쌓여 있는 것)와 인접 화물더미 사이의 간격은 화물더미의 밑부분을 기준으로 10cm 이상으로 하여야 한다.

**정답** ▶ 1 ④　2 ④　3 ①　4 ④　5 ④　6 ③

**07** 다음 일반화물의 취급표지가 의미하는 것은?

① 운송포장 화물을 태양의 직사광선에 노출시키지 않아야 하는 것을 표시한다.
② 운송포장 화물의 올바른 윗방향을 표시하여 반대·가로쌓기를 하지 않을 것을 표시한다.
③ 하나의 적재 단위로 다루어질 운송포장 화물의 무게중심의 위치가 쉽게 보이도록 필요한 면에 표시한다.
④ 운송포장 화물을 굴려서는 안 되는 것을 표시한다.

**해설**

| 직사광선 금지 | 위 쌓기 | 굴림 방지 |
|---|---|---|
|  |  |  |

**08** 다음의 화물취급 표지가 의미하는 것은?

① 손수레 사용 금지
② 조임쇠 취급 표시
③ 지게차 취급 금지
④ 적재 제한

**해설**

| 손수레 사용 금지 | 조임쇠 취급 표시 | 적재 제한 |
|---|---|---|
|  |  | < XX kg |

**09** 수작업 운반기준으로 틀린 것은?

① 두뇌작업이 필요한 작업
② 얼마동안 시간 간격을 두고 되풀이되는 소량취급 작업
③ 취급물품이 경량물인 작업
④ 취급물품의 형상, 성질, 크기 등이 일정한 작업

**해설**

④ 취급물품의 형상, 성질, 크기 등이 일정하지 않은 작업

**10** 독극물 취급 시 주의사항이 아닌 것은?

① 도난방지 및 오용(誤用) 방지를 위해 보관을 철저히 할 것
② 독극물이 새거나 엎질러졌을 때는 신속히 제거할 수 있는 안전한 조치를 하여 놓을 것
③ 용기가 깨어질 염려가 있는 것은 취급하지 말 것
④ 취급하는 독극물의 물리적, 화학적 특성을 충분히 알고, 그 성질에 따라 방호수단을 알고 있을 것

**해설**

③ 용기가 깨어질 염려가 있는 것은 나무상자나 플라스틱상자에 넣어 보관하고, 쌓아둔 것은 울타리나 철망 등으로 둘러싸서 보관할 것

**11** 팰릿 화물의 붕괴 방지요령 중 스트레치 방식에 대한 설명으로 틀린 것은?

① 열처리를 하지 않는다.
② 플라스틱 필름을 사용한다.
③ 통기성은 없다.
④ 비용이 낮다.

**해설**

스트레치 방식
스트레치 포장기를 사용하여 플라스틱 필름을 팰릿 화물에 감아 움직이지 않게 하는 방법이다. 슈링크 방식과는 달라서 열처리는 행하지 않으나 통기성은 없고, 비용이 많이 드는 단점이 있다.

**정답** 7 ③ 8 ③ 9 ④ 10 ③ 11 ④

**12** 다음 중 고속도로 제한차량 기준으로 틀린 것은?

① 축하중 : 차량의 축하중이 10ton을 초과
② 총중량 : 차량 총중량이 20ton을 초과
③ 길이 : 적재물을 포함한 차량의 길이가 16.7m 초과
④ 폭 : 적재물을 포함한 차량의 폭이 2.5m 초과

해설
② 총중량 : 차량 총중량이 40ton을 초과

**14** 사고화물의 배달 시 요령으로 잘못된 것은?

① 화주의 심정은 상당히 격한 상태임을 생각하고 사고의 책임 여하를 떠나 우선 회피한다.
② 화주와 화물상태를 상호 확인하고 상태를 기록한 뒤, 사고 관련 자료를 요청한다.
③ 대략적인 사고처리과정을 알리고 해당 지점 또는 사무소 연락처와 사후 조치사항에 대해 안내를 하고, 사과를 한다.
④ 사고의 책임여하를 떠나 대면할 때 정중히 인사를 한 뒤, 사고경위를 설명한다.

해설
① 화주의 심정은 상당히 격한 상태임을 생각하고 사고의 책임여하를 떠나 대면할 때 정중히 인사를 한 뒤, 사고경위를 설명한다.

**13** 다음 중 화물의 인계요령으로 틀린 것은?

① 영업소(취급소)는 택배물품을 배송할 때 물품뿐만 아니라 고객의 마음까지 배달한다는 자세로 성심껏 배송을 하여야 한다.
② 택배는 집에서 집으로 운송하는 서비스이나 부득이한 경우 수하인에게 나와서 수취하기를 권유할 수 있다.
③ 배송지연이 예상될 경우 고객에게 사전에 양해를 구하고 약속한 것에 대해서는 반드시 이행하도록 한다.
④ 배송확인 문의 전화를 받았을 경우, 임의적으로 약속하지 말고 반드시 해당 영업소장에게 확인하여 고객에게 전달하도록 한다.

해설
② 택배는 수하인에게 직접 전달하는 운송서비스이므로 수하인에게 배달처를 못 찾으니 어디로 나오라고 하던가, 배달처 위치가 높아 못 올라간다는 말을 하지 않는다.

**15** 책임의 특별소멸사유와 시효에 대한 설명으로 틀린 것은?

① 이사화물의 멸실, 훼손 또는 연착에 대한 사업자의 손해배상책임은 고객이 이사화물을 인도받은 날로부터 1년이 경과하면 소멸한다.
② 이사화물이 전부 멸실된 경우에는 약정된 인도일로부터 기산한다.
③ 사업자 또는 그 사용인이 이사화물의 일부 멸실 또는 훼손의 사실을 알면서 이를 숨기고 이사화물을 인도한 경우에는 적용되지 아니한다.
④ 이사화물의 일부 멸실 또는 훼손에 대한 사업자의 손해배상책임은 고객이 이사화물을 인도받은 날로부터 14일 이내에 그 일부 멸실 또는 훼손의 사실을 사업자에게 통지하지 아니하면 소멸한다.

해설
④ 이사화물의 일부 멸실 또는 훼손에 대한 사업자의 손해배상책임은 고객이 이사화물을 인도받은 날로부터 30일 이내에 그 일부 멸실 또는 훼손의 사실을 사업자에게 통지하지 아니하면 소멸한다.

정답 12 ② 13 ② 14 ① 15 ④

**3**과목 　안전운행

**01** 교통사고의 인적 요인에 대한 다음 설명 중 틀린 것은?

① 주의표시에 운전자가 취해야 할 행동을 구체적으로 명시하면 행동판단시간을 현저히 줄일 수 있다.
② 지각 반응과정에서 착오를 줄이고 경과시간을 단축하는 것이 사고방지의 요체이다.
③ 젊은 운전자는 회전, 추월 및 통행권 양보위반이 많고, 나이 든 운전자는 속도위반이 많다.
④ 중추신경계통의 능력을 저하시키는 요인으로는 알코올이나 약물복용, 피로 등이 있다.

**해설**
③ 젊은 층에서 속도위반이 많다.

**02** 운전사고의 요인 중 간접적인 요인으로 틀린 것은?

① 운전자에 대한 홍보활동 결여
② 차량의 운전 전 점검습관의 결여
③ 무리한 운행계획
④ 불량한 운전태도

**해설**
④ 불량한 운전태도는 중간적 요인이다.

**03** 다음 중 보행자사고에 대한 설명으로 바르지 않은 것은?

① 우리나라는 보행 중 사고자 비율이 다른 선진국에 비해 낮다.
② 횡단 중의 사고가 가장 많다.
③ 어떤 형태이든 통행 중의 사고가 많다.
④ 연령층별로는 어린이와 노약자가 높은 비중을 차지한다.

**해설**
우리나라 보행 중 교통사고 사망자 구성비는 OECD 평균보다 높으며, 미국, 프랑스, 일본 등에 비해 높은 것으로 나타나고 있다.

**04** 다음 중 경쟁의식이 강한 운전자가 범하기 쉬운 현상은?

① 과로운전
② 과속운전
③ 주취운전
④ 정차위반

**해설**
경쟁의식이 강한 운전자는 과속운전을 하기 쉽다.

**05** 고령운전자의 특징으로 틀린 것은?

① 고령자의 운전은 젊은 층에 비하여 상대적으로 신중하다.
② 고령자의 운전은 젊은 층에 비하여 상대적으로 돌발사태 시 대응력이 뛰어나다.
③ 고령에서 오는 운전기능과 반사기능의 저하는 고령 운전자에게 강한 불안감을 준다.
④ 좁은 길에서 대형차와 교행할 때 연령이 높을수록 불안감이 높아지는 경향이 있다.

**해설**
고령자의 운전은 젊은 층에 비하여 상대적으로 반사신경이 둔하고, 돌발사태 시 대응력이 미흡하다.

**정답** ▶ 1 ③　2 ④　3 ①　4 ②　5 ②

**06** 어린이가 승용차에 탑승했을 때의 주의사항으로 틀린 것은?

① 어린이는 뒷자석에 적절한 보호장치(3점식 안전띠)를 사용하여 탑승시킨다.
② 여름철 주차 시 차 내에 어린이를 혼자 방치하면 탈수현상과 산소부족으로 생명을 잃는 경우가 있으므로 주의하여야 한다.
③ 어린이는 가장 나중에 태우고 가장 먼저 내리도록 한다.
④ 어린이는 뒷좌석에 앉도록 한다.

> **해설**
> ③ 어린이는 가장 먼저 태우고 가장 나중에 내리도록 하며, 문은 어른이 열고 닫아야 안전하다.

**07** 자동차를 옆에서 보았을 때 차축과 연결되는 킹핀의 중심선이 약간 뒤로 기울어져 있는 것을 무엇이라 하는가?

① 토 인
② 캠 버
③ 캐스터
④ ABS

> **해설**
> 캐스터는 앞바퀴에 직진성을 부여하여 차의 롤링을 방지하고 핸들의 복원성을 좋게 하기 위하여 필요하다.

**08** 내리막길에서 브레이크 페달을 자주 밟으면 마찰열로 인해 브레이크액이 끓어올라 브레이크 파이프에 기포가 발생되면서 브레이크가 잘 듣지 않는다. 이 상태를 무엇이라 하는가?

① 베이퍼 록
② 스탠딩 웨이브
③ 페이드 현상
④ 수막 현상

> **해설**
> 베이퍼 록은 유압식 브레이크의 휠 실린더나 브레이크 파이프 속에서 브레이크액이 기화하여 페달을 밟아도 스펀지를 밟는 것 같고 유압이 전달되지 않아 브레이크가 작용하지 않는 현상을 말한다.

**09** 수막(Hydroplaning) 현상에 대한 설명으로 옳지 않은 것은?

① 수막 현상을 방지하기 위해서는 핸들이나 브레이크를 함부로 조작하지 않는다.
② 수막 현상을 막기 위해서는 고속운전을 해야 한다.
③ 수막 현상은 보통 시속 90km 정도의 고속에서 발생한다.
④ 수막 현상을 방지하기 위해서는 타이어의 공기압을 높게 한다.

> **해설**
> 수막 현상이 일어나면 제동력은 물론 모든 타이어는 본래의 운동기능이 소실되어 핸들로 자동차를 통제할 수 없게 되므로, 고속으로 주행하지 않아야 한다.

**10** 자동차 타이어의 공기압에 대한 설명으로 적절한 것은?

① 규정압력보다 약간 낮은 것이 좋다.
② 도로 상태에 따라 조절하는 것이 좋다.
③ 규정압력이어야 한다.
④ 규정압력보다 높은 것이 좋다.

> **해설**
> 타이어의 공기압은 타이어의 수명과 자동차의 승차감에 큰 영향을 줄 뿐만 아니라 점검·취급이 나쁘면 사고와 직결되므로 타이어의 크기나 용도에 따라 규정된 공기압을 넣어야 한다.

**정답** ▶ 6 ③ 7 ③ 8 ① 9 ② 10 ③

**11** 자동차의 이상징후에 대한 설명으로 틀린 것은?

① 주행 전 차체에 이상한 진동이 느껴질 때는 엔진에서의 고장이 주원인이다.

② 엔진의 회전수에 비례하여 쇠가 마주치는 소리가 날 때 밸브 간극 조정으로 고칠 수 있다.

③ 클러치를 밟고 있을 때 "달달달" 떨리는 소리와 함께 차체가 떨리고 있다면, 클러치 릴리스 베어링의 고장이다.

④ 비포장도로의 울퉁불퉁한 험한 노면상을 달릴 때 "딱각딱각"하는 소리가 나면 조향장치의 고장이다.

**해설**
비포장도로의 울퉁불퉁한 험한 노면상을 달릴 때 "딱각딱각"하는 소리나 "킁킁"하는 소리가 날 때에는 현가장치인 쇼크 옵서버(Shock Absorber)의 고장으로 볼 수 있다.

**12** 자동차의 고장유형별 점검사항으로 틀린 것은?

① 엔진시동 불량 : 연료 파이프 에어 유입 및 누유 점검

② 덤프 작동 불량 : 클러치 스위치 점검

③ 주행 제동 시 차량 쏠림 : 조향 계통 및 파워스티어링 펌프 점검 확인

④ 제동 시 차체 진동 : 브레이크 드럼 및 라이닝 점검

**해설**
주행 제동 시 차량이 쏠릴 때
• 좌우 타이어의 공기압 점검
• 좌우 브레이크 라이닝 간극 및 드럼손상 점검
• 브레이크 에어 및 오일 파이프 점검
• 듀얼 서킷 브레이크(Dual Circuit Brake) 점검
• 공기 빼기 작업
• 에어 및 오일 파이프라인 이상 발견

**13** 안전운전과 방어운전의 개념으로 잘못 설명된 것은?

① 안전운전과 방어운전을 별도의 개념으로 양립시켜 운전해야 한다.

② 안전운전이란 교통사고를 유발하지 않도록 주의하여 운전하는 것을 말한다.

③ 방어운전이란 미리 위험한 상황을 피하여 운전하는 것을 말한다.

④ 방어운전이란 위험한 상황에 직면했을 때는 이를 효과적으로 회피할 수 있도록 운전하는 것을 말한다.

**해설**
① 안전운전과 방어운전은 두 가지 중 어느 것 하나라도 소홀히 하면 곧바로 교통사고로 연결되므로 별도의 개념으로 양립시켜 운전할 수 없다.

**14** 안전운전 요령으로 바르지 못한 것은?

① 후속차가 과속으로 너무 접근하면 우측차로로 양보하는 것이 좋다.

② 큰 고장이 나기 전에 여러 가지 계기와 램프를 점검한다.

③ 비가 내리는 날에는 차폭등을 끄고 운행해야 한다.

④ 오토매틱차 변속 시에는 브레이크를 밟고 변속을 한다.

**해설**
③ 비가 내리는 날에는 꼭 밤이 아니더라도 차폭등을 켜고 운행하는 것이 좋고, 때로는 전조등으로 상대방에게 주의를 주어 서로를 경계하며 운행하는 것이 안전하다.

**15** 교차로에서의 안전운전과 방어운전에 대한 설명으로 틀린 것은?

① 교통경찰관의 지시에 따라 통행한다.

② 통행의 우선순위에 따라 주의하며 진행한다.

③ 섣부른 추측운전은 하지 않는다.

④ 신호가 바뀌는 순간 출발한다.

**해설**
교차로 사고의 대부분은 신호가 바뀌는 순간에 발생하므로 반대편 도로의 교통 전반을 살피며 1~2초의 여유를 가지고 서서히 출발한다.

**정답** ▶ 11 ④ 12 ③ 13 ① 14 ③ 15 ④

**16** 교차로의 황색신호에 대한 설명 중 틀린 것은?

① 전신호와 후신호 사이에 부여되는 신호이다.

② 교차로상에서 상호충돌하는 것을 예방하여 교통사고를 방지하고자 하는 목적에서 운영되는 신호이다.

③ 교차로 황색신호시간은 통상 3초를 기본으로 운영한다.

④ 교차로 황색신호시간은 교차로에 진입하지 못하도록 하는 시간이다.

해설
④ 교차로 황색신호시간은 이미 교차로에 진입한 차량은 신속히 빠져나가야 하는 시간이며, 아직 교차로에 진입하지 못한 차량은 진입해서는 안 되는 시간이다.

**17** 비오는 날의 안전운전에 대한 설명으로 옳지 않은 것은?

① 비가 오는 날이더라도 웅덩이를 지난 직후에는 떨어졌던 브레이크 기능이 원상회복된다.

② 비 오는 날은 수막 현상이 일어나기 때문에 감속운전해야 한다.

③ 비가 내리기 시작한 직후에는 빗물이 차량에서 나온 오일과 도로 위에서 섞여 더욱 미끄럽다.

④ 비 오는 날 산길의 길 가장자리 부분은 지반이 약하기 때문에 가까이 가지 않도록 한다.

해설
비가 오는 날 웅덩이를 지난 직후에는 브레이크 기능이 현저히 떨어지기 때문에 특히 조심한다.

**18** 급 커브길의 주행요령으로 틀린 것은?

① 풋 브레이크를 사용하여 충분히 속도를 줄인다.

② 저단 기어로 변속한다.

③ 커브의 내각의 연장선에 차량이 이르기 전에 핸들을 꺾는다.

④ 차가 커브를 돌았을 때 핸들을 되돌리기 시작한다.

해설
③ 커브의 내각의 연장선에 차량이 이르렀을 때 핸들을 꺾어야 한다.

**19** 오르막길 안전운행 요령으로 틀린 것은?

① 정차할 때는 앞차가 뒤로 밀려 충돌할 가능성을 염두에 두고 충분한 차간 거리를 유지한다.

② 마주 오는 차가 바로 앞에 다가올 때까지는 보이지 않으므로 서행하여 위험에 대비한다.

③ 출발 시에는 풋 브레이크를 사용하는 것이 안전하다.

④ 오르막길에서 앞지르기 할 때는 힘과 가속력이 좋은 저단 기어를 사용하는 것이 안전하다.

해설
③ 출발 시에는 핸드 브레이크를 사용하는 것이 안전하다.

**20** 자차가 앞지르기 할 때의 안전운전 요령이 아닌 것은?

① 어느 정도 과속이 필요하다.

② 앞지르기에 필요한 충분한 거리와 시야가 확보되었을 때 앞지르기를 시도한다.

③ 앞차가 앞지르기를 하고 있을 때는 앞지르기를 시도하지 않는다.

④ 앞차의 오른쪽으로 앞지르기하지 않는다.

해설
① 과속은 금물이다. 앞지르기에 필요한 속도가 그 도로의 최고속도 범위 이내일 때 앞지르기를 시도한다.

정답  16 ④  17 ①  18 ③  19 ③  20 ①

**21** 안개길 안전운전 요령으로 틀린 것은?

① 앞차와의 거리를 최대한 좁혀 시야를 확보한다.
② 앞차의 제동이나 방향지시등의 신호를 예의주시하며 천천히 주행해야 안전하다.
③ 운행 중 앞을 분간하지 못할 정도로 짙은 안개가 끼었을 때는 차를 안전한 곳에 세우고 잠시 기다리는 것이 좋다.
④ 지나가는 차에게 내 자동차의 존재를 알리기 위해 미등과 비상경고등을 점등시켜 충돌사고 등에 미리 예방하는 조치를 취한다.

**해설**
① 안개로 인해 시야의 장애가 발생되면 우선 차간거리를 충분히 확보한다.

**22** 여름철의 교통사고 특성으로 틀린 것은?

① 무더위, 장마, 폭우로 인하여 교통환경이 악화된다.
② 수면부족과 피로로 인한 졸음운전 등도 집중력 저하 요인으로 작용한다.
③ 보행자는 장마철에는 우산을 받치고 보행함에 따라 전·후방 시야를 확보하기 어렵다.
④ 보행자나 운전자 모두 집중력이 떨어져 사고 발생률이 다른 계절에 비해 높다.

**해설**
④는 봄철 교통사고의 특성이다.

**23** 겨울철 안전운전 요령으로 틀린 것은?

① 미끄러운 오르막길에서는 앞서가는 자동차가 정상에 오르는 것을 확인한 후 올라가야 한다.
② 도중에 정지하는 일이 없도록 밑에서부터 탄력을 받아 일정한 속도로 기어 변속 없이 한번에 올라가야 한다.
③ 눈 쌓인 커브길 주행 시에는 기어 변속을 자주 한다.
④ 주행 중 노면의 동결이 예상되는 그늘진 장소도 주의해야 한다.

**해설**
기어 변속은 차의 속도를 가감하여 주행 코스 이탈의 위험을 가져온다.

**24** 충전용기 등의 적재·하역 및 운반방법으로 틀린 것은?

① 충전용기를 차량에 적재하여 운반하는 때에는 당해 차량의 앞뒤 보기 쉬운 곳에 각각 붉은 글씨로 "위험 고압가스"라는 경계 표시를 한다.
② 밸브가 돌출한 충전용기는 고정식 프로텍터 또는 캡을 부착시켜 밸브의 손상을 방지하는 조치를 하고 운반한다.
③ 충전용기 등을 적재한 차량의 주정차 장소 선정은 지형을 충분히 고려하여 가능한 한 평탄하고 교통량이 많은 안전한 장소를 택한다.
④ 충전용기 등을 적재한 차량의 주정차 시는 가능한 한 언덕길 등 경사진 곳을 피하여야 한다.

**해설**
③ 충전용기 등을 적재한 차량의 주정차 장소 선정은 지형을 충분히 고려하여 가능한 한 평탄하고 교통량이 적은 안전한 장소를 택한다.

**25** 이송(移送) 작업할 때의 기준으로 틀린 것은?

① 이송 전후에 밸브의 누출 유무를 점검하고 개폐는 재빠르게 할 것
② 탱크의 설계압력 이상의 압력으로 가스를 충전하지 않을 것
③ 저울, 액면계 또는 유량계를 사용하여 과충전에 주의할 것
④ 액화석유가스 충전소 내에서는 동시에 2대 이상의 고정된 탱크에서 저장설비로 이송작업을 하지 않을 것

**해설**
① 이송 전후에 밸브의 누출 유무를 점검하고 개폐는 서서히 행할 것

**정답** 21 ① 22 ④ 23 ③ 24 ③ 25 ①

## 4과목 운송서비스

**01** 서비스 품질 면에서 고객의 결정에 영향을 미치는 요인으로 볼 수 없는 것은?

① 상품가격
② 개인적인 성격이나 환경적 요인
③ 과거의 경험
④ 서비스 제공자들의 커뮤니케이션

**해설**
서비스 품질 면에서 고객의 결정에 영향을 미치는 요인들은 구전에 의한 의사소통, 개인적인 성격이나 환경적 요인, 과거의 경험, 서비스 제공자들의 커뮤니케이션 등을 들 수 있다.

**02** 다음 중 바른 악수가 아닌 것은?

① 상대와 적당한 거리에서 손을 잡는다.
② 계속 손을 잡은 채로 말한다.
③ 상대의 눈을 바라보며 웃는 얼굴로 악수한다.
④ 손을 너무 세게 쥐거나 또는 힘없이 잡지 않는다.

**해설**
계속 손을 잡은 채로 말하지 않는다.

**03** 다음 중 지켜야 할 운전예절로 틀린 것은?

① 예절 바른 운전습관은 명랑한 교통질서를 유지하며 교통사고를 예방한다.
② 횡단보도 내에 자동차가 들어가지 않도록 정지선을 반드시 지킨다.
③ 교차로에서 마주 오는 차끼리 만나면 전조등은 끄지 않는다.
④ 교차로에 교통정체가 있을 경우 자동차의 흐름에 따라 여유를 가지고 서행하며 안전하게 통과한다.

**해설**
교차로나 좁은 길에서 마주 오는 자동차가 있을 경우 양보해주고 전조등은 끄거나 하향으로 하여 상대방 운전자의 눈이 부시지 않도록 한다.

**04** 운전자의 용모에 대한 기본원칙이 아닌 것은?

① 깨끗하게
② 규정에 맞게
③ 계절에 맞게
④ 샌들이나 슬리퍼 착용

**해설**
④ 편한 신발을 신되, 샌들이나 슬리퍼는 삼간다.

**05** 직업의 4가지 의미로 볼 수 없는 것은?

① 경제적 의미
② 정신적 의미
③ 육체적 의미
④ 철학적 의미

**해설**
직업의 4가지 의미
• 경제적 의미 : 일터, 일자리, 경제적 가치를 창출하는 곳
• 정신적 의미 : 직업의 사명감과 소명의식을 갖고 정성과 정열을 쏟을 수 있는 곳
• 사회적 의미 : 자기가 맡은 역할을 수행하여 능력을 인정받는 곳
• 철학적 의미 : 일한다는 인간의 기본적인 리듬을 갖는 곳

**정답** 1 ① 2 ② 3 ③ 4 ④ 5 ③

**06** 물적 유통에 대한 설명 중 맞지 않는 것은?

① 상적 유통에 상대되는 개념이다.
② 물적 유통은 유통 부문 중에서 수송 또는 보관 업무만을 전
   문적으로 취급하는 업종이다.
③ 물류와 상류의 개념 구분이 시작된 것은 경제 구조가 대형
   화·광역화되면서 비롯되었다.
④ 물류의 예로는 서류의 이동, 금전의 이동, 정보의 이동 또
   는 최근의 택배, 창고와 저장 서비스가 이에 속한다.

**해설**
서류의 이동, 금전의 이동, 정보의 이동은 상적 유통의 예이다.

**07** 물류관리의 목표가 아닌 것은?

① 고객 지향적인 물류서비스 제공
② 특정한 수준의 서비스를 최대의 비용으로 고객에게 제공
③ 물류관리의 효율화를 통한 물류비 절감
④ 고도의 물류 서비스를 소비자에게 제공하여 기업경영의 경
   쟁력을 강화

**해설**
경쟁사의 서비스 수준을 비교한 후 그 기업이 달성하고자 하는 특정한 수준의 서비스
를 최소의 비용으로 고객에게 제공한다.

**08** 기업물류에 대한 설명으로 틀린 것은?

① 기업에 있어서의 물류관리는 소비자의 요구와 필요에 따라
   효율적인 방법으로 재화와 서비스를 공급하는 것이다.
② 일반적으로 물류활동의 범위는 물적 공급과정과 물적 유통
   과정에 국한된다.
③ 기업물류의 주활동에는 대고객 서비스 수준, 수송, 재고관
   리, 주문처리 등이 포함된다.
④ 물류비용은 소비자에 대한 서비스 수준에 비례하여 감소
   한다.

**해설**
물류비용은 소비자에 대한 서비스 수준에 비례하여 증가한다. 따라서 물류서비스의
수준은 물류비용의 증감에 큰 영향을 끼친다.

**09** 전략적 물류관리의 목표가 아닌 것은?

① 정확한 업무처리
② 업무품질 향상
③ 고객서비스 증대
④ 물류원가 절감

**해설**
전략적 물류관리의 목표
• 업무처리속도 향상
• 업무품질 향상
• 고객서비스 증대
• 물류원가 절감

**10** 제3자 물류에 의한 물류혁신의 기대효과가 아닌 것은?

① 물류산업의 합리화에 따른 물류시설 고정투자비 증가
② 고품질 물류서비스의 제공으로 제조업체의 경쟁력 강화지원
③ 종합물류서비스의 활성화
④ 공급망관리(SCM) 도입·확산의 촉진

**해설**
① 물류산업의 합리화에 의한 고물류비 구조를 혁신한다.

**정답** 6 ④ 7 ② 8 ④ 9 ① 10 ①

**11** 선박 및 철도와 비교한 화물자동차 운송의 특징이 아닌 것은?

① 원활한 기동성과 신속한 수 · 배송
② 신속하고 정확한 문전운송
③ 운송단위가 선박, 철도에 비해 소량임
④ 에너지를 최대한 절약하여 운송

> **해설**
> ④ 에너지 다소비형의 운송기관이다.

**13** Logistics와 SCM(Supply Chain Management)의 비교 · 설명으로 틀린 것은?

① Logistics는 기업 내 물류효율화를, SCM은 공급망 전체효율화를 목적으로 한다.
② Logistics는 생산 · 물류 · 판매를, SCM은 공급자 · 메이커 · 도소매 · 고객을 대상으로 한다.
③ Logistics는 기업 내 정보시스템을, SCM은 기업간 정보시스템을 수단으로 한다.
④ Logistics는 종합물류를, SCM은 토탈물류를 표방한다.

> **해설**
> ④ Logistics는 토탈물류를, SCM은 종합물류를 표방한다.

**14** CALS에 대한 설명으로 틀린 것은?

① CALS는 제조업체의 생산 · 유통(상류와 물류) · 거래 등 모든 과정을 컴퓨터망으로 연결하여 자동화 · 정보화 환경을 구축하고자 하는 첨단컴퓨터시스템이다.
② CALS는 설계 · 개발 · 구매 · 생산 · 유통 · 물류에 이르기까지 표준화된 모든 정보를 기업간 · 국가간에 공유토록 하는 정보화시스템이다.
③ CALS를 통해 시간경제에서 규모의 경제로 변화시킨다.
④ 업무의 과학적 · 효율적 수행이 가능하고 신속한 정보공유 및 종합적 품질관리 제고가 가능하다.

> **해설**
> CALS/EC는 새로운 생산 · 유통 · 물류의 패러다임으로 등장한 민첩생산시스템이다.
> ※ CALS 도입효과
> • 고객요구에 신속하게 대응하는 고객만족시스템
> • 규모경제를 시간경제로 변화
> • 정보인프라로 광역대 ISDN(B-ISDN)

**12** 수 · 배송 시스템을 효율적으로 운영하기 위해서 수립되어야 할 계획으로 볼 수 없는 것은?

① 이용 가능한 운송 수단의 검토
② 배차 횟수의 확대 방법
③ 운송 수단별 비용의 비
④ 트럭의 원가절감과 시스템화

> **해설**
> ② 배차 횟수의 축소 방법 및 대체 수단의 파악

**15** 대리인계 시 행동요령이 아닌 것은?

① 전화로 사전에 대리 인수자를 지정받는다.
② 반드시 이름과 서명을 받고 관계를 기록한다.
③ 서명을 거부할 때는 대리 인계를 해서는 안 된다.
④ 불가피하게 대리 인계를 할 때는 확실한 곳에 인계해야 한다.

> **해설**
> ③ 서명을 거부할 때는 시간, 상호, 기타 특징을 기록한다.

**정답** ▶ 11 ④ 12 ② 13 ④ 14 ③ 15 ③

# 제4회 실전대비합격문제

## 1과목 교통 및 화물자동차 운수사업 관련 법규

**01** 다음 중 보행신호등의 설치 기준으로 잘못된 것은?

① 차량신호만으로는 보행자에게 언제 통행권이 있는지 분별하기 어려울 경우에 설치

② 차도의 폭이 12m 이상인 교차로 또는 횡단보도에서 차량신호가 변하더라도 보행자가 차도 내에 남을 때가 많을 경우에 설치

③ 번화가의 교차로, 역 앞 등의 횡단보도로서 보행자의 통행이 빈번한 곳에 설치

④ 차량신호기가 설치된 교차로의 횡단보도로서 1일 중 횡단보도의 통행량이 가장 많은 1시간 동안의 횡단보행자가 150명을 넘는 곳에 설치

**해설**
② 차도의 폭이 16m 이상인 교차로 또는 횡단보도에서 차량신호가 변하더라도 보행자가 차도 내에 남을 때가 많을 경우에 설치(도로교통법 시행규칙 별표 3)

**02** 도로교통법의 목적을 가장 올바르게 설명한 것은?

① 도로교통상의 위험과 장해를 제거하여 안전하고 원활한 교통을 확보함을 목적으로 한다.

② 도로를 관리하고 안전한 통행을 확보하는 데 있다.

③ 교통사고로 인한 신속한 피해 복구와 편익을 증진하는 데 있다.

④ 교통법규 위반자 및 사고야기자를 처벌하고 교육하는 데 있다.

**해설**
도로교통법은 도로에서 일어나는 교통상의 모든 위험과 장해를 방지하고 제거하여 안전하고 원활한 교통을 확보함을 목적으로 한다(도로교통법 제1조).

**03** 편도 3차로의 일반도로에서 자동차의 운행속도는?

① 60km/h 이내

② 70km/h 이내

③ 80km/h 이내

④ 100km/h 이내

**해설**
일반도로에서의 도로 통행 속도(도로교통법 시행규칙 제19조 제1항)
㉠ 국토의 계획 및 이용에 관한 법률의 규정에 따른 주거지역·상업지역 및 공업지역의 일반도로 : 50km/h(시·도경찰청장이 원활한 소통을 위하여 특히 필요하다고 인정하여 지정한 노선 또는 구간에서는 60km/h) 이내
㉡ ㉠ 외의 일반도로 : 60km/h(편도 2차로 이상의 도로에서는 80km/h) 이내

**04** 다음 중 모든 차 또는 노면전차의 운전자가 서행하여야 할 장소로 틀린 것은?

① 교통정리를 하고 있지 아니하는 교차로

② 비탈길의 고갯마루 부근

③ 가파른 비탈길의 내리막

④ 교통정리를 하고 있지 아니하고 좌우를 확인할 수 없는 교차로

**해설**
④ 교통정리를 하고 있지 아니하고 좌우를 확인할 수 없거나 교통이 빈번한 교차로에서의 모든 차 또는 노면전차의 운전자는 일시정지하여야 한다(도로교통법 제31조 제2항).
①·②·③ 도로교통법 제31조 제1항

**05** 차의 등화에 대한 다음 설명 중 틀린 것은?

① 모든 차 또는 노면전차의 운전자는 밤에 서로 마주 보고 진행하는 때에는 전조등의 밝기를 높여야 한다.

② 모든 차의 운전자는 교통이 빈번한 곳에서 운행할 때에는 전조등의 불빛의 방향을 계속 아래로 유지하여야 한다.

③ 안개가 끼거나 비 또는 눈이 올 때에 도로에서 차 또는 노면전차를 운행하거나 고장이나 그 밖의 부득이한 사유로 도로에서 차를 정차 또는 주차하는 경우 등화를 켜야 한다.

④ 터널 안을 운행하거나 고장 또는 그 밖의 부득이한 사유로 터널 안 도로에서 차 또는 노면전차를 정차 또는 주차하는 경우 등화를 켜야 한다.

**해설**
① 모든 차 또는 노면전차의 운전자는 밤에 서로 마주 보고 진행할 때에는 전조등의 밝기를 줄이거나 불빛의 방향을 아래로 향하게 하거나 잠시 전조등을 끌 것(도로교통법 제37조 제2항, 시행령 제20조 제1항 제1호)
② 도로교통법 시행령 제20조 제2항
③ 도로교통법 제37조 제1항 제2호
④ 도로교통법 제37조 제1항 제3호

**정답** 1 ② 2 ① 3 ③ 4 ④ 5 ①

**06** 경찰공무원의 요구·조치 또는 명령에 따르지 아니하거나 이를 거부 또는 방해한 사람에 대한 벌칙 기준으로 맞는 것은?

① 6개월 이하의 징역이나 200만원 이하의 벌금 또는 구류
② 30만원 이하의 벌금
③ 6개월 이하의 징역이나 300만원 이하의 벌금
④ 1년 이하의 징역이나 300만원 이하의 벌금 또는 구류

**해설**
제41조(정비불량차의 점검), 제47조(위험방지를 위한 조치) 또는 제58조(위험방지 등의 조치)에 따른 경찰공무원의 요구·조치 또는 명령에 따르지 아니하거나 이를 거부 또는 방해한 사람은 6개월 이하의 징역이나 200만원 이하의 벌금 또는 구류에 처한다(도로교통법 제153조 제1항 제2호).

**07** 다음의 규제표지가 나타내는 것은?

① 차높이제한
② 차중량제한
③ 차폭제한
④ 차간거리 확보

**해설**
도로교통법 시행규칙 별표 6

| 차높이제한 | 차폭제한 | 차간거리 확보 |
|---|---|---|
| 3.5m | 2.2m | 50m |

**08** 다음의 주의표지가 나타내는 것은?

① 도로 폭이 좁아짐
② 좌측 차로 없어짐
③ 우측 차로 없어짐
④ 우측방 통행

**해설**
도로교통법 시행규칙 별표 6

| 도로 폭이 좁아짐 | 좌측 차로 없어짐 | 우측방 통행 |
|---|---|---|
| | | |

**09** 교통사고처리 특례법상 형사입건되는 중앙선침범 사례가 아닌 것은?

① 의도적 U턴, 회전 중 중앙선침범 사고
② 현저한 부주의로 인한 중앙선침범 사고
③ 교차로 좌회전 중 일부 중앙선침범
④ 커브길 과속으로 중앙선침범

**해설**
중앙선침범 적용

| 특례법상 12항목 사고로 형사입건 | 공소권 없는 사고로 처리 |
|---|---|
| • 고의적 U턴, 회전 중 중앙선침범 사고 | • 불가항력적 중앙선침범 |
| • 의도적 U턴, 회전 중 중앙선침범 사고 | • 부득이한 중앙선침범 |
| • 현저한 부주의로 인한 중앙선침범 사고 |   - 사고피양 급제동으로 인한 중앙선침범 |
| • 커브길 과속으로 중앙선침범 |   - 위험 회피로 인한 중앙선침범 |
| • 빗길 과속으로 중앙선침범 |   - 충격에 의한 중앙선침범 |
| • 졸다가 뒤늦게 급제동으로 중앙선침범 |   - 빙판 등 부득이한 중앙선침범 |
| • 차내 잡담 등 부주의로 인한 중앙선침범 |   - 교차로 좌회전 중 일부 중앙선침범 |
| • 기타 현저한 부주의로 인한 중앙선침범 | |

**10** 도로교통법령상 운행속도를 최고속도의 20/100을 줄인 속도로 운행해야 하는 요건은?

① 노면이 얼어 붙은 경우
② 눈이 20mm 이상 쌓인 경우
③ 비가 내려 노면이 젖어있는 경우
④ 폭우·폭설·안개 등으로 가시거리가 100m 이내인 경우

**해설**
이상 기후 시 감속 운행(도로교통법 시행규칙 제19조 제2항)
비·안개·눈 등으로 인한 거친 날씨에는 다음의 기준에 따라 감속 운행해야 한다. 다만, 경찰청장 또는 시·도경찰청장이 가변형 속도제한표지로 최고속도를 정한 경우에는 이에 따라야 하며, 가변형 속도제한표지로 정한 최고속도와 그 밖의 안전표지로 정한 최고속도가 다를 때에는 가변형 속도제한표지에 따라야 한다.
㉠ 최고속도의 100분의 20을 줄인 속도로 운행하여야 하는 경우
  • 비가 내려 노면이 젖어있는 경우
  • 눈이 20mm 미만 쌓인 경우
㉡ 최고속도의 100분의 50을 줄인 속도로 운행하여야 하는 경우
  • 폭우·폭설·안개 등으로 가시거리가 100m 이내인 경우
  • 노면이 얼어 붙은 경우
  • 눈이 20mm이상 쌓인 경우

**정답** ▶ 6 ① 7 ② 8 ③ 9 ③ 10 ③

**11** 교통사고처리특례법상 횡단보도 보행자 보호의무 위반사고의 성립요건 중 운전자의 과실이 아닌 것은?

① 보행자가 횡단보도를 건너던 중 신호가 변경되어 중앙선에서 있던 중 사고
② 횡단보도를 건너는 보행자를 충돌한 경우
③ 횡단보도 전에 정지한 차량을 추돌, 앞차가 밀려나가 보행자를 충돌한 경우
④ 보행신호에 횡단보도 진입, 건너던 중 주의신호 또는 정지신호가 되어 마저 건너고 있는 보행자를 충돌한 경우

**해설**
횡단보도 보행자 보호의무 위반사고의 성립요건

| 항 목 | 내 용 | 예외사항 |
|---|---|---|
| 운전자의 과실 | • 횡단보도를 건너는 보행자를 충돌한 경우<br>• 횡단보도 전에 정지한 차량을 추돌, 앞차가 밀려나가 보행자를 충돌한 경우<br>• 보행신호(녹색등화)에 횡단보도 진입, 건너던 중 주의신호(녹색등화의 점멸) 또는 정지신호(적색등화)가 되어 마저 건너고 있는 보행자를 충돌한 경우 | • 보행자가 횡단보도를 정지신호(적색등화)에 건너던 중 사고<br>• 보행자가 횡단보도를 건너던 중 신호가 변경되어 중앙선에 서 있던 중 사고<br>• 보행자가 주의신호(녹색등화의 점멸)에 뒤늦게 횡단보도에 진입하여 건너던 중 정지신호(적색등화)로 변경된 후 사고 |

**12** 교통사고처리특례법상 중앙선침범이 성립되는 사고는?

① 공사장 등에서 임시로 오뚝이 설치물을 넘어 사고가 발생된 경우
② 중앙선을 침범한 동일방향 앞차를 뒤따르다가 그 차를 추돌한 사고의 경우
③ 오던 길로 되돌아가기 위해 U턴 하며 중앙선을 침범한 경우
④ 중앙선의 도색이 마모되어 중앙부분을 넘어서 난 사고

**해설**
③ 고의 또는 의도적인 중앙선침범 사고로 볼 수 있다.

**13** 교통사고처리특례법상 승객추락 방지의무 위반사고에 해당하지 않는 것은?

① 운전자가 출발하기 전에 차의 문을 제대로 닫지 않고 출발하여 탑승객이 추락, 부상을 당하였을 경우
② 택시의 경우 승객 탑승 후 출입문을 닫기 전에 출발하여 승객이 지면으로 추락하였을 경우
③ 개문 당시 승객의 손이나 발이 끼어 사고가 난 경우
④ 개문발차로 승객이 낙상하여 사고가 난 경우

**해설**
승객추락 방지의무 위반사고 사례와 적용배제 사례

| | |
|---|---|
| 위반사고 사례 | • 운전자가 출발하기 전 그 차의 문을 제대로 닫지 않고 출발함으로써 탑승객이 추락, 부상을 당하였을 경우<br>• 택시의 경우 승하차 시 출입문 개폐는 승객 자신이 하게 되어 있으므로, 승객 탑승 후 출입문을 닫기 전에 출발하여 승객이 지면으로 추락한 경우<br>• 개문발차로 인한 승객의 낙상사고의 경우 |
| 적용배제 사례 | • 개문 당시 승객의 손이나 발이 끼어 사고 난 경우<br>• 택시의 경우 목적지에 도착하여 승객 자신이 출입문을 개폐 도중 사고가 발생할 경우 |

**14** 다음과 관계있는 법은?

• 화물의 원활한 운송
• 공공복리 증진
• 운수사업의 효율적 관리

① 도로교통법
② 교통사고처리 특례법
③ 자동차관리법
④ 화물자동차 운수사업법

**해설**
화물자동차 운수사업법은 화물자동차 운수사업을 효율적으로 관리하고 건전하게 육성하여 화물의 원활한 운송을 도모함으로써 공공복리의 증진에 기여함을 목적으로 한다(화물자동차 운수사업법 제1조).

**정답** 11 ① 12 ③ 13 ③ 14 ④

**15** 화물자동차 운수사업법에서 규정하고 있는 협회의 사업과 관련하여 가장 거리가 먼 것은?

① 화물자동차 운수사업의 건전한 발전과 운수사업자의 공동이익을 도모하는 사업
② 국가 또는 지방자치단체로부터 위탁받은 업무
③ 화물자동차 운수사업의 경영개선을 위한 지도
④ 자동차관리사업의 육성에 필요한 업무

**해설**
협회의 사업(화물자동차 운수사업법 제49조)
• 화물자동차 운수사업의 건전한 발전과 운수사업자의 공동이익을 도모하는 사업
• 화물자동차 운수사업의 진흥 및 발전에 필요한 통계의 작성 및 관리, 외국 자료의 수집·조사 및 연구사업
• 경영자와 운수종사자의 교육훈련
• 화물자동차 운수사업의 경영개선을 위한 지도
• 화물자동차 운수사업법에서 협회의 업무로 정한 사항
• 국가 또는 지방자치단체로부터 위탁받은 업무
• 협회의 사업에 따르는 업무

**17** 화물자동차 운전자의 관리에 대한 설명으로 옳지 않은 것은?

① 운송사업자는 화물자동차 운전자를 채용하거나 채용된 화물자동차 운전자가 퇴직하였을 때에는 그 명단을 채용 또는 퇴직한 날이 속하는 달의 다음 달 10일까지 협회에 제출하여야 한다.
② 운전자 명단에는 운전자의 성명과 운전면허의 종류·취득일을 분명히 밝혀야 한다. 단, 생년월일 등은 기록하지 않아도 된다.
③ 운송사업자는 폐업을 하게 되었을 때에는 화물자동차 운전자의 경력에 관한 기록 등 관련 서류를 협회에 이관하여야 한다.
④ 협회는 개인화물자동차 운송사업자의 화물자동차를 운전하는 사람에 대한 경력증명서 발급에 필요한 사항을 기록·관리하여야 한다.

**해설**
② 운전자 명단에는 운전자의 성명·생년월일과 운전면허의 종류·취득일 및 화물운송 종사자격의 취득일을 분명히 밝혀야 한다(화물자동차 운송사업법 시행규칙 제19조 제2항).
① 화물자동차 운수사업법 시행규칙 제19조 제1항
③ 화물자동차 운수사업법 시행규칙 제19조 제3항
④ 화물자동차 운수사업법 시행규칙 제19조 제5항

**16** 일정 대수 이상의 화물자동차를 사용하여 화물을 운송하는 사업을 무엇이라 하는가?

① 일반화물자동차 운송사업
② 개인화물자동차 운송사업
③ 용달화물자동차 운송사업
④ 노선화물자동차 운송사업

**해설**
화물자동차 운송사업의 종류(화물자동차 운수사업법 제3조 제1항)
• 일반화물자동차 운송사업 : 20대 이상의 범위에서 대통령령으로 정하는 대수 이상의 화물자동차를 사용하여 화물을 운송하는 사업
• 개인화물자동차 운송사업 : 화물자동차 1대를 사용하여 화물을 운송하는 사업으로서 대통령령으로 정하는 사업

**18** 화물자동차 운수사업의 운전업무에 종사하려는 자가 시험에 합격한 후 받아야 하는 교육 과목이 아닌 것은?

① 교통안전에 관한 사항
② 서비스 교육
③ 자동차 응급처치방법
④ 화물자동차 운수사업법령

**해설**
교육과목 등(화물자동차 운수사업법 시행규칙 제18조의7)
자격시험에 합격한 사람은 8시간 동안 한국교통안전공단에서 실시하는 다음의 사항에 관한 교육을 받아야 한다.
• 화물자동차 운수사업법령 및 도로관계법령
• 교통안전에 관한 사항
• 화물취급요령에 관한 사항
• 자동차 응급처치방법
• 운송서비스에 관한 사항

**정답** 15 ④  16 ①  17 ②  18 ②

**19** 자동차관리법상 다음 중 신규등록의 거부 사유가 되지 않는 것은?

① 등록신청인에게 해당 자동차의 취득에 관한 정당한 원인행위가 없는 경우
② 등록신청사항에 거짓이 있는 경우
③ 대통령령이 정하는 바에 의하여 자동차 대수를 제한하려는 경우
④ 화물자동차 운수사업의 면허·등록·인가 또는 신고내용과 다르게 사업용 자동차로 등록하려는 경우

**해설**
신규등록의 거부 사유(자동차관리법 제9조)
• 해당 자동차의 취득에 관한 정당한 원인행위가 없거나 등록신청사항에 거짓이 있는 경우
• 자동차의 차대번호 또는 원동기형식의 표기가 없거나 이들 표기가 자동차자기인증 표시 또는 신규검사증명서에 적힌 것과 다른 경우
• 여객자동차 운수사업법에 따른 여객자동차 운수사업 및 화물자동차 운수사업법에 따른 화물자동차 운수사업의 면허·등록·인가 또는 신고내용과 다르게 사업용 자동차로 등록하려는 경우
• 액화석유가스의 안전관리 및 사업법에 따른 액화석유가스의 연료사용제한 규정에 위반하여 등록하려는 경우
• 대기환경보전법 및 소음·진동관리법에 따른 제작차 인증을 받지 아니한 자동차 또는 제동장치에 석면을 사용한 자동차를 등록하려는 경우
• 미완성자동차

**20** 자동차의 운행제한을 할 경우 공고하는 사항이 아닌 것은?

① 대상인원
② 운행제한 목적
③ 운행제한 기간
④ 운행제한 대상 자동차

**해설**
국토교통부장관은 규정에 따라 운행을 제한하려면 미리 그 목적, 기간, 지역, 제한 내용 및 대상 자동차의 종류와 그 밖에 필요한 사항을 국무회의의 심의를 거쳐 공고하여야 한다(자동차관리법 제25조 제2항).

**21** 다음 중 도로에 포함되지 않는 것은?

① 궤 도　　　　② 철 도
③ 옹 벽　　　　④ 터 널

**해설**
②는 타공작물에 해당된다(도로법 제2조 제9호).
※ 도로(도로법 제2조 제1호, 시행령 제2조)
차도, 보도(步道), 자전거도로, 측도(側道), 터널, 교량, 육교 등 대통령령으로 정하는 시설로 구성된 것으로서 제10조에 열거된 것을 말하며, 도로의 부속물을 포함한다.
• 차도·보도·자전거도로 및 측도
• 터널·교량·지하도 및 육교(해당 시설에 설치된 엘리베이터를 포함)
• 궤 도
• 옹벽·배수로·길도랑·지하통로 및 무넘기시설
• 도선장 및 도선의 교통을 위하여 수면에 설치하는 시설

**22** 다음 중 도로법상의 운행제한 대상 차량에 해당되지 않는 경우는?

① 축하중이 10ton을 초과하는 차량
② 총중량이 40ton을 초과하는 차량
③ 차량의 폭이 3m, 높이가 2.5m, 길이가 17.6m를 초과하는 차량
④ 도로관리청이 특히 도로 구조의 보전과 통행의 안전에 지장이 있다고 인정하는 차량

**해설**
도로관리청이 운행을 제한할 수 있는 차량(도로법 시행령 제79조 제2항)
• 축하중(軸荷重)이 10ton을 초과하거나 총중량이 40ton을 초과하는 차량
• 차량의 폭이 2.5m, 높이가 4.0m(도로 구조의 보전과 통행의 안전에 지장이 없다고 도로관리청이 인정하여 고시한 도로의 경우 4.2m), 길이가 16.7m를 초과하는 차량
• 도로관리청이 특히 도로 구조의 보전과 통행의 안전에 지장이 있다고 인정하는 차량

**23** 다음 위반행위 중 1년 이하의 징역이나 1천만원 이하의 벌금에 처할 수 있는 것은?

① 도로점용허가 면적을 초과하여 점용한 자
② 도로점용허가를 받지 아니하고 물건 등을 도로에 일시 적치한 자
③ 차량을 사용하지 않고 자동차전용도로를 통행하거나 출입한 자
④ 주요지하매설물 관리자의 참여 없이 굴착공사를 시행한 자

**해설**
③ 도로법 제115조 제2호
①·②·④ 300만원 이하의 과태료에 처한다(도로법 제117조 제2항).

**정답** 19 ③　20 ①　21 ②　22 ③　23 ③

**24** 화물운송 종사자격증을 받지 아니하고 화물자동차 운수사업의 운전 업무에 종사한 자의 벌칙은?

① 500만원 이하의 과태료에 처한다.
② 300만원 이하의 과태료에 처한다.
③ 200만원 이하의 과태료에 처한다.
④ 100만원 이하의 과태료에 처한다.

**해설**
500만원 이하의 과태료(화물자동차 운수사업법 제70조 제2항)
화물운송 종사자격증을 받지 아니하고 화물자동차 운수사업의 운전 업무에 종사한 자

**25** 초과부과금의 부과대상이 아닌 오염물질은?

① 암모니아
② 이황화탄소
③ 염화수소
④ 아산화질소

**해설**
초과부과금의 부과대상이 되는 오염물질의 종류(대기환경보전법 시행령 제23조 제2항)
• 황산화물　　　　　• 암모니아
• 황화수소　　　　　• 이황화탄소
• 먼 지　　　　　　• 불소화물
• 염화수소　　　　　• 질소산화물
• 시안화수소

---

**2과목** **화물취급요령**

**01** 화물취급 전의 준비사항이 아닌 것은?

① 위험물, 유해물을 취급할 때에는 보호구를 착용해야 하지만, 안전모는 탈착할 수 있다.
② 보호구의 자체결함은 없는지 또는 사용방법은 알고 있는지 확인한다.
③ 유해, 유독화물 확인을 철저히 하고 위험에 대비한 약품, 세척용구 등을 준비한다.
④ 취급할 화물의 품목별, 포장별, 비포장별(산물, 분탄, 유해물) 등에 따른 취급방법 및 작업순서를 사전 검토한다.

**해설**
① 위험물, 유해물을 취급할 때에는 반드시 보호구를 착용하고, 안전모는 턱끈을 매어 착용한다.

**02** 화물자동차의 화물적재요령으로 옳지 않은 것은?

① 긴급을 요하는 화물(부패성 식품 등)은 우선적으로 배송될 수 있도록 쉽게 꺼낼 수 있게 적재한다.
② 다수화물이 도착하였을 때에는 미도착 수량이 있는지 확인한다.
③ 중량화물은 적재함 별도공간에 위치하도록 한다.
④ 안전기준을 넘는 화물을 수송 시에는 화물의 끝에 빨간 헝겊의 표지를 부착한다.

**해설**
③ 취급주의 스티커 부착 화물은 적재함 별도공간에 위치하도록 하고, 중량화물은 적재함 하단에 적재하여 타 화물이 훼손되지 않도록 주의한다.

**03** 운송장 기재 시 유의사항으로 틀린 것은?

① 고가품에 대하여는 그 품목과 물품가격을 정확히 확인하여 기재하며, 할증료를 청구하여야 한다.
② 파손, 부패, 변질 등 문제의 소지가 있는 물품의 경우에는 면책확인서를 받는다.
③ 산간 오지, 섬 지역 등에는 배달불가사항을 미리 밝힌다.
④ 보조송장도 주송장과 같이 정확한 주소와 전화번호를 기재한다.

**해설**
③ 산간 오지, 섬 지역 등 지역특성에 고려하여 배달예정일을 정한다.

**정답** ▶ 24 ① 25 ④ / 1 ① 2 ③ 3 ③

**04** 포장 화물의 표면에 기입하는 특정한 기호, 번호, 목적지, 취급상의 문구 등을 총칭하는 것은?

① 하 인
② 봉 인
③ 레이블링
④ 주의표시

**해설**
①은 하인에 관한 설명이다.

**05** 특별 품목에 대한 포장 유의사항으로 틀린 것은?

① 손잡이가 있는 박스 물품의 경우는 손잡이를 안으로 접어 사각이 되게 한 다음 테이프로 포장한다.
② 휴대폰 및 노트북 등 고가품의 경우 내용물이 파악되지 않도록 별도의 박스로 이중 포장한다.
③ 병제품의 경우 가능한 플라스틱 병으로 대체하거나 병이 움직이지 않도록 포장재를 보강하여 낱개로 포장한 뒤 박스로 포장하여 집하한다.
④ 가방류, 보자기류 등의 경우 풀어서 내용물을 확인할 수 있는 물품들은 개봉한 채로 박스로 이중 포장하여 집하한다.

**해설**
④ 가방류, 보자기류 등의 경우 풀어서 내용물을 확인할 수 있는 물품들은 개봉이 되지 않도록 안전장치를 강구한 후 박스로 이중 포장하여 집하한다.

**06** 다음 일반화물의 취급표지가 의미하는 것은?

① 운송포장 화물의 내용물이 깨지기 쉬우므로 주의하여 취급할 것을 표시한다.
② 운송포장 화물의 취급 시 갈고리를 사용하여서는 안 된다는 것을 표시한다.
③ 운송포장 화물을 태양의 직사광선에 노출시켜서는 안 됨을 표시한다.
④ 운송포장 화물을 비에 젖지 않도록 보호할 것을 표시한다.

**해설**

| ② 갈고리 금지 | ③ 직사광선 금지 | ④ 젖음 방지 |
|---|---|---|
| 🜚 | ☀ | ☂ |

**07** 차량 내 적재작업 시 적재함 적재방법이 아닌 것은?

① 적재품의 붕괴여부를 상시 점검해야 한다.
② 트랙터 차량의 캡과 적재물의 간격을 60cm 이상으로 유지해야 한다.
③ 적재함의 문짝 또는 연결고리는 결함이 없는지 확인한다.
④ 적재 후 밴딩 끈을 사용할 때 견고하게 묶여졌는지 여부를 항상 점검해야 한다.

**해설**
② 트랙터 차량의 캡과 적재물의 간격을 120cm 이상으로 유지해야 한다.

**08** 차량 내 화물붕괴 방지요령으로 틀린 것은?

① 일반적으로 시트나 로프를 거는 방법을 사용한다.
② 팰릿 화물 사이에 생기는 틈바구니를 적당한 재료로 메꾸는 방법도 있다.
③ 차량에 특수장치를 설치하는 방법도 있다.
④ 적재함의 천장이나 측벽에서 팰릿 화물이 붕괴되지 않도록 누르는 장치는 팰릿 화물의 높이가 일정하면 효과가 없다.

**해설**
④ 적재함의 천장이나 측벽에서 팰릿 화물이 붕괴되지 않도록 누르는 장치는 팰릿 화물의 높이가 일정하지 않으면 효과가 없다.

**정답** ▶ 4 ① 5 ④ 6 ① 7 ② 8 ④

**09** 고압가스 취급 시 주의요령으로 틀린 것은?

① 고압가스를 운반할 때에는 그 고압가스의 명칭, 성질 및 이동 중의 재해방지를 위하여 필요한 주의사항을 기재한 서면을 운전책임자 또는 운반자에게 교부하고 운반 중에 휴대시킬 것

② 고압가스를 적재하여 운반하는 차량은 차량의 고장, 교통사정 또는 운전책임자, 운전자의 휴식 등 부득이한 경우를 제외하고는 장시간 정차하지 않으며, 운반책임자와 운전자가 동시에 차량에서 이탈하지 아니할 것

③ 고압가스를 운반할 때에는 안전관리책임자가 운반책임자 또는 운반차량 운전자에게 그 고압가스의 위해 예방에 필요한 사항을 주지시킬 것

④ 노면이 나쁜 도로에서는 절대로 운행하지 말 것

**해설**
④ 노면이 나쁜 도로에서는 가능한 한 운행하지 않으며, 부득이하게 노면이 나쁜 도로를 운행할 때에는 운행 개시 전에 충전용기의 적재상황을 재검사하여 이상이 없는가를 확인한다.

**10** 포장화물 운송과정상의 외압과 그 보호요령으로 틀린 것은?

① 낙하충격이 화물에 미치는 영향은 낙하의 높이, 낙하면의 상태 등 낙하상황과 포장의 방법에 따라 상이하다.

② 하역 시의 충격에서 가장 큰 것은 낙하충격이다.

③ 수송 중의 충격으로서는 트랙터와 트레일러를 연결할 때 발생하는 수평충격이 있다.

④ 포장화물은 보관 중 또는 수송 중에 밑에 쌓은 화물이 반드시 수평충격을 받는다.

**해설**
④ 포장화물은 보관 중 또는 수송 중에 밑에 쌓은 화물이 반드시 압축하중을 받는다. 주행 중에는 상하진동을 받으므로 2배 정도로 압축하중을 받게 된다.

**11** 차량의 안전운행을 위하여 고속도로순찰대와 협조하여 차량호송을 실시토록 하는 기준으로 틀린 것은?

① 운행상 호송이 필요하다고 인정되는 경우

② 구조물통과 하중계산서를 필요로 하는 중량제한차량

③ 주행속도 50km/h 미만인 차량의 경우

④ 적재물을 포함하여 차폭 5m 또는 길이 30m를 초과하는 차량

**해설**
④ 적재물을 포함하여 차폭 3.6m 또는 길이 20m를 초과하는 차량

**12** 운전자의 화물인수요령으로 틀린 것은?

① 인수(집하)예약은 반드시 접수대장에 기재하여 누락되는 일이 없도록 한다.

② 항공을 이용한 운송 시 항공료가 착불일 경우 합계란에 항공료 착불이라고 기재한다.

③ 거래처 및 집하지점에서 반품요청이 들어왔을 때 반품요청일 익일로부터 빠른 시일 내에 처리한다.

④ 신용업체의 대량화물 집하할 때 수량 착오가 발생하지 않도록 최대한 주의하여 운송장 및 보조송장을 부착하고, 반드시 BOX 수량과 운송장에 기재된 수량을 확인한다.

**해설**
② 항공을 이용한 운송의 경우 항공료가 착불일 경우 기타란에 항공료 착불이라고 기재하고 합계란은 공란으로 비워둔다.

**13** 화물사고의 유형별 대책으로 틀린 내용은?

① 오손사고 : 상습적으로 오손이 발생하는 화물은 안전박스에 적재하여 위험으로부터 격리

② 분실사고 : 집하할 때 화물수량 및 운송장 부착 여부 확인 등 분실원인 제거

③ 내용물 부족사고 : 수령인이 없을 때 임의 장소에 두고 간 후 미확인 사고

④ 무적화물사고 : 집하단계에서의 운송장 부착 여부 확인 및 이중부착 실시

**해설**
내용물 부족사고의 대책
• 대량거래처의 부실포장 화물에 대한 포장개선 업무요청
• 부실포장 화물을 집하할 때 내용물 상세 확인 및 포장보강 시행

**정답** ▶ 9 ④  10 ④  11 ④  12 ②  13 ③

**14** 다음 용어의 정의로 틀린 것은?

① 선석(Berth) : 선박 한 척분의 접안 계류 수역

② 에이프런(Apron) : 선박이 접안하는 부두 안벽에 접한 야
드 부분에 일정한 폭을 가지고 안벽과 평행되게 뻗어 있는
하역 작업을 위한 공간

③ 마셜링야드(Marshalling Yard) : 공 컨테이너 및 풀 컨테
이너의 보관과 인수도 작업이 행해지는 구획된 장소

④ 팰릿(Pallet) : 화물을 일정 단위로 합쳐서 올려놓은 깔개

**해설**
③은 컨테이너야드(Container Yard)의 내용이다.
※ 마셜링야드(Marshalling Yard)
컨테이너야드 내에서 컨테이너 화물을 컨테이너선에 적양하역을 하기 쉽도록
정렬해 두는 넓은 장소로서, 컨테이너야드의 상단 부분을 차지할 뿐만 아니라
컨테이너터미널 운영에 있어서 중심이 되는 중요한 부분이다.

**15** 트레일러의 장점으로 틀린 것은?

① 트랙터와 트레일러의 분리가 불가능하기 때문에 효과적으
로 적재량을 늘릴 수 있다.

② 트레일러 부분에 일시적으로 화물을 보관할 수 있으며, 여
유 있는 하역작업을 할 수 있다.

③ 트레일러를 별도로 분리하여 화물을 적재하거나 하역할 수
있다.

④ 트랙터 1대로 복수의 트레일러를 운영할 수 있으므로 트랙
터와 운전사의 이용효율을 높일 수 있다.

**해설**
① 트랙터와 트레일러의 분리가 가능하기 때문에 트레일러가 적화 및 하역을 위해
체류하고 있는 중이라도 트랙터 부분을 사용할 수 있으므로 회전율을 높일 수
있다.

---

**3과목** 　**안전운행**

**01** 야간운전에 대한 설명으로 틀린 것은?

① 해질 무렵이 가장 운전하기 힘든 시간이라고 한다.

② 전조등을 비추어도 주변의 밝기와 비슷하기 때문에 의외로
다른 자동차나 보행자를 보기가 어렵다.

③ 야간에는 대향차량 간의 전조등에 의한 현혹현상으로 중앙
선상의 통행인을 우측 갓길에 있는 통행인보다 확인하기 어
렵다.

④ 무엇인가가 사람이라는 것을 확인하기 쉬운 옷 색깔은 흑색
이다.

**해설**
④ 무엇인가가 사람이라는 것을 확인하기 쉬운 옷 색깔은 적색, 백색의 순이며 흑색이
가장 어렵다.

**02** 교통사고를 좌우하는 요소가 아닌 것은?

① 도로 및 교통조건

② 교통통제조건

③ 차량을 운전하는 운전자

④ 차량의 이용자

**해설**
교통사고는 운전자, 보행자, 차량, 도로시설 및 환경조건 등의 상호작용으로 발생
된다.

**03** 교통사고를 유발하는 운전자의 특성에 대한 설명으로 틀린 것은?

① 선천적 능력(타고난 심신기능의 특성) 부족

② 후천적 능력(학습에 의해서 습득한 운전에 관계되는 지식과
기능) 부족

③ 바람직한 동기와 사회적 태도 확고

④ 불안정한 생활환경

**해설**
③ 운전자의 바람직한 동기와 사회적 태도(운전상태에 대하여 인지, 판단, 조작하는
태도) 결여

---

**정답** ▶ 14 ③ 15 ① / 1 ④ 2 ④ 3 ③

**04** 운전자의 자세로 바람직하지 못한 것은?

① 심신 상태를 조절하여 냉정하고 침착한 자세로 운전을 한다.
② 교통법규를 이해하고 준수한다.
③ 자신에게 유리한 판단과 행동으로 추측운전을 한다.
④ 마음의 여유를 갖고 양보하는 마음으로 운전한다.

**해설**
운전자는 자기에게 유리한 판단이나 행동은 삼가며, 조그마한 의심이라도 안전을 확인한 후 행동으로 옮겨야 한다.

**05** 다음 중 어린이 교통사고의 유형이 아닌 것은?

① 도로에 갑자기 뛰어들기
② 놀이터 사고
③ 차내 안전사고
④ 자전거 사고

**해설**
어린이들이 당하기 쉬운 교통사고에는 도로에 갑자기 뛰어들기, 도로 횡단 중의 부주의, 도로상에서 위험한 놀이, 자전거 사고, 차내 안전사고 등이 있다.

**06** 다음 중 타이어의 역할이 아닌 것은?

① 자동차의 중량을 떠받쳐 준다.
② 지면으로부터 받는 충격을 흡수해 승차감을 좋게 한다.
③ 차량의 중량을 지지하고 구동력과 제동력을 지면에 전달하는 역할을 한다.
④ 자동차의 진행방향을 전환시킨다.

**해설**
③은 휠의 역할이다.

**07** 베이퍼 록(Vapor Lock)과 페이드(Fade) 현상에 대한 설명이 잘못된 것은?

① 베이퍼 록과 페이드 현상은 긴 내리막길 등에서 엔진 브레이크보다는 풋 브레이크를 사용함으로써 방지할 수 있다.
② 베이퍼 록이란 브레이크를 자주 밟으면 마찰열로 인해 브레이크가 듣지 않는 현상이다.
③ 페이드란 브레이크를 자주 밟으면 마찰열이 브레이크라이닝에 축적되어 브레이크가 밀리거나 듣지 않는 현상이다.
④ 페이드 현상 등이 발생하면 브레이크가 듣지 않아 대형사고의 원인이 된다.

**해설**
① 베이퍼 록과 페이드 현상은 긴 내리막길 등에서 풋 브레이크보다는 엔진 브레이크를 사용함으로써 방지할 수 있다.

**08** 타이어의 회전속도가 빨라지면 접지부에서 받은 타이어의 변형(주름)이 다음 접지시점까지도 복원되지 않고 접지의 뒤쪽에 진동의 물결이 일어나는 현상은 무엇인가?

① 베이퍼 록 현상
② 스탠딩웨이브 현상
③ 페이드 현상
④ 수막 현상

**해설**
스탠딩웨이브 현상이 계속되면 타이어는 쉽게 과열되고 원심력으로 인해 트레드부가 변형될 뿐만 아니라 오래가지 못해 파열된다.

**09** 자동차의 냉각수 점검요령으로 옳지 않은 것은?

① 라디에이터 캡을 열고 냉각수의 양을 확인한다.
② 엔진을 걸어 놓은 상태에서 점검하는 것이 좋다.
③ 냉각수가 가득 채워져 있는지 확인한다.
④ 라디에이터와 연결부위인 상하 두 개의 고무가 변형되었는지 여부를 확인한다.

**해설**
냉각수 점검을 할 때에는 엔진을 꺼놓은 상태에서 하는 것이 좋다.

**정답** ▶ 4 ③ 5 ② 6 ③ 7 ① 8 ② 9 ②

**10** 다음은 자동차의 고장별 점검방법 및 조치방법에 대한 설명이다. 잘못 연결된 것은?

① 엔진오일 과다 소모 – 배기 배출가스 육안 확인 – 엔진 피스톤 링 교환
② 엔진온도 과열 – 냉각수 및 엔진오일의 양 확인 – 냉각수 보충
③ 엔진 과회전 현상 – 엔진 내부 확인 – 과도한 엔진 브레이크 사용 지양
④ 엔진 매연 과다 발생 – 엔진 오일 및 필터 상태 점검 – 연료 공급 계통의 공기빼기 작업

**해설**
④ 연료공급 계통의 공기빼기 작업은 엔진시동 꺼짐의 조치사항이다.

**11** 다음 설명 중 틀린 것은?

① 중앙분리대로 설치된 방호울타리는 사고를 방지한다기보다는 사고의 유형을 변환시켜 주기 때문에 효과적이다.
② 중앙분리대의 폭이 넓을수록 분리대를 넘어가는 횡단사고가 적다.
③ 교량 접근로의 폭에 비하여 교량의 폭이 넓을수록 사고가 더 많이 발생한다.
④ 교량의 접근로 폭과 교량의 폭이 같을 때 사고율이 가장 낮다.

**해설**
③ 교량 접근로의 폭에 비하여 교량의 폭이 좁을수록 사고가 더 많이 발생한다.

**12** 커브길에서의 안전운전수칙으로 잘못된 것은?

① 미끄러지거나 전복될 위험이 있으므로 급핸들 조작, 급제동은 하지 않는다.
② 핸들을 조작할 때는 가속이나 감속을 하지 않는다.
③ 중앙선을 침범하거나 도로의 중앙으로 치우쳐 운전하지 않는다.
④ 커브길에서 앞지르기는 대부분 안전표지로 금지하고 있으나, 안전표지가 없다면 앞지르기를 해도 된다.

**해설**
④ 커브길에서 앞지르기는 대부분 안전표지로 금지하고 있으나 안전표지가 없더라도 절대로 하지 않는다.

**13** 안개 낀 날의 안전운전방법으로 옳지 않은 것은?

① 짙은 안개로 전방확인이 어려우면 전조등을 일찍 켜서 중앙선이나 가드레일, 차선 등을 기준으로 하여 속도를 낮춘 후 창을 열고 소리를 들으면서 주행한다.
② 운행 중 앞을 분간하지 못할 정도로 짙은 안개가 끼었을 때는 차를 안전한 곳에 세우고 잠시 기다리는 것이 좋다.
③ 짙은 안개가 낀 경우는 자기 바로 앞에 달리는 차를 기준삼아 뒤따라가는 것이 효과적이기 때문에 차간거리를 좁힌다.
④ 커브길이나 구부러진 길 등에서는 반드시 경음기를 울려서 자신이 주행하고 있다는 것을 알린다.

**해설**
③ 안개로 인해 시야의 장애가 발생되면 우선 차간거리를 충분히 확보해야 한다.

**14** 앞지르기에 대한 설명 중 틀린 것은?

① 위험을 방지하기 위하여 정지하거나 서행하고 있는 차를 앞지르기할 수 있다.
② 앞차가 앞지르기를 하고 있는 때는 앞지르기를 시도하지 않는다.
③ 앞차의 좌측에 다른 차가 앞차와 나란히 가고 있는 경우는 앞지르기할 수 없다.
④ 경찰공무원의 지시에 따라 정지하거나 서행하고 있는 차를 앞지르기할 수 없다.

**해설**
① 위험을 방지하기 위하여 정지하거나 서행하고 있는 차를 앞지르기할 수 없다.

**정답** ▶ 10 ④ 11 ③ 12 ④ 13 ③ 14 ①

**15** 비포장도로에 대한 설명으로 틀린 것은?

① 비포장도로는 노면 마찰계수가 낮고 매우 미끄럽다.
② 브레이킹, 가속페달 조작, 핸들링 등을 부드럽게 해야 한다.
③ 모래, 진흙 등에 빠졌을 때 엔진을 고속 회전시킨다.
④ 몇 차례의 시도로 차가 밖으로 나오지 못하면 변속기의 손상과 엔진의 과열을 방지하기 위해 견인을 한다.

**해설**
③ 모래, 진흙 등에 빠졌을 때는 엔진을 고속 회전시키지 않는다.

**16** 겨울철 교통사고의 특성으로 틀린 것은?

① 교통의 3대 요소인 사람, 자동차, 도로환경 등 모든 조건이 다른 계절에 비하여 열악한 계절이다.
② 눈길, 빙판길, 바람과 추위는 운전에 악영향을 미치는 기상 특성을 보인다.
③ 한 해를 마무리하고 새해를 맞이하는 시기로 음주운전 사고가 우려된다.
④ 다른 계절에 비해 도로 조건은 비교적 좋은 편이다.

**해설**
④는 가을철 교통사고의 특성이다.

**17** 위험물의 적재방법으로 틀린 것은?

① 운반 도중 그 위험물 또는 위험물을 수납한 운반용기가 떨어지거나 그 용기의 포장이 파손되지 않도록 적재할 것
② 수납구를 아래로 향하게 적재할 것
③ 직사광선 및 빗물 등의 침투를 방지할 수 있는 덮개를 설치할 것
④ 혼재 금지된 위험물의 혼합 적재 금지

**해설**
② 수납구를 위로 향하게 적재할 것

**18** 가스이입 작업 시 안전관리자가 지켜야 할 사항으로 틀린 것은?

① 만일의 화재에 대비하여 소화기를 즉시 사용할 수 있도록 할 것
② 부근의 화기가 없는가를 확인할 것
③ 운전자는 이입작업이 종료될 때까지 가급적 멀리 위치할 것
④ 정전기 제거용의 접지 코드를 기지(基地)의 접지텍에 접속할 것

**해설**
차량에 고정된 탱크의 운전자는 이입 작업이 종료될 때까지 탱크로리 차량의 긴급차단장치 부근에 위치하여야 하며, 가스누출 등 긴급 사태 발생 시 안전관리자의 지시에 따라 신속하게 차량의 긴급차단장치를 작동하거나 차량이동 등의 조치를 취하여야 한다.

**19** 차량에 고정된 탱크의 운행을 위한 운행 전 점검으로 틀린 것은?

① 운행 전에 차량 각 부분의 이상 유무를 점검한다.
② 탑재기기, 탱크 및 부속품 등의 일상점검을 한다.
③ 밸브류가 확실히 열려 있나 확인해야 한다.
④ 접지탭, 접지클립, 접지코드 등의 정비가 양호해야 한다.

**해설**
③ 밸브류가 확실하게 정확히 닫혀 있어야 하며, 밸브 등의 개폐상태를 표시하는 꼬리표(Tag)가 정확히 부착되어 있을 것

**20** 야간안전운전요령으로 틀린 것은?

① 해가 저물면 곧바로 전조등을 점등할 것
② 주간보다 속도를 낮추어 주행할 것
③ 실내를 밝게 할 것
④ 대향차의 전조등을 바로 보지 말 것

**해설**
③ 실내를 불필요하게 밝게 하지 말 것

**정답** 15 ③  16 ④  17 ②  18 ③  19 ③  20 ③

**21** 앞지르기 사고유형이 아닌 것은?

① 좌측 도로상의 보행자와 충돌, 우회전 차량과의 충돌

② 중앙선을 넘어 앞지르기 시 대향차와 충돌

③ 앞지르기 위한 최초 진로변경 시 동일방향 우측 후속차 또는 나란히 진행하던 차와 충돌

④ 진행 차로 내의 앞뒤 차량과의 충돌

**해설**
③ 앞지르기 위한 최초 진로변경 시 동일방향 좌측 후속차 또는 나란히 진행하던 차와 충돌

**22** 차로 폭에 따른 방어운전의 요령이 아닌 것은?

① 차로 폭이 넓은 경우 주관적인 판단을 적극적으로 해야 한다.

② 차로 폭이 넓은 경우 계기판의 속도계에 표시되는 객관적인 속도를 준수할 수 있도록 노력하여야 한다.

③ 차로 폭이 좁은 경우 보행자, 노약자, 어린이 등에 주의해야 된다.

④ 차로 폭이 좁을 경우 즉시 정지할 수 있는 안전한 속도로 주행속도를 감속하여 운행한다.

**해설**
① 차로 폭이 넓은 경우 주관적인 판단을 가급적 자제한다.

**23** 다음 중 실전 방어운전방법으로 틀린 것은?

① 다른 차의 옆을 통과할 때는 상대방 차가 갑자기 진로를 변경할 수도 있으므로 미리 대비하여 충분한 간격을 두고 통과한다.

② 밤에 산모퉁이 길을 통과할 때는 전조등을 꺼서 자신의 존재를 알린다.

③ 이면도로에서 보행중인 어린이가 있을 때에는 어린이와 안전한 간격을 두고 서행 또는 안전이 확보될 때까지 일시 정지한다.

④ 대형화물차를 뒤따라갈 때는 가능한 앞지르기를 하지 않도록 한다.

**해설**
② 밤에 산모퉁이 길을 통과할 때에는 전조등을 상향과 하향을 번갈아 켜거나 껐다 켰다 해 자신의 존재를 알린다.

**24** 자동차의 엔진오일 필터를 정기적으로 교환해야 하는 이유로 알맞은 것은?

① 소음을 방지하기 위해

② 엔진 내 유황분을 제거하기 위해

③ 엔진오일에 불순물이 함유되지 않도록 하기 위해

④ 유압을 알맞게 조정하기 위해

**25** 운전자의 실전방어운전의 방법이 아닌 것은?

① 진로를 바꿀 때는 상대방이 잘 알 수 있도록 여유 있게 신호를 보낸다.

② 좌우로 도로의 안전을 확인한 뒤에 주행한다.

③ 대형화물차나 버스의 바로 뒤를 따라서 진행할 때에는 빨리 앞지르기를 하여 벗어난다.

④ 밤에 마주 오는 차가 전조등 불빛을 줄이거나 아래로 비추지 않고 접근해 올 때는 불빛을 정면으로 보지 말고 시선을 약간 오른쪽으로 돌린다.

**해설**
③ 대형화물차나 버스의 바로 뒤에서 주행할 때에는 전방의 교통상황을 파악할 수 없으므로, 이럴 때는 함부로 앞지르기를 하지 않도록 하고, 또 시기를 보아서 대형차의 뒤에서 이탈해 주행한다.

**정답** 21 ③  22 ①  23 ②  24 ③  25 ③

### 4과목 운송서비스

**01 고객만족을 위한 서비스 품질의 분류가 아닌 것은?**

① 상품품질
② 영업품질
③ 서비스품질
④ 인적품질

해설
고객만족을 위한 서비스 품질의 분류
① 상품품질 : 성능 및 사용방법을 구현한 하드웨어(Hardware) 품질이다.
② 영업품질 : 고객이 현장사원 등과 접하는 환경과 분위기를 고객만족으로 실현하기 위한 소프트웨어(Software) 품질이다.
③ 서비스품질 : 고객으로부터 신뢰를 획득하기 위한 휴먼웨어(Humanware) 품질이다.

**02 고객만족의 간접적 요소에 해당하는 것은?**

① 상품의 하드웨어적 가치
② 회사 분위기
③ 고객응대 서비스
④ 사회공헌활동

해설
사회공헌활동·환경보호활동 등은 기업이미지로서 간접적 요소에 속한다.

**03 운전자의 기본예절로 틀린 것은?**

① 항상 변함없는 진실한 마음으로 상대를 대한다.
② 상대방의 입장을 이해하고 존중한다.
③ 연장자는 사회의 선배로서 존중하고, 공사를 구분하여 예우한다.
④ 상대방과의 신뢰관계는 이익을 창출해야만 생긴다.

해설
④ 상대방과의 신뢰관계는 이익을 창출하는 것이 아니라 상대방에게 도움이 되어야 형성된다.

**04 운전자의 사명과 자세로 틀린 설명은?**

① 질서는 의식적으로 필요할 때만 지켜야 한다.
② 남의 생명도 내 생명처럼 존중한다.
③ 운전자는 공인이라는 자각이 필요하다.
④ 적재된 화물의 안전에 만전을 기하여 난폭운전이나 교통사고 등으로 적재물이 손상되지 않도록 하여야 한다.

해설
① 질서는 반드시 의식적·무의식적으로 지켜질 수 있도록 생활화되어야 한다.

**05 다음 중 운전자가 삼가야 할 운전행동이 아닌 것은?**

① 방향지시등을 켜고 차선변경 등을 할 경우에 눈인사를 하는 행위
② 도로상에서 교통사고 등으로 차량을 세워 둔 채로 시비, 다툼 등의 행위
③ 신호등이 바뀌기 전에 빨리 출발하라고 경음기로 재촉하는 행위
④ 음악이나 경음기 소리를 크게 하여 다른 운전자를 놀라게 하거나 불안하게 하는 행위

해설
① 방향지시등을 켜고 차선변경 등을 할 경우에는 눈인사를 하면서 양보해 주는 여유를 가지며, 도움이나 양보를 받았을 때 정중하게 손을 들어 답례한다.

정답 ▶ 1 ④ 2 ④ 3 ④ 4 ① 5 ①

**06** 운전자의 기본적 주의사항이 아닌 것은?

① 배차지시 없이 임의 운행금지

② 정당한 사유 없이 지시된 운행경로 임의 변경운행 금지

③ 회사차량의 불필요한 단독운행 금지

④ 운전에 악영향을 미치는 음주 및 약물복용 후 운전 금지

**해설**

회사차량의 불필요한 집단운행 금지. 다만, 적재물의 특성상 집단운행이 불가피할 때에는 관리자의 사전승인을 받아 사고를 예방하기 위한 제반 안전조치를 취하고 운행

**09** 다음 물류 관리 목표로서의 고객 서비스에 대한 설명으로 틀린 것은?

① 고객 서비스란 고객 요구를 만족시키는 것을 말한다.

② 물류 서비스에서는 주로 가격 서비스가 주가 된다.

③ 고객 서비스의 수준은 기업의 시장 점유율과 물류원가에 영향을 미친다.

④ 고객 서비스란 마케팅 서비스, 물류 서비스, 경영·기술 서비스 등으로 구성되어 있다.

**해설**

마케팅 서비스에서는 주로 가격 서비스가 주가 되며, 물류 서비스에는 주로 납품 서비스, 시간 서비스, 품질 서비스, 재고 서비스 등이 계수관리의 주체가 된다.

**07** 다음 중 유통기능을 교환기능과 물적 공급기능 및 보조기능으로 분류하면서 물류를 "교환기능에 상대되는 유통의 기본적 기능"이라고 설명한 사람은?

① 클라크(F. E. Clark)

② 크로웰(J. F. Crowell)

③ 루이스(H. T. Lewis)

④ 쇼(A. W. Shaw)

**해설**

1922년 미국의 마케팅 학자인 클라크(F. E. Clark) 교수는 유통기능을 교환기능과 물적 공급기능 및 보조기능으로 분류하면서 물류를 "교환기능에 상대되는 유통의 기본적 기능"이라고 설명하였는데, 이것이 바로 "물류"라는 용어의 시초가 된다.

**08** 다음 물류에 대한 설명 중 틀린 설명은?

① 상류(商流)는 느리나 물류(物流)는 상대적으로 빠르다.

② 물류합리화로 불필요한 재고의 미보유에 따른 재고비용이 절감된다.

③ 유통은 물적 유통과 상적 유통을 포괄하는 개념이다.

④ 물류는 고객서비스를 향상시키고 물류코스트를 절감하여 기업이익을 최대화하는 것이 목표이다.

**해설**

① 상류는 광속이나 물류는 상대적으로 느리다.

**10** 다음 중 현대 물류관리조직의 중심이 되고 있는 조직은?

① 직능형 조직

② 라인과 스태프형 조직

③ 사업부형 조직

④ 그리드형 조직

**해설**

라인(Line)과 스태프(Staff)형의 조직은 직능형 조직의 단점을 보완하고, 라인과 스태프의 기능을 분화, 작업부문과 지원부문을 분리한 조직으로 현대 물류관리 조직의 중심이 되고 있다.

**정답** 6 ③ 7 ① 8 ① 9 ② 10 ②

**11** 물류관리의 기본원칙인 7R 원칙에 해당하지 않는 것은?

① 적절한 품질(Right Quality)
② 좋은 인상(Right Impression)
③ 적절한 위치(Right Status)
④ 적절한 시간(Right Time)

**해설**
7R 원칙
적절한 상품(Right Commodity), 적절한 양(Right Quantity), 적절한 시간(Right Time), 적절한 가격(Right Price), 좋은 인상(Right Impression), 적절한 장소(Right Place), 적절한 품질(Right Quality)

**12** 사업용(영업용) 운송서비스의 특징으로 틀린 것은?

① 수송비가 저렴하다.
② 수송능력이 높다.
③ 시스템의 일관성이 있다.
④ 인적 투자가 필요 없다.

**해설**
③ 시스템의 일관성이 없다.

**13** 택배 배달 시 유의사항이 아닌 것은?

① 내용물의 이상 유무를 확인한 후 인계한다.
② 반드시 정자 이름과 사인(또는 날인)을 동시에 받는다.
③ 가족 또는 대리인이 인수할 때는 관계를 반드시 확인한다.
④ 배달과 관계없는 말은 하지 않는다.

**해설**
① 겉포장의 이상 유무를 확인한 후 인계한다.

**14** GPS에 대한 개념설명으로 틀린 것은?

① GPS란 주로 자동차위치추적을 통한 물류관리에 이용되는 통신망이다.
② 항공기나 선박 등 이동체 관리는 위치정보와 의지전달의 기능이 필요하다.
③ 각종 자연재해로부터 사전대비를 통해 재해를 회피할 수 있다.
④ 밤에 운행하는 운송차량추적시스템은 관리 및 통제할 수 없다.

**해설**
④ 무엇보다 밤낮으로 운행하는 운송차량추적시스템을 GPS로 완벽하게 관리 및 통제할 수 있다.

**15** 효율적 고객대응(ECR)에 대한 설명으로 틀린 것은?

① 소비자 만족에 초점을 둔 공급망관리의 효율성을 극대화하기 위한 모델을 말한다.
② 섬유산업에만 활용할 수 있다는 단점이 있다.
③ 산업체와 산업체 간에도 통합을 통하여 표준화와 최적화를 도모할 수 있다.
④ 제품의 생산단계에서부터 도매·소매에 이르기까지 전 과정을 하나의 프로세스로 보아 관련기업들의 긴밀한 협력을 통해 전체로서의 효율 극대화를 추구하는 효율적 고객대응 기법이다.

**해설**
신속대응(QR)과의 차이점은 섬유산업뿐만 아니라 식품 등 다른 산업부문에도 활용할 수 있다는 것이다.

**정답** ▶ 11 ③  12 ③  13 ①  14 ④  15 ②